3370
1600

Willy Radinger/Walter Schick · Messerschmitt Geheimprojekte

Titelbild: Messerschmitt Projekt P1101
Vorsatz: Projekt P1106 (vorne)
Projekt P1110 (hinten)

ISBN 3-925505-14-8
2. Auflage 1996

Buchgestaltung: Design Rottiers, Pliezhausen
Gesamtherstellung: Bosch-Druck GmbH, Postfach 1153, 84004 Landshut

Willy Radinger/Walter Schick

Messerschmitt Geheimprojekte

Inhalt

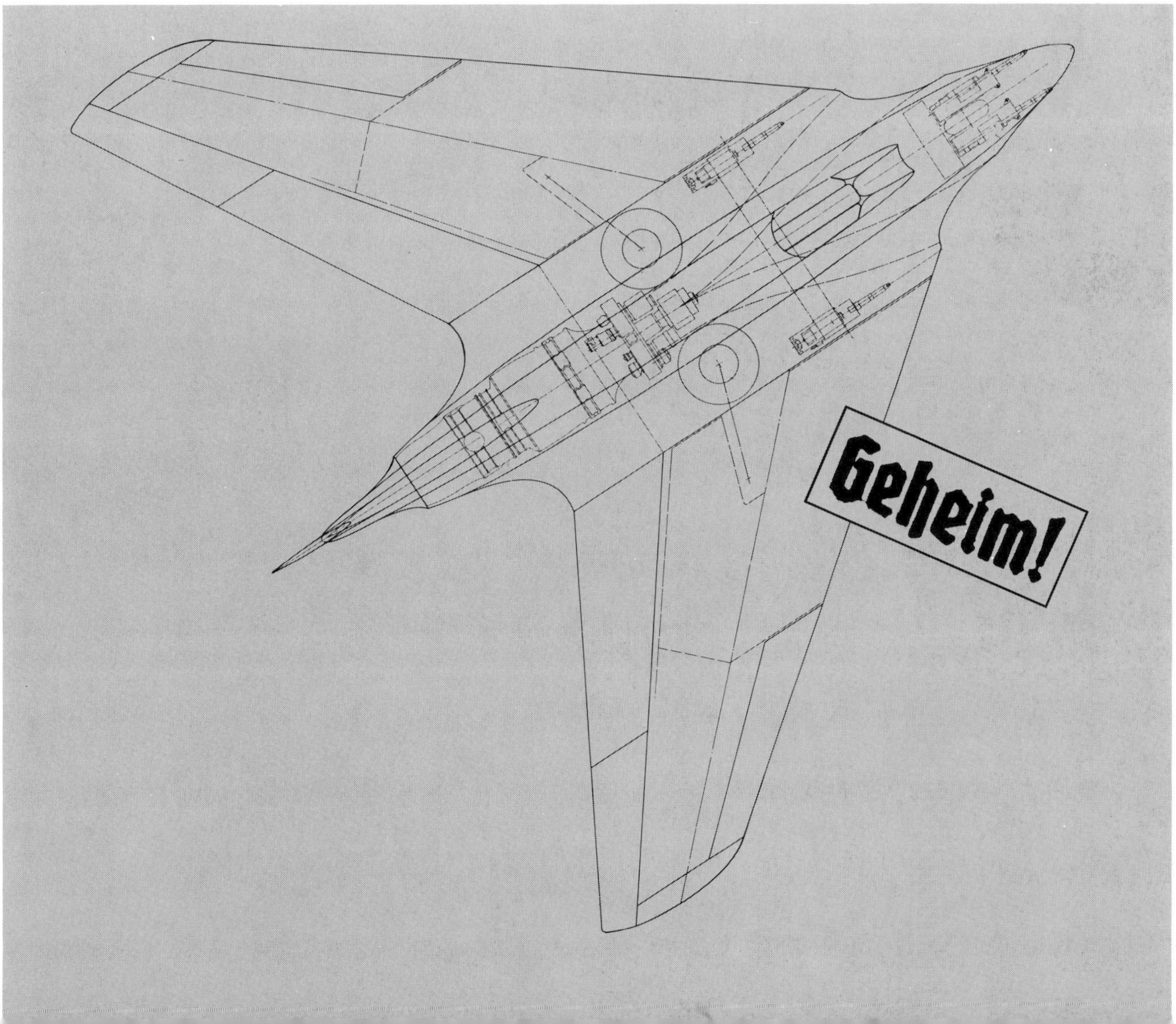

Vorwort

Die P1101 war nach der Me262 das zweite Düsenflugzeug Messerschmitt'scher Konstruktion. Als Jagdflugzeug entworfen, sollte das erste Versuchsmuster dieses Typs zunächst als Experimentierflugzeug zur Erprobung der Flügelpfeilung dienen, von der eine erhebliche Steigerung der Höchstgeschwindigkeit zu erwarten war.

Die Zelle konnte im Frühjahr 1945 fertiggestellt werden, aber das dafür vorgesehene Heinkel-Triebwerk stand noch nicht zur Verfügung und auch ein Junkerstriebwerk, mit dem zunächst eine Flugeigenschafts-Erprobung hätte durchgeführt werden sollen, wurde dringender für Serienflugzeuge benötigt. So gelang es nicht mehr, die errechneten Flugleistungen und -eigenschaften unter Beweis zu stellen.

Nach Kriegsende wurde die P1101 nach den USA gebracht und diente nicht nur dort als Ausgangsmuster für ähnliche Entwicklungen.

Bilder und Daten dieses erstaunlichen, aber verständlicherweise weitgehend unbekannten Flugzeuges mit seiner zukunftsweisenden Technik, erschienen dann zunächst auch in der englischsprachigen Literatur. Deutsche Leser erfuhren, wegen des nach dem Krieg geltenden Verbotes der Beschäftigung mit dem Flugzeugbau, erst mit entsprechender Verzögerung durch die wieder erscheinenden Fachzeitschriften von der Existenz dieses Messerschmitt-Flugzeuges.

Da die P1101 nur als Prototyp vorhanden, und zudem noch nicht geflogen war, beschränkte sich auch die amerikanische Presse auf mehr oder minder kurze Berichte, im Gegensatz zu den zahlreichen und umfangreichen Veröffentlichungen über andere deutsche Flugzeuge aus der Zeit bis Kriegsende. Für die deutsche Presse gilt Ähnliches.

Umso begrüßenswerter ist es, daß die Autoren Radinger und Schick es unternommen haben, über dieses selbst in Fachkreisen wenig bekannte Flugzeug eine Dokumentation zu erarbeiten und es damit einem breiteren Interessentenkreis vorzustellen.

Nach dem Kriege Einzelheiten über deutsche Entwicklungen auf dem Gebiet des Flugzeugbaues ausfindig zu machen, ist ein mühevolles Unterfangen; muß doch aus englischen, französischen und amerikanischen Archiven, in die alle Unterlagen der deutschen Flugzeugfirmen 1945 verbracht wurden, das benötigte Quellenmaterial zusammengesucht werden.

Die umständlichen Recherchen haben sich gelohnt. Es liegt nunmehr eine ausführliche Dokumentation vor, in der nicht nur die Entwicklungsgeschichte der P1101 mit allen wichtigen Daten zusammengestellt ist, sondern auch ein überaus reichliches Bild- und Zahlenmaterial über dieses Flugzeug geboten wird. Besonders hervorzuheben sind auch die tabellarischen Vergleiche mit ähnlichen deutschen und ausländischen Flugzeugen aus der Kriegs- und Nachkriegszeit.

Über die weithin bekannten, in Großserie gebauten Messerschmittflugzeuge gibt es eine Reihe deutscher Fachschriften. Es ist den Verfassern des vorliegenden Buches gelungen, diese Berichte nunmehr auch noch durch die Darstellung des letzten, fast fertiggestellten Messerschmitt-Flugzeuges zu ergänzen.

Wolfgang Degel

Einleitung

Die Geschichte der Turbinenflugzeuge von Messerschmitt ist, gemeinsam mit den Arbeiten der übrigen deutschen Flugzeugindustrie und der deutschen Luftfahrtforschung, in weiten Teilen die Entstehungsgeschichte der schnellen Düsenkampfflugzeuge schlechthin. Bis weit in die siebziger Jahre hinein und zum Teil noch heute standen oder stehen bei den Luftstreitkräften der Welt Strahlflugzeuge im aktiven Dienst, deren Wurzeln man bis in das Deutschland der Jahre 1944/45 zurückverfolgen kann.

Während bereits die etwa ab Ende 1938 projektierte Me262 den zu dieser Zeit völlig neuen Strahlantrieb und eine meisterhafte Aerodynamik besaß, erhielten die gegen Ende des Krieges in ihrer Nachfolge entstandenen Entwürfe eine den gestiegenen Geschwindigkeitsvorstellungen angepaßte, revolutionäre Aerodynamik. Diese Aerodynamik ist zuallererst durch den Pfeilflügeleffekt und all den daraus entstandenen Lösungen wie Normalpfeilflügel, Sichelflügel, Deltaflügel oder Schwenkflügel und später dann durch Begriffe wie „Flächenregel" oder „dünne Profile" gekennzeichnet.

Messerschmitts einstrahlige Jagdflugzeuge zeichnen sich nicht nur durch den neuartigen Antrieb, sondern auch durch eben diese ebenfalls neue Aerodynamik aus, die es ihm ermöglichte, Flugzeuge mit höchster Leistung bei geringstem Gewicht zu entwerfen und die deshalb für den technisch Interessierten so faszinierend sind; daher liegt der Schwerpunkt dieser Dokumentation auch eindeutig auf den Aktivitäten der Jahre 1944/45.

Die Strahljäger-Projekte P1073 und P1095, die eigentlich auf Grund ihrer Aufgabenstellung (P1073) oder ihrer konventionellen Aerodynamik (P1095) nicht ganz in den vorstehend umrissenen Rahmen passen, sind aus Gründen der Vollständigkeit mit aufgenommen worden.

Nicht berücksichtigt sind, außer dem P1101 L im Anhang und dem P1106 R, Jagdflugzeuge mit Staustrahl-, Pulso-Schubrohr oder Raketenantrieb. Die beschriebene Studie P1101 L soll gemeinsam mit den Anmerkungen zur Bell X-2 und Bell X-5 die Geschichte der P1101 komplettieren.

Desweiteren sind die zum Thema passenden einstrahligen Jägerentwürfe von Alexander Lippisch im Hause Messerschmitt nicht berücksichtigt, da dieser ein eigenständiges Entwurfsteam leitete, auf das Messerschmitt und sein Projektbüro kaum einen Einfluß ausübte.

Wenn Professor Willy Messerschmitt auch auf dem Gebiete des einstrahligen Jagdflugzeuges, anders als mit der Me109 oder der Me262, der ganz große Serienerfolg versagt blieb, so schuf er doch mit den meisten der dargestellten Entwicklungen und den darin enthaltenen Detaillösungen grundlegend Neues und war damit für die gesamte Luftfahrtindustrie in Ost und West wegweisend.

Bei dieser Entwicklungstätigkeit erwarben sich auch Ingenieure, wie beispielsweise Ludwig Bölkow in den Kriegsjahren oder H. Langfelder und Gero Madelung in der spanischen Zeit, die grundlegenden Kenntnisse und Erfahrungen, die sie später in die Lage versetzten, in leitender Funktion eines der besten Kampfflugzeuge der Welt, den Panavia „Tornado", zu bauen.

Das Verdienst Messerschmitts um den modernen Leichtjäger aufzuzeigen ist ein Anliegen dieser Dokumentation.

Zudem sind von den einstrahligen Entwürfen Messerschmitts, anders als bei der Me262, nur verhältnismäßig wenige Fakten bekannt, die zudem des öfteren keiner gewissenhaften Prüfung standhalten. Die vorliegende Arbeit soll diese Lücke schließen. Und nicht zuletzt ist es die erklärte Absicht der Autoren, die beide einer unterschiedlichen Ingenieurgeneration angehören, die großartige technisch-wissenschaftliche Leistung einer Gruppe von Ingenieuren vor dem Vergessen und vor allem vor der Verfälschung zu bewahren.

Willy Radinger, Walter Schick

Der Auftakt

Die Voraussetzungen

Die Geschichte beginnt Anfang der dreißiger Jahre. Eine der Voraussetzungen war die Realisierung des Strahlantriebes für Flugzeuge. Turbinen-, Staustrahl- oder raketenangetriebenen Luftfahrzeuge versprachen, die zu diesem Zeitpunkt bereits absehbare Geschwindigkeitsgrenze des Propellerantriebes unabsehbar weit nach oben zu verschieben.

Derart neue Antriebsformen erforderten eine weitgehend neue Form der Flugzeugzelle, um die sich nun bietenden Möglichkeiten optimal zu nutzen.

Den deutschen Ingenieuren und Wissenschaftlern gebührt eindeutig das Verdienst, dies sofort erkannt zu haben.

Sie schufen eine radikal neue Aerodynamik, mit der es gemeinsam mit dem ebenso radikal neuen Antrieb möglich sein sollte, Flüge in Schallnähe und im Überschallbereich durchzuführen.

Den Lohn und Ruhm für diese, teilweise unter widrigsten Umständen erbrachte große Leistung, ernteten nach dem Kriege vor allem angloamerikanische und sowjetische Wissenschaftler – Los der Besiegten.

Ein neuer Antrieb: Schon seit dem Beginn des 20. Jahrhunderts versuchte man ernsthaft, eine brauchbare Gasturbine zu bauen.

Bereits 1921 enthält ein konstruktiv realisierbarer Vorschlag des Franzosen Guillaume für eine Flugzeug-Gasturbine fast alle Komponenten eines heutigen Strahltriebwerkes: mehrstufiges Turbogebläse, Ringbrennkammer und mehrstufige Turbine.

Anfang der dreißiger Jahre erfolgte dann die Entwicklung der neuen Antriebsform fast zeitgleich in Deutschland und in Großbritannien. In Deutschland war es vor allem Hans Pabst v. Ohain, der bei Ernst Heinkel in Rostock-Marienehe seine Vorstellungen verwirklichte, und in Großbritannien schuf der Air Force-Offizier Frank Whittle die Grundlagen für den revolutionären Flugzeugantrieb. Dr. Hans von Ohain und Frank Whittle beschritten dabei unabhängig voneinander den Weg der zentrifugalen Bauweise für den Verdichter.

Nach einer Vielzahl von Vorarbeiten und Versuchen, die von Ohain gemeinsam mit seinem Mitarbeiter Max Hahn durchführte, gelang den beiden im Frühjahr 1937 der erste Prüfstandslauf eines mit HeS 2 bezeichneten Versuchsgerätes. Ein erstes Ergebnis und ein großer Erfolg dieser Arbeit war dann die Weltpremiere des Düsenflugzeuges am 27. August 1939. Das Triebwerk HeS 3 des kleinen Schulterdeckers He 178 war ein weiterentwickeltes HeS 2-Gerät mit einer Schubleistung von 450 kp.

Heinkel und von Ohain blieben im Prinzip bis zur Auslegung des HeS 011 der zentrifugalen Bauart treu. Triebwerke in dieser Konstruktionsweise konnten sich jedoch nicht gegen die Axial-Entwürfe von Junkers oder BMW durchsetzen; eine Erkenntnis, die Jahre später unter großen Schmerzen noch einmal im britischen Triebwerksbau gewonnen werden mußte. Allerdings hatten die Zentrifugaltriebwerke, zumindest in der Einführungsphase des Strahlantriebes, eindeutig ihre Vorteile, was die einfache Konstruktion, die unkomplizierte Fertigung und nicht zuletzt die Betriebssicherheit betraf.

Doch nicht nur Heinkel war aktiv. Seit 1936 beschäftigte sich auch der Leiter der Junkers-Flugzeugentwicklung Professor Herbert Wagner in Magdeburg mit einem Strahltriebwerk mit axialer Durchströmung. Diese Bauweise versprach dank ihrer kleineren Stirnfläche wesentliche Vorteile bei hohen Fluggeschwindigkeiten.

1939 erhielt der Junkers-Motorenbau in Dessau einen Auftrag des RLM für ein Triebwerk mit einem

Das erste strahlturbinengetriebene Flugzeug der Welt: die einstrahlige Heinkel He-178 V1.

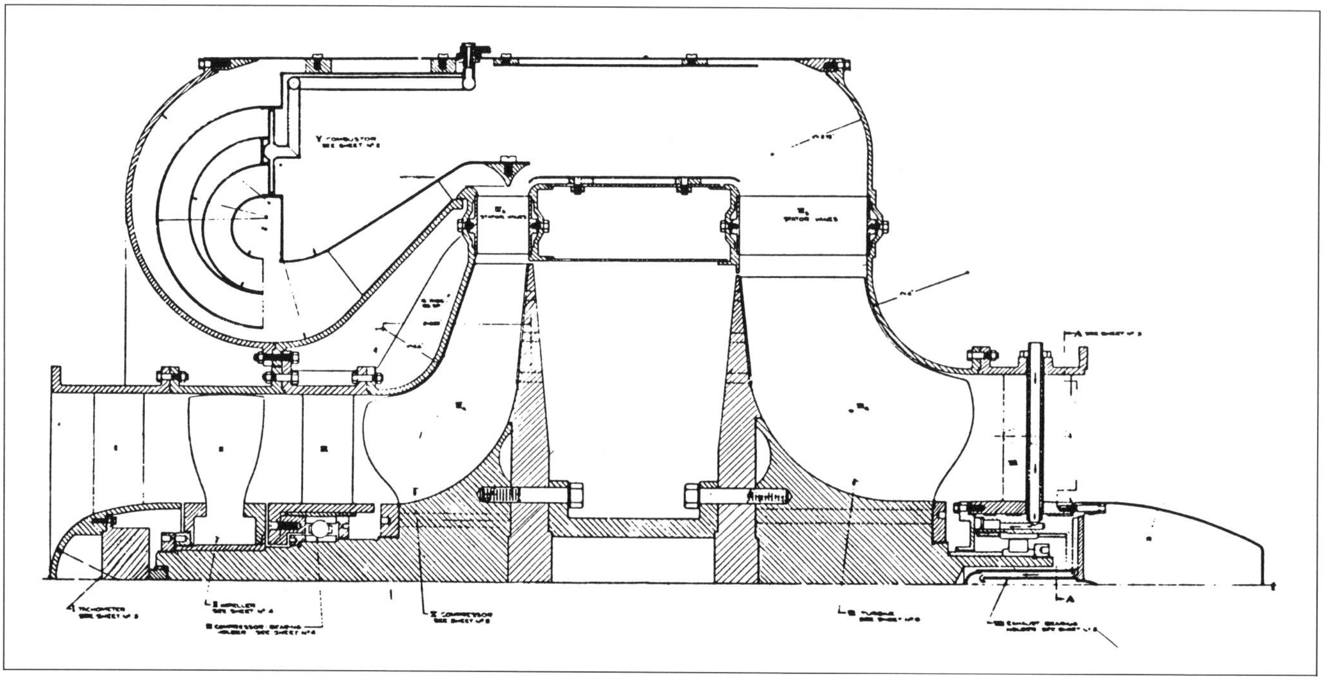

Der Antrieb der He-178 V1: Schnitt durch das Heinkel He S 3 Triebwerk.

Vollgasschub von 600 kp. Ende des Jahres nahm ein Team mit Dr. Anselm Franz an der Spitze die Konstruktion des mit Jumo 004 bezeichneten Aggregates auf. Bei der von vorneherein mit Leistungsreserven vorgesehenen Auslegung achteten die Ingenieure darauf, daß nach Möglichkeit bereits erprobte und bewährte Elemente verwendet werden. So war der Verdichter eine Arbeit der AVA-Göttingen aus den Jahren 1934/35, und bei der Beschaufelung der Turbine stützte sich Anselm Franz auf die Erfahrungen der AEG-Berlin.

In seinem gesamten Aufbau hat das dermaßen entstandene Turbinen-Luftstrahl (TL)-Triebwerk eine große Ähnlichkeit mit vielen erfolgreichen Strahltriebwerken der Nachkriegszeit. (Siehe Anhang)

Der Entwurf des Jumo 004 A war im Frühjahr 1940 fertiggestellt, der erste Prüfstandslauf erfolgte am 11. Oktober 1940, und im Dezember desselben Jahres erreichte das Triebwerk die volle Auslegungsdrehzahl.

Durch Schwingungsbrüche in den Verdichterleitschaufeln kam es zu Verzögerungen, so daß die Meßinstrumente des Prüfstandes den Auslegungsschub von 600 kp erst am 6. August anzeigten. Im Dezember zeigte das Triebwerk was in ihm steckt: nach einem erfolgreichen 10-Stundenlauf holten die Junkers-Ingenieure etwas später einen Schub von 1000 kp heraus.

Im Anschluß daran bestellte das RLM 80 Exemplare des Jumo 004 A für die weitere Triebwerksentwicklung und für eine Zellen- und Einsatzerprobung. Das Triebwerk machte seinen ersten Flug mit einer als Erprobungsträger umgebauten Me110 und den ersten reinen Strahlflug mit Jumo 004 A-Antrieb führte am 18. Juli 1942 die Me262 V3 in Leipheim durch.

Da sich immer mehr eine einengende Materialknappheit bemerkbar machte, waren die Junkers-Ingenieure gezwungen, das Triebwerk in eine weitgehend „Sparstoff"-freie Version umzustellen. Dieses mit Jumo 004 B bezeichnete eigentliche Serientriebwerk nahm im Sommer 1943 die Erprobung auf, und es erreichte einen maximalen Startschub von 910 kp.

Insgesamt fertigten die Junkers-Werke bis zum Kriegsende 6010 Einheiten dieses ersten in Großserie gebauten Strahltriebwerkes.

Der dritte im Bunde der deutschen Düsentriebwerks-Pioniere war die Firma BMW, die sich seit 1935 mit Überlegungen zum Bau eines Rückstoßtriebwerkes auf dem System der Gasturbine befaßte. Genau wie Junkers erhielt auch BMW in Berlin-Spandau einen Entwicklungsauftrag für einen Antrieb der 600 kp-Schubklasse. Im Unterschied zu den Dessauern war die Auslegung der BMW-Werke bezüglich der Abmessungen und Gewichte an bestimmte Vorgaben des RLM gebunden, die im Zusammenhang mit der Turbojäger-Entwicklung bei Messerschmitt standen.

Aufgrund dieser Umstände erhielt das BMW-Triebwerk eine mehr an die Grenze des Möglichen gehende Auslegung, also kleiner in den Abmessungen und leichter im Gewicht als das Junkers-,,Konkurrenzmodell".

Anfang 1941 lief das Triebwerk P3302 zum ersten Mal auf dem Prüfstand. Dabei erreichte es aber nur einen Schub von 150 kp. Auch der erste Flug in der Me262 V1 am 25. März 1942 geriet für die Berliner Triebwerksbauer zum Fiasko.

Den BMW-Verantwortlichen war klar, daß der geforderte Schub von 600 kp mit diesem Triebwerk nicht zu erreichen war. Dr. Hermann Oestrich und sein Team konstruierten das Triebwerk im zweiten Halbjahr 1942 weitgehend neu, und in dieser Form übertraf es mit 800 kp Mitte 1943 spielend die geforderten 600 kp Schub. Nach einem entsprechenden Auftrag des RLM konnte BMW den Serienbau des jetzt mit BMW 003 bezeichneten Strahltriebwerkes aufnehmen. Im August 1944 wurden die ersten 100 Serientriebwerke ausgeliefert; insgesamt baute BMW etwa 750 Einheiten, die vor allem in der Ar234 und in der He162 Verwendung fanden.

Aufbauend auf diese Arbeiten entstanden bei den Firmen Heinkel, Junkers und BMW noch eine ganze Reihe von Konstruktionen, die z. T. das Versuchsstadium erreichten und die deutschen Flugzeugbauer zu einer ganzen Reihe von großartigen Studien inspirierten.

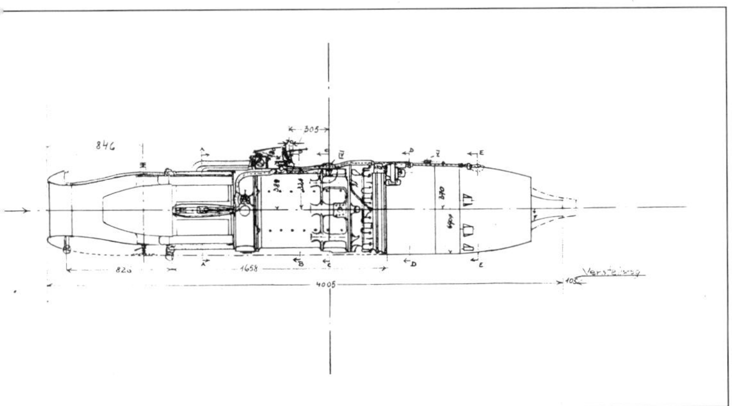

Strahltriebwerk BMW 109- 003.

Die deutsche Triebwerksindustrie litt in den Kriegsjahren unter einem katastrophalen Materialmangel. Die für warmfeste Werkstoffe unerläßlichen Mengen von Nickel, Kobalt und Molybdän waren nicht verfügbar. Dies, und nicht etwa Mängel in der Konstruktion verhinderte, daß die ersten einsatzreifen Axialtriebwerke der Welt ihre volle Leistungsfähigkeit demonstrieren konnten.

Die Junkers-Triebwerke waren unmittelbare Vorbilder für eine Reihe von sowjetischen Konstruktionen. Dr. Oestrich schuf mit einem Team, das zu einem großen Teil aus seinen ehemaligen BMW-Mitarbeitern bestand, auf der Basis der BMW003 Turbine in Frankreich die äußerst erfolgreiche ATAR-Triebwerksreihe.

Eine neue Aerodynamik: Führende Aerodynamiker aus Deutschland und der Schweiz beschäftigten sich in der Nachfolge der Österreicher Mach und Salcher mit den Gesetzmäßigkeiten der Überschallströmung.

Neben Messungen des durch verschiedenartige geschoßförmige Körper beim Überschreiten der Schallgeschwindigkeit verursachten Widerstandsanstieges, untersuchten Prandtl, Busemann, Walchner, Ackeret u. a. auch ,,Überschallströmungen an zugeschärften Körpern und Tragflügeln".

Schritt für Schritt begann man die Erscheinungen und Gesetzmäßigkeiten der Überschallströmung zu erkennen und zu formulieren. Durch Prof. Th. von Kármán, einem Schüler Prandtl's, gelangten 1930 diese Grundlagen der modernen Strömungslehre in die USA. (Es ist also durchaus möglich, daß die Geschoßform der Bell X-1 in einem Beitrag der ,,Artilleristischen Monatshefte" von 1912 ihren Ursprung hat, während die dünnen Trag- und Steuerflächen dieses ersten Überschallflugzeuges der Luftfahrthistorie einer von Prandtl aufgestellten Regel entsprechen.)

1933 veröffentlichten die beiden deutschen Aerodynamiker A. Busemann und O. Walchner einen wissenschaftlichen Aufsatz mit dem Titel ,,Profileigenschaften bei Überschallgeschwindigkeit."

Diese Forschungsergebnisse konnte der bekannte Raumfahrtpionier Prof. Eugen Sänger bereits 1934 mit einem von ihm entwickelten Raketenmotor verbinden: In seinen Aufsätzen ,,Zur äußeren Ballistik des Raketenflugzeuges" und ,,Raketenflugzeuge im aktiven Luftschutz" zeigte Sänger den Weg zum Überschall-Interzeptor.

Der beachtliche Vorsprung, den die deutsche Aerodynamik bereits zu dieser Zeit vor dem Ausland hatte, wurde auf einer Hochgeschwindigkeitstagung, die vom 30. 9. bis zum 6. 10. 1935 in Rom stattfand, deutlich: Adolph Busemann von der LFA Braunschweig hielt dort den Vortrag „Aerodynamischer Auftrieb bei Überschallgeschwindigkeit". In diesem Vortrag erläuterte Busemann dem Fachpublikum der auch als Volta-Kongreß bekannten Tagung zum ersten Mal den Pfeilflügeleffekt.

Abgeleitet aus mathematischen Überlegungen wurde hier zum ersten Mal der Pfeilflügel als wirksames Mittel zur Widerstandsreduzierung für den Überschallflug vorgeschlagen.

Die Zeit war offenbar 1935, trotz der Anwesenheit solch aerodynamischer Größen wie Th. von Kármán, A. Grocco, G. I. Taylor und anderer, noch nicht reif für dermaßen vorausblickende Gedankengänge. So fanden einige der Wissenschaftler den Vorschlag ganz originell und skizzierten bei einem Bankett „Busemann-Flugzeuge" auf die Speisekarte; Flugzeugskizzen und Flügelformen also, die Jahre später streng geheim waren. Busemanns Vorschlag fand augenscheinlich noch nicht die Beachtung, die er verdiente.

Am 16. April 1937 gründete Hermann Göring die „Deutsche Akademie für Luftfahrtforschung", die im Gegensatz zur mehr anwendungsorientierten „Lilienthal-Gesellschaft" sich mehr den grundsätzlich theoretischen Fragen des Flugwesens widmen sollte. Bei der 3. Wissenschaftssitzung dieser neuen Einrichtung hielt Messerschmitt am 26. Nov. 1937 einen vielbeachteten Vortrag über die Probleme des Schnellfluges und forderte dabei eine deutlich verstärkte Forschung in Richtung Schallgeschwindigkeit. Als Vorstandsmitglied der „Lilienthal-Gesellschaft für Luftfahrtforschung" (LGL) pflegte der erfolgreiche Flugzeugbauer aus dem Süden Deutschlands bis zum Kriegsende einen intensiven Kontakt zur theoretischen Aerodynamik.

Etwa ein Jahr später forderte A. Busemann erneut öffentlich in der Oktoberausgabe der Zeitschrift „Luftwissen" den gepfeilten, dünnen Tragflügel für Schall- und Überschallgeschwindigkeiten. Da dieses Fachblatt mit Sicherheit auch von interessierten Ausländern gelesen wurde, ist es eigentlich unverständlich, daß 1945 für die Alliierten die Überraschung beim Anblick der in den Windkanälen vorgefundenen Pfeilflügelmodelle so groß gewesen sein soll.

Auch die Lilienthal-Gesellschaft veranstaltete Ende der dreißiger Jahre Vorträge, die das Problem des schallschnellen Fluges zum Inhalt hatten; so referierte am 14. 12. 1938 Dr. Max Kramer von der DVL über das Thema „Über den Einfluß der Mach'schen Zahl und der Grenzschicht-Entwicklung auf den Profilwiderstand". Für Messerschmitt war es selbstverständlich, daß sich seine Mitarbeiter auf derartigen Veranstaltungen mit der neuen Problemstellung vertraut machten.

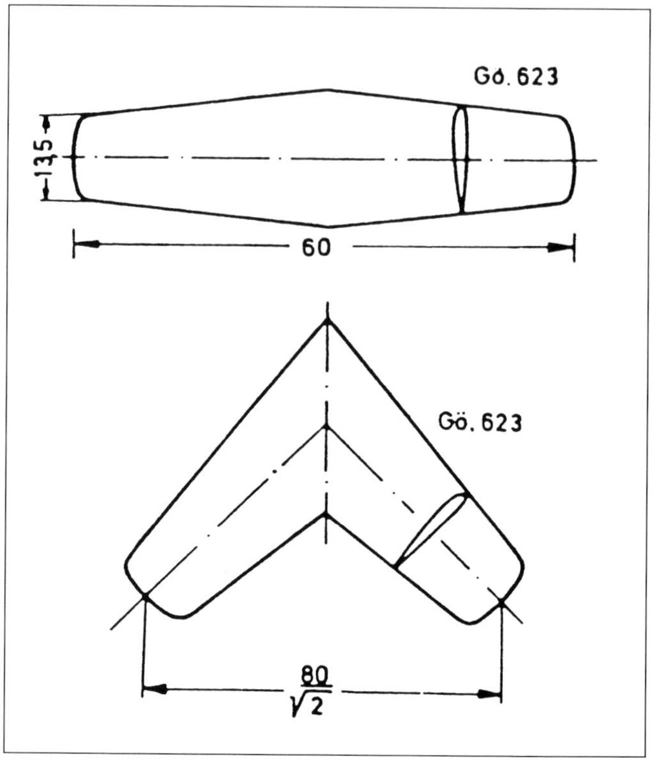

Das erste Pfeilflügelmodell und ein trapezförmiger Vergleichsflügel für Messungen im Hochgeschwindigkeitskanal der Aerodynamischen Versuchsanstalt Göttingen (AVA).

Aber erst 1939 griff der technische Direktor der Aerodynamischen Versuchsanstalt Göttingen (AVA) Prof. Albert Betz die Idee seines Kollegen Busemann auf und begann im Zusammenhang mit Widerstandsmessungen bei Schallgeschwindigkeit mit systematischen Forschungsarbeiten über den Pfeilflügel im hohen Unterschallbereich.

Am 9. 9. 1939 erteilte das Reichspatentamt an die Anmelder Adolph Busemann und Albert Betz das Geheimpatent Nr. 732/42 mit Titel „Flugzeug mit Geschwindigkeiten in der Nähe der Schallgeschwindigkeit".

Nach dem mehr als zögerlichen Beginn ging es jetzt Schlag auf Schlag weiter. Gegen Ende des Jahres 1939 machte die AVA die ersten Ergebnisse der Luftfahrtindustrie zugänglich. Die Messerschmitt AG in Augsburg erteilte einen Auftrag an die AVA für die systematische Erforschung von unterschiedlich gepfeilten Tragwerken und ließ im Laufe des Jahres 1940 auch den Einfluß von Rumpf und Gondeln auf den Widerstand bei hohen Geschwindigkeiten untersuchen. Die Messungen wurden mit einem verbesserten Flügelprofil (anstelle des von Prof. Betz be-

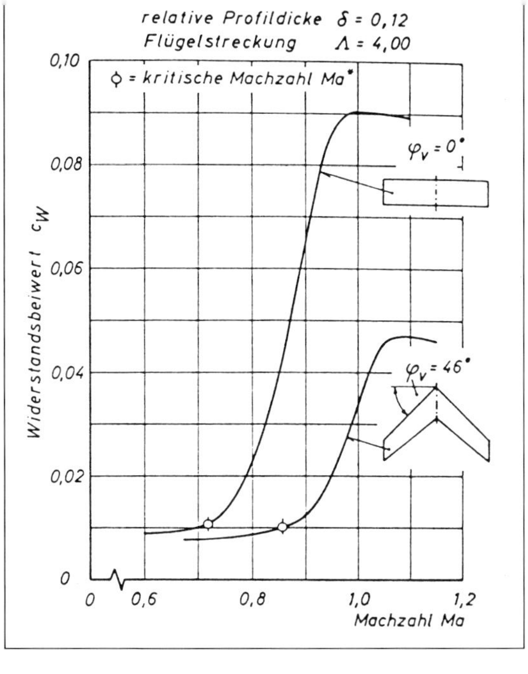

Darstellung des Pfeilflügeleffektes: Widerstandsbeiwerte für zwei Flügel mit verschiedenen Pfeilwinkeln im schallnahen Gebiet.

nutzten Gö-623 schlug Messerschmitt ein Profil aus der amerikanischen NACA-Systematik, nämlich das NACA 0012-64 vor) an sechzehn verschiedenen Pfeilflügelmodellen vorgenommen.

Bei einer Sitzung des „Ausschusses für allgemeine Strömungsforschung" mit dem Thema „Hochgeschwindigkeit" der Lilienthal-Gesellschaft in Braunschweig am 3. September und am 26./27. Sept. 1940 in Göttingen wurden die bisherigen Versuchsergebnisse – unter Einbeziehung der von Messerschmitt veranlaßten Arbeiten – Vertretern von Forschung und Luftfahrtindustrie mitgeteilt.

Einen Monat später erhielt der Vorschlag von 1935 die höheren technischen Weihen der Firma Messerschmitt: Im Technischen Bericht Nr. 22/40 vom 21. Oktober 1940 erklärten die Verfasser Bölkow und Schomerus zusammenfassend „daß es möglich ist, mit einem Profil NACA 0012-64 und einem Pfeilwinkel von 33 bis 38° mindestens bis zu einer Mach'schen Zahl M = 0,9, d. h. bis 1100 km/h am Boden zu fliegen, ohne daß ein Einfluß der Kompressibilität auf den Widerstand merkbar ist".

Doch bekanntlich haben die Götter vor den Erfolg den Schweiß gesetzt und obendrein meist gleichzeitig den Teufel im Detail versteckt. Und so ließen auch die Schwierigkeiten und die Nachteile des gepfeilten Tragwerkes nicht lange auf sich warten. In der Hauptsache umfaßten diese drei Problemkreise:

- Verschlechterte Langsamflugeigenschaften durch verringerten Gesamtauftrieb mit allen negativen Begleiterscheinungen wie z. B. erhöhte Start- und Landegeschwindigkeiten;

Vorläufiges Pfeilflügelmeßprogramm der Deutschen Versuchsanstalt für Luftfahrt (DVL) in Berlin-Adlershof vom Dezember 1940. Versuchsmodelle 4/6/9/12 und 13 werden für die Messerschmitt AG gemessen.

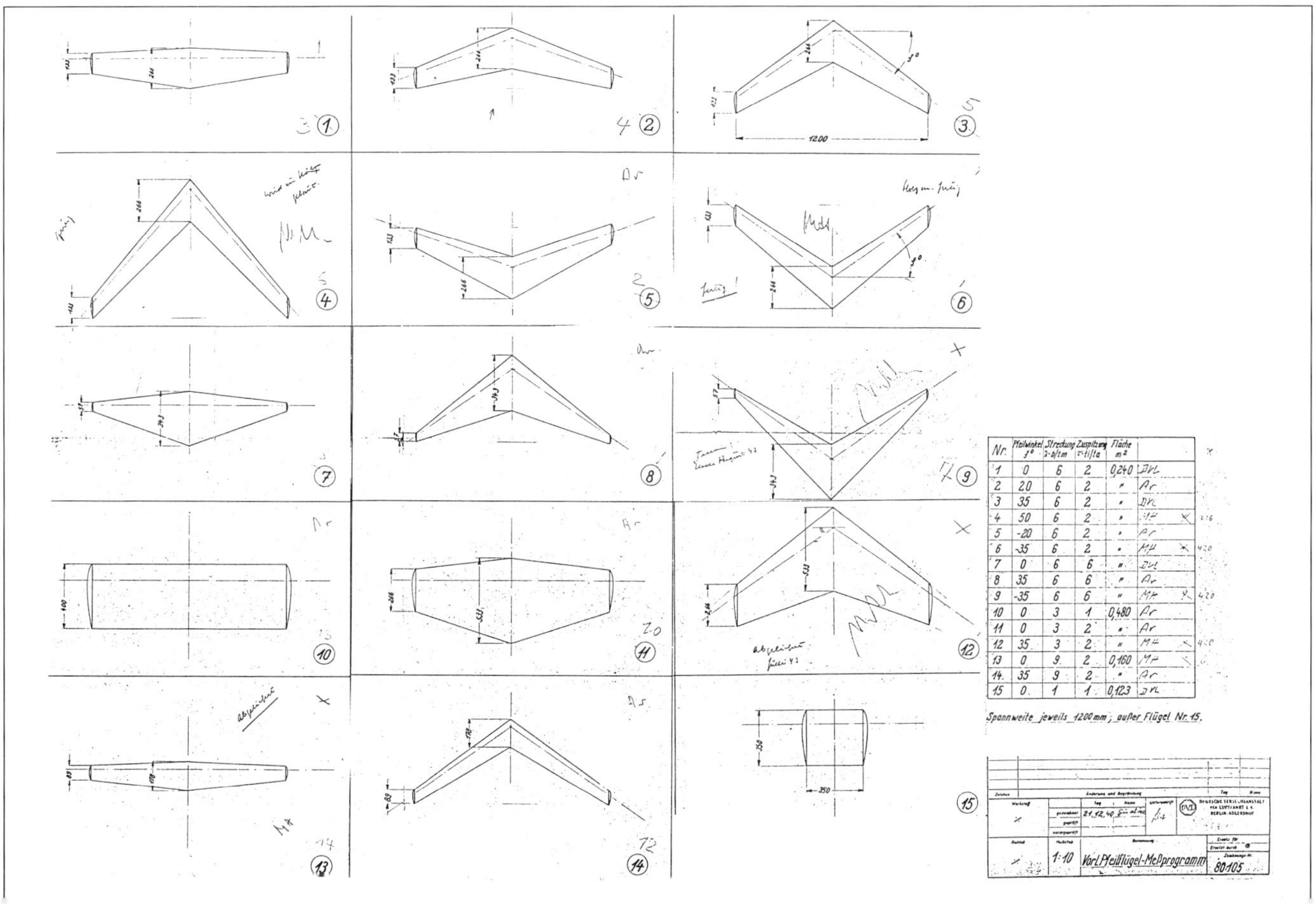

Nr.	Pfeilwinkel φ°	Streckung λ = b/tm	Zuspitzung τ = ti/ta	Fläche m²	
1	0	6	2	0,240	DVL
2	20	6	2	"	Ar
3	35	6	2	"	DVL
4	50	6	2	"	MH
5	-20	6	2	"	Ar
6	-35	6	2	"	MH
7	0	6	6	"	DVL
8	35	6	6	"	Ar
9	-35	6	6	"	MH
10	0	3	1	0,480	Ar
11	0	3	2	"	Ar
12	35	3	2	"	MH
13	0	9	2	0,160	MH
14	35	9	2	"	Ar
15	0	1	1	0,123	DVL

Spannweite jeweils 1200 mm; außer Flügel Nr. 15.

Der innere und der äußere Vorflügel der Me-262 (ausgefahren).

- Ablösegefahr der Strömung am Außenflügel infolge Grenzschichtwanderung;

- Konstruktive Nachteile wie z. B. die sich aufgrund der starken Druckpunktrücklage ergebende, im Vergleich zum geraden Flügel wesentlich größere Torsionsbelastung, die zu einer Umkehr der Querruderwirkung führen kann.

Die beteiligten Ingenieure und Wissenschaftler nahmen sofort die Arbeit an der Beseitigung oder der wenigstens teilweisen Behebung dieser Mängel mit den Mitteln auf, die der damalige Stand der Technik bot. Konnten sie nicht auf bereits Bestehendes zurückgreifen, so schufen sie Neues. Der Mut und die Kreativität, mit der von allen Beteiligten technisches Neuland betreten wurde, ist beeindruckend. Einige Beispiele sollen dies unterstreichen:

- Messerschmitt benutzte bei der Me109 und Me262 zur Verbesserung der Langsamflugeigenschaften Vorflügel (Slots) z. T. über fast die gesamte Flügelspannweite. Beim Entwurf der neuen Strahljägergeneration behielt er selbstverständlich dieses Merkmal bei, das nach dem Kriege bei vielen Hochleistungsflugzeugen, insbesondere denen der Firma North-American, zu sehen ist;

- ein anderer, wesentlich radikalerer Vorschlag, ebenfalls zur Verbesserung des Langsamflugverhaltens, kam aus der Abteilung ,,L" des Hauses Messerschmitt. Dr. Alexander Lippisch, der seit 1939 mit einer eigenen Abteilung, eben jener ,,L", in Augsburg tätig war, schuf nicht nur den für niedrige und für hohe Geschwindigkeiten fast gleich gut geeigneten Deltaflügel als Sonderform des Pfeilflügels, sondern er meldete 1941 ein Patent mit dem Titel ,,Pfeilflügel mit drehbaren Flügelenden" an. Darin beschrieb Lippisch bereits einen Schwenkflügel, der zwei Schwenklager außerhalb des Rumpfes aufweist, also eine Anordnung, die nach dem Kriege vor allem von sowjetischen Konstrukteuren wie Suchoi und Tupolew benutzt wurde.

Gegen Ende des Krieges arbeiteten Messerschmitt und die Hamburger Firma Blohm & Voss an Studien für Schwenkflügelflugzeuge. Beide Firmen beschritten allerdings andere Wege als Dr. Lippisch: Das Blohm & Voss Projekt P. 202 besaß einen ungeteilten, mit nur einem Drehlager versehenen Flügel, der demzufolge beim Schwenken einen vorwärts- und einen rückwärtsgepfeilten Tragflügel ergab. Anfang der achtziger Jahre erprobte die NASA mit der Ames AD-1 diese ungewöhnliche Idee, und soweit bekannt ist, verliefen die Flugversuche sehr erfolgreich.

Die Messerschmitt-Lösung besaß ebenfalls die Lagerung für einen geteilten Schwenkflügel im Rumpf; die beiden Flügelhälften des Tragwerkes schwenkten dabei in einer heute üblichen Weise in eine positive Pfeilstellung.

Im Langsamflug hat das Pfeilflügelflugzeug nicht nur Probleme mit dem Auftrieb, sondern es zeigt auch die gefährliche Tendenz zum Abkippen nach einer Seite hin. Bereits bei kleinen Anstellwinkeln tritt ein örtliches Ablösen der Strömung an den Tragflügelenden auf, was infolge der nie exakt symmetrisch auftretenden Erscheinung unweigerlich zum erwähnten Kippen des Flugzeuges führt. Ursache dafür ist das Wandern der Grenzschicht am Tragflügel quer zur Flugrichtung auf die Tragflügelenden zu. Um dies zu unterbinden, ließen sich Messerschmitt's Aerodynamiker einiges einfallen:

- Neben dem Einsatz von Slots im Außenflügelbereich (siehe P1111) untersuchten sie auch den Flügel mit unterschiedlicher Pfeilung (Sichelflügel) und sahen ihn für die allerersten P1101-Studien und für ein Bomberprojekt vor.

- Eine Besonderheit schufen sie mit einem Tragflügel, der an der Flügelwurzel eine geringere prozentuale Dicke (8%) als an der Flügelspitze (12%) erhielt. Neben baulichen Vorteilen (Torsionssteifigkeit!) sollte diese aerodynamische Schränkung die Funktionsfähigkeit des Querruders bei hoher Geschwindigkeit erhalten (Verhinderung des berüchtigten ,,Flatterns") und im Langsamflug die Grenzschichtwanderung und damit den erwähnten Strömungsabriß am Flügelende verhindern.

Ein derart konstruierter Flügel, der selbstverständlich auch einen Slot über fast die gesamte Spannweite aufweist, sollte mit dem P1101-Experimentierflug-

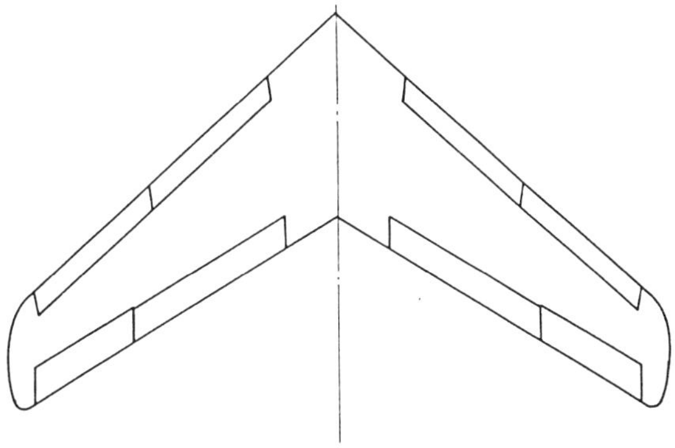

Bezeichnung: Messerschmitt "Tragflügel A" f. P1101, P1106, P1110

Datum : Entwurf 1944 / 1945
Spannweite b: 8250 mm
Flügelfläche F: 15,85 m²
Seitenverhältnis : 4,29
Pfeilung t/4 : 40°

Tragflügeldicke in % von t
Wurzel: 8%
Spitze: 12%

max. Geschwindigkeit V_{max}: 1015 Km/h

aerodyn. Hilfsmittel : Vorflügel
Landeklappen
Querruder

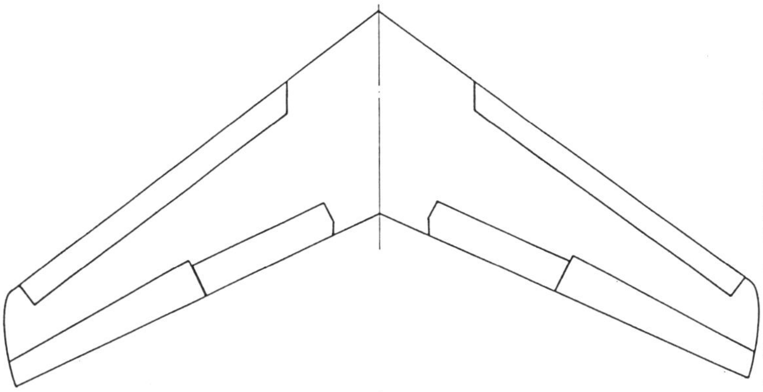

Bezeichnung: North American N.A. F-86 "Sabre"

Datum : Erstflug 1. Oktober 1947
Spannweite b: 11310 mm
Flügelfläche F: 26,76 m²
Seitenverhältnis : 4,78
Pfeilung t/4 : 35°

Tragflügeldicke in % von t
Wurzel: 12%
Spitze: 11%

max. Geschwindigkeit V_{max}: 1100 Km/h

aerodyn. Hilfsmittel : Vorflügel
Landeklappen
Querruder

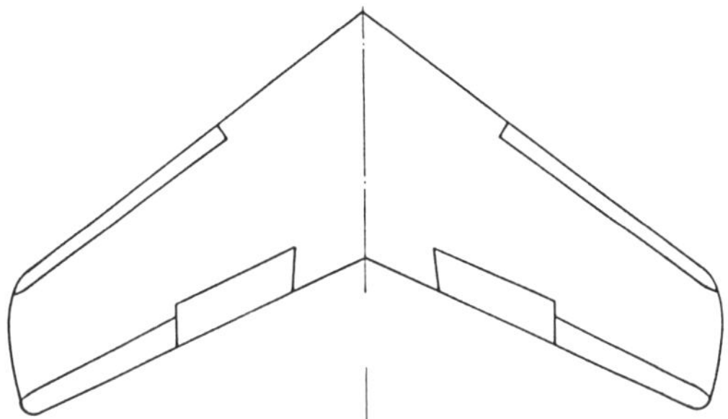

Bezeichnung: Douglas D-558/2 "Skyrocket"

Datum : 4. Februar 1948
Spannweite b: 7620 mm
Flügelfläche F: 16,26 m²
Seitenverhältnis : 3,57
Pfeilung t/4 : 35°

Tragflügeldicke in % von t
Wurzel: 10%
Spitze: 12%

max. Geschwindigkeit V_{max}: 2135 Km/h

aerodyn. Hilfsmittel : Vorflügel
Landeklappen
Querruder

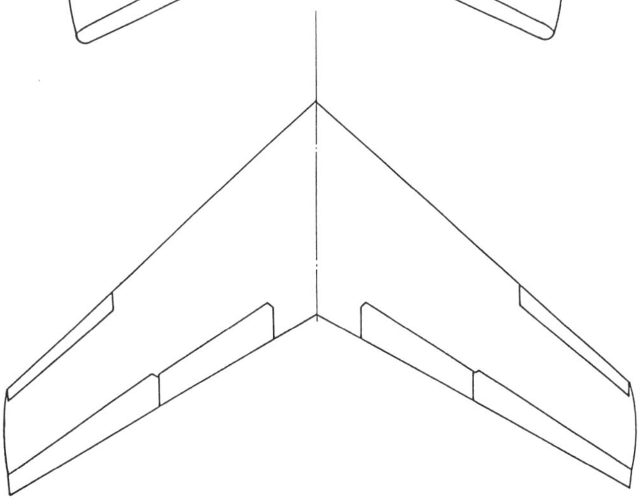

Bezeichnung: Bell X-2 Forschungsflugzeug

Datum : 27. Juni 1952
Spannweite b: 9830 mm
Flügelfläche F: 24,15 m²
Seitenverhältnis : 4,0
Pfeilung t/4 : 40°

Tragflügeldicke in % von t
Wurzel: 7,66 %
Spitze: 7,66 %

max. Geschwindigkeit V_{max}: 3369 Km/h

aerodyn. Hilfsmittel : Kippnase nach Bölkow
Landeklappen
Querruder

zeug erprobt werden und das mit Tragflügel „A“ bezeichnete Konzept war von vorneherein für das P1101-Serienflugzeug und die Entwürfe P1106 und P1110 vorgesehen.

Ein Flügel für viele Fälle: Messerschmitt Tragflügel „A“ von 1944/45.

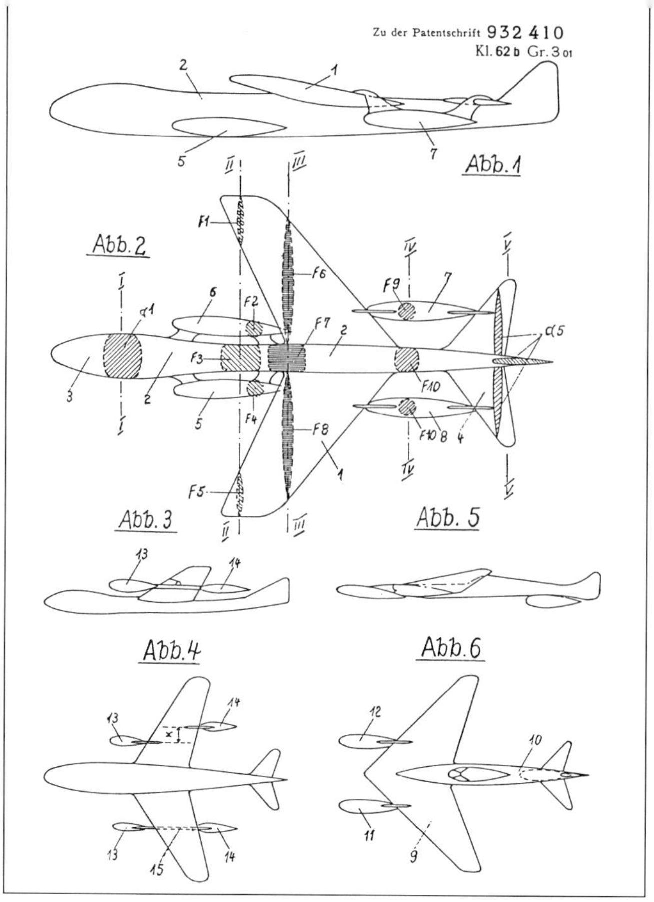

Aus der Patentschrift von Hertel, Frenzel und Hempel („Widerstandsarme Gestaltung von Hochgeschwindigkeitsflugzeugen, auch von solchen mit außerhalb des Flugzeugumrisses liegenden Verdrängungskörpern") vom 21. März 1944: Skizzen von nach der Flächenregel gestalteten Flugzeugen zur Erläuterung und Eingrenzung der Patentidee; beachte den „Coke-Bottle"-Rumpf!

Die Bauweise mit aerodynamischer und/oder geometrischer Schränkung („Isobaren-Konzept") wird heutzutage von vielen Aerodynamikern bei der Verwirklichung von Pfeilflügelkonstruktionen bevorzugt. Sie besitzt den Vorteil, daß der Flügel von anderen aerodynamischen Hilfsmitteln (wie Grenzschichtzaun, Sägezahn, Flügelschlitz, Wirbelerzeuger usw.) freigehalten werden kann.

Diese aerodynamischen Konzepte gehören gemeinsam mit einigen anderen Problemlösungen aus der Messerschmitt'schen Forschungsanstalt (z. B. neue, dünne Profilformen mit Kippnase anstelle des Slots) mit zu der wertvollsten wissenschaftlichen Kriegsbeute der USA.

Ähnliche Effekte der Grenzschichtbeeinflussung erhofften sich die Aerodynamiker der Firma Arado, die neben dem Sichelflügel auch einen Pfeilflügel erforschten, der an der Flügelspitze eine größere Tiefe als an der Flügelwurzel aufweist. Nach dem Kriege verwirklichten amerikanische Ingenieure mit der Republic XF-91, die im Dezember 1952 schneller als der Schall flog, diese ungewöhnliche, aber nicht weiter verfolgte Idee.

Eine weitere Lösung des Problems fiel dem DVL-Aerodynamiker Dr. Wolfgang Liebe ein: er wollte die Grenzschichtwanderung durch das Anbringen von in Flugrichtung liegenden Blechstegen auf der Tragfläche verhindern; der bereits erwähnte „Grenzschichtzaun" war erfunden.

Neben dem Pfeilflügeleffekt war die andere großartige aerodynamische Entdeckung der vierziger Jahre das als „Flächenregel" bekannte Gesetz der Strömungslehre, wonach im Bereich des schallnahen und des Überschallfluges der Widerstand eines Flugzeuges stark von dessen Querschnittsverteilung abhängig ist.

Erste Ansätze zu dieser Erkenntnis finden sich mit Sicherheit bereits in den erwähnten Messungen an überschallschnellen Artilleriegeschossen zu Anfang des Jahrhunderts.

Im Kriege untersuchten einige deutsche Flugzeughersteller (vor allem Junkers, Heinkel und Messerschmitt) mit Hilfe der Forschungsinstitute die optimale Zuordnung der Bauteile zueinander, um im „Höchstgeschwindigkeitsflug" den Widerstandsanstieg zu minimieren. Als Ergebnis dieser Messungen gelang es den Junkers-Mitarbeitern Hertel, Frenzel und Hempel Anfang 1944, die entdeckten Gesetzmäßigkeiten in eine griffige Regel zu fassen und für diese Leistung erhielten sie die Patentschrift Nr. 932410.

Messerschmitt's Projektbüro versuchte von Anfang an diese, im Laufe der Arbeiten sichtbar werdenden Gesetzmäßigkeiten, bei der Auslegung der einstrahligen Jägerreihe zu beachten. Die späten Entwürfe P1110 und vor allem P1112 zeigen bereits durch ihre Gestaltung die Kenntnis der Flächenregel.

Erste Arbeiten

Das erste Düsenflugzeug der Welt, die Heinkel He178 war eine einstrahlige Versuchsmaschine. Die auf der Hand liegenden Vorteile und die durchaus ausreichende Schubleistung (600 kp) der in der Planung befindlichen Strahltriebwerke ließen scheinbar einen fast nahtlosen Übergang vom einmotorigen zum einstrahligen Jäger zu.

Ende 1938/Anfang 1939 entstanden im Augsburger Projektbüro von Messerschmitt die allerersten Entwürfe zum Projekt 1065, aus dem später einmal die Me262 entstehen sollte; sie weisen demzufolge auch nur ein TL-Triebwerk auf.

Die Projektingenieure versuchten allerdings, die langen Luftführungen der He178 zu vermeiden. So zeigt ein Vorschlag ein Doppelrumpf-Flugzeug in der Art der späteren D. H. 100 „Vampire" und ein anderer eine Anordnung mit untergehängtem Triebwerk ähnlich dem späteren Projekt 1095. Doch die Daten des eingeplanten BMW-Antriebes P3302 änderten sich rasch zu ihrem Nachteil.

Dazu Dipl. Ing. Degel, der damals maßgeblich an der Entwicklung beteiligt war: „Bei der Me262 haben wir mit einmotorigen Entwürfen begonnen und alle denkbaren Unterbringungsmöglichkeiten für das Triebwerk untersucht. Dies war also ungeahnt die erste Vorstufe zum P1101. Erst nachdem das angekündigte Triebwerk immer schwerer, dicker und schubschwächer wurde als erwartet, waren wir genötigt, zwei Triebwerke vorzusehen."

Nachdem BMW mit dem P3304 ein neues, vielversprechendes Triebwerk entwickelte, wagte sich Messerschmitt bereits wieder im Sommer 1940 an den Entwurf eines, allerdings sehr kleinen einstrahligen Jägers, der in dieser Dokumentation aufgrund seiner Aufgabenstellung und der daraus resultierenden Auslegung eine gewisse Sonderstellung einnimmt.

Der Bordjäger P1073 B: P1073 ist die allgemeine Projektbezeichnung für eine Aufgabenstellung, die im Winter 1939/40 viel diskutiert und in einer Reihe von Vorprojekten abgeklärt wurde.

Ziel der Strategen war es, mit Flugzeugen großer Reichweite in die „Atlantikschlacht" einzugreifen. In einem frühen Stadium lag den Untersuchungen der Gedanke zugrunde, die Geleitzüge bereits beim Sammeln zu beobachten und durch Einzelbombenabwurf zu stören. Im weiteren Verlauf erweiterte man die Aufgabenstellung auf „vereinzelte Störangriffe an der US-Ostküste", wobei man in Zielnähe starke gegnerische Kräfte erwartete und nach Mitteln suchte, um diese abzuwehren.

Nachdem bereits in den dreißiger Jahren sowjetische Konstrukteure die Idee des „fliegenden Flugzeugträgers" (Projekt „Sweno") versuchsweise verwirklichten, gingen die Überlegungen bei Messerschmitt in eine ähnliche Richtung. So entstand im August 1940 eine Studie eines Fernkampfflugzeuges, das seinen eigenen Begleitschutz in Form von bemannten Jägern selbst mitführen sollte.

Das gesamte Projekt erhielt die Bezeichnung „P1073-Fernbomber-Trägerflugzeug mit drei Bordjägern", wobei das riesige, 63 m spannende Trägerflugzeug mit P1073 A und der kleine Bordjäger mit P1073 B bezeichnet wurde.

Rechnerisch brachte der von acht Jumo-223-Motoren getriebene Fernbomber mit den drei Bordjägern, mit 6000 kg Bombenlast und mit Treibstoff für eine Reichweite von 16 000 km ein Abfluggewicht von etwa 128 to an den Start.

Es war vorgesehen, die drei Begleitflugzeuge aufgetankt und mit Pilot im Rumpf des Trägerflugzeuges auf Schienen über einer Bordluke unterzubringen. Im Einsatzfall sollten sie durch diese nach unten ausgefahren und abgeworfen werden. Mit ziemlicher Sicherheit hätte sich das nach durchgeführter Mis-

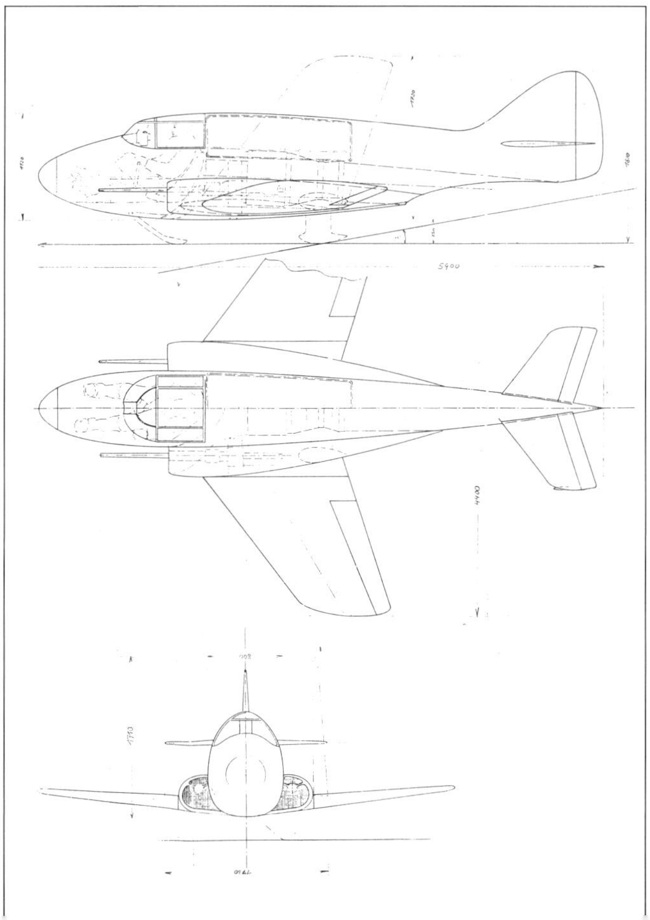

Originalzeichnung des Bordjägers P1073 B vom 13. August 1940 (links).

Der amerikanische Parasitjäger Mc Donnell XF-85 „Goblin" (oben).

sion mit einer Art Schleppseil geplante Aufnehme- und Einziehmanöver als ein Schwachpunkt des Konzeptes herausgestellt.

Während vom Trägerflugzeug P1073 A keine Zeichnung erhalten blieb, ergeben einige Datenblätter und die Zeichnung vom 13. 8. 1940 ein relativ klares Bild über den vorgesehenen Bordjäger: Der Tiefdecker mit dem hohen, ovalen Rumpfquerschnitt besitzt ein eingestraktes Kabinendach und ein Seitenleitwerk, das deutlich an die Me209 erinnert.

Die Tragflächen sind wegen der besseren Staumöglichkeit faltbar, so daß für die Verladung im Trägerflugzeug nur ein Transportquerschnitt von 1,73 m x 1,71 m erforderlich ist.

Der Flügel ohne Auftriebshilfen und mit Laminarprofil besitzt an der t/4-Linie eine Pfeilung von 35°. Die Querruder erstrecken sich über ca. 80% der Flügelhinterkante und beanspruchen etwa 1/5 der Flügeltiefe.

Anstelle eines Fahrwerkes sind zwei ausschwenkbare Bugsporne und im Auslauf der Waffenverkleidungen ein ausfahrbares Landekufenpaar vorgesehen.

Gemeinsam mit den Lippisch-Arbeiten vom Sommer 1940 (P01 – 112/113/114) stellte das Projekt 1073/B mit den ersten ernsten Vorschlag eines Flugzeuges dar, bei dem die bewußte Anwendung des Busemann'schen Pfeilflügeleffektes eine Auslegungsgrundlage bildete.

Die dann bei Messerschmitt nicht mehr weiter verfolgte Idee griffen die Amerikaner mit der Entwicklung und dem Bau der McDonnell XF-85 „Goblin" noch einmal auf. Von dem urig aussehenden, eiförmigen Flugzeug sollten ebenfalls drei Stück im Bombenschacht der riesigen Convair B-36 Raum finden.

Bevor jedoch am 23. August 1948 der Erstflug des kleinen Jägers stattfand, hatte die US Air Force ihre Strategie geändert; als Folge davon strich sie die bestellten dreißig Flugzeuge.

Trotzdem führte man in Muroc die Flugerprobung der beiden gebauten Prototypen 46-523 und 46-524 mit einer Boeing EB-29 B als Trägerflugzeug bis zum 18. März 1949 durch.

Die Ergebnisse der Flüge waren alles andere als ermutigend. Nachdem selbst so ein hervorragender Testpilot wie Edwin Schoch seine Schwierigkeiten mit dem seltsamen Vogel hatte, stellte sich die Frage, wie wohl der durchschnittliche Air-Force-Pilot damit zurechtkommen würde.

Die leistungsmäßige Unterlegenheit der XF-85 gegenüber herkömmlichen Abfangjägern und immer ausgereiftere Boden/Luft-Abwehrsysteme unterstrichen die Richtigkeit der den Testflügen vorausgegangenen Air-Force-Entscheidung.

	Messerschmitt P1073/B	*McDonnell XF-85 „Goblin"*
Verwendung	einsitziger Bordjäger	einsitziger Bordjäger
Triebwerk	1 x BMW 3304 (BMW 002) mit 600 kp Standschub	1 x Westinghouse J-34-WE7 mit 1361 kp Standschub
Länge	5900 mm	4534 mm
Höhe	1810 mm	
Transportquerschnitt	1,71 m x 1,73 m	3,25 m x 1,645 m
Spannweite	4400 mm	6440 mm
Flügelfläche	6,5 m²	8,36 m²
Flügelstreckung	ca. 3,0	ca. 5,0
Pfeilung	35° / t/4-Linie	37° Vorderkante
Rüstgewicht		1697 kg
Fluggewicht	1620 kg	2064 kg
Flächenbelastung	ca. 250 kg/m²	247 kg/m²
Fahrwerk	Kufen	Kufen
V max.	theor. 935 km/h	erreicht: 583 km/h theor. 1068 km/h
Dienstgipfelhöhe		15 240 m
Treibstoff	250 l	424 l
max. Flugzeit	31 min. (bei 50% Schub)	30 min.
Bewaffnung	2 x MG 151/20 (20 mm)	4 x 0,5" MG (12,7 mm)

<u>Ein neuer Anlauf</u>
<u>Jäger und Höhenjäger P1092:</u> In den Jahren zwischen 1940 und 1943, in denen die Messerschmitt-Werke eine ganze Reihe von z. T. neuartigen Flugzeugen entwickelte und einige davon in Serie fertigte, trat über die Arbeit an dem überragenden Jagdflugzeug Me262 der Gedanke eines einstrahligen Jägers etwas in den Hintergrund.

Mittlerweile machten jedoch die militärische Lage und die wirtschaftliche Situation neue Überlegungen notwendig. Auch der bei den TL-Triebwerken, die besonders unter dem zunehmenden Materialmangel litten, erreichte Entwicklungsstand ließ die Verwirklichung eines einstrahligen Flugzeuges als Alternative zum zweistrahligen Konzept (Me262, He280, Ar234) als durchaus reale Möglichkeit erscheinen.

In erster Linie begannen im Frühjahr 1943 Focke-Wulf und Messerschmitt nach Anfragen und Anregungen des RLM mit dem Ausarbeiten von einstrahligen Entwürfen.

Für Messerschmitt, der damals der weltweit einzige Flugzeugbauer war, der neben zahlreichen aerodynamischen Neuerungen auch die drei revolutionär neuen Antriebe (Turbine – Luftstrahl, Rakete und Schubrohr) z. T. schon im Serienbau in die Praxis umsetzte, bot ein ausgearbeiteter einstrahliger Entwurf darüberhinaus die Möglichkeit eines technischen, leistungsmäßigen und wirtschaftlichen Vergleiches mit der Me262. Noch ging dieser „Wettbewerb“, soviel sei als Ergebnis des TB Nr. 90/43 „Leistungsvergleich von TL-Jägern“ vorweggenommen, zugunsten des zweistrahligen Jägers aus.

Projekt P1092 war, wie so oft, die Sammelbezeichnung für eine ganze Gruppe von Studien und Überlegungen für Flugzeuge mit unterschiedlichsten Einsatzzwecken.

Die ersten Entwürfe umfaßten mit den Bezeichnungen P1092 A/B/C/D und E vorerst noch Flugzeuge mit zwei TL-Triebwerken, mit einem Raketentriebwerk oder mit zwei Argus-Strahlrohren. Entsprechend vielfältig war auch die ins Auge gefaßte militärische Verwendung: Jäger, Höhenjäger, Interceptor, Nachtjäger, Zerstörer, Schnellbomber, Stuka und Torpedoflugzeug.

Technische Daten:

Bezeichnung	P1092 Zeichng. XVIII/44 (1) vom 8. 6. 1943
Verwendungszweck	einstrahliges Jagdflugzeug
Besatzung	1 Pilot
Antrieb	1 x Jumo 004C mit 1015 kp Schub und 1200 kp mit Nachbr.
Spannweite	8500 mm Innenflügel stark, Außenflügel schwach gepfeilt
Flügelfläche	13,5 m^2
Streckung	$\lambda = 5{,}36$
V-Stellung	+ 10°
Brennstoff	900 kg bzw. 1200 l bei $\gamma = 0{,}75$
Startgewicht	3850 kg
Flächenbelastung	285 kg/m^2 (Start)
militärische Ausrüstung	2 x Mk 103 2 x MG 151/15
max. Geschwindigkeit	910 km/h in 6 km Höhe
Steiggeschwindigkeit	18,3 m/sek (Start)
max. Reichweite mit Steig-u.Gleitflugstrecke	1025 km
max. Flugdauer	2,0 h in 9 km Höhe
Dienstgipfelhöhe	11 600 m
Startrollstrecke	700 m

Aus diesen, meist gerechneten Daten geht bereits hervor, daß das spätere Projekt 1101 seinen Ausgangspunkt in dieser Entwicklungsarbeit hat.

Sinn dieser Studien war es wohl, mit einem aus der Me262 abgeleiteten Grundentwurf einerseits eine Verringerung des Aufwandes und andererseits eine größtmögliche Einsatzvielfalt bei einer gewissen Freiheit im Antrieb zu erzielen.

Erst mit dem „P1092-Jäger mit 1-TL-Triebwerk Jumo 109-004C“ vom 8. Juni 1943 wird der eingangs angedeutete Weg zum einstrahligen Jäger klar und ohne Umwege beschritten.

Das von Eberhart, Hornung und Voigt auf der Zeichnung XVIII/44 (1) dargestellte Flugzeug entspricht bis auf den Tragflügel mit nach außen abnehmender Pfeilung weitgehend dem ausführlich bearbeiteten P1092 vom 3. Juli 1943.

Nach diesem Auftakt folgten in den nächsten Tagen mehrere Vorschläge, in denen der Ausgangsentwurf vom 8. Juni entsprechend abgeändert wurde. So erhielt am 11. 6. 43 das „1-TL Flugzeug mit Jumo 109-004C“ auf einer nicht registrierten Zeichnung einen kleineren Flügel mit durchgehender Vorderkante und auf einer ebenfalls nicht registrierten Zusammenstellung vom 29. 6. 43 weist das P1092 die Flügel und das Leitwerk der Me262 auf; desweiteren zeigt ein nicht fertiggestellter Entwurf vom 30. 6. 43 eine etwas vergrößerte P1092 mit einer Bewaffnung von 2 x Mk 103, 2 x Mk 108 und einer Außenlast von 2 x 250 kg Bomben.

Anfang Juli kristallisierte sich dann ein detailliert ausgearbeiteter Jagdflugzeug-Vorschlag heraus, der auch für die bereits angesprochene, vergleichende Untersuchung zwischen dem schwanzlosen, aus der Me163 abgeleiteten P20, der zweistrahligen Me262 und eben der P1092 benutzt wurde.

Hornung und Voigt fassen im TB 90/43 ihre Ergebnisse folgendermaßen zusammen:

Zusammenfassung:

Es wird der Jäger mit 2 TL-Geräten (Me262) verglichen mit dem Jäger mit 1 TL-Triebwerk; der letztere wird in normaler Ausführung (P1092) und in schwanzloser Bauform untersucht. Die zu vergleichenden Flugzeuge sind gewichtlich auf die gleiche Aufgabenstellung (Ausrüstung und Bewaffnung) abgestimmt. Die Landegeschwindigkeit der beiden einmotorigen Jäger ist gleich, die der Me262 liegt um 8 km/h höher.

Bei dem einmotorigen Normalflugzeug wurde eine

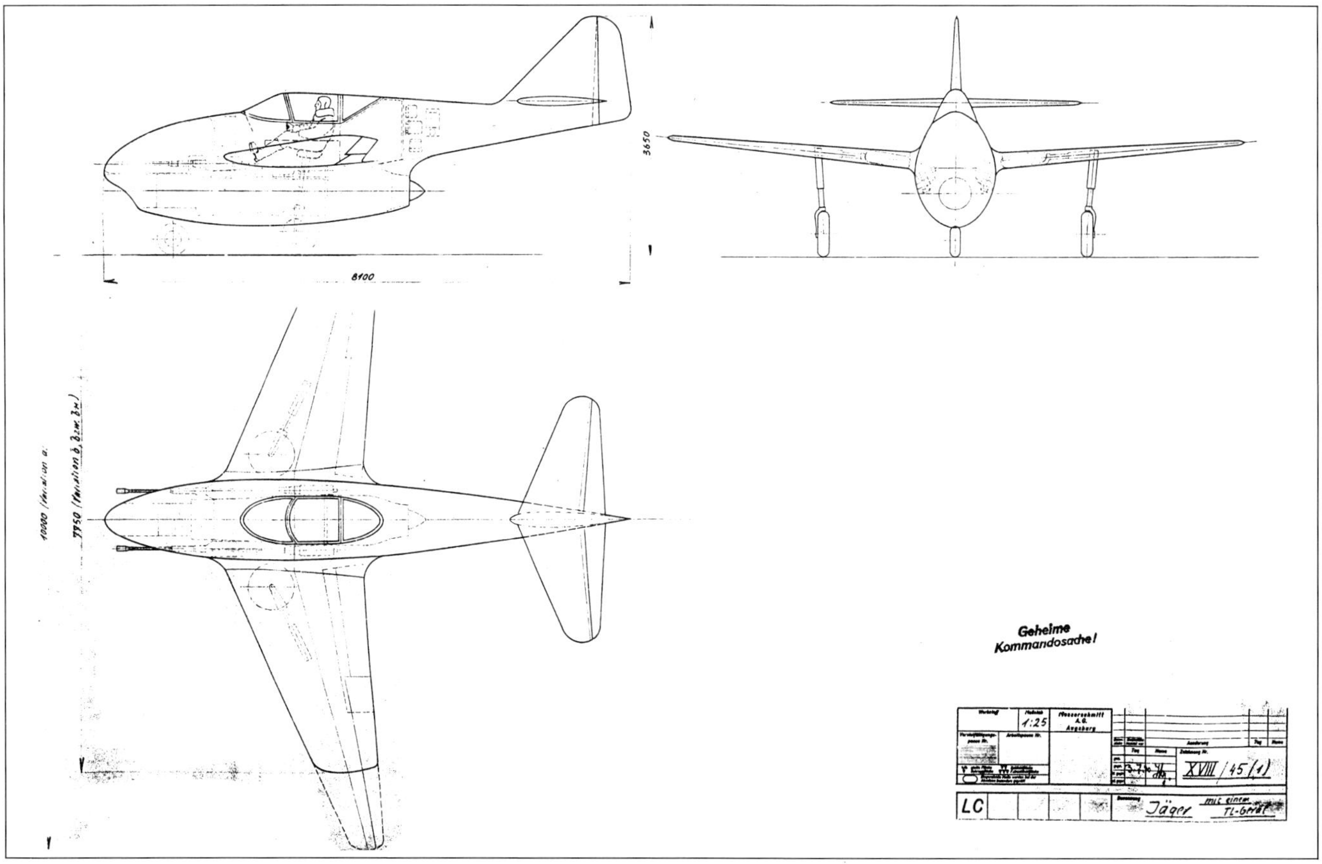

P1092 a/b/b H „einmotoriger Jäger in Normalbauart“ Zeichnung XVIII/45 (1) vom 3. Juli 1943.

Variation des Gewichts- und Seitenverhältnisses durchgeführt. Die Gewichtserleichterung ist bei der schwanzlosen Bauform mit demselben Erfolg möglich, eine Seitenverhältnisveränderung wurde bei letzterer nicht untersucht, da mit Rücksicht auf die kurzen Termine unter allen Umständen die aerodynamischen Daten der Me163 B erhalten bleiben mußten.

Ergebnis:

I.) P1092 a/P20

Der Vergleich der einmotorigen Jäger bei gleicher Flügelstreckung zeigt folgendes:

Die Normalbauart ist in der Höchstgeschwindigkeit durchschnittlich um ca. 25 km/h überlegen.

In folgenden Leistungen ist die schwanzlose Bauart überlegen:

Steigleistung in größerer Höhe, Gipfelhöhenunterschied 450 m.

Flugdauer, Unterschied 0 in Bodennähe, 15 min = 22% in 11 km Höhe.

Reichweite, Differenz 0 in Bodennähe bis zu 9 km Höhe, 55 km = 7% in 11 km Höhe.

Kurvenradius, engste Kurve ohne Höhenverlust in 6 km Höhe, r = 780 m gegen 1000 m.

Gleichwertig sind beide Bauweisen inbezug auf Start- und Landestrecke sowie auf die Landesinkgeschwindigkeit.

II.) P1092 b/P20

Vergleich wie oben, jedoch mit Spannweitenvergrößerung des Normalflugzeuges (große Randkappen).

Das Normalflugzeug ist in allen Leistungen überlegen. Die Überlegenheit beträgt:

Höchstgeschwindigkeit rd. 10 km/h

Gipfelhöhe rd. 400 m

Reichweite, Differenz 0 in Bodennähe, bis zu 11 km Höhe rd. 30 km = ~ 3,5%

Flugdauer, Unterschied 0 in Bodennähe, in 11 km Höhe 6 min. = 6,5%

Startstrecke rd. 50 m = ~ 10%

Kurvenradius (wie oben gerechnet) 706 m gegen 780 m.

Landesinkgeschwindigkeit 7,6 m/sec. gegen 9,9 m/sec.

Landegeschwindigkeit 165 km/h gegen 176 km/h.

III.) P1092 b/Me262

Der Vergleich zwischen dem besten einmotorigen

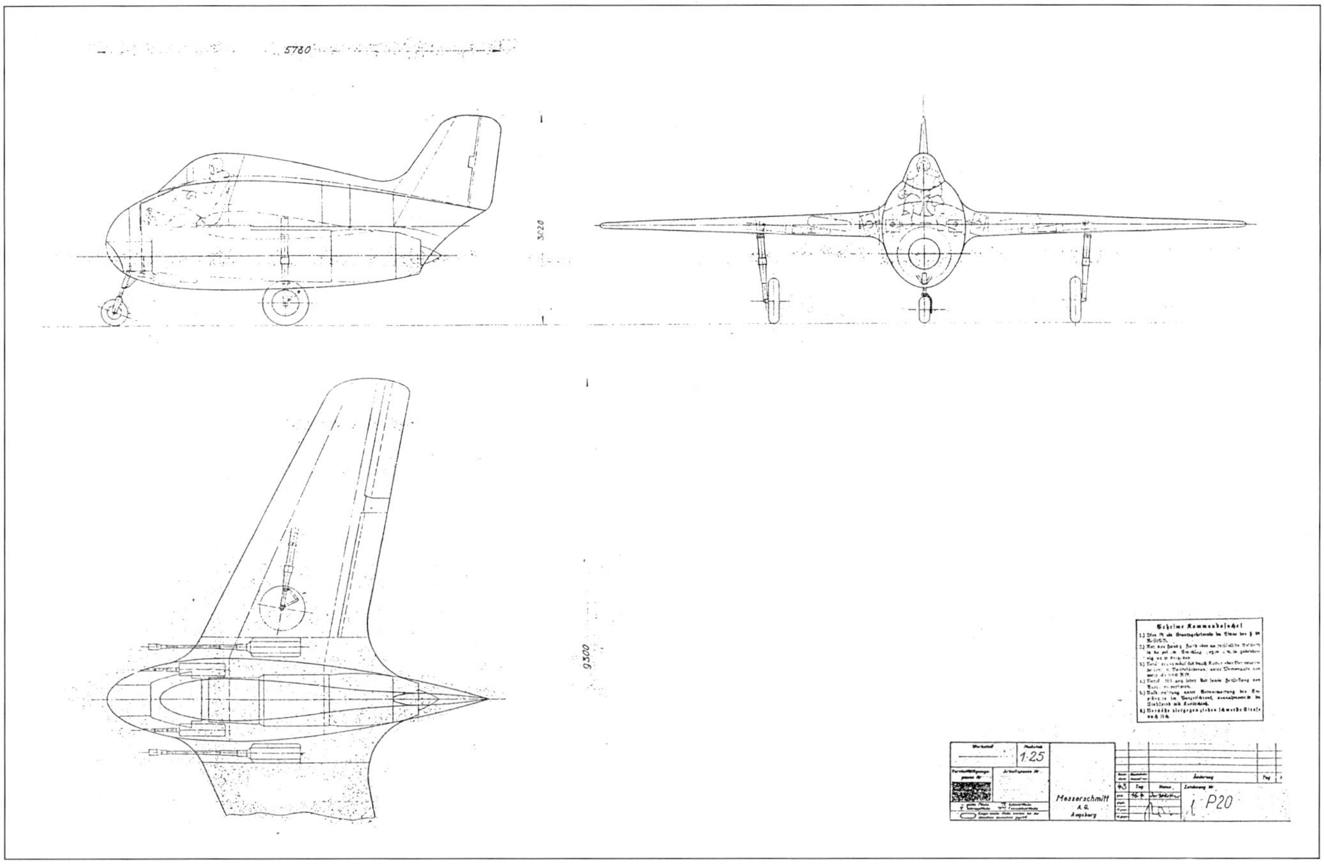

Einmotoriger Jäger P20 in „schwanzloser Bauart"; Originalzeichnung von Dr. Wurster.

Jäger (vergrößerte Spannweite) und dem 2-motorigen (Me262) ergibt folgendes:

Das zweimotorige Flugzeug ist dem einmotorigen zwar in Höhen bis zu 6 km an Geschwindigkeit um ca. 20 km unterlegen, jedoch in Höhen über 6 km erheblich überlegen. Außerdem schneidet das zweimotorige Flugzeug in folgenden Punkten schlechter ab:

Startstrecke: 690 m gegenüber 635 m

Kurvenradius: 1000 m gegenüber 700 m

Landesinkgeschwindigkeit: 9,0 m/sec. gegen 7,6 m/sec.

Landegeschwindigkeit: 184 km/h gegen 165 km/h.

In allen anderen Leistungen ist das zweimotorige Flugzeug entschieden besser und zwar um folgende Beträge:

Höchstgeschwindigkeit über 6 km Höhe

Steiggeschwindigkeit in 0 m Höhe 3,7 m/sec.

Gipfelhöhe um ca. 400 m

Reichweite,
in Bodennähe um ca. 120 km = 30%
in 11 km Höhe um ca. 380 km = 40%

Flugdauer,
in Bodennähe um 18 min. = 30%
in 11 km Höhe um 42 min. = 40%

Weiterhin ist das zweimotorige Flugzeug hinsichtlich Überlastbarkeit durch Vermehrung des Brennstoffinhaltes oder Mitnahme von Bomben dem einmotorigen absolut überlegen. Das einmotorige Flugzeug erfordert zwar nur die halbe Anzahl an Triebwerken und eine geringere Kraftstoffmenge, benötigt jedoch nach vorläufigen Überlegungen 55% Materialaufwand und ca. 85–90% Fertigungsaufwand des zweimotorigen Flugzeuges.

Rein zahlenmäßig lautet die Gegenüberstellung: (siehe Tabelle Seite 22)

Die Tabelle gibt neben den Angaben zum Lippisch P20 und zur Me262 einen sehr ausführlichen Überblick über die technischen Daten der Normalausführung P1092 a, der Ausführung P1092 b mit vergrößertem Flügel und der Höhenjägerversion P1092 b H.

Es bestand seitens Messerschmitt und des RLM im Sommer 1943 noch keine konkrete Absicht eines der P1092-Flugzeuge zu bauen; aber die Erfahrungen mit diesem Projekt erwiesen sich dann ein Jahr später, als der Entwicklungsauftrag des RLM endlich kam, als sehr wertvoll bei der Planung und Auslegung der P1101.

Zum Ergebnis der vergleichenden Betrachtung selbst ist zu bemerken, daß auch zu dieser Zeit diese Studie keinen allgemein gültigen Anspruch erheben konnte. Es war ein Vergleich zwischen drei verschiedenen Konzepten des Hauses Messerschmitt und das Bild wandelte sich bereits etwa eineinhalb Jahre später nach der Einplanung eines stärkeren Triebwerkes und der Anwendung der neuesten Ergebnisse aus der aerodynamischen Forschung wieder eindeutig zugunsten der einstrahligen Auslegung, zumindest was die Aufgabenstellung „Jagdflugzeug" betrifft.

Im Anschluß an den TB Nr. 90/43 versuchte Hans

<table>
<tr><th></th><th>P1092/A</th><th>P1092/b</th><th>P1092/bH</th><th>P20</th><th>Me262</th></tr>
<tr><td colspan="6">Abmessungen</td></tr>
<tr><td>Flügelfläche F(m²)</td><td>12,7</td><td colspan="2">14,45</td><td>17,3</td><td>21,6</td></tr>
<tr><td>Spannweite b(m)</td><td>7,75</td><td colspan="2">10,00</td><td>9,3</td><td>12,4</td></tr>
<tr><td>Seitenverhältnis</td><td>4,75</td><td colspan="2">7,00</td><td>5,00</td><td>7,05</td></tr>
<tr><td>Mittl.Profil</td><td>0011.3</td><td colspan="2">0011.3</td><td>S-Schlag = 13,4%</td><td>0011.3</td></tr>
<tr><td>Bespülte Flügeloberfläche 0_n(m²)</td><td>20,6</td><td colspan="2">24,2</td><td>31,0</td><td>32,1</td></tr>
<tr><td>Rumpflänge L(m)</td><td>8,31</td><td colspan="2">8,31</td><td>5,75</td><td>10,60</td></tr>
<tr><td>Bespülte Rumpfoberfläche 0_{pm}(m²)</td><td>24,3</td><td colspan="2">24,3</td><td>18,7</td><td>31,1</td></tr>
<tr><td>Bespülte Leitwerksfläche 0_{LW} (m²)</td><td>9,4</td><td colspan="2">9,4</td><td>2,8</td><td>13,7</td></tr>
<tr><td>Bespülte Gondelfläche 0 (m²)</td><td>–</td><td colspan="2">–</td><td>–</td><td>18,4</td></tr>
<tr><td>Ges. bespülte Oberfläche</td><td>54,3</td><td colspan="2">57,9</td><td>52,5</td><td>95,3</td></tr>
<tr><td colspan="6">Gewichte</td></tr>
<tr><td>Flugwerk (kg)</td><td>919</td><td colspan="2">985</td><td>917</td><td>1655</td></tr>
<tr><td>Triebwerk</td><td>874</td><td colspan="2">874</td><td>864</td><td>1792</td></tr>
<tr><td>Ausrüstung</td><td>234</td><td colspan="2">234</td><td>234</td><td>236</td></tr>
<tr><td>Leergewicht</td><td>2027</td><td colspan="2">2093</td><td>2015</td><td>3683</td></tr>
<tr><td>Bewaffnung</td><td>434 2MK103 +2MG 151/15</td><td>434 2MK103+ 2MG151/ 15</td><td>250 1MK103 oder 2MG151/15</td><td>434</td><td>414</td></tr>
<tr><td>Panzerung</td><td>165</td><td>165</td><td></td><td>140</td><td>230</td></tr>
<tr><td>Rüstgewicht</td><td>2626</td><td>2692</td><td>2343</td><td>2589</td><td>4327</td></tr>
<tr><td>Besatzung</td><td>100</td><td>100</td><td>100</td><td>100</td><td>100</td></tr>
<tr><td>Kraftstoff</td><td>750</td><td>750</td><td>750</td><td>750</td><td>1831</td></tr>
<tr><td>Munition</td><td>188</td><td>188</td><td>–</td><td>188</td><td>264</td></tr>
<tr><td>Startgewicht</td><td>3664</td><td>3730</td><td>3193</td><td>3627</td><td>6522</td></tr>
<tr><td>Abzüge für Start und Warmlaufen</td><td>75</td><td>75</td><td>75</td><td></td><td></td></tr>
<tr><td>Abhebegewicht</td><td>3589</td><td>3655</td><td>3118</td><td>3552</td><td>6372</td></tr>
<tr><td>Landegewicht bei 1/2 B Flug</td><td>3251</td><td>3317</td><td>2780</td><td>3214</td><td>5531</td></tr>
</table>

		P1092/a	P1092/b	P1092/bH	P20	Me262
Beim Start:	Flügelfläche F (m^2)	12.7	14.45	14.45	17.3	21.7
	Flächenbelastung beim Abheben	28.7	253	216	205	294
	mit 1200 kg Startschub ist Schubbelastung	0,334	0,328	0,385	0,338	0,376
	Abhebeauftriebsbeiwert	1,27	1,27	1,27	0,92	1,13
	Startrollstrecke bei = 0,07 Sr (m)	690	635	440	685	690
Im Flug:	Steiggeschwindigkeit in 0 km in 6 km in 10 km Steigzeit auf 6 km T (min) bei V_{Bahn} auf 10 km T (min) = 540 km/h	 18,4 9,6 2,7 7,3 18,8	 18,3 10,3 4,0 7,2 16,9	 22,4 12,9 5,8 5,7 13,1	 18,5 10,0 3,4 7,2 17,9	 22,0 12,5 5,2 6,0 14,0
	Dienstgipfelhöhe (km)	11,2	12,1	12,9	11,6	12,5
	Schnellflug mit 100% Schub in 0 km in 6 km in 10 km in Höhe entspr. 1 m/sec. Steigreserve	 872 931 890 832/11	 858 914 892 795/11,6	 852 926 917 810/12,6	 846 905 866 785/11,3	 850 933 935 876,12
	Reichweiten mit Gleit- u. Steigstrecke in 0 km in 6 km in 10 km bei 1 m/sec. Steigreserve	 390 665 855 870/11 km	 394 695 925 970/11,8	 420 739 1040 1210/12,6	 385 669 885 940/11,3	 515 930 1290 1430/12
	Flugdauer m. Steig- u. Gleitzeit Std. in 0 km in 6 km in 10 km	 0,21 1,15 1,26	 0,81 1,35 1,59	 0,84 1,151 1,85	 0,81 1,29 1,50	 1,11 1,87 2,23
Landung: bei $G = G_{abh}$-1/2B	Beste Gleitzahl ca/cw max Landeflächenbelastung	12,8 264	15,48 230	15,48 193	14,00 186	12,65 255
	Sinkgeschw. bei 0,9 ca. max. in 0 m o. Klappen m/sec.	6,85	4,67	4,28	5,30	6,23
	Sinkgeschw. in 0 m mit ausgeschlag. Landeklappen w_g (m/sec.)	9,90	7,61	6,95	9,92	9,00
	max. Landeauftr.-beiwert Landegeschwindigkeit	1,75 176	1,75 165	1,75 151	1,25 176	1,57 184
Kurvenflug	Engste Kurve bei $G = G_{Abh.}$-1/2 B	3320	3320	2780	3215	5550
in 0 km	engster Kurvenradius r (m)	398	316	288	335	402
	kleinste Wendezeit für vollen Kreis (sec.)	28	21	17,7	23	24,2
in 6 km	engster Kurvenradius r (m)	1000	706	637	780	1010
	kleinste Wendezeit für vollen Kreis (sec.)	78	58	45,5	61	63,2

Hornung eine bessere Raumaufteilung für den einstrahligen Jäger zu finden. Ähnlich wie später bei der P1106 ließ er den Führerraum nach hinten wandern: auf der Zeichnung XVIII/46 vom 16. 7. 1943 in der Rumpfspitze neben dem Einlauf die vier vorgesehenen Mk108 und dahinter im Schwerpunktbereich ist das Jumo-004 Triebwerk mit dem gesamten Treibstoffvorrat (1250 ltr.) untergebracht. Die Pilotenkabine liegt weit hinten über dem Triebwerksauslauf unmittelbar vor dem Leitwerk.

Drei Tage später, am 19. 7. 43 zeigte eine weitere Übersicht eine völlig entgegengesetzte Anordnung des Führerraumes: der Pilot ist auf der Zeichnung XVIII/47 ganz vorne, über dem Lufteinlauf untergebracht.

Ein weiterer Vorschlag aus der P1092-Reihe mit der Nr. XVIII/48 vom 20. 7. 43 zeigte ein Flugzeug, das bis auf den jetzt von der Me262 übernommenen Tragflügel wieder weitgehend dem ausführlich vorgestellten Vorschlag XVIII/45 (1) vom 3. 7. 43 entsprach.

Bei diesem Stand endet die Reihe der Projekte mit der Nr. 1092. Der Weg zum P1101 war jetzt buchstäblich vorgezeichnet.

Für den November 1943 waren in Chalais-Meudon bei Paris Windkanalmessungen mit einem Tragflügel von 10,0 m Spannweite und einer Pfeilung von 35° geplant. Die Ergebnisse dieser Messungen hielt man in zwei Berichten fest:

UM Nr. 7822 ,,Auftriebsmessungen an einem 35° rückgepfeilten Flügel im Windkanal von Chalais-Meudon" und UM Nr. 7852 ,,Weitere Ergebnisse von Messungen an einem 35° gepfeilten Flügel im Windkanal von Chalais-Meudon". Man kann davon ausgehen, daß diese Untersuchungen und deren Ergebnisse von den französischen Fachleuten, die in Chalais-Meudon arbeiteten, nicht unbemerkt blieben.

Am 23. Juni 1948 erhob sich in Frankreich, genauer gesagt in Chatillon/Bagneux zum ersten Mal ein Flugzeug in die Lüfte, das in seinen Abmessungen und Gewichten ziemlich genau dem Projektentwurf 1092 a vom 3. 7. 43 entsprach. Das französische Flugzeug benutzte einen um 35° gepfeilten Tragflügel (P1092: 20°) und als Antrieb ein Junkers-Triebwerk Juno 004 B-2.

Bei dieser Maschine handelte es sich um das Pfeilflügel-Forschungsflugzeug VG 70 der Firma Arsenal de'l Aéronautique. Für die Konstruktion zeichnete Jean Galtier verantwortlich, ein Mann, der später als Konstrukteur der Nord ,,Griffon II" hervor-

Ansichten des französischen Pfeilflügelversuchsflugzeuges Arsenal VG-70.

trat. Mit Sicherheit kann davon ausgegangen werden, daß bei der Konstruktion dieses Flugzeuges deutsche Unterlagen zur Verfügung standen. Die Erwähnung dieses Typs soll zur Illustration der hervorragenden Arbeit durch das Projektbüro der Firma Messerschmitt dienen. Dieses Beispiel zeigt, wie nahe Messerschmitt mit seiner Berechnung an der eher unteren Grenze der tatsächlich erreichbaren Leistung lag, und es zeigt einmal mehr, daß viele deutsche Entwürfe und Projekte gegen Ende des Krieges mehr als nur Phantasiegebilde und unausgegorene Verzweiflungsprodukte waren.

Typ	*P1092 a*	*Arsenal VG70*
Verwendung	einstrahliges Jagdflugzeug	Pfeilflügelforschungsflugzeug
Besatzung	1 Pilot	1 Pilot
Antrieb	1 x Jumo 004C m. 1015 kp Schub	1 x Jumo 004-B2 m. 890 kp Schub
Länge	8100 mm	9700 mm
Spannweite	7750 mm	8500 mm
Flügelfläche	12,7 m^2	15 m^2
Streckung	4,75	4,8
Pfeilung t/4	20°	35°
mittl. Profil	0011,3	
Startgewicht	3664 kg	3393 kg
Flächenbelastung	288,5 kg/m^2	226 kg/m^2
max. Geschwindigkeit	925 km/h in 8 km Höhe	900 km/h in 7 km Höhe
Dienstgipfelhöhe	11 600 m	10 670 m

Eine rasche, unkomplizierte Lösung

Projekt P1095: Nachdem Hans Hornung mit seiner Gruppe im Anschluß an die Arbeit am P1092 sich der Fortentwicklung der Me262 zum Mehrzweckkampfflugzeug zuwandte, arbeitete unabhängig von ihm ein anderes Projektteam im Hause Messerschmitt an einem einstrahligen Jagdflugzeug.

Seit 1941 befaßten sich Dipl. Ing. Prager, Dipl. Ing. Mende und ihr Gruppenleiter Dipl. Ing. Seitz zuerst in Augsburg und später in Darmstadt mit einem neuartigen Flugzeug, das in der zweiten Hälfte des Jahres 1943 kurz vor dem Serienbau stand.

Bereits bei den ersten Überlegungen und Studien zu dem aus dem Projekt 1079 hervorgegangenen Flugzeug Me328 war zunächst neben anderen Aufgaben die Verwendung als leichter Jäger vorgesehen. Im Oktober 1943 stellte jedoch das RLM den mit Antriebsproblemen kämpfenden „Tiefangriffsbomber" Me328 B zugunsten der Reichsverteidigung ein.

Seitz, der sich mit seinen Mitarbeitern einig wußte, das zellenseitig fertigentwickelte Flugzeug auf keinen Fall sang- und klanglos untergehen zu lassen, unternahm daraufhin den Versuch, die von Argus-Schubrohren angetriebene Me328 mit dem Jumo004 Triebwerk auszurüsten. Er hoffte, dem RLM ein Jagdflugzeug anbieten zu können, das zwar aus Fertigungsgründen nicht mit der modernsten Aerodynamik ausgestattet war, das aber durch seine einfache und robuste Bauweise rasch in großen Stückzahlen zur Bomberabwehr verfügbar sein sollte. Die gleichen Gedanken führten übrigens ein knappes Jahr später das RLM zur Heinkel He162.

Aber schon die ersten Berechnungen und Zeichnungen, die Prager beim Me328 Lizenznehmer Jacobs-Schweyer in Darmstadt durchführte, zeigten, daß die Absicht alles andere als einfach zu verwirklichen war. Die Idee überlebte dann auch nicht die er-

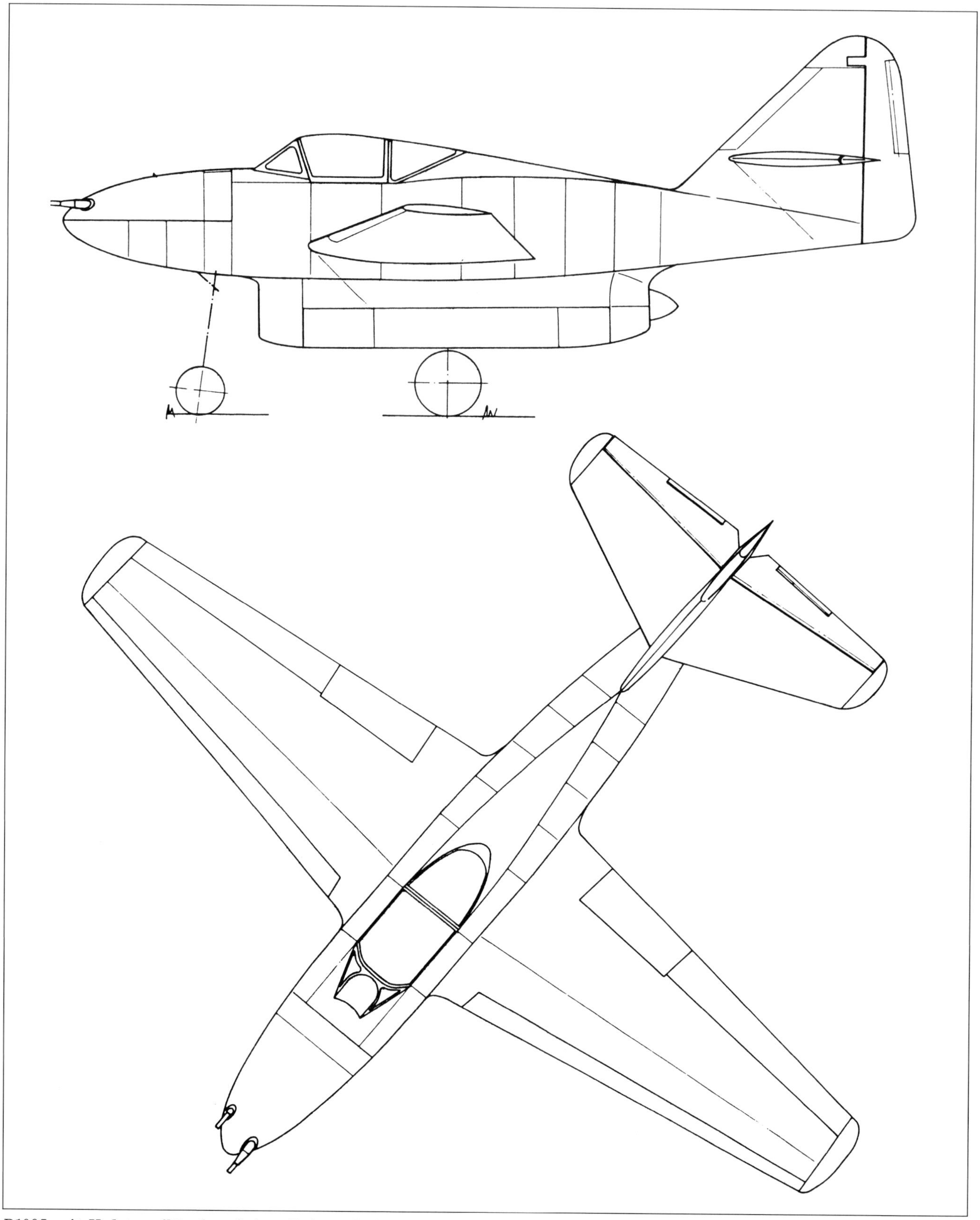

P1095 mit Holztragflügel und dem Leitwerk der Me-262.

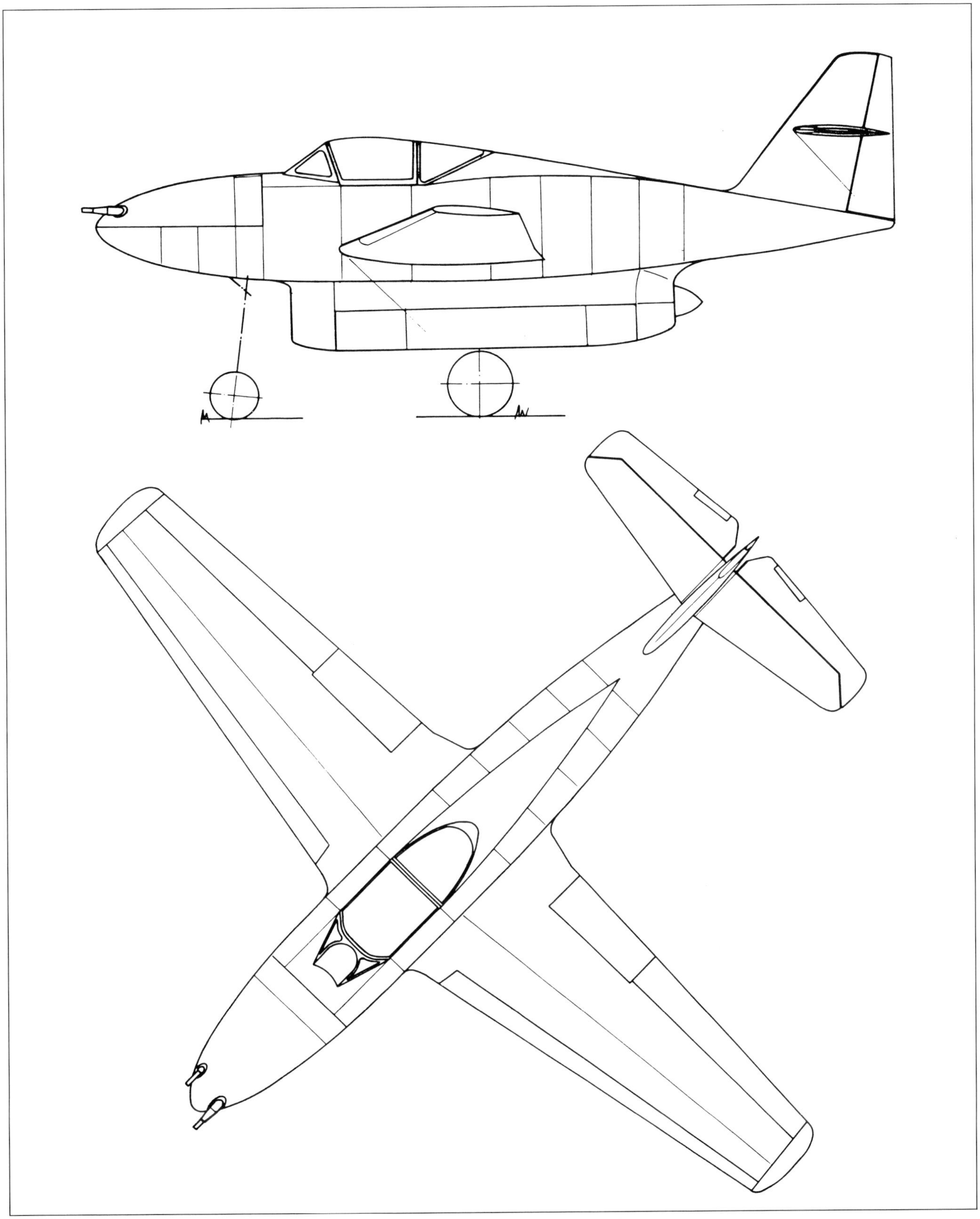

P1095 mit dem etwas kleineren Metallflügel und dem Leitwerk der Me-328.

ste Diskussion mit Prof. Messerschmitt in Augsburg; ausschlaggebend dafür war die für damalige Verhältnisse extrem hohe Flächenbelastung der Me328, die über 500 kg/m² erreichen konnte.

Der Wechsel von dem doch sehr leichten Argus IL (Intermittierend Luftstrahl) – Antrieb auf das wesentlich schwerere Junkers 004-Triebwerk hätte diesen Wert auf eine Höhe getrieben, die für das Flugzeug belastungsmäßig nicht mehr zu akzeptieren gewesen wäre.

Nachdem durch diese kaum zu ändernde Tatsache die TL-getriebene Me328, die des öfteren auch fälschlicherweise als Me328C bezeichnet wird, schnell vom Tisch war, versuchte es Seitz mit einem fast vollständig neugestalteten Flugzeug, dessen Grundidee die größtmögliche Verwendung bereits bestehender Baugruppen darstellte.

Leistungsdaten des mit P1095 bezeichneten Vorschlages konnten nicht mehr ermittelt werden; mit großer Wahrscheinlichkeit arbeiteten Seitz und Prager den Entwurf nicht vollständig durch.

Die folgende kurze Beschreibung des Projektes verdeutlicht die „collagenhafte" Art des Vorgehens, das eine sehr rasche Aufnahme der Serienfertigung ohne jedes Entwicklungsrisiko garantieren sollte.

Verwendung:
einstrahliges, einsitziges Jagdflugzeug in robuster Einfachbauweise.

Antrieb:
1 x Jumo 109-004 B mit ca. 900 kp Standschub

Rumpf
Gesamtlänge 8400 mm mit Leitwerk Me262
Gesamtlänge 8050 mm mit Leitwerk Me328

Der Rumpfbug zeigt eine Ausbildung zur „Waffenkanzel". Die beiden starr eingebauten Mk108 sind in der gleichen Art und Weise wie in dem Nachtjäger Me110 G-4/R3 lafettiert.

Ausgangsmuster Me-328, die Verwandtschaft zum P1095 ist in dieser Aufnahme gut sichtbar.

Das in den Bug nach vorne einziehbare Rad hat eine Größe von 465 x 165 mm. Die Anordnung der Fahrwerkstrebe unmittelbar vor dem Lufteinlauf veranlaßte am 13. Oktober 1943 einen Versuch bei Junkers in Dessau, bei dem der durch die Strebe verursachte Schubverlust untersucht wurde.

Zwischen Bug- und Führerraum ist ein 200 l-Treibstofftank untergebracht und zwei weitere Tanks mit 590 l. befinden sich unmittelbar hinter dem Piloten. Der Raum zwischen den Treibstoffbehältern und dem Leitwerk ist zur Unterbringung der FT-Ausrüstung vorgesehen.

Das Triebwerk ist wartungsfreundlich, d. h. gut zugänglich direkt mit Bolzen an der tragenden Struktur des Rumpfes befestigt.

Tragflügel:
Seitz schlug für das Tragwerk einen in den Umrissen typischen Messerschmitt-Flügel vor, der aus Metall oder alternativ in Holz gefertigt werden konnte. Beide Versionen zeigen über fast die gesamte Spannweite Vorflügel, Querruder großer Spannweite und Landeklappen. Direkt hinter dem Hauptholm ist das nach innen in den Flügel einfahrbare Hauptfahrwerk mit Rädern der Größe 660 x 190 mm befestigt.

Holzflügel:
Spannweite 9600 mm,
Tragflügelfläche ca. 15 m²

Metalltragflügel:
Spannweite 9600 mm,
Tragflügelfläche ca. 13,5 m²

Die Auswahl des Fahrwerkes mit einer zulässigen ruhenden Radlast von 4600 kg läßt den Schluß zu, daß das vorgesehene Abfluggewicht des Flugzeuges in der Größenordnung zwischen 3500 und 4000 kg gelegen hätte.

Die Gründe für den Abbruch des Projektes dürften in der nicht befriedigenden technischen Konzeption zu suchen sein. Zum einen beschwörte die Anordnung des Lufteinlaufes bei unbefestigten Plätzen Triebwerksschäden geradezu heraus, und zum anderen bestand die Gefahr, daß der Gegner mit der aerodynamisch konventionellen P1095 leistungsmäßig ziemlich rasch hätte gleichziehen können.

Zudem hatte die Gruppe Seitz mit der Me328, trotz der Ablehnung als „Tiefangriffsbomber" genügend zu tun. Anfang 1944 lief die Fertigung von weiteren V-Maschinen, und die Verantwortlichen diskutierten den Einsatz der Me328 als „Selbstopfer"-Flugzeug, der bereits im Sommer 1944 beginnen sollte. Zum Glück blieb es bei der Diskussion.

Eine neue Generation entsteht:

Das Versuchs- und Jagdflugzeug P1101

Unter der Projektnummer 1101 sind eine ganze Reihe von Entwürfen bekannt, von denen nur wenige mit dem einstrahligen P1101 zu tun haben. Deshalb sei vorab eine Klarstellung erlaubt:

In Weiterführung der Kampfflugzeug-Projekte P1099 und P1100 entstanden etwa von Mai bis Mitte Juli 1944 eine Reihe von Studien über schnelle Kampf- und Bombenflugzeuge. Die Entwürfe besaßen als gemeinsame Merkmale die Anwendung der damals modernsten Aerodynamik in Verbindung mit dem Strahlantrieb und bewährten Messerschmitt'schen Konstruktionsprinzipien. (Ausnahme: der schwanzlose Entwurf 1101/97 vom 22. 5. 44 wird von einem Jumo222 mit Druckschraube angetrieben.)

Viele der damals angedeuteten Lösungen begegnen uns in den Jahren nach dem Kriege immer wieder, so z. B.:

- der Normalpfeilflügel mit 35° und 40° Pfeilung, bei dem Triebwerke in Gondeln unter dem Flügel angeordnet sind;

- der Pfeilflügel mit nach außen abnehmender Pfeilung („Sichelflügel")
Diese Form eines gepfeilten Tragwerkes stieß nach dem Kriege vor allem bei der britischen Firma Handley Page auf großes Interesse. Das Forschungsflugzeug HP 88 und das in Serie gebaute Bomben- und Tankflugzeug HP 80 „Victor" besitzen diese Flügelform, die auf Arbeiten der Firma Arado und der Luftfahrtforschungsanstalt Braunschweig beruht;

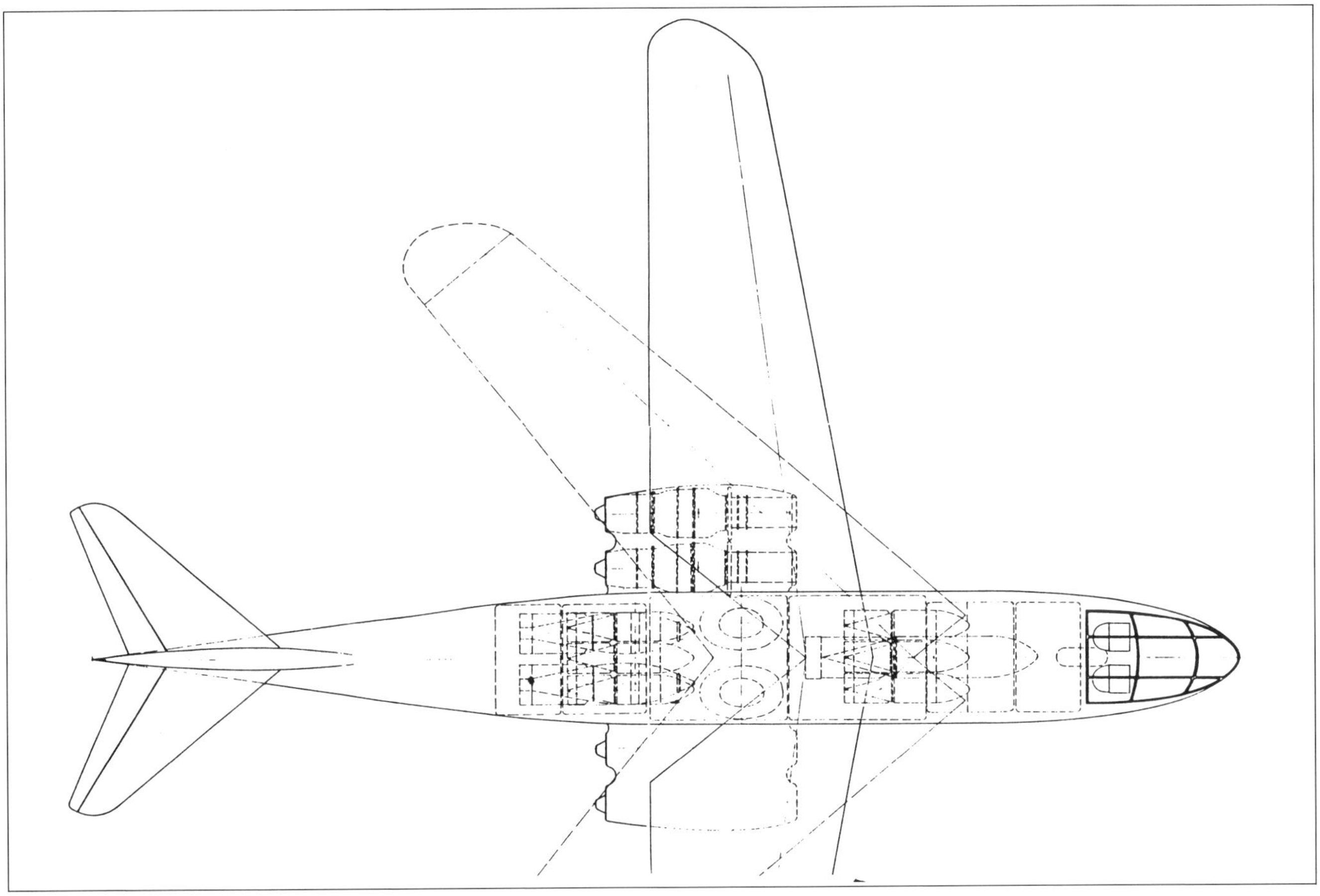

Ein Beispiel aus der Vielzahl der P1101-Kampf- und Bombenflugzeugstudien: Entwurf XVIII-103 vom 29. 6. 44; Schwenkflügelflugzeug mit 4 x He S 011 Triebwerken (5200 kp Gesamtschub); Pfeilung zwischen +8° und +47° veränderbar; V max. ca. 1070 km/h (theor.); Spannweite 14 m (47°)/20,5 m (8°) Bombenzuladung 6 x SC 500 oder 1 x SC 1800/2 x SC 1000.

● ein VTOL-Entwurf mit gepfeilten Flächen und einer Tragschraube nach Focke-Bauart. Nach dem Kriege griff Prof. Messerschmitt mit dem Projekt Me P.408 „Rotorjet" diese Idee wieder auf, und sie hat bis heute nichts von ihrer Aktualität eingebüßt;

● der Schwenkflügel in geteilter und ungeteilter Ausführung
Bei der Messerschmitt'schen Lösung eines geteilten Schwenkflügels war zum Ausgleich der Schwerpunktwanderung ein Vor- und Zurückschieben des kompletten Tragwerkes im Fluge vorgesehen.
Diese Lösung fand in den fünfziger Jahren bei der amerikanischen Bell X-5 und bei dem Navy-Gegenstück Grumman XF 10 F-1 „Jaguar" eine praktische Umsetzung. Der vom Chefkonstrukteur des Blohm und Voss Flugzeugbaues, Dr. Richard Vogt, im Jahre 1943 vorgeschlagene, ungeteilte Schwenkflügel inspirierte Messerschmitt's Projekteure zu phantastischen Ideen. In mehreren Studien brachten sie Flugzeuge aufs Papier, die den „schiebenden" oder „Drehschiebe"-Flügel in Ein- und Doppeldeckeranordnung zeigen (Zeichnung XVIII/108 vom 11. 7. 44).

Die vollständige theoretische Durcharbeitung und die praktische Verwirklichung dieser Studien hätten noch einen sehr weiten Weg erfordert, den natürlich schon der zu Ende gehende Weltkrieg im Ansatz verhinderte. Nichtsdestotrotz zeigen diese „Papierflieger" zu Beginn eines neuen Abschnittes in der Luftfahrttechnik eine Fülle gangbarer Wege und Problemlösungen. Und noch eines haben all diese Vorschläge gemeinsam: trotz der Projektnummer 1101 haben sie nichts mit dem einstrahligen Jagd- und Versuchsflugzeug zu tun!

Diese Verwirrung stiftende Nummerngleichheit findet nur dadurch eine Erklärung, daß die mit der Aufnahme des Jäger-Notprogrammes erfolgte Zurückstufung der Bomberprogramme die Arbeiten am schnellen Kampf- und Bombenflugzeug abrupt beendete und damit die nicht mehr benötigte Projektnummer 1101 wieder zur Verfügung stand.

Das Jäger-Notprogramm war also einerseits das Ende der mehrstrahligen 1101 und markiert andererseits den Entwicklungsbeginn der zukunftsweisenden, einstrahligen P1101.

Im Sommer 1944 reagierte die deutsche Führung endlich auf die katastrophale Rohstoffknappheit und auf das Auftauchen von alliierten Langstrecken-Jagdflugzeugen, die die englischen und amerikanischen Bomberströme nun auch über dem Reichsgebiet schützten.

Eine wirksame Abwehr der selbst mit einer starken Bewaffnung versehenen Bomber gestaltete sich daher zu einer mehr und mehr unlösbaren Aufgabe für die Verteidiger. Die deutsche Luftwaffe konnte das Blatt nur noch durch ein zahlenmäßiges Aufholen und/oder durch eine deutliche technische Überlegenheit wenden. Da selbst ein annäherndes zahlenmäßiges Gleichgewicht wohl nur noch Wunschdenken darstellte, blieb als hauchdünne Chance die technische Überlegenheit.

Im Rahmen des nunmehr auf höchsten Befehl anlaufenden Jäger-Notprogrammes erfolgte die bereits bemerkte Rückstufung bzw. Aufgabe der Bomberprogramme (Heinkel He177) mit einer gleichzeitigen Steigerung der Jägerproduktion (hier vor allem Kolbenmotorjäger Me109!).

Das einzige verfügbare Flugzeugmuster aber, das in dieser verfahrenen Situation einen ausreichenden technischen Vorsprung bot, war die zweistrahlige Messerschmitt Me262, die zu Beginn des Krieges in einer militärisch und wirtschaftlich völlig anderen Lage konzipiert worden war.

Die Industrie und einige weitsichtige Mitarbeiter des RLM hatten die Rohstoff-Problematik offensichtlich schon früher erkannt und bemühten sich seit längerem einstrahlige Jagdflugzeuge, die zudem zum überwiegenden Teil nach den neuesten Ergebnissen der aerodynamischen Forschung entworfen waren, der Luftwaffe als Alternative zu der Me262 anzubieten. Als Beispiele seien genannt: Die Arbeiten von Blohm und Voss (B. V. P. 197/P. 198), Messerschmitt (P1092), Focke-Wulf (FW P. I – P. V/P. VII „Flitzer") und auch die zukunftsweisenden Entwürfe von Dr. Lippisch in Augsburg bei Messerschmitt und später bei der Luftfahrtforschungsanstalt Wien.

Zudem äußerten einige Fachleute die Befürchtung, daß der Gegner kurz über lang mit der Me262 technisch zumindest gleichziehen könnte.

Aus einem Heinkel-Dokument vom 10. Juli 1944 (unmittelbar vor der Veröffentlichung der Ausschreibung, die die Entwicklung eines „ein-TL-Jägers" zum Ziele hatte): „Sollten feindliche Strahleinsitzer eingesetzt werden, so ist mit einer Überlegenheit der Me262 mit großer Wahrscheinlichkeit nicht zu rechnen, weil deren herkömmliche Bauweise mit ungepfeilten Flügeln und ihrer Anordnung der Motorgondeln am Flügel (Anmerkung: diese Stelle bezieht sich auf die Anwendung der Flächenregel) zu große Widerstände ergibt. Es erscheint deshalb notwendig, rechtzeitig ein schnelleres Flugzeug mit geringem Bauaufwand zu konstruieren und zu bauen." Und weiter: „ Nur eine erhebliche Verbesserung der kritischen Geschwindigkeit gegenüber der Me262 rechtfertigt einen Neuentwurf."

Obwohl Heinkel selbst nur wenig später mit dem Konzept der He162 diese Erkenntnisse ignorierte, waren sie nicht so ohne weiteres von der Hand zu weisen. Mit technisch unterlegenem Gerät, auch in halbwegs ausreichender Anzahl sich den gegnerischen Jagdflugzeugen und Bombern entgegenzuwerden wäre (und war es zum Teil auch) der glatte Selbstmord der Jagdwaffe gewesen.

Während des Krieges Leiter der Vorprojektierung, nach dem Kriege wieder bei der Messerschmitt AG: Hans Hornung, hier zusammen mit Willy Radinger Anfang der 60er Jahre beim „Probesitzen“ in einer Attrappe der Me 308 „Jet-Taifun“.

Noch ein Wort zur Me262: Diese war mit ihrer überlegenen Geschwindigkeit, ihrem guten Steigvermögen und der starken Bewaffnung das ideale Flugzeug zur Bekämpfung der Bomberpulks. Im Kampf gegen alliierte Begleitjäger waren Abstriche zu machen: an Manövrierfähigkeit war sie diesen unterlegen. „Nur kein Kurvenkampf“ lautete deshalb die strikte Anweisung an die Piloten. Dieser Nachteil war auch längerfristig durch eine verbesserte Bewaffnung (z. B. Luft/Luft-Raketen mit halbautomatischer Zielsuche u. ä.) nicht vollständig auszugleichen.

Das Gebot der Stunde konnte also nur lauten:

- ein einstrahliges Jagdflugzeug in einfachster Bauweise unter weitestgehender Vermeidung von Sparstoffen,
- mit ausgezeichneten Flugleistungen, einer guten Manövrierfähigkeit, d. h. Anwendung modernster Aerodynamik,
- mit annehmbaren Start- und Landeeigenschaften (möglichst kurze Start- und Landebahnen),
- ausgerüstet mit moderner, starker Bewaffnung und neuester Elektronik
- und mit einem vertretbaren, der Zeit entsprechenden Aufwand an Bodenorganisation.

Und das war in groben Zügen das, was das Technische Amt des RLM mit der Ausschreibung 226/II am 15. Juli 1944 von der Industrie forderte.

Im Detail schrieb das RLM noch die Verwendung des Heinkel Triebwerkes 109-011 A vor; desweiteren verlangte es eine Geschwindigkeit von annähernd 1000 km/h in 7 km Höhe, einen Kraftstoffvorrat von 830 kg (ca. 1000 l) der für eine Flugzeit von etwa einer halben Stunde (in rechnerisch 0 km Höhe) ausgereicht hätte, einen Schutz gegen direkten Beschuß des Flugzeugführers mit SmK-Munition 0,5“ (12,7 mm) von vorne, Druckkabine und die Standardausrüstung für Jagdflugzeuge.

Im August erweiterte das technische Amt diese Vorgaben. Die Messerschmitt AG sollte bei ihrem Entwurf noch folgendes berücksichtigen:
(TL = Turbinen-Luftstrahl; R = Raketen)

1. Kleinster TL-Jagd-Einsitzer mit höchstmöglichen Flugleistungen.

2. TLR-Jäger mit R-Kraftstoff für schnellstes Steigen oder als Kampfhilfe, wobei die Erweiterungsmöglichkeit durch das Einsetzen eines Rumpfzwischenstückes berücksichtigt werden sollte.

3. Erweiterungsmöglichkeiten auf 2-Mann Besatzung durch Einsetzen eines Rumpfzwischenstückes, wobei der Raum für den 2. Mann auch für Zusatzwaffen, Zusatzkraftstoff oder Zusatzantrieb ausgenutzt werden kann.

Die anderen, zu diesem Zeitpunkt ebenfalls mit einer Entwicklung beauftragten Firmen (Heinkel und Focke-Wulf, erst später wurden Junkers und Blohm und Voss einbezogen; Henschel arbeitete Anfang 1945 ohne Anforderung auf Eigeninitiative) erhielten eine ähnliche Spezifikation als eine der Richtlinien für den jeweiligen Entwurf.

So hieß es in der Aufgabenstellung für Focke-Wulf:

1. Ein TL-Jäger mit Zusatz-Raketenantrieb zum schnellen Steigen auf große Höhen.

2. TL-Jäger mit Zusatz-Raketenantrieb, aber weniger R-Treibstoff, ausreichend für schnelles Steigen auf mittlere Flughöhen.

3. Reiner TL-Jäger ohne R-Antrieb, mit ungefähr 2 Stunden Flugdauer in ungefähr 10-11 km Höhe.

Mit der Projektierung und Entwicklung der „Flitzer“-Baureihe, an der Tank, Multhopp, Mittelhuber u. a. allerdings bereits seit Dezember 1943 in Bad Eilsen arbeiteten, erfüllte Focke-Wulf nur teilweise diese Vorgaben; auf Kritik stieß später vor allem die unzureichende Höchstgeschwindigkeit, die dann auch zu dem völligen Neuentwurf Ta183 führte.

Die Firma Heinkel sollte sich mit dem Entwurf eines „reinen TL-Jägers“ befassen. Der bekannte Heinkel-Projektleiter Siegfried Günther konnte sich jedoch nur mit seinem Entwurf eines „Volksjägers“ durchsetzen; die aus dem P1073 bzw. der He-162 abgeleiteten Vorschläge und die späteren Nurflügelentwürfe He P1078 B und C waren für diese Ausschrei-

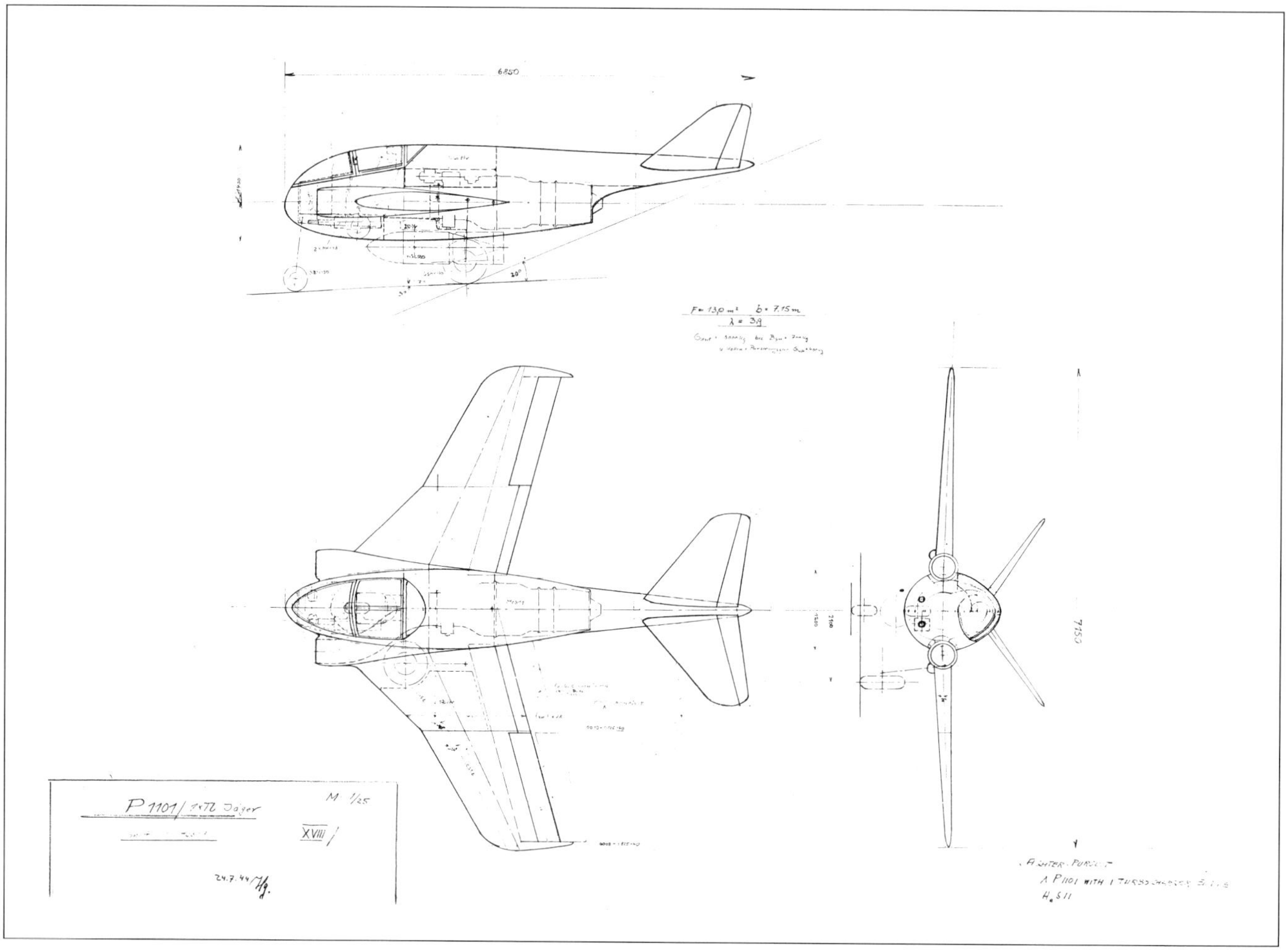

Erster Entwurf zum Jäger P1101 vom 24. Juli 1944.

bung fast chancenlos. Offensichtlich schreckte die ungewöhnliche Auslegung der beiden letztgenannten Projekte das RLM bereits im Vorfeld der Entscheidungsfindung ab.

Am 24. Juli 1944, also nur neun Tage nach der Veröffentlichung der Spezifikation, unterzeichnete der Leiter der Projektgruppe 1, Dipl. Ing. Hans Hornung, eine Studie eines einstrahligen Jägers mit der Projektnummer 1101. Das aufs Papier gebrachte Flugzeug entstand eindeutig aus den Erfahrungen mit der Arbeit am P1092 und hat mit der später ausgeführten Konstruktion noch keine Ähnlichkeit.

Der großzügig verglaste Führerraum erforderte einen erhöhten Aufwand für den Schutz des Piloten gegen Beschuß. Das Bugrad sollte nach hinten zwischen die beiden unter dem Piloten liegenden MK108 einfahren. Rechts und links des Rumpfbuges ordnete Hornung die kreisrunden Lufteinläufe für das im mittleren Rumpfteil befindliche Triebwerk an. Ober- und unterhalb der Heinkel-Turbine sind insgesamt 710 l Treibstoff untergebracht. Der halbtunnelförmige Triebwerksauslaß erforderte die Verwendung von Stahlblech an der Unterseite des kreisförmigen Leitwerkträgers, in dem auch die FT-Ausrüstung untergebracht war.

Im Vordergrund der Tragflügelauslegung stand zweifellos der Wunsch, die erkannten Nachteile des gepfeilten Tragwerkes auszumerzen.

Dem diskutierten Einsatz der variablen Geometrie als eine der möglichen Lösungen standen schwerwiegende Nachteile für ein Flugzeug dieser Größenordnung und Aufgabenstellung in mechanischer und gewichtsmäßiger Hinsicht entgegen. Der Einbau eines Schwenkflügels versprach nur bei wesentlich größeren Kampf- und Bombenflugzeugen entscheidende Vorteile. Die weitere Entwicklung der Luftfahrttechnik bestätigte grundsätzlich diese Ansicht von Willy Messerschmitt.

Die Tragflügelkonzeption zeigte einen Flügel mit nach außen abnehmender Pfeilung ohne Spalt- und Vorflügel. Zur Verbesserung der Langsamflugeigenschaften standen Fowlerklappen gleicher Tiefe über die gesamte Flügelhinterkante zur Verfügung. Im ausgefahrenen Zustand vergrößerten diese Klappen die Profilwölbung und die Flügelfläche und damit den Auftrieb.

Die geringere Pfeilung des Außenflügels sollte eine bessere Seitenstabilität bei größeren Anstellwinkeln bewirken; die stärkere Pfeilung des Innenflügels verminderte die Verdichtungsstöße in Rumpfnähe und gestattete durch die große Flügeltiefe das Einfahren des Hauptfahrwerkes in den Bereich der Flügelwurzel. Ebenfalls im Innenflügel befanden sich zwei Treibstofftanks mit einem Inhalt von jeweils 170 l. Der gesamte mitgeführte Kraftstoff belief sich demnach auf 1050 l.

Es ist ganz natürlich, daß diese erste zu Papier gebrachte Überlegung in mancherlei Hinsicht noch nicht befriedigte.

Wie bereits vorher angedeutet, forderte das Technische Amt von Messerschmitt die Möglichkeit einer Rumpfvergrößerung, und beim Waffeneinbau war eine größere Bewegungsfreiheit sicherlich wünschenswert. So entstanden im Hochsommer 1944 eine Reihe von Skizzen und Studien, um die optimale Lösung für die gestellte Aufgabe unter den gegebenen Voraussetzungen zu finden.

Zwei Umstände behinderten und beschleunigten gleichzeitig die Entwicklung bis zum Kriegsende:

- zum einen die sich rasch ändernde militärische und wirtschaftliche Situation des Deutschen Reiches

- und zum anderen das sich ebenso rasch vergrößernde Wissen über die aerodynamischen Zusammenhänge bei der Annäherung an die Schallgeschwindigkeit.

Dies waren mit Sicherheit auch die Hauptgründe für das Entstehen einer derart großen Zahl von Projekten, wie es in den letzten Kriegsjahren in den deutschen Planungsbüros der Fall war.

Eine weitere Studie vom 22. 8. 44, die ein Mitarbeiter Hornungs, der Projektingenieur Thieme, erstellte, zeigte schon wieder ein etwas anderes Bild.

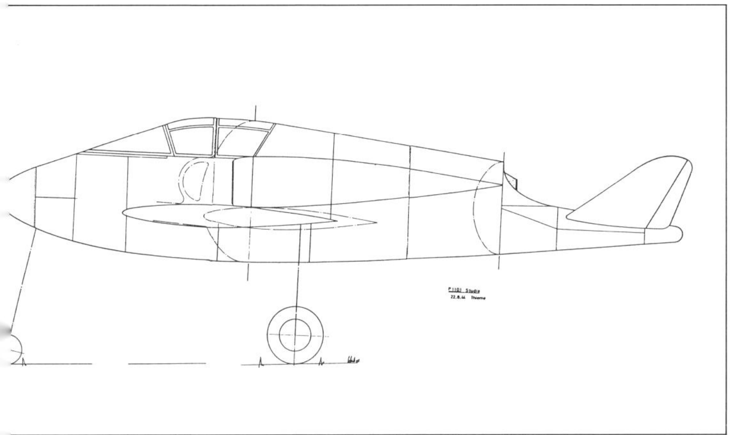

P1101-Studie vom 22. August 1944.

Technische Daten: P 1101 – Entwurf vom 24. 7. 44

Hauptabmessungen	
Länge über alles	6850 mm
Höhe	2450 mm
max. Rumpfhöhe	1400 mm
max. Rumpfbreite	1200 mm
Tragflügel:	
Spannweite	7150 mm
Streckung	= 3,9
V-Stellung	2°
Innenflügel:	
Spannweite	3580 mm
Pfeilung (t/4-Linie)	40°
Profil	NACA 0010-0825-40
Außenflügel:	
Pfeilung (t/4-Linie)	26°
Profil	NACA 0008-0825-40
Leitwerk:	V-Leitwerk mit einem Winkel von 110°

Fahrwerk:	
Bugrad	380 x 150 mm
Hauptrad	660 x 190 mm
Spurweite	2100 mm
ges. zulässige ruhende Belastung	4300 kg
Triebwerk:	1 x Heinkel HeS 0011 mit 1300 kp Standschub
Gewichte:	
Brennstoff	ca. 800 kg
Bewaffnung und Panzerung	ca. 400 kg
Startgewicht	ca. 3000 kg
Errechnete Flugleistungen: (Werksangaben)	
Höchstgeschwindigkeit in 6 km Höhe	1050 km/h
Steiggeschwindigkeit in Meereshöhe	26,8 m/sek.
Dienstgipfelhöhe:	12 000 m
Militärische Ausrüstung:	2 x Mk 108 mit Abwurfwaffe 1 x SC 500

Der Rumpf hatte einen für zwei Personen ausgelegten Führerraum. Der Triebwerksauslaß lag jetzt über dem Heckkonus, der nach wie vor ein V-Leitwerk trägt.

Interessant ist der als Waffenkanzel ausgebildete Rumpfbug. Neben einer in Flugrichtung schießenden Mk112 war alternativ eine Senkrechtbewaffnung, bestehend aus 2 x Mk 108 oder einem SG 500 „Jägerfaust", eingezeichnet.

Der angedeutete Flügel läßt den Schluß zu, daß auch hier ein Sichelflügel zur Anwendung gekommen wäre. Dies hätte allerdings einen völligen Neuentwurf des Tragflügels mit sämtlichen Konsequenzen in Entwicklung, Konstruktion, Versuch und Fertigung bedeutet! Die Zeit drängte, und die Industrie und die amtlichen Stellen waren bemüht, zuerst auf halbwegs Bewährtes zurückzugreifen und sich nur noch im äußersten Falle auf das Risiko einer vollständigen Neuentwicklung einzulassen.

Etwa zu derselben Zeit hoffte Messerschmitt die praktische Erprobung des Pfeilflügels in Bälde mit einer entsprechend umgerüsteten Me262 aufnehmen zu können. Die zu Anfang des Jahres 1945 vorgesehenen Flugversuche mit der Me262 HGII (HG = Hochgeschwindigkeit) scheiterten bereits vor dem Erstflug an einem Bodenunfall der mit einem 35° Pfeilflügel ausgerüsteten Me262 W-Nr. 111538.

Es bot sich also an, den bewährten, in der Serienfertigung stehenden Tragflügel der Me262 in einer modifizierten Form für das neue Jagdflugzeug zu übernehmen.

In den letzten Tagen des Monates August stellte das Projektbüro in Oberammergau einen Entwurf P1101 in der vom Technischen Amt des RLM geforderten Form („Vorläufige Technische Richtlinien für schnelle Jagdflugzeuge mit Strahltriebwerk" vom 4. 1. 39) fertig.

Der Entwurf ist von Hans Hornung unterzeichnet, und er zeigt ein schnittiges Flugzeug, das in seiner Auslegung durchaus an einen der modernen Strahltrainer erinnert.

Auch beim jetzt vorgeschlagenen Jäger versuchten die Projekteure mit einer möglichst kleinen Gesamtoberfläche auszukommen und trotzdem die gestellten Forderungen optimal zu erfüllen. Der dadurch erzielte geringere Luftwiderstand ist ein Vorteil, ein weiterer ist der, daß ein derartiges Flugzeug für den Gegner ein schwerer zu treffendes Ziel darstellt.

Beschreibung des P1101-Entwurfes vom 30. August 1944:

Rumpf

Der zur Erzielung einer möglichst Unterschallgeschwindigkeit schlank ausgebildete Rumpf, der im Gegensatz zum Tragwerk später einen prinzipiell anderen Aufbau erhielt, gliedert sich in vier Hauptabschnitte:

- Der Rumpfbug ist modulartig als „Waffenkanzel" für verschiedene Bewaffnungsvarianten ausgebildet. Größenmäßig ist er für eine 55 mm Mk 112 von Rheinmetall ausgelegt und bietet demzufolge genügend Raum für die Alternativen 2 x 30 mm Mk 108 oder 2 x 30 mm Mk 103.

Me-262 HG II mit der auch Komponentenerprobung (z. B. Flügel) für das P1101 möglich gewesen wäre. Antrieb: 2x Jumo 004 C (rechts).

Waffenkanzel der Studie vom 22. 8. 44 (unten).

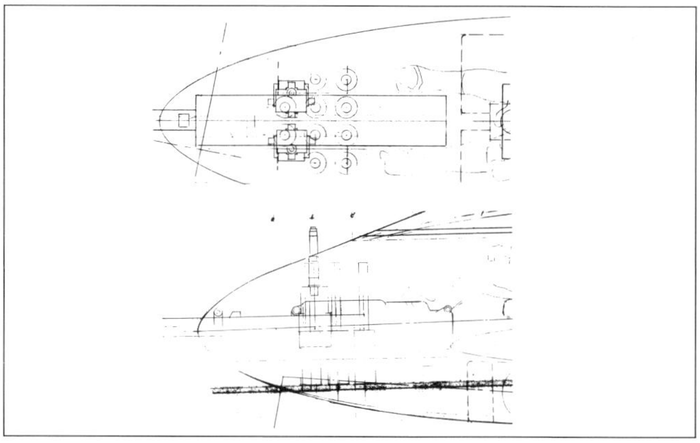

Modell der Me-262 HG III aus den Messerschmitt-Werkstätten mit 45° Pfeilflügel und 2 x He S 011 für Flüge um Mach 1 (rechts).

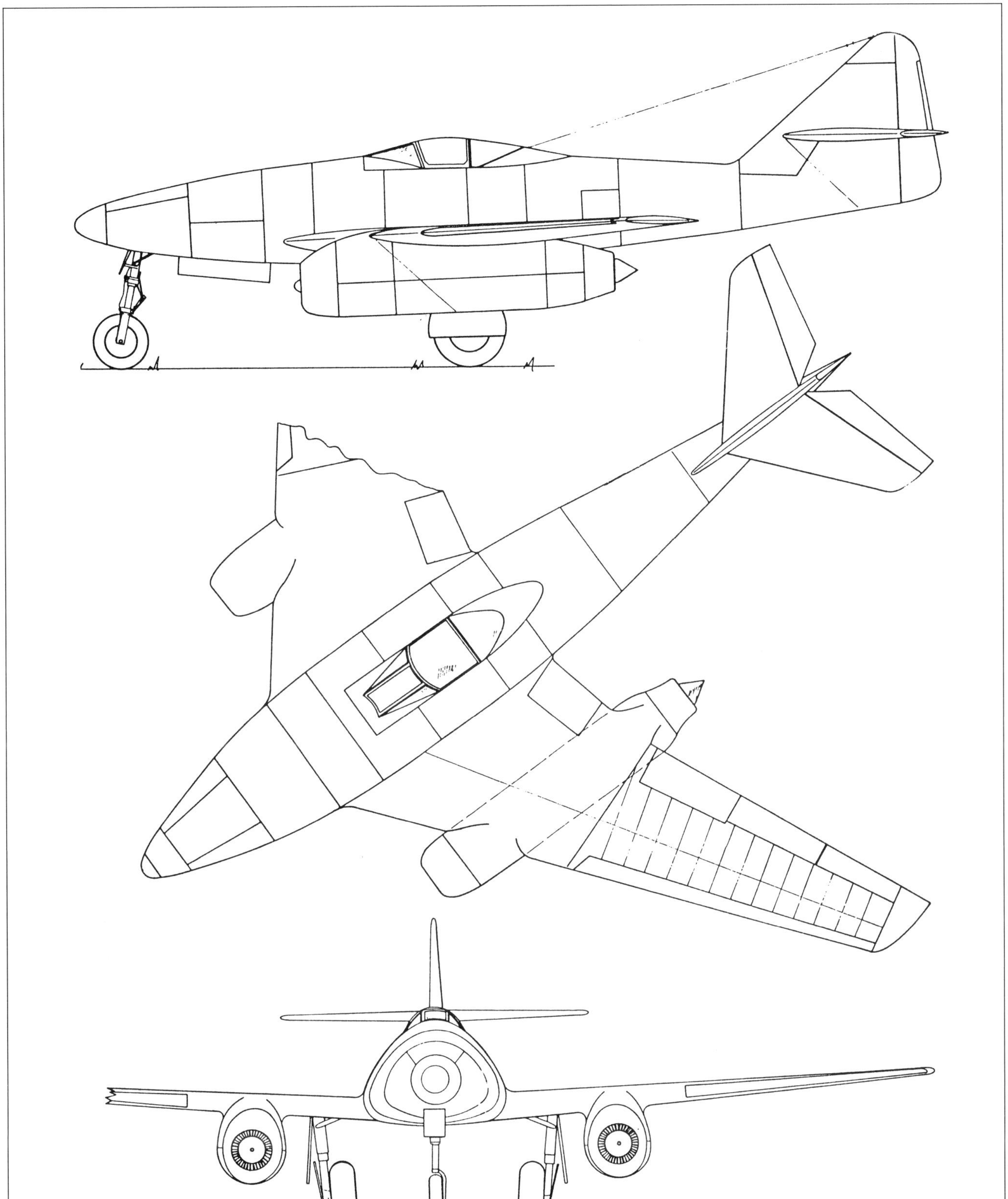

Zusätzlich ist im Bugraum das nach hinten einziehbare Bugrad angeordnet.

● Unmittelbar dahinter, durch einen Spant getrennt, befindet sich der durch ein Zwischenstück erweiterbare Besatzungsraum. Die instrumentelle und funktechnische Ausrüstung des Besatzungsraumes entspricht weitgehend der Me262. Der Pilot ist durch eine dicke Panzerglasscheibe gegen Beschuß von vorne mit 0,5 Zoll Munition geschützt. Die angedeutete konstruktive Ausführung dieses Schutzes mit einer zweiten Panzerglasscheibe wurde bereits serienmäßig in der Me163 angewandt. Der Pilot sitzt buchstäblich auf 230 l Düsenkraftstoff „J2"; Kraftstoff aus diesem Tank wird für Warmlaufen, Start und anschließende Beschleunigung benutzt.

● Links und rechts des Besatzungsraumes ist je ein kreisrunder Lufteinlauf für das im Rumpfmittelteil eingebaute Heinkel-Hirth Strahltriebwerk HeS 011. Oberhalb des Triebwerkes, anschließend an den Besatzungsraum befinden sich die geschützten Hauptkraftstoffbehälter. Der gesamte Kraftstoffvorrat beträgt 830 kg. Ebenfalls oberhalb des Triebwerkes, hinter den Tanks, sind die Geräte für die funktechnische Grundausrüstung eingebaut.

● Das Rumpfheck wird durch einen Konus mit einem gepfeilten V-Leitwerk gebildet. Erfahrungen mit einem V-Leitwerk wurden u. a. bereits mit einer entsprechend umgerüsteten Me109 F 4/V (VJ-WC Werk Nr. 14003) gesammelt.

Tragwerk
In aerodynamischer Hinsicht zeichnet sich der Entwurf vor allem durch einen Tragflügel mit einer Pfeilung von 40° in 25% Flügeltiefe (auch 0,25 t oder t/4-Linie) aus.

Dieser Tragflügel, der in seinen Grundzügen vom

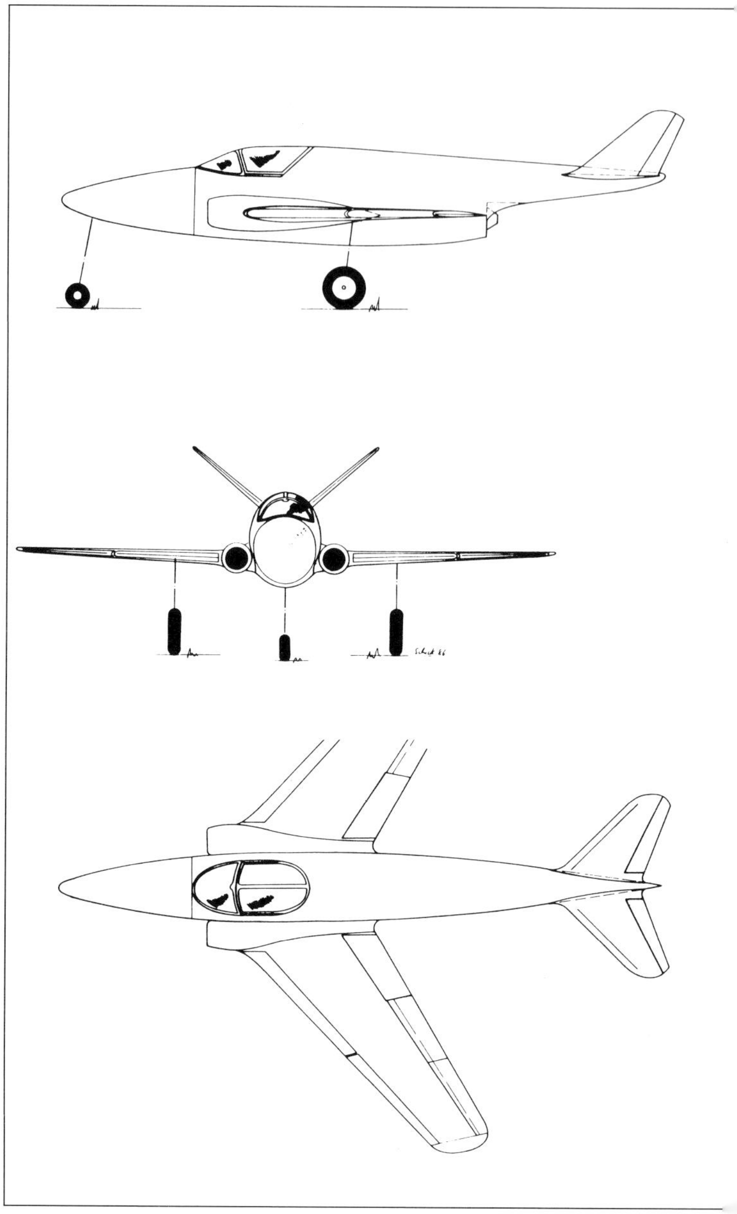

P1101-Vorschlag vom 30. August 1944 zur RLM-Vorlage (rechts).
Seitenschnitt mit eingesetztem Zwischenstück und MK 112 (unten).

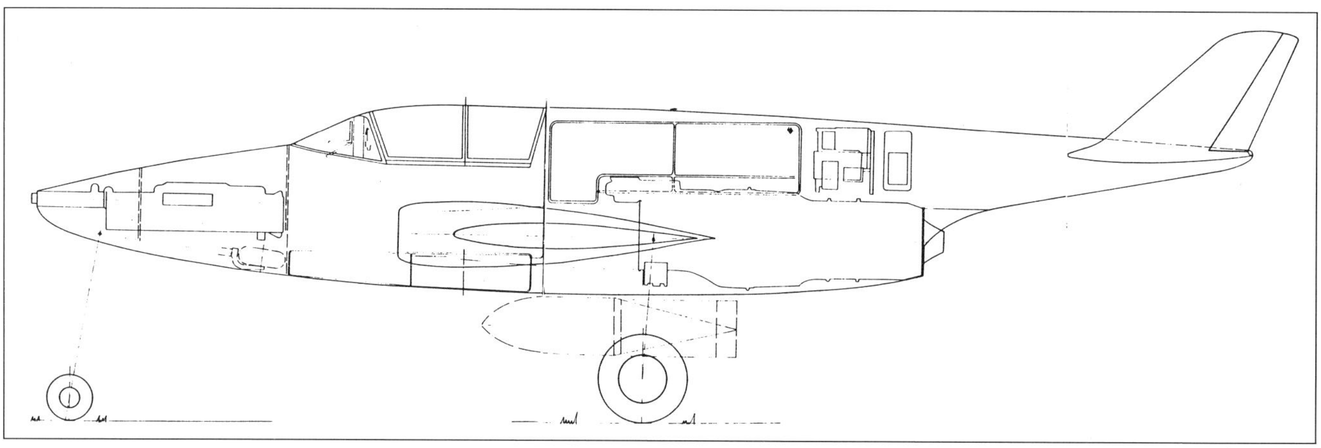

Außenflügel der Me262 übernommen wurde, besitzt einen fast über die gesamte Spannweite reichenden, geteilten Vorflügel, ein gekoppeltes Querruder und Landeklappen. Die relative Profildicke nimmt von 11% an der Flügelwurzel auf 9% im Außenflügelbereich ab. Die Profilform stammt aus der amerikanischen NACA-Reihe.

Fahrwerk
Das Hauptfahrwerk besitzt die „pilotenfreundliche" Weite von 3340 mm; es soll nach innen in den Flügelwurzel/Rumpfbereich eingefahren werden. Die Größe der Hauptfahrwerksräder ist mit 710 x 185 mm veranschlagt. Wie bereits bemerkt, ist das Bugrad der Größe 380 x 150 mm nach hinten in die Waffenkanzel einziehbar. Beim Einfahren wird das Bugrad um 90° gedreht.

Technische Daten des P1101-Entwurfes für einen Turbinen-Luftstrahl-Kampfjäger vom 30. August 1944:

Länge:

ohne Rumpfzwischenstück	9 370 mm
mit Rumpfzwischenstück	10 020 mm
Höhe:	3 080 mm
Gesamte Oberfläche	54,7 m^2

Flügeldaten:

Spannweite	8 160 mm
Streckung (b^2/F)	4,94
Pfeilung	40° in 25% Flügeltiefe
Flügelfläche	13,5m^2

Antrieb:
1 x Heinkel-Hirth Strahltriebwerk HeS 011 mit einem Standschub von 1300 kp; Anbau von Startraketen vorgesehen. Der Entwurf gestattet auch den Einbau des Junkers Jumo 004C. Diese Alternative war vor allem in Hinsicht auf die Entwicklungsprobleme des HeS 011 nicht zu verachten!

Militärische Ausrüstung:
2 x Maschinenkanone Mk 108 mit Kaliber 30 mm und jeweils 60 Schuß Munition; Möglichkeit zur Mitführung einer Abwurfwaffe SC 500.

Kraftstoffvorrat:
Zusätzlich mitgeführter Kraftstoff:

Außentank:	600 l
Schlepptank mit V1-Flügel:	1 200 l
Fluggewicht: (ohne zusätzlichen Kraftstoff)	3554 kg

Errechnete Leistungen:

Reichweite ohne Zusatzbehälter:	1 500 km
mit Außentank:	2 200 km
mit Schleppbehälter:	3 000 km

Höchstgeschwindigkeiten in 6 km Höhe:

ohne Zusatzbehälter:	ca. 1 050 km/h
mit Außentank:	ca. 960 km/h
mit Schleppbehälter:	ca. 890 km/h
Steigzeit auf 14 000 m:	15 min.

Mittlerweile zeigten sich bei der Entwicklung des neuen Heinkel-Strahltriebwerkes schwerwiegende Probleme, die den vorgesehenen Zeitplan immer mehr in Verzug geraten ließen. Die ersten Vorserienmuster (Heinkel HeS 011 A-0) erwarteten die Verantwortlichen nunmehr nicht vor dem Sommer 1945. An diesem Antrieb hing aber zu einem großen Teil das Schicksal des neuen Jagdflugzeuges!

Auf der anderen Seite drängte angesichts der militärischen Lage die Zeit und zu allem Überfluß ließ die äußerst angespannte Rohstoffsituation keinen Spielraum mehr zu.

So zeigt es sicherlich eine gewisse Logik, daß bereits am 8. 9. 1944 das RLM eine neue Ausschreibung der Industrie übermittelte. Darin forderte das Technische Amt als eine Art Zwischen- oder Übergangslösung ein schnell zu produzierendes Jagdflugzeug in einfachster Bauweise unter weitestgehender Vermeidung von Sparstoffen; der Kleinjäger sollte von einer BMW 003 Turbine angetrieben werden.

Aus dieser Ausschreibung ging bereits am 15. September 1944 die Heinkel He162, deren Großserie noch vor Kriegsende anlief, als Sieger hervor.

Unabhängig davon trafen sich auf Veranlassung des RLM die Verantwortlichen von Heinkel, Focke-Wulf und Messerschmitt zu einem ersten Treffen am 10. September in Oberammergau, um eine technisch anspruchsvolle, ausbaufähige und zukunftsweisende Lösung für das künftige Standardjagdflugzeug der Luftwaffe zu finden. (Ein Vorhaben, das angesichts der Nachkriegsentwicklung ruhig unterstellt werden kann und das offensichtlich auch gelang.)

Heinkel nahm mit einem aus dem Projekt 1073, das auch die Ausgangsbasis für den Entwurf der He162 gebildet hatte, entwickelten Vorschlag teil. Im Gegensatz zu der etwas kleineren He162 benutzte Heinkel hier einen um 35° gepfeilten Tragflügel mit einer Spannweite von 8,0 m und einer Tragflügelfläche von 14 m^2; als Leergewicht errechneten Heinkels Ingenieure 2674 kg, während das Startgewicht 3604 kg betragen sollte.

Die Firma Focke-Wulf legte das bereits erwähnte Projekt VI „Flitzer" vor, welches eine Ähnlichkeit mit der zu diesem Zeitpunkt bereits fliegenden de Havilland D. H. 100 „Vampire" aufwies, während Messerschmitt den bereits ausführlich besprochenen Entwurf zur P1101 vom 30. 8. 44 unterbreitete.

Diese Tagung sollte einer ersten Diskussion, einem Vergleich der Entwürfe und der Berechnungsverfahren dienen. Es zeigte sich, daß vor allem in der Bewaffnung nicht von einem gleichen Rüstzustand ausgegangen worden war; man einigte sich auf einen Einsatzfall, der eine Bewaffnung von 2 x Mk 108 und 60 Schuß Munition vorsah.

Das RLM forderte die Firmenvertreter auf, bei ihren Entwürfen eine Kraftstoffmenge von 1200 kg vorzusehen. Anstatt der bisher geforderten halben Stunde sollte nun eine Stunde Vollgasflug in der Einsatzhöhe möglich sein; wahrscheinlich wollte man sich mit dieser Erweiterung u. a. deutlicher gegen den „Volksjäger" abgrenzen, von dem eine Flugzeit mit Vollgas-Schub von 30 min. verlangt wurde. (Anfang 1945 wünschte das RLM die Einbeziehung einer weiteren Erhöhung der internen Kraftstoffmenge in die Planung.)

Etwas schwieriger gestaltete sich die Flugleistungsberechnung. Hier traten zwischen den Berechnungsverfahren der einzelnen Firmen doch z. T. erhebliche Differenzen auf. Dies ist durchaus verständlich, plante man doch nichts anderes als den Vorstoß in den Geschwindigkeitsbereich bis zur Schallgrenze!

Die endgültige Ausarbeitung eines gemeinsamen Berechnungsverfahrens, das eine unumgängliche Voraussetzung für einen (theoretischen) Vergleich der Entwürfe darstellt, sollte bei späteren Zusammenkünften erfolgen.

Diese Diskussion, dieser Vergleich, diese Art der Zusammenarbeit, und dieses Ringen um die optimale Lösung auf zunächst theoretischer Basis war völlig neu.

Bis zu diesem Zeitpunkt entwarf jeder Flugzeughersteller seinen Vorschlag mit der üblichen, auch gegenüber der Konkurrenz geübten Geheimhaltung. Nur die Aufgabenstellung und den Entwurfsrahmen bzw. die z. T. recht engen Entwurfsrichtlinien gab das Technische Amt des RLM vor. Das RLM seinerseits hatte immer seinen Kummer damit, die eingereichten Unterlagen der verschiedenen Firmen zu vergleichen, da keine einheitlichen Verfahrensrichtlinien vorlagen.

Die Folge war eine ausführliche Erprobung der verschiedenen Versuchsmuster und, soweit vorhanden, der Nullserien-Flugzeuge, die ein oder mehrere Vergleichsfliegen und in der Regel auch eine Truppenerprobung einschloß. Im Anschluß daran entschied sich das RLM für einen Sieger und damit für den künftigen Serientyp der Luftwaffe.

Wie bereits vermerkt, suchte man den dringend notwendigen schnellen Erfolg bei der Abwehr der alliierten Bomberströme mit Not- und Zwischenlösungen wie der Heinkel He162, mit bemannten Flakraketen wie z. B. der Bachem Ba349 „Natter" und nicht zuletzt mit der sog. „Miniaturjäger-Ausschreibung" vom November 1944, bei der selbst die Vorgaben der Volksjäger-Ausschreibung, vor allem von der Triebwerksseite her, noch einmal vereinfacht wurden.

All diese Versuche erwiesen sich letztendlich als Sackgasse, die für die Weiterentwicklung der militärischen und auch der zivilen Luftfahrt nach dem Kriege nur episodenhafte Bedeutung hatte.

Anders dagegen die Me262 und die Entwürfe zu deren Nachfolge: sie bildeten die Grundlage für einige der erfolgreichsten Nachkriegskonstruktionen der Siegermächte. Eine weitere, unmittelbare Maßnahme auf einer anderen, mehr organisatorischen Ebene hatten die theoretischen Schwierigkeiten des Oberammergauer Treffens ausgelöst: augenscheinlich waren das RLM bzw. die federführende DVL bemüht, diese grundlegenden Arbeiten der gemeinsamen Leistungsberechnung auf eine breitere Basis zu stellen. Deshalb erhielten nun zwei weitere Luftfahrtunternehmen (Junkers, Blohm und Voss) die bisher im Jagdflugzeugbau noch nicht hervorgetreten waren, sich aber seit längerem mit der Hochgeschwindigkeitsforschung befaßten, einen Entwicklungsauftrag des RLM zur laufenden Ausschreibung.

Für Messerschmitt war die Tagung Anlaß für die Herausgabe von Richtlinien für die Konstruktion des kommenden Serienflugzeuges. Aufbauend auf diesen Richtlinien (datiert 13. 9. 44) und unter Berücksichtigung der neuesten Erkenntnisse aus der mit Hochdruck betriebenen aerodynamischen Forschung ging das Projektbüro an einen verbesserten, weitgehend neuen Entwurf zum P1101.

Das Flugzeug, das später als „Experimentierflugzeug" in Deutschland und in den USA gebaut werden sollte, und das als Grundmuster für eine neue Generation von Strahljagdflugzeugen steht, entstand also etwa ab Mitte September 1944! Dieses Arbeitstempo und das unter den gegebenen Bedingungen erzielte Ergebnis dieser Arbeit sind mehr als beeindruckend und sichern einer Messerschmitt-Entwicklung einmal mehr eine Ausnahmestellung in der Historie der Luftfahrt!

Die etwa ab 1940 einsetzende Pfeilflügelforschung lief mittlerweile in den Windkanälen der Industrie und der Forschungsinstitute auf Hochtouren.

Die von der Firma Messerschmitt veranlaßten Aktivitäten umfaßten hauptsächlich Drei- bis Sechs-Komponentenmessungen und Druckverteilungsaufzeichnungen in Windkanälen, die Luftgeschwindigkeiten bis in die Schallnähe zuließen. Neue bahnbrechende Versuchseinrichtungen befanden sich im Bau oder in der Planung; so z. B. der im Ötztal durch Dr. Peters geplante Überschall-Windkanal. (Diese Anlage realisierte 1953 die französische ONERA in Modane-Arrieux).

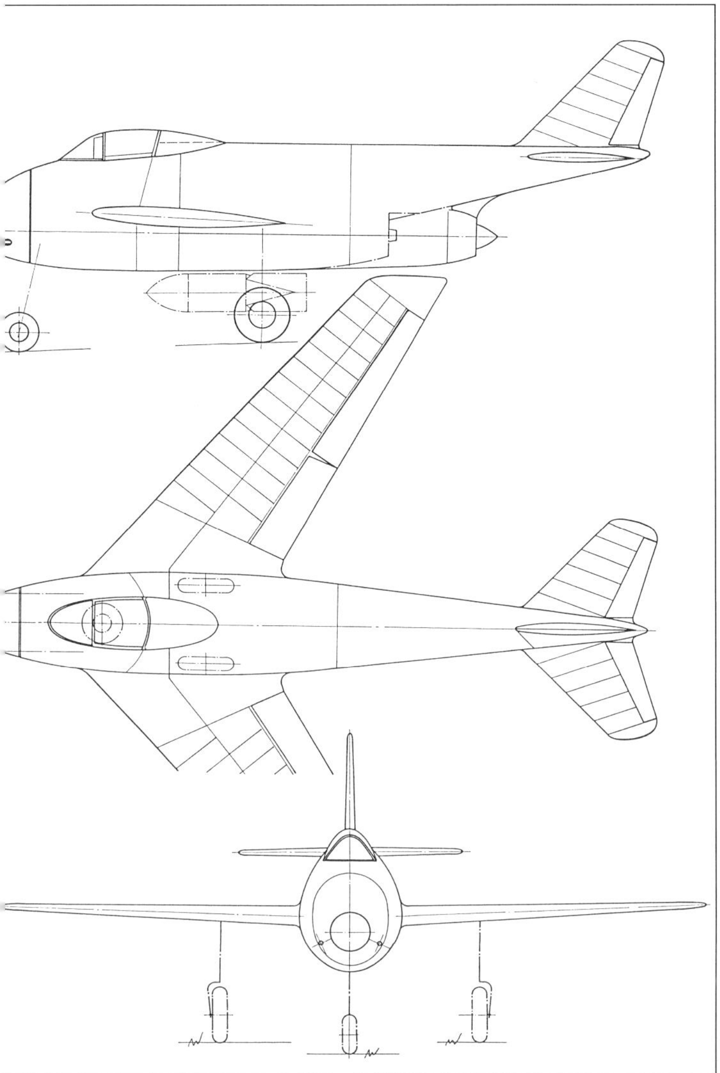

P1101-Vorschlag vom 3. Oktober 1944; geometrische Daten siehe Windkanalmodell vom 22. 10. 44.

Die hauptsächlichen Forschungsgebiete waren Untersuchungen über

- die verschiedensten Pfeilflügelformen bis hin zum Deltaflügel
- den Rumpf- und Gondeleinfluß auf den Tragflügel (Arbeiten die zur Flächenregel führten)
- und über die optimale Auslegung und Zuordnung des Leitwerkes zum Tragflügel.

Die Größe der meist von den beauftragten Instituten hergestellten Tragflügel-, Halb- und Ganzmodelle richtete sich nach der Größe der benutzten Windkanäle. Die Arbeiten liefen in erster Linie in den Einrichtungen der Aerodynamischen Versuchsanstalt Göttingen (AVA), der Deutschen Versuchsanstalt für Luftfahrt (DVL) in Berlin-Adlershof, der Luftfahrtforschungsanstalt (LFA) „Hermann Göring" in Braunschweig-Völkenrode, deren größter Windkanal sinnigerweise auch Hermann Göring genannt wurde, beim Aerodynamischen Institut der Universität Braunschweig (AIB) und nicht zuletzt im firmeneigenen Windkanal der Messerschmitt-Werke, der seit Anfang 1943 in Augsburg-Haunstetten in Betrieb war.

Die Entwicklung litt unter der ständigen Überbelegung der Forschungseinrichtungen durch die vielfachen Wünsche und Aufträge der Industrie; die anlaufenden, grundlegenden Arbeiten erforderten eine sorgfältige Koordination, um möglichst gleichgeartete Aufgabenstellungen und daraus resultierendes paralleles Arbeiten schon von Anfang an zu vermeiden.

Die Fäden der damaligen Pfeilflügeluntersuchungen liefen beim „Fachbearbeiter für Pfeilflügel im Sonderausschuß Windkanal" zusammen; dieser Fachbearbeiter war seit Juli 1943 der Messerschmitt-Mitarbeiter Dipl. Ing. Puffert.

Die etwas langwierige Art der Versuchsdurchführung, die bereits angesprochene Überbelegung der Forschungseinrichtungen, und die im Windkanal nicht nachvollziehbaren praktischen Erfahrungen mit den vorgesehenen technischen Neuerungen (z. B. Zusammenwirken von Strahlantrieb und Pfeilflügel) führten beim vorwärtsdrängenden Prof. Messerschmitt zu dem Wunsch und zu der Entscheidung, einen fliegenden Prüfstand, der gleichzeitig das Grundmuster eines Serienflugzeuges sein konnte, zu bauen.

Unter weitgehender Verwendung bereits vorhandener Bauteile (Tragwerk, Fahrwerk, Antrieb, Steuerung) hatte das Vorhaben alle Chancen, in relativ kurzer Zeit realisiert zu werden. Die Entscheidung über den Bau eines „Experimentierflugzeuges" traf Messerschmitt unabhängig vom Technischen Amt des RLM!

Abgesehen von dem Umstand eines nicht zu unterschätzenden Zeitvorsprunges gegenüber den Wettbewerbern, bot diese Vorgehensweise den Vorteil, daß Prof. Messerschmitt und sein Projektteam ihre Berechnungen und Annahmen durch praktische Ergebnisse untermauern konnten und daher nicht mehr im vollen Umfange auf das theoretische Vergleichsverfahren, das überdies erst noch mit der DVL endgültig aufgestellt werden mußte, angewiesen war.

Auch unter diesen Gesichtspunkten durchdachte man den Vorschlag vom 30. 8. 44. Das Ergebnis dieser Überarbeitung, Anpassung und Weiterentwicklung war ein in vielfacher Hinsicht neuer Entwurf.

Bereits am 3. Oktober 1944 zeigte eine Übersichtszeichnung des Projektbüros ein Flugzeug mit allen

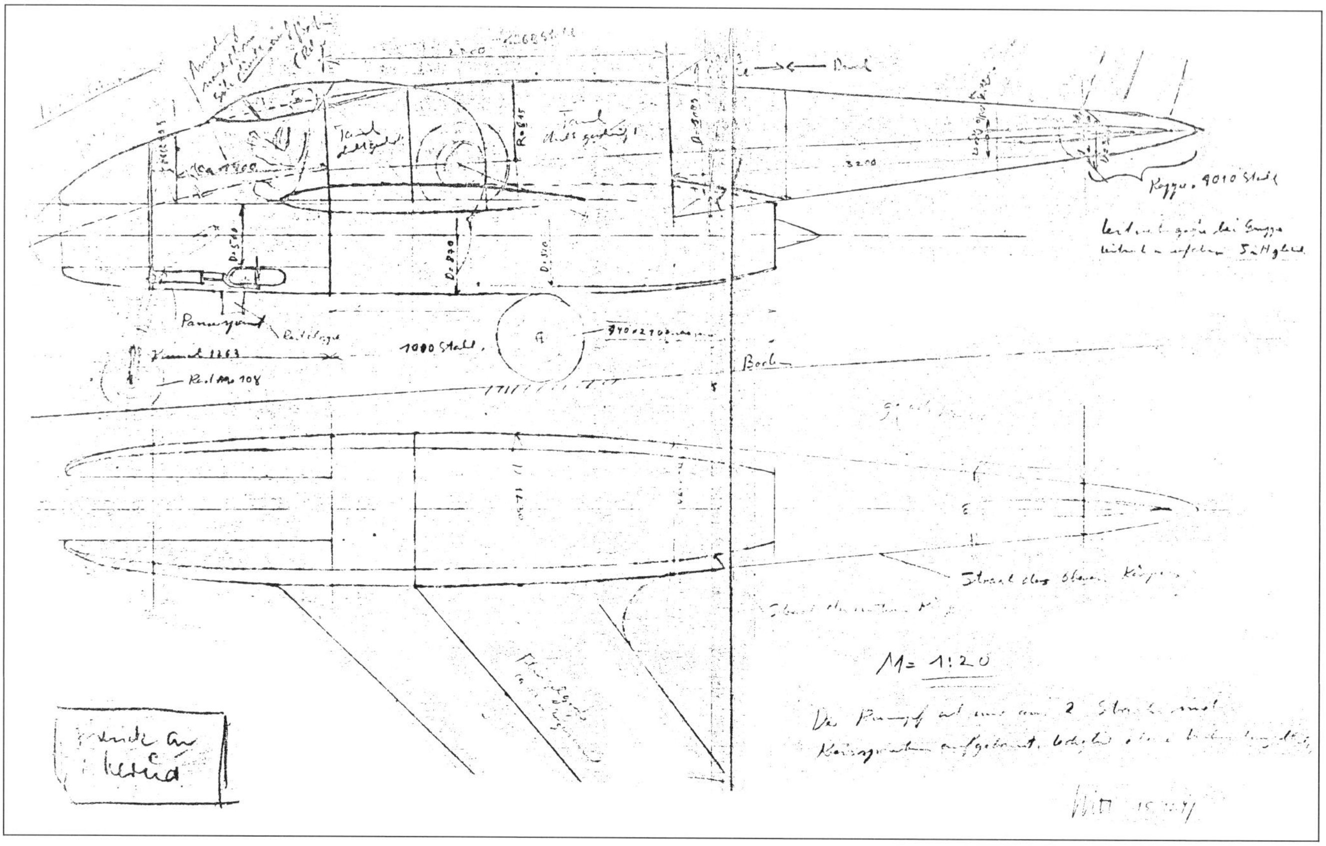

Handskizze von Prof. Messerschmitt zum „Experimentierflugzeug" vom 15. Oktober 1944. Das Bemühen um eine halbwegs tropfenförmige, rotationssymmetrische Rumpfform ist klar erkennbar (oben).

Merkmalen einer Nachkriegsgeneration von Strahljägern:

- Lufteinlauf für das vollständig eingestrakte Strahltriebwerk am Rumpfbug;
- relativ stark gepfeilter (= 40° auf der t/4-Linie), dünner Tragflügel, der allerdings noch ein relativ großes Seitenverhältnis aufweist;
- gepfeiltes Seiten- und Höhenleitwerk in Normalbauweise;
- aufgesetzte Vollsichtkanzel
- und selbstverständlich ein Dreibeinfahrwerk mit einem Bugrad.

Das Flugzeug war festigkeitsmäßig für das Heinkel HeS 011 ausgelegt. Für das Experimentierflugzeug war das kurzfristig zur Verfügung stehende, schubschwächere Junkers Triebwerk Jumo 004B vorgesehen. Eine Umrüstung des Antriebes erforderte keinen allzu großen Aufwand. Dieser Umstand gewinnt, angesichts der zu diesem Zeitpunkt noch nicht absehbaren Serienreife des Heinkel-Triebwerkes, an großer Bedeutung. Bei Focke-Wulf gingen wenig später die Überlegungen mit der Ta183 in die gleiche Richtung.

Vorläufiger Ausstattungsplan vom 2. November 1944 (rechts).

Vorläufiger Ausstattungsplan PL Serienausführung	Zelle u. Triebwerk	FT	Zielgerät	Abwurfvisier	Schußwaffe	Abwurfwaffe	Allgemein	Panze
A) Ständige Ausstattg. für alle Varianten	2 x 500 kg Starthilfen abwerfbar	FuG 15 FuG 25 a	—	—	—	Befestigungsmöglichkeit von Bombenschlössern an Rumpf und Fläche	Blindflugtafel Ia Fernkompaßanlage Triebwerksüberwachung Warmluftspülung der Sichtscheiben 2 x 2 Ltr. O_2 Flaschen 3000 Watt Generator Folien-Antenne auf Holz-Seitenleitwerk	keine P scheibe klappb platte
B) Spezielle Ausstattg. (zusätzlich zu A)								
I) Schönwetterjäger ev. aus Experimentierflugzeug (wird durch Schönwetterjäger II abgelöst!	Triebwerk Jumo 004		Revi 16 B		2 x MK 108 je 100 Schuß	Rüstsatz für Abwurfanlage Schloß 503 (als Rüstsatz)	Jägerkurssteuerung Schußkamera	von vo 12,7 mr wärts g (als Rüs
II) Schönwetterjäger (Hauptaufgabe I)	Triebwerk HeS 11 Druckkabine Abwurfbehälter für Kraftstoff	FuG 218 FuG 520 FuG 206	EZ 42	TSA D2 (als Rüstsatz)	2 x MK 108 je 100 Schuß Raketengeschosse (als Rüstsatz) Großkal. 2 x AG 140 oder 2 x 21 cm Kleinkal. 5 cm Batt. Schußwaffe mit Fotozelle (als Rüstsatz) 12 SG 116 oder 8 x 108 Batt. oder Vielfachwaffe	Rüstsatz für Abwurfanlage Schloß 503 (als Rüstsatz) 4 x X4 oder 2 x HS 298	Jägerkurssteuerung Schußkamera	von vo 12,7 mr wärts g (als Rü
Schlechtwetterjäger (Hauptaufgabe II)	Triebwerk HeS 11 Druckkabine Abwurfbehälter für Kraftstoff	FuG 218 FuG 125 FuG 120 FuG 520 FuG 206	EZ 42	TSA D2 (als Rüstsatz)	2 x MK 108 je 100 Schuß Raketengeschosse s. o. Schußwaffe mit Fotozelle (siehe oben)	Rüstsatz für Abwurfanlage Schloß 503 (als Rüstsatz) 4 x X4 oder 2 x HS 298	Jägerkurssteuerung Schußkamera	von vo 12,7 mr wärts g (als Rü
Nachtjäger (einsitzig) „Wilde Sau"	Triebwerk HeS 11	FuG 218 FuG 125 FuG 120 FuG 520 FuG 101	EZ 42		2 x MK 108 je 100 Schuß Schrägeinbau 1 x MK 108 mit 150 Schuß		Jägerkurssteuerung Schußkamera	von vo 12,7 mr
Interzeptor	Triebwerk HeS 011 Druckkabine Zusatzschubgerät	FuG 520 FuG 206	EZ 42		2 x MK 108 je 100 Schuß	Rüstsatz für Abwurfanlage Schloß 503 (als Rüstsatz) 4 x X4 oder 2 x HS 298	Schußkamera	von vo 12,7 mr
Nahaufklärer	Triebwerk HeS 11 Druckkabine Abwurfbehälter für Kraftstoff	FuG	Revi 16 B		1 x MK 108, 100 Schuß		Robot RB 50/18	von rü gegen

In einer erhalten gebliebenen Zeichnung vom 15. Oktober 1944 skizzierte Prof. Messerschmitt ziemlich detailliert sein geplantes Experimentierflugzeug. Die Zeichnung im Maßstab 1 : 20 entspricht im großen und ganzen dem später in Messerschmitts Werkstätten entstehenden Flugzeug; allerdings fuhr das Hauptfahrwerk nach vorne ein. Diese Lösung griff das Projektbüro im Februar 1945 in einer Studie zum Serienvorschlag nochmals auf, und die schwedischen Konstrukteure bei SAAB in Linköpping setzten bei ihrer, von der P1101 stark beeinflußten J-29 „Tunnan" diesen Vorschlag geschickt in die Praxis um.

Durch diese Anordnung versuchte man eine günstigere Verteilung der Lasten zu erreichen und die etwas schwierige Unterbringung des Fahrwerkes im Bereich des Triebwerkauslasses zu umgehen.

Gegen Ende des Monates Oktober wurde für die Herstellung eines Windkanalmodelles im Maßstab 1 : 10 eine Werkzeichnung angefertigt. Wo und wann ein nach dieser Zeichnung gefertigtes Modell für Messungen benutzt wurde, konnte nicht mehr zweifelsfrei geklärt werden. Mit hoher Wahrscheinlichkeit führte damit die AVA in Göttingen ab dem 15. 11. 44 Messungen zum hochgelegten Höhenleitwerk durch. Anfang November erstellte das Projektbüro den „vorläufigen Ausstattungsplan", der die Serienausführung der P1101 in fünf verschiedenen Rüstzuständen für unterschiedliche Aufgabenstellungen darstellt. (siehe Tabelle)

Und wenig später brachte der Leiter der Projektgruppe 1, Dipl. Ing. Hans Hornung, die vorbereitenden Arbeiten am Experimentierflugzeug zu einem vorläufigen Abschluß: Am 10. November erfolgte die „offizielle" Projektübergabe. Mit diesem Begriff bezeichnete man die Überstellung der Entwurfsunterlagen bzw. der Konstruktionsvorgaben vom Projektbüro (Probü) zum Konstruktionsbüro (Kobü).

Die Angaben für die einzelnen, nach Hauptbaugruppen getrennten Konstruktionsabteilungen beinhalten eine Auslegung des gesamten Flugzeuges, eine genaue Gewichtsaufstellung (= Forderung) und eine Beschreibung der Bauteile mit einer dazugehörigen Übersichtszeichnung.

Da das geplante Experimentierflugzeug als Grundmuster einer Serienausführung in Frage kommen konnte, waren im Übergabeprotokoll die Anforderungen an das Serienflugzeug, soweit bekannt, berücksichtigt.

Windkanalmodell P1101 vom 22. Oktober 1944.

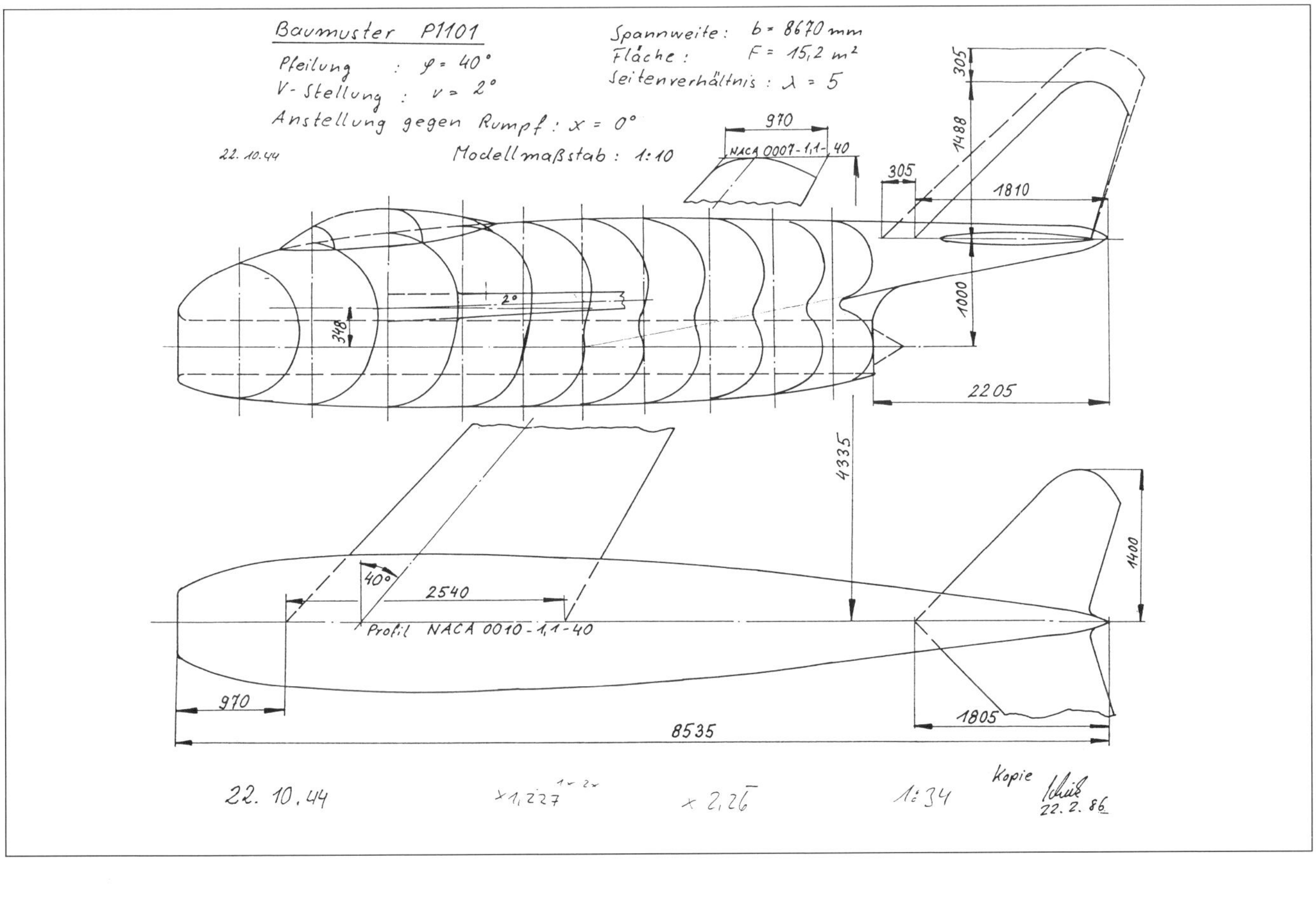

Geheim!

Projektübergabe

P 1101

Blatt 1

1. Abschnitt: A l l g e m e i n

A) Projektrichtlinien:

Das Projekt P 1101 ist als einsitziger Jäger mit einem TL-Gerät und zwar als Endlösung mit He S 011 entworfen.

Eine Übersicht über die geplanten Entwicklungsstufen gibt der vorläufige Ausstattungsplan vom 2.11.44.

Um das Flugzeug möglichst rasch zur Erprobung zu bringen, bzw. einen späteren Serienlauf zu beschleunigen, wird die Forderung erhoben, möglichst viele Bauteile und Baugruppen ohne Änderung bzw. mit geringem Änderungsumfang von dem Serienflugzeug Me 262 zu übernehmen.

Die ersten V-Flugzeuge werden als Experimentierflugzeuge gebaut, d. h. es können während der Erprobung noch weitgehende Änderungen am Flügel, Rumpf und Leitwerk vorgenommen werden.

Die Experimentierflugzeuge können das Grundmuster für die Serie werden, aber müssen es nicht unbedingt sein. Bedingt ist dies dadurch, daß für die Durcharbeitung der Raumverhältnisse der verschiedenen Ausrüstungszustände der einzelnen Entwicklungsstufen, sowie für die Durcharbeitung der Flugeigenschaftsfragen am stark gepfeilten Flügel und Leitwerk und ihr Verhalten bei überkritischen Machzahlen, der starken Rumpfstufe mit Strahleinfluß, eine größere Bearbeitungszeit nötig ist, als sie zur Verfügung stand.

Die Forderungen für die Serienausführung, soweit sie schon aufgestellt sind, müssen in der Konstruktion der ersten V-Flugzeuge berücksichtigt werden.

Die Projektübergabe behandelt vorerst die Experimentierflugzeuge mit den bisher bekannten Forderungen für die Serie. Sie wird laufend ergänzt durch Einschaltung der Ergebnisse aus der Erprobung der Experimentierflugzeuge und den jeweils abgeschlossenen Untersuchungen über den Ausrüstungsumfang und dessen Einbau.
Um bestmögliche Leistungen zu erhalten, ist unbedingt notwendig, daß in der Konstruktion und Fertigung ein Höchstmaß an aerodynamischer Oberflächengüte erreicht wird. Die bisher ausgeführte Oberflächengüte der Mtt-Flugzeuge ist zur Erreichung von Höchstgeschwindigkeiten nicht ausreichend.

Oberammergau, den 10.11.44 ....
(Sachbearbeiter) (Abteilungsleite

....
(Prof. Messerschmitt)

Verteiler:

KL
Baumusterleitung
StabÜ
ProbÜ

Projektübergabe

P1101
Blatt 2

2. Abschnitt: Experimentierflugzeug (s. Zeichn. XVIII/138)

Aufgabenstellung für das Experimentierflugzeug:

Das Experimentierflugzeug ist als Erprobungsflugzeug für den stark gepfeilten Flügel (ohne Gondeleinfluß am Flügel) für Start und Landung sowie für Höchstgeschwindigkeiten und als Vorläufer für eine Serie ausgelegt. Die Raumverhältnisse, der Rumpfstrak, die Leitwerke und der Flügel sind daher zunächst nur in überschlägigen Untersuchungen ausgearbeitet und es ist möglich, daß die genaue Untersuchung bzw. die Erprobung Änderungen beim Übergang in eine Serie bedingen wird.

A) Rumpf:

I. Rumpfstrak (s. Zeichn. Nr. XVIII/ 131 a und b)

Der Rumpf besteht aus einem oberen und unteren Drehkörper mit einem Übergangsstück, das die beiden Körper verbindet.

Die Zeichnung XVIII/ 131 a und b ist als maßstäbliche Unterlage für den Strak zu verwenden.

Auf genaue Einhaltung der Nasenformen im Lufteintritt am Rumpfbug ist größter Wert zu legen.

Der Strak ist vorerst für das Jumo-Triebwerk 109-004-B auszuführen.

II. Rumpfaufteilung (s. Zeichn. XVIII/130 für Serie und XVIII/138 f. Experim.Flugzg.)

1.) Das Rumpfvorderteil enthält das Luftführungsrohr für Triebwerk, Besatzung, Bewaffnung, Panzerung, die Führerraumhaube und das Bugradfahrwerk.

Bei der Konstruktion des Rumpfvorderteiles für das Experimentierflugzeug sind folgende Punkte mit Rücksicht auf auf spätere V-Muster zu beachten:

Das Rad 500 x 180 ist räumlich unterzubringen.

Der Bewaffnungseinbau muß räumlich möglich sein.

Die Panzerung muß als Rüstsätze einsetzbar sein.

Der Führerraum muß druckdicht gemacht werden können.

Die Kabine wird als Rennkabine konstruiert. Die Übergabe erfolgt noch.

Beim Luftführungsrohr ist darauf zu achten, daß die Innenwand peinlichst glatt ausgeführt werden muß. Nietköpfe und Blechstöße sind untragbar.

Dokument „Projektübergabe P1101“

Projektübergabe P 1101
Blatt 3

2.) Das Rumpfmittelteil enthält im oberen Teil die Kraftstoffbehälter und das eingezogene Fahrwerk und unten das Triebwerk.

Für das Experimentierflugzeug ist vorgesehen:

Triebwerk Jumo 109 004 B. Nachträglicher Einbau des He S 11 muß möglich sein.

Geschützte Behälter sind nicht vorzusehen, sondern der mittlere Behälterteil des Rumpfes kann dicht genietet werden, so daß 900 ltr. Kraftstoff getankt werden können. Für das dichtgenietete Rumpfteil (Tankteil) ist oben ein Mannloch vorzusehen. An die Stelle des ersten geschützten Tanks kann die FuG 16 Anlage der Me 262 eingebaut werden.

Der Fahrwerkraum ist für das Rad 740 x 210 vorzusehen. Eingebaut werden vorerst die Räder 660 x 190.

Für die Statik ist das größere Fahrwerk maßgebend.

Auf gute Zugänglichkeit zum Triebwerk und leichte Auswechselbarkeit ist zu achten.

Der Übergang vom oberen zum unteren Drehkörper läuft am Triebwerksende in eine senkrechte Schneide aus.

Für beste Abdichtung des Triebwerkraumes vom Kraftstoffraum ist Sorge zu tragen.

3.) Das Rumpfende ist als Kegel geformt und enthält die FT-Anlage, Sauerstoffanlage, ev. Bremsfallschirm, die Kurssteuerung und den Mutterkompaß. An das Rumpfende aufgesetzt ist das Leitwerk.

zu beachten ist:

Da es vorkommen kann, daß beim Anlassen der Triebwerke eine Flamme am Triebwerksende entstehen kann, ist zumindest in Triebwerksnähe die Rumpfunterseite mit Stahlblech zu beplanken. Am besten ist es das Rumpfende ganz aus Stahlblech zu fertigen. Die eingebauten Geräte in der Nähe des Triebwerkendes sind gegen Wärmestrahlungen zu schützen.

Geheim!

Projektübergabe P 1101

Blatt 4

Zur Wartung und Bedienung der Ft-Anlage, der Kurssteuerung und der Sauerstoffanlage ist ein entsprechender Rumpfausschnitt anzuordnen.

In der Nähe des Mutterkompaßes ist im Rumpfende möglichst Stahl zu vermeiden.

Der Kompaß ist am Rumpfende zu befestigen, sodaß die Kappe des Rumpfendes nur darüber geschoben werden kann.

Oberammergau, den 10.11.44 ....

(Sachbearbeiter) (Abteilungsleite

....

(Prof. Messerschmitt)

Verteiler:

KL
Baumusterleitung
Stabü
Probü

B) Tragwerk: (s. Zeichn. XVIII/134)

Das gesamte Tragwerk baut sich auf dem Me-262 -Flügel auf. Verwendet wird der Flügel von Rippe 21 bis ungefähr Rippe 7.

Die Randkappe wird entsprechend der 40° - Pfeilung geändert und dabei vergrößert.

Die Ausgangspfeilstellung des Flügels ist 40° nach hinten gepfeilt.

Profilierung, Klappen-Art und Klappen-Profilschnitt, Querruderschnitt und Slot wie bei Me 262.

Einstellwinkel des Flügels zur Triebwerksachse ist gleich 0°.

Der Flügel ist in Rumpfnähe trennbar angeschlossen.

Für das Experimentierflugzeug sind folgende Änderungen an dem von der Me 262 übernommenen Flügelteil durchzuführen bzw. folgende Punkte zu beachten:

Der Flügel muß um den Holmanschlußpunkt so drehbar sein, daß eine Pfeilung des Flügels von 35° und 45° bezogen auf, 0,25 l möglich ist.

Der V-Winkel muß veränderbar sein zwischen $+2^{o}$ und -3°.

Als Normal-V-Stellung ist 0° vorzusehen.

Das äußere Querruder ist über die Spannweite der Randkappe zu verlängern.

Das innere Querruder entfällt und wird durch eine Landeklappe ersetzt.

Es ist möglich, daß sich das Querruder bei der Erprobung als zu klein herausstellt. Es muß deshalb eine Vergrößerungsmöglichkeit der Spannweite nach innen auf Kosten der Landeklappenspannweite vorhanden sein.

Für das erste Experimentierflugzeug kann die Verlängerung des Innenslots bis zur Rumpfwand weggelassen werden.
Eine ziemlich hohe Einbuße an ca_{max} (rund 40% nach Me 262) ist zu erwarten.

Bei späterer Verlängerung des Innenslots zur Rumpfwand ist darauf zu achten, daß die aerodynamische Wirksamkeit des Innenslots schlechter ist als die des Außenslots um eine gute Abkippsicherung bei guten ca_{max} zu erhalten. Erreicht wird dies durch

Geheim!

Projektübergabe P 1101

Blatt 6

größere Tiefe des Außenslot oder durch Ausfahrwinkeländerung des inneren Slot zu dem äußeren Slot bei gleicher Slottiefe.

Nach Windkanalmessungen ist zu erwarten, daß bei 40° Pfeilung die Slottiefe mit 13% (bei Me 262) zu klein ist und eventuell auf 20% erhöht werden muß. Es ist daher nötig, daß ein 2. Satz Flügel mit vertieftem Slot (auf 20%) für die Erprobung vorbereitet wird.

Es ist auf peinlichste Oberflächenglätte des Flügels zu achten. Spalte zwischen dem Querruder, Landeklappen und Slots sind möglichst klein zu halten und sollen in Flugrichtung liegen.

Gefordert wird Innenantrieb des Querruders und der eventuell erforderlichen Flettner.

Kein Ausgleichsgewicht außerhalb des Profils.

Überschreitungen der Profilkonturen durch Lagerung, Antriebe Beschläge und sonstiges sind peinlichst zu vermeiden.

Eine Zusammenstellung über die Forderungen zur Erreichung einer bestmögliche aerodynamischen Güte wird zu gegebener Zeit überreicht.

Oberammergau, den 10.11.44 ....
(Sachbearbeiter) (Abteilungsleite

....
(Prof. Messerschmitt)

Verteiler:

KL
Baumusterleitung
StabÜ
ProbÜ

Geheim!

Projektübergabe

P 1101

Blatt 7

C) Leitwerk: (s. Zeichn. XVIII/135 a und b)

Das Seitenleitwerk kann erst nach Eingang der Modell-Messergebnisse angegeben werden. Für die Vordimensionierung ist die Seitenleitwerksfläche mit 1,8 m^2 anzusetzen.

Das Höhenleitwerk ist in Holz neu zu konstruieren mit einer Fläche von F_H = 2,5 m^2. Die Fläche muß durch größere Randkappe bis auf F_H = 2,8 m^2 zu vergrößern sein. Das Höhenruder ist mit 30% der Leitwerkstiefe durchgehend bis durch die unvergrößerte Randkappe. Es hat aerodynamischen Innenausgleich, wobei die Drehachslage zwischen 20% und 25% der Rudertiefe verstellbar vorzusehen ist; im Höhenruder ist ein Trimmflettner vorgesehen. Höhenruderausschläge $\pm 30^\circ$; Flossenverstellung (gegen Flügelsehne) von +3° bis -9°. Normalstellung bei $\varepsilon \sim -1$.

Als Ausweichlösung ist ein Höhenleitwerk gleicher Form aber mit 9° positiver V-Stellung vorzubereiten. Ferner ist eine V-Leitwerkserprobung vorgesehen. Die Leitwerksgrößen hierfür werden später angegeben.

Auf beste Oberflächengüte ist zu achten.

Geheim!

Projektübergabe

P 1101

Blatt 8

D) Steuerung:

Die Steuerung ist weitgehendst von der Me 262 zu übernehmen.

Die Jägerkurssteuerung ist vorzusehen.

Die Trimm- und Flossenverstellung ist mechanisch auszuführen.

Verstellzeiten und sonstiges werden noch nachgeliefert.

Geheim!

Projektübergabe P 1101

Blatt 9

E) Fahrwerk:

Bugfahrwerk:

Rad 500 x 180 räumlich und festigkeitsmäßig vorgesehen: im Experimentierflugzeug einzubauen 465 x 165.

Bugrad wird nicht gebremst.

Das Federbein kann voraussichtlich vom Sporn 410 übernommen werden.
Nachlauf nicht über 30% und nicht unter 15%.

Wegen der Kurvenwendigkeit am Boden ist unbedingt hydraulische Flatterdämpfung statt Reibungs-Flatterdämpfung vorzusehen.
Angabe über Abmessungen des Dämpferzylinders und erforderlichen Schwenkwinkel erfolgt getrennt.
Auf leichte Verdrehbarkeit bei kleiner Auslenkgeschwindigkeit ist zu achten.

Hauptfahrwerk:

Räder: Räumlich und festigkeitsmäßig (für die Zelle) vorzusehen unbedingt 740 x 210.

Für das Experimentierflugzeug einzubauen 660 x 190.

Im Hinblick auf erforderliche Arbeitsaufnahme kann voraussichtlich das Federbein der Me 109 übernommen werden. Die Festigkeitsverhältnisse sind jedoch zu prüfen. Bodenabstand und Spurweite darf nicht unterschritten werden. Es ist auf genügende Torsionssteifigkeit der Fahrwerksbefestigung zu achten, um geringe Verdrehung im Sinne einer Vorspuränderung beim Bremsen zu erhalten. Sturz keinesfalls größer als 2°. Radantrieb entfällt zunächst.

Mit Rücksicht auf gute Rolleigenschaften soll das Hauptrad möglichst nahe an den Schwerpunkt gebracht werden.

(nach Zeichnung XVIII (158))

Oberammergau, den 10.11.44 ......[signature]......[signature]......
(Sachbearbeiter) (Abteilungsleiter)

....
(Prof. Messerschmitt)

Verteiler:

XL
Baumusterleitung
StabÜ
ProbÜ

Geheim!

Projektübergabe

P 1101
Blatt 10

F) Triebwerk:

Als endgültiges Triebwerk wird das He S 011 - Triebwerk eingebaut.

In das Experimentierflugzeug und ev. die erste Serie wird das Jumo 004 B TL-Gerät eingebaut. Der Umbau auf He S 011 muß gewährleistet sein.

Das TL-Luftansaugrohr muß auf der Innenseite peinlichst glatt sein.

Richtlinien für die genauere Ausbildung der Rumpfnase am Lufteintrittsrohr sowie die Ausbildung des Rohres selbst wird nachgeliefert.

Auf gute Zugänglichkeit des Triebwerkes, Kühlung und Abschottung gegen Tankraum ist zu achten. Genauere Angaben darüber werden noch nachgeliefert.

Für die Experimenteirflugzeuge wird das Rumpfteil über dem Triebwerk dicht genietet zur Aufnahme des Kraftstoffes (rund 900 ltr.)

Kraftstoffentnahme und Schaltschema wird noch geklärt.

Für Notlandungen ist an dem Triebwerk eine Kufe vorzusehen.

Oberammergau, den 10.11.44 ....
(Sachbearbeiter) (Abteilungsleite

....
(Prof. Messerschmitt)

Verteiler:

KL
Baumusterleitung
Stabü
Probü

Geheim!

Projektübergabe

P 1101

Blatt 11

G) Ausrüstung:

Der Ausrüstungsumfang für das Serienflugzeug ist noch nicht festgelegt. Er wird zu gegebener Zeit mit Einbauarten nachgeliefert. Zur Orientierung ist ein vorläufiger, noch zu untersuchender Ausrüstungsplan, sowie einige vorläufige Einbauarten in der Übersichtszeichnung angegeben.

Der Ausrüstungsplan für das Experimentierflugzeug wird folgendes umfassen:

Blindflugtafel I a
Triebwerksüberwachung
Fernkompaß
Jägerkurssteuerung
FuG 16,(aus Me 262 übernommen)
3000 Watt Generator am Triebwerk
20 Std. Amp.
Warmluftspülung für Sichtscheiben (Entnahme vom Triebwerk)

Genauere Aufstellung (AG-Liste) wird nachgeliefert.

Oberammergau,den 10.11.44 ....
(Sachbearbeiter)(Abteilungsleite

....
(Prof.Messerschmitt)

Verteiler:

KL
Baumusterleitung
Stabü
Probü

Geheim!

Projektübergabe

P 1101
Blatt 12

II) Bewaffnung:

Für das Serienflugzeug ist eine Bewaffnung von 2 x MK 108 mit je 100 Schuß als Standardbewaffnung vorgesehen.

Für das Experimentierflugzeug entfällt die Bewaffnung. Es muß nur bei der Konstruktion der Serie auf die Bewaffnung soweit Rücksicht genommen werden, daß ein späterer Einbau raummäßig möglich ist.

Panzerung entfällt für das Experimentierflugzeug. Eine spätere Einbaumöglichkeit soll vorhanden sein.

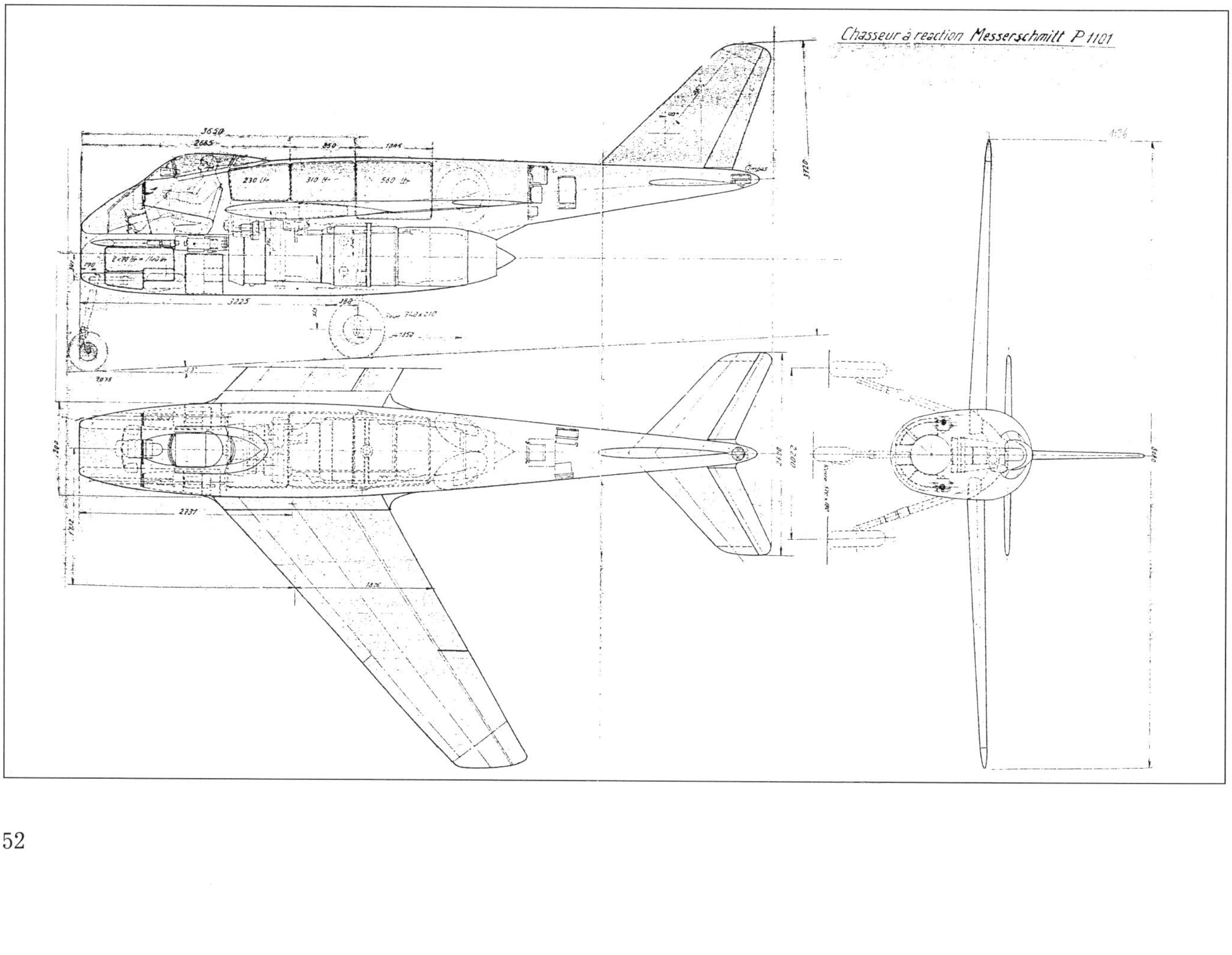

Im Anschluß an die Projektübergabe konnten die Mitarbeiter des Konstruktionsbüros, dessen Leiter seit März 1938 Walter Rethel war, mit der Erstellung von fertigungsgerechten Werkzeichnungen für das Experimentierflugzeug P1101-V1 beginnen. Bei der Auslegung und Bemessung der Bauteile arbeitete die Konstruktion Hand in Hand mit der Festigkeitsabteilung (Leitung Prof. Julius Krauss); verantwortlich für die Statik der P1101 zeichnete der Abteilungsleiter Georg Ebner.

Da eine Werkstoffauswahl für die P1101 mit dem 4. 12. 44 datiert ist, kann davon ausgegangen werden, daß der Versuchsbau (Leitung: Moritz Asam) mit der Teilefertigung für das Flugzeug im Laufe der ersten Dezemberhälfte begann.

Zeichnung XVIII/137 vom 13.11.1944 Übersicht über das Serienflugzeug (mit Jumo 004 oder He S 011).

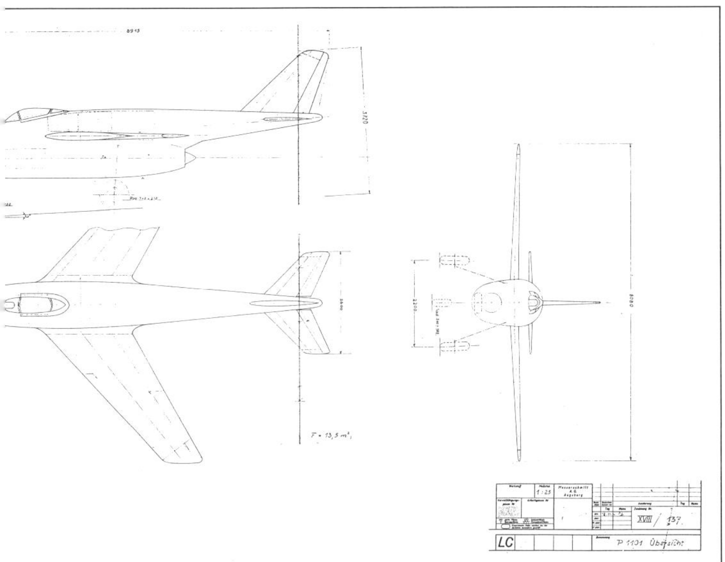

Detaillierte Darstellung des Serientypen, Zeichnung aus einem französischen Archiv; mit „originalem" P1101-Flügel (anstelle des Me-262 Außenflügels des Experimentierflugzeuges). Der Flügel hat allerdings mit dem Tragflügel „A" noch nichts zu tun. Folgende Ausführungen waren im Herbst 1944 geplant:
- *V-Muster mit Jumo 004 B*
- *I. Tagjäger mit Jumo 004 B*
- *II. Tagjäger mit He S 011*
- *Schlechtwetterjäger mit He S 011 und umfangreicher elektronischer Ausrüstung.*
  Für die Jäger waren Starthilfen und ein Jabo-Rüstsatz vorgesehen.
- *Aufklärer mit He S 011, 2 x MK 108 und Bildausrüstung*
- *und schließlich als Interzeptor mit He S 011 und eingebautem R-Gerät.*

Schon damals: Die Vorstellung eines MRCA's!

Die Projektgruppe um Woldemar Voigt und Hans Hornung war zu diesem Zeitpunkt mit der Erstellung der Unterlagen für das zukünftige Jagdflugzeug vollauf beschäftigt.

Die einheitlichen Berechnungsgrundlagen waren noch nicht geschaffen, und auch die Vorstellungen und Forderungen des Technischen Amtes des RLM waren immer noch alles andere als eindeutig. In Anbetracht der sich zuspitzenden Lage ist dies auch nicht weiter verwunderlich.

Parallel zum 1101-Serienflugzeug beschäftigte man sich bereits mit einem neuen, aus der 1101 entwickel-

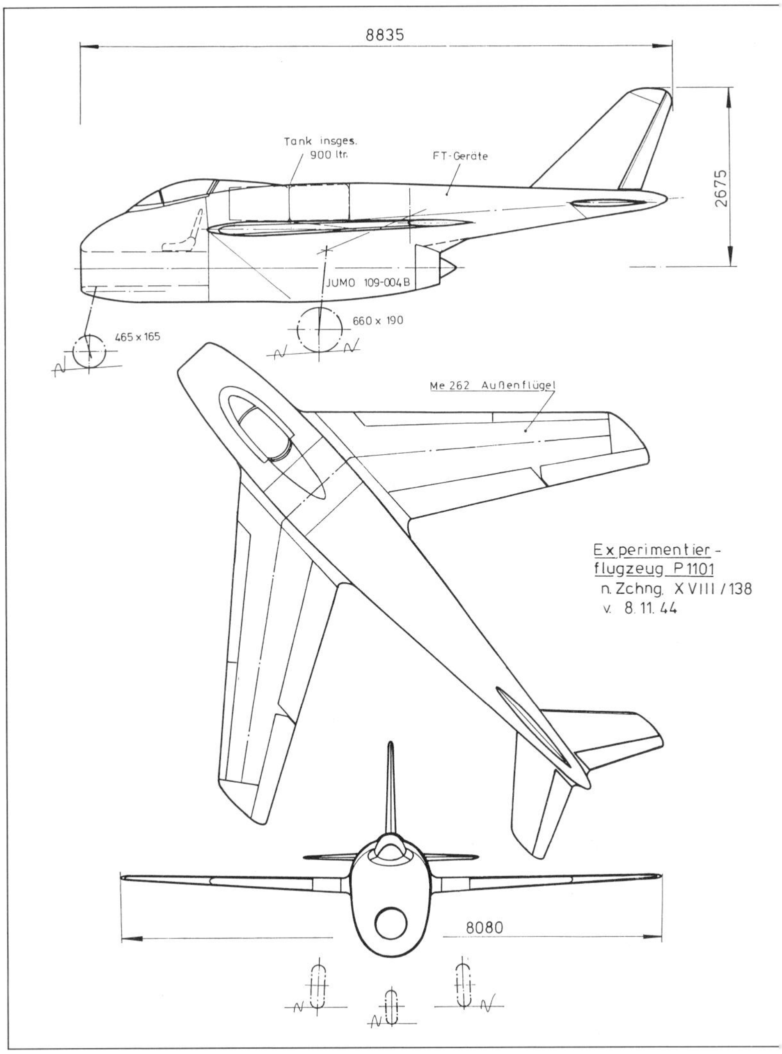

P1101-Experimentierflugzeug nach Zeichnung XVIII/138. Im Unterschied zur Serie besitzt dieser Entwurf weniger Treibstoff und keine militärische Ausrüstung (rechts).

ten Vorschlag. Dieses, eng an die bisherigen Entwürfe angelehnte Projekt erhielt die Nummer 1106.

Am 14. Dezember 1944 legte das Projektbüro die Kurzbaubeschreibung „Einsitziger Ein-TL-Jäger P1101“ vor. Das darin beschriebene Jagdflugzeug entspricht dem in der Zeichnung vom 13. November dargestellten Serientyp.

P1101 Kurzbaubeschreibung (Einsitziger 1 TL-Jäger mit HeS 011)

Das Flugzeug ist ein einsitziger Jäger für hohe Fluggeschwindigkeiten mit einem TL-Gerät als Antrieb.

Verwendungsmöglichkeiten:
Jäger
Schlechtwetterjäger
Jagdbomber
Interzeptor

Gesamtgestaltung: Stark gepfeilter Mitteldecker mit einziehbarem Bug- und Hauptfahrwerk.

Normales Leitwerk; in der Endlösung mit V-Leitwerk. Das TL-Triebwerk (Endlösung HeS 011) liegt unterm Flügel in der unteren Rumpfhälfte und besitzt eine Verlängerung des Luftführungsrohres um die Verbrennungsluft von dem Bug zum Triebwerk zu führen.

Der Flugzeugführer sitzt im Rumpfbug über dem Luftführungsrohr in einer Druckkabine.

Dahinter ist der Kraftstoffraum für 1250 l geschützten Kraftstoff. Anschließend daran ist der Fahr-

Serienflugzeug P1101; Stand Ende 1944 mit He S 011 und 2 x MK 108
Modellbau: Günter Sengfelder (oben).

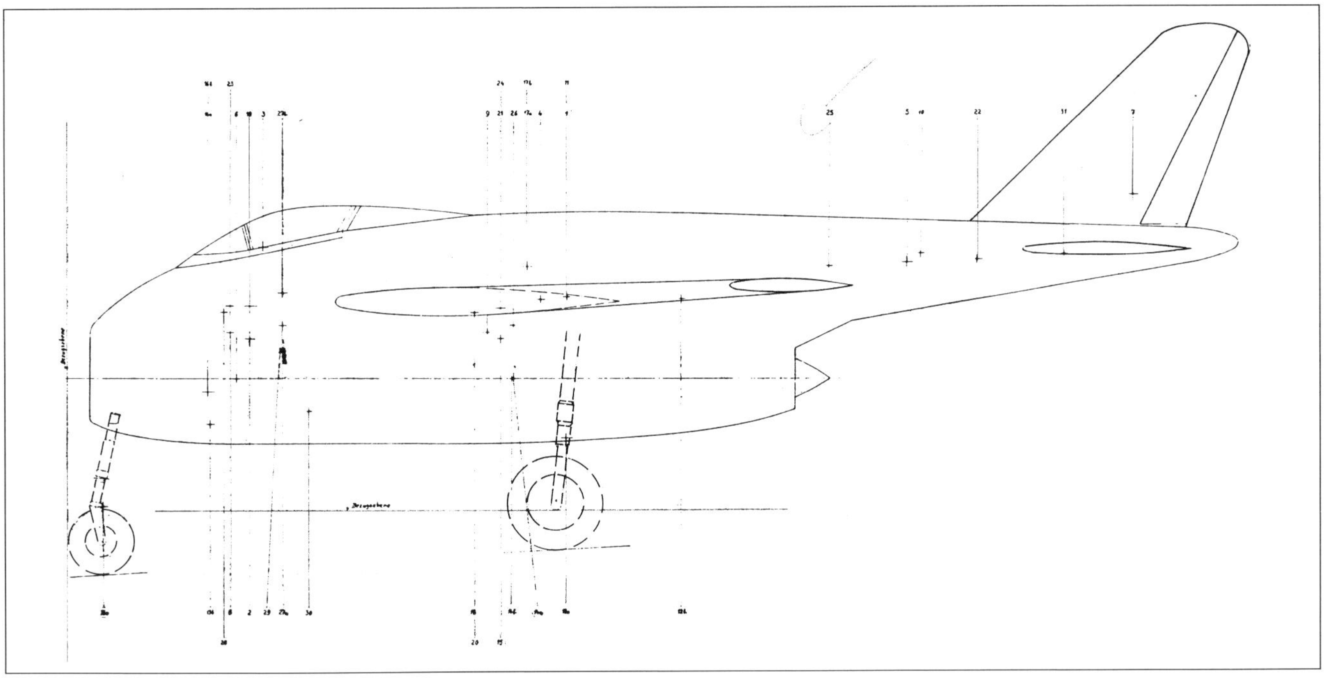

werksraum für das Hauptfahrwerk in eingezogenem Zustand. Es folgt dann im Rumpfende der Ausrüstungsraum für die nicht bedienbaren Geräte. Geräteausrüstung wie beim Normaljäger, allerdings mit Feuerlöschanlage, EZ 42 und rüstbarer TSA-Anlage.

Nr.	Bezeichnung	Gewicht (kg)
1	Flügel	440,0
2	Rumpfvorderteil	40,0
3	Kabine + Panzerscheibe	50,0
4	Rumpfmittelteil	85,0
5	Rumpfende	35,0
6	Luftführungsrohr	80,0
7	Leitwerk	65,0
8	Steuerung: Rumpfvorderteil	13,0
9	Steuerung: Rumpfmitte	2,0
10	Steuerung: Rumpfende	3,0
11	Steuerung: Flügel	20,0
12a	Hauptfahrwerk (ausgefahren)	180,0
12b	Hauptfahrwerk (eingefahren)	
13a	Bugrad (ausgefahren)	50,0
13b	Bugrad	
14a	Triebwerk Jumo 004 B	792,0
14b	Triebwerk He S 11	830,0
15	Sonstige Triebw.	5,0
16a	Kraftstoffbehälter	30,0
16b	Kraftstoff	133,0
17a	Kraftstoffbehälter	110,0
17b	Kraftstoff	946,0
18	Hydraulik	25,0
19	Elektrik im Führerraum	30,0
20	Elektrik im Rumpfmittelteil	18,0
21	Elektrik im Flügel	5,0
22	Elektrik im Rumpfhinterteil	11,0
23	Betriebsgeräte im Führerraum	21,0
24	Betriebsgeräte im Rumpf u. Flügel	12,0
25	FT-Geräte	53,0
26	Feuerlöschgeräte	27,0
27a	Führersitz	10,0
27b	Führer	100,0
28	Panzerung im Rumpf	120,0
29	Bewaffung	190,0
30	Munition	117,0
31	Ballast	37,0

XVIII/133
7. 12. 1944
Gewichtsverteilung vorläufiger Serienzustand P1101

Bewaffnung 2 x MK 108 mit ~ 70 Schuss.

Schutz des Flugzeugführers und der MK 108-Munition durch Panzerung.

Am Flügel und Rumpfunterseite sind Schlösser für Abwurflasten bzw. Zusatzbehälter vorgesehen.

Technische Daten des P1101-Vorschlages vom 14. Dezember 1944

Verwendung	einstrahliger leichter Jäger
Besatzung	ein Pilot in druckdichtem Führerraum
Antrieb	1 x Heinkel HeS 011 mit 1300 kp Standschub und für den Start mit maximalem Gewicht: zusätzliche Startraketen mit 2 x 500 kp als Zwischen- oder Notlösung: 1 x Junkers Juno 004 B-2 mit 890 kp Standschub
Länge	8915 mm
Höhe	3720 mm
Spannweite	8080 mm
Flügelfläche	13,6 m^2
Seitenverhältnis	= 4,8
relative Tragflügeldicke	12% – 8,5%
Pfeilung t/4-Linie	40°
aerodyn. Hilfsm.	Vorflügel über fast die gesamte Spannweite
Fahrwerk	
Bugrad	500 x 180 mm
Hauptfahrwerk	2 x 740 x 210 mm
Spurweite	2200 mm
militärische Ausrüstung	2 x Mk108 mit je 100 Schuß und 500 kg Abwurflast

Gewichte	mit HeS 011	mit Jumo 004 B
Flugwerk	1008 kg	1008 kg
Triebwerk	975 kg	937 kg
Baugewicht	1983 kg	1945 kg
Ständige Ausrüstung	159 kg	
Zusätzl.Ausrüstung	425 kg	
Rüstgewicht	2567 kg	
Besatzung	100 kg	
Landegewicht, leer	2667 kg	
Zuladung	1196 kg	
Startgewicht	3863 kg	
Startgew. m. Überl. (Starthilfe und Außenlasten	4453 kg	
Flächenbelastung:	normal	284 kg/m^2
	maximal	327 kg/m^2
Schubbelastung: (Normalstart)		2,97 kg/kp

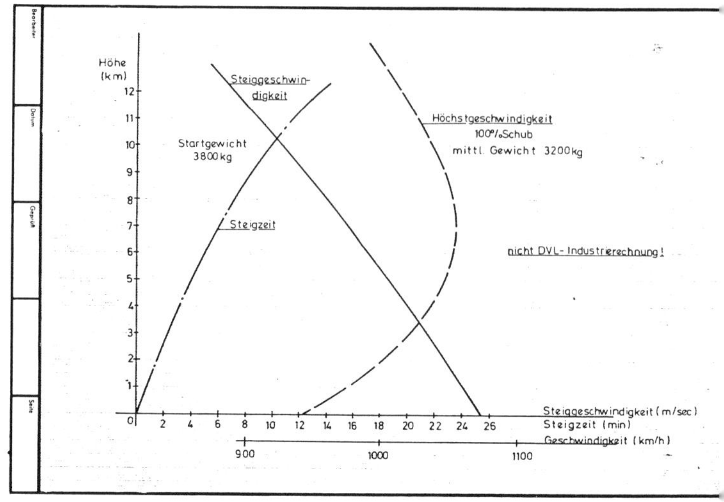

Errechnetes Leistungsdiagramm des Entwurfes.

Für die technische Führung in Oberammergau stellte sich jetzt die Frage, welcher der beiden mittlerweile vorliegenden Jäger-Vorschläge dem RLM präsentiert werden soll. In einer theoretischen Betrachtung der Gesamtwiderstandsflächen, die einen maßgeblichen Einfluß auf die Höchstgeschwindigkeit haben, schnitt das P1106 am besten ab:

	P1101	P1106	Me262
Widerstandsbeiwert Cw gesamt	0,01978	0,01689	0,0227
Gesamtoberfläche V ges.	58,3 m^2	46,2 m^2	95,3 m^2
Triebwerksschub	1300 kp	1300 kp	1780 kp

Die aus der Tabelle ersichtliche höhere aerodynamische Qualität und vor allem das größere Kraftstoffvolumen des P1106 gaben letztlich den Ausschlag: Nach einer eingehenden Besprechung der Entwürfe entschied sich Prof. Messerschmitt für die Einreichung des Vorschlages P1106 bei der DVL in Berlin-Adlershof.

Mit der vergrößerten Treibstoffkapazität entsprach Messerschmitt den im Spätherbst geäußerten Forderungen des Technischen Amtes im RLM nach einer längeren Flugzeit. Diese erachteten die Planer in Berlin nun für unabdingbar, um das Einsatzprofil des neuen Jagdflugzeuges deutlich gegen Interzeptoren im Stile einer Me163 oder Jäger mit einem eng begrenzten Aktionsradius, wie der Heinkel He162 abzugrenzen. Das Projekt 1101 ist also nicht, wie desöfteren in der Literatur behauptet, vom RLM abgelehnt worden!

Die Aktivitäten an der P1101-Serienausführung wurden daraufhin weitestgehend eingestellt und erst in der zweiten Januarhälfte nach der Rücknahme des Projektes 1106 in einem gewissen Umfange wieder aufgenommen. Diese Vorgänge um die Serienausführung zeigten kaum Einfluß auf die Arbeiten am „Experimentierflugzeug".

Das geplante und dann ausgeführte Flugzeug war in erster Linie ein Forschungsflugzeug für den Flug bei schallnahen Geschwindigkeiten und ein Erprobungsträger, der es zuließ, auch einzelne Komponenten verwandter Entwürfe einem praktischen Versuch zu unterziehen.

Die Absicht, gegen Ende des Jahres 1944 in einer desolaten Zeit des Niederganges, ein derartiges Programm fast in Eigeninitiative durchzuführen, zeugt von der technischen Weitsicht Prof. Messerschmitts. Er, der immer den Ingenieur vor den Unternehmer stellte, war in erster Linie an der ständigen Weiterentwicklung und Perfektionierung der Luftfahrt interessiert.

Vielleicht erwecken gerade deshalb viele Entwürfe und Ideen seines mit ihm in enger Tuchfühlung und weisungsgebunden arbeitenden Projektbüros den Eindruck einer fast schon zeitlosen Gültigkeit. Gerade für die Arbeiten aus den letzten Monaten und Tagen des Dritten Reiches trifft dies in besonderem Maße zu.

Für den vorgesehenen Zweck war die Konzeption des „Experimentierflugzeuges" geradezu ideal:

Der strukturelle Aufbau war einfach gehalten, und soweit es vertretbar schien, wurden Teile der Serienmaschinen, vor allem der Me262 benutzt. Weitgehende Änderungen waren, ohne das Gesamtkonzept zu verlassen, an den Hauptgruppen möglich.

Im Einzelnen waren dies:

- die Tragflächen

Die Tragflügel waren austauschbar.

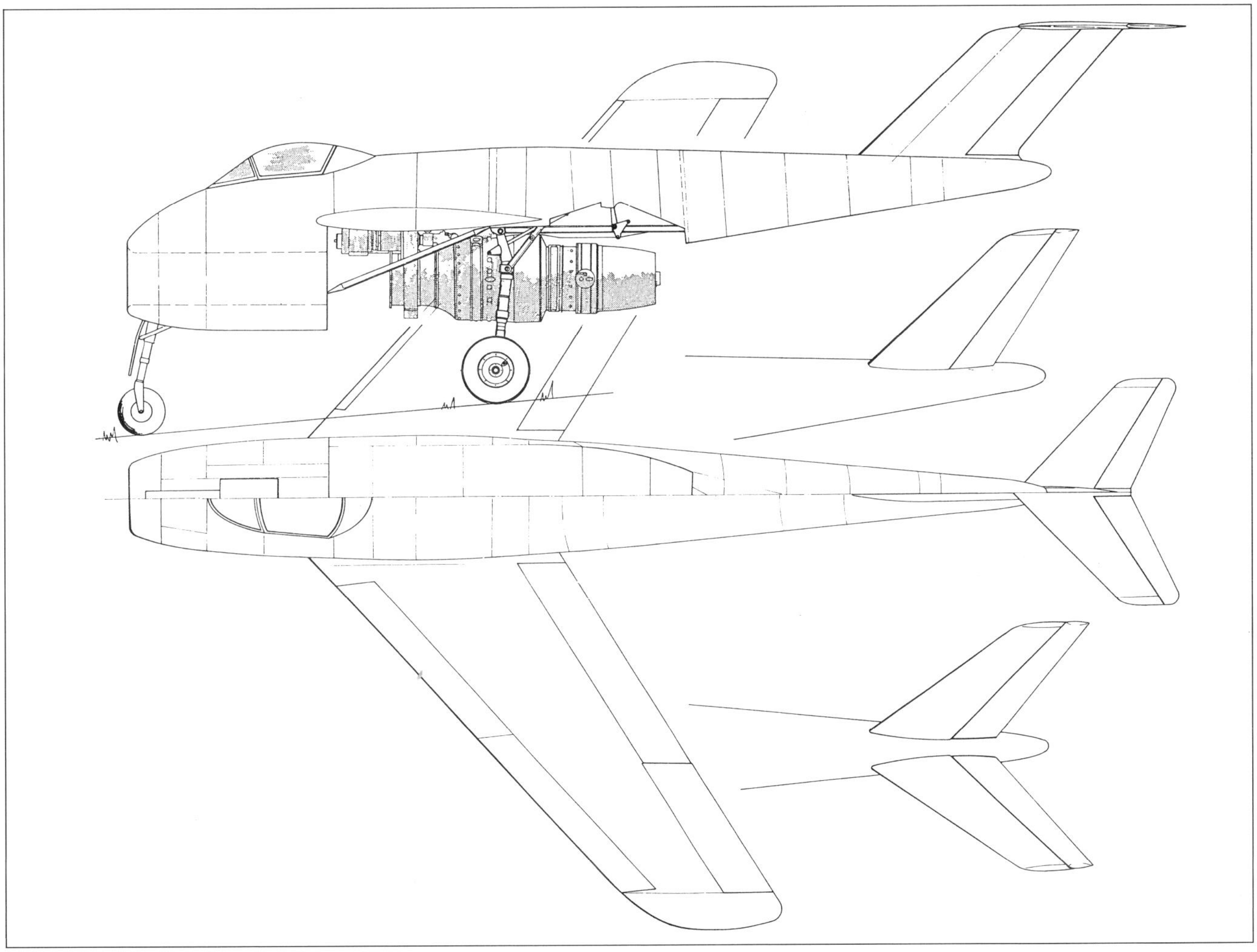

Mögliche Modifikationen am Experimentierflugzeug P1101: mit T-Leitwerk, V-Leitwerk, Außenflügel Me 262, Tragflügel „A", Jumo 004 B, Heinkel He S 011.

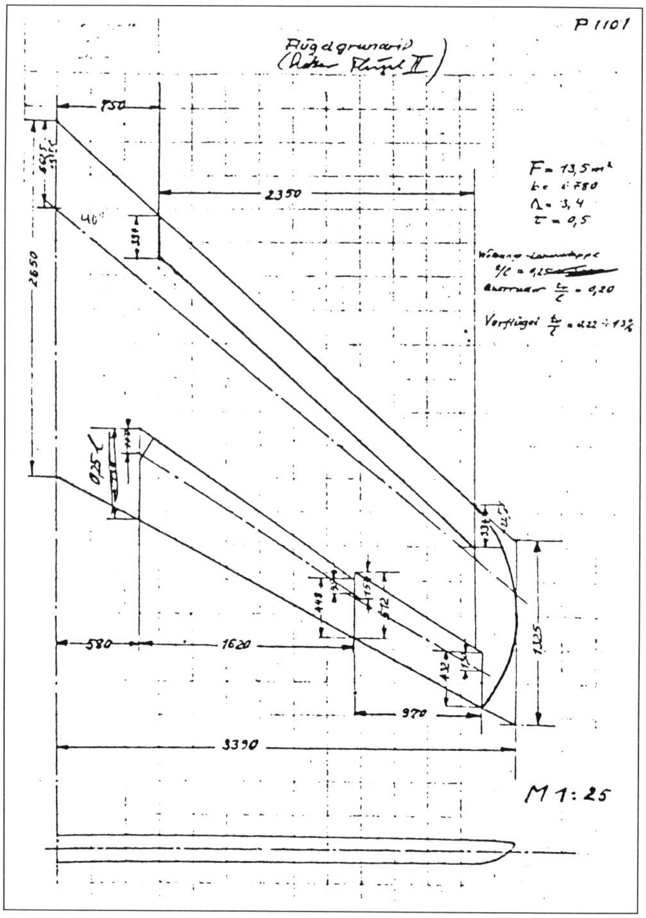

Auf dem Weg zu einem neuen Tragflügel: erster Schritt zum Tragflügel „A"; Skizze vom 20. 12. 44, wahrscheinlich zur Erprobung am „Experimentierflugzeug"; siehe auch P1106/Flügel I.

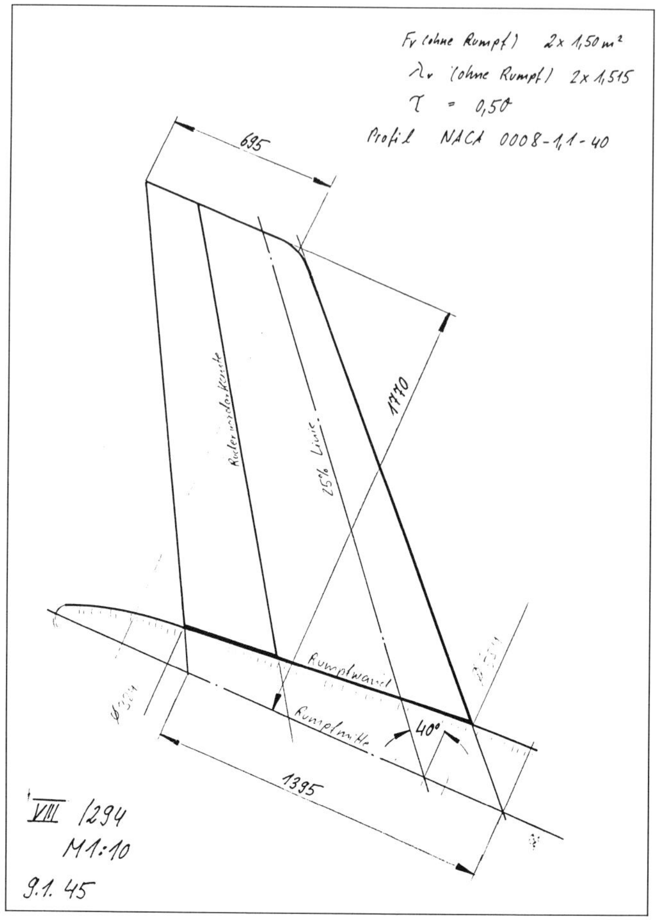

Maßblatt des V-Leitwerkes für das Experimentierflugzeug.

Der gesamte Treibstoff befand sich im Rumpf und Schwerpunktverschiebungen konnten mittels Ballast kompensiert werden.

Die Befestigung der Flügel erfolgte an drei Anschlußpunkten im Rumpf; der Pfeilwinkel des Tragwerkes konnte am Boden in drei verschiedene Stellungen (35°/40°/45° auf der t/4-Linie) gebracht werden. Neben den Untersuchungen über den optimalen Pfeilwinkel war die Erprobung eines Tragflügels mit neuen Profilen vorgesehen. Dieses als „Tragflügel A" bezeichnete Tragwerk war ebenfalls für die Me P1106 und Me P1110 eingeplant.

- der Rumpf

Der Rumpf bot ausreichend Raum für den Einbau der verschiedenartigsten Geräte z. B. Elektronik, Bewaffnungsattrappen usw., und für den gesamten, für den Versuchsbetrieb ausreichend bemessenen Kraftstoff. Der Grundentwurf ließ andere Möglichkeiten der Raumaufteilung ohne weiteres zu (so z. B. gewannen die Bell-Ingenieure in der X-5 durch eine Verlagerung der Kraftstofftanks nach hinten genügend Raum für den Einbau einer elektromechanischen Verstelleinrichtung, die es gestattete, die Pfeilung der Tragflügel im Fluge zu verändern).

Die Freiheit im Triebwerkseinbau war augenfällig: Der Rumpfstrak ließ den problemlosen Einbau eines Jumo 004B oder eines HeS 011 zu; zudem beabsichtigte nach dem Kriege Robert J. Woods, der technische Leiter der Bell-Flugzeugwerke, mit dem erbeuteten Prototyp eine ganze Reihe von amerikanischen Triebwerken zu erproben.

- das Leitwerk

Von vorneherein war die Erprobung der verschiedensten Leitwerksformen geplant: großes und kleines Seitenleitwerk, Höhenleitwerk mit V-Stellung bis hin zum reinen V-Leitwerk und ein Leitwerk mit hochgelegtem Höhenleitwerk (T-Leitwerk).

- das Fahrwerk

Das Fahrwerk und der entsprechende Raum im Rumpf waren dermaßen angelegt, daß durch relativ geringfügige Änderungen der Einbau eines ver-

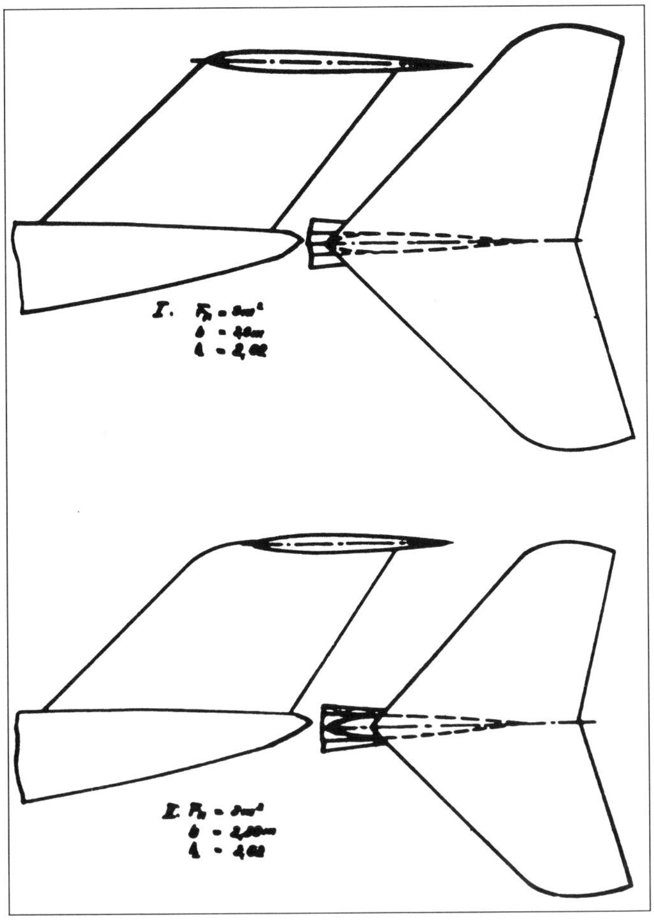

Zwei Ausführungen des Leitwerkes mit „hochgelegtem Höhenleitwerk“
Untersuchung bei der AVA in Göttingen.

stärkten bzw. vergrößerten Rollwerkes möglich war.

Gerade diese beschriebenen Eigenschaften waren ein wichtiger Grund dafür, daß nach dem Kriege die Konzeption der P1101 des öfteren zu beobachten war und fast unverändert vom Entwurfsteam der Bell-Flugzeugwerke für die X-5 übernommen wurde.

Ähnliches unternahmen die englischen Short-Brothers mit ihrem Entwurf Short S.B.5. Dieses, unter der Leitung von David Keith-Lucas im Auftrag der britischen Regierung konstruierte Forschungsflugzeug weist deutliche Parallelen zur Konzeption der P1101 auf. Den Pfeilflügel des am 2. 12. 1952 zum Erstflug gestarteten „Experimentierflugzeuges“ konnte man am Boden durch Zusatzbauteile im Pfeilwinkel (50°/60°/69°) verändern, und das Höhenleitwerk konnte oben am Seitenleitwerk (T-Anordnung) oder tief am Rumpf angesetzt werden. In erster Linie ging es den Briten um die gründliche Erforschung der Probleme des Langsamfluges, die in Verbindung mit einem stark gepfeilten Tragwerk auftreten.

Die gewonnenen Daten führten dann auch zur English Electric P1 A und diese wiederum war das Ausgangsmuster für das Mach 2-Jagdflugzeug BAC „Lightning“, dessen Einsatz bei der Royal Air Force erst in den achtziger Jahren zuende ging.

Um die Jahreswende 1944/45 lief die Fertigung der Teile für das Musterflugzeug, und der Versuchsbau begann mit der Montage der ersten Baugruppen. Etliche Teile konnten direkt oder etwas verändert aus

Britisches Pfeilflügelforschungsflugzeug Shorts SB-5 mit am Boden verstellbarer Flügelpfeilung; das Leitwerk ist ohne großen Aufwand in ein T-Leitwerk umrüstbar.

der Me262 und der Me109 Serie entnommen werden (z. B. Fahrwerk, Tragflächen, Steuerung, Ausrüstung), jedoch den größten Teil an Blechzuschnitten, Fräs-, Stanz- und Biegeteilen fertigte man in den Augsburger und Oberammergauer Werkstätten.

Den Transport der Baugruppen und Großbauteile übernahmen Fahrzeuge der Organisation Todt (OT). Die Endmontage begann in der ehemaligen Mauleselunterkunft der Gebirgsjäger, der Halle 615 unter der Leitung von Moritz Asam.

Bis zum 19./20. 12. 1944 war der Versuchsbau in dieser Halle mit Umrüstarbeiten an der Me262 W-Nr. 170074 zum „Heimatschützer II" beschäftigt.

Nach der Fertigstellung sollte die P1101-V1, wie bereits die Me262 „Heimatschützer I und II" mit einem Spezialfahrzeug der Organisation Todt nach Lager-Lechfeld bei Augsburg gebracht werden, um dort das Erprobungsprogramm aufzunehmen.

Moritz Asam führte ein Team von ausgewählten Facharbeitern, mit denen er den Bau des Flugzeuges in einer bis dahin bei Messerschmitt nicht üblichen Oberflächengüte ausführen wollte. Er genoß bei Prof. Messerschmitt hohes Ansehen, da er in dem Ruf stand, Unmögliches möglich zu machen. Nach dem Kriege machte Asam in der Fachwelt durch seinen entscheidenden Beitrag am Entwurf und Bau der NASA-Spezial-Transportflugzeuge Aero Spacelines „Mini Guppy" und „Super Guppy" von sich reden.

Bei der 1101 benutzten die Verantwortlichen eine äußerst zeitsparende, aber doch risikobehaftete Methode: die Fertigung lief fast parallel zur statischen Berechnung, und diese erfolgte fast gleichzeitig mit der Detail-Konstruktion. Die Auslieferung der Zeichnungsunterlagen war Ende Januar/Februar bis auf einige Kleinigkeiten vollständig abgeschlossen, und als Flugklartermin nannten die Planer den 15. März 1945. Ein Einhalten dieses Termines wäre für die Fa. Messerschmitt ohne weiteres möglich gewesen; daß das Flugzeug dennoch bis zum Kriegsende das Erprobungsprogramm nicht mehr aufnahm, lag hauptsächlich an der Unmöglichkeit ein flugklares Triebwerk zu bekommen.

Eingriffe in die Konstruktion und Änderungen während der Bauausführung waren (und sind es heute noch) nichts Ungewöhnliches; das waren auch nicht die Schwierigkeiten, mit denen Messerschmitt und seine Mitarbeiter in der wirtschaftlich wie militärisch immer aussichtsloser werdenden Situation zu kämpfen hatten. Alliierte Truppen bewegten sich bereits auf deutschem Boden, die Zivilbevölkerung, also auch die Messerschmitt-Belegschaft mit ihren Angehörigen, die Versorgungseinrichtungen, das bei der Dezentralisierung der Industrie ungeheuer wichtige Verkehrssystem und die meisten der oberirdischen Fabrikanlagen und Forschungsstätten lagen fast rund um die Uhr im Kugel- und Bombenhagel der Amerikaner und Briten.

Das für die V-1 dringend benötigte Jumo 004B-Triebwerk war offensichtlich nicht mehr zu bekommen, geschweige denn, daß die beiden anderen beim RLM für die V2 und V3 angeforderten Triebwerke zu erhalten gewesen wären. Um wenigstens Einbauuntersuchungen und Anpaßarbeiten vornehmen zu können, versuchte man in Oberammergau, wenigstens vom Me262-Erprobungs- und Einsatzplatz Lechfeld ein nicht flugklares, beschädigtes Triebwerk zu organisieren. Dies ist anscheinend gelungen, denn die Amerikaner registrierten im Gebäude 607 (Attrappenbau) ein beschädigtes Jumo 004.

Die Tragflächen für das Versuchsflugzeug fertigte ein Zweigbetrieb in Leonberg bei Stuttgart. Diese fast ausschließlich dem Bau des Me262 Tragflügels dienende Fertigungsstätte befand sich in einem zweigeschossig ausgebauten Tunnel der Reichsauto-

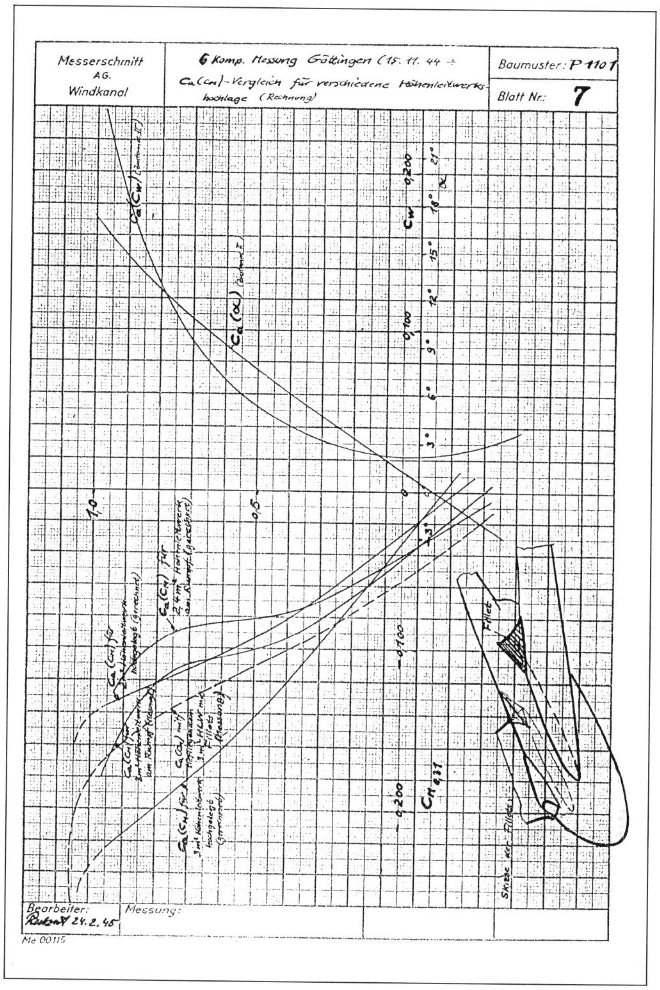

Ergebnisse der AVA-Messungen für verschiedene Höhenleitwerkslagen Vorschlag von „Fillets" zwischen Flügelhinterkante und Rumpf (24. Februar 1945).

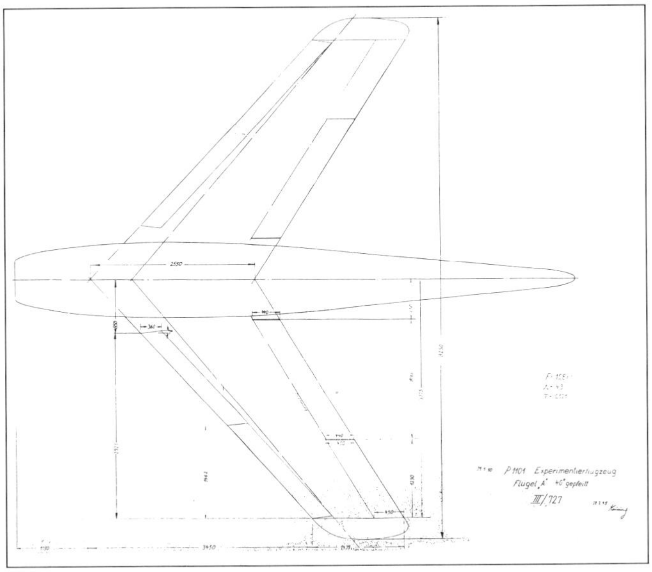

Der endgültige Tragflügel „A", „das" Tragwerk der ersten erfolgreichen Düsenjägergeneration.

bahn und umfaßte mit einigen oberirdischen Hallen ein Areal von ca. 15 000 m^2. Trotz der immensen Belastung, die der Serienbau der Me262 mit sich brachte, gelang es hier, den Bau der beiden P1101--Tragflügelsätze fast problemlos durchzuführen.

Schwierigkeiten bereitete nur der Transport, und so traf der zweite Flächensatz mit von 13 auf 20% der Flügeltiefe vergrößerten Slots erst Mitte Februar mit der Bahn in Oberammergau ein.

In sogenannten Baumusterbesprechungen, an denen des öfteren auch Prof. Messerschmitt teilnahm, konstatierten die Verantwortlichen den Stand der Dinge und legten das weitere Vorgehen fest. Solche Konferenzen fanden im Laufe der Monate Januar und Februar statt. Im Protokoll der „3. Baumusterbesprechung" vom 21. 2. 1945 ist bezüglich des im Bau befindlichen Flugzeuges folgendes u. a. ausgeführt:

- Nach neueren Untersuchungen ist das bisher vorgesehene Seitenleitwerk mit 0,97 m^2 zu klein. In die V-1 wird daher das auf 1,54 m^2 vergrößerte Seitenleitwerk eingebaut. Die beiden bereits gebauten Seitenleitwerke finden in Augsburg für Festigkeits- und Bruchversuche Verwendung; (ein Schicksal, das nach dem Kriege viele Bauteile der V-1 in den USA bei Bell teilten).

- Das Höhenleitwerk wird den Unterlagen entsprechend ausgeliefert.

Die Arbeiten bzw. Untersuchungen am „Seitenleitwerk mit hochliegendem Höhenleitwerk" sollen im Projektbüro Ende Februar zu einem Abschluß gebracht werden; im Anschluß daran ist sofort mit den Arbeiten für das V-Leitwerk zu beginnen.

- Prof. Messerschmitt, der sich bis ins Detail mit jedem neu entstehenden Flugzeugmuster beschäftigte, war mit dem Bau des neuen Tragflügels „A" – also des P1101 und P1110-Serien-flügels – und mit der Erprobung dieses Flügels an der P1101 V1 einverstanden.

Mittlerweile beschäftigte man sich bereits mit dem Erprobungsprogramm für das „Experimentierflugzeug" und beabsichtigte, dieses mit einer Pfeilung von 35° einzufliegen; anschließend sollte durch Zusatzbauteile die Pfeilung des Tragwerkes bis auf 45° gesteigert werden. Ein direktes Messen der infolge des größeren Pfeilwinkels verursachten Widerstandsverringerung bei Flügen in der Nähe der Schallgeschwindigkeit wäre dadurch möglich gewesen; gleichzeitig hätte der Flugversuch auch die Wirksamkeit der verschiedenen Maßnahmen zur Verbesserung der Langsamflugeigenschaften belegen können.

All diese Vorhaben und Untersuchungen führten nach dem Kriege Amerikaner, Briten, Franzosen, Sowjets und Schweden mit einer Vielzahl von „Pfeilflügel-Forschungsflugzeugen" durch. Ein Ergebnis dieser gewaltigen Arbeit ist mit Sicherheit die aerodynamische Auslegung von modernen Strahlverkehrsflugzeugen, deren Fluggeschwindigkeiten sich hart unterhalb der Schallgrenze bewegen.

Nachdem während der Besprechung bei der DVL in Berlin-Adlershof vom 12.–15. Januar 1945, bei der die Firma Messerschmitt mit den Vorschlägen P1106 und P1110 vertreten war, die endgültige Festlegung des vergleichenden Berechnungsverfahrens erfolgte und das Technische Amt und die „Sonderkommission Tagjäger" die technisch-taktischen Anforderungen präzisierte, war es in Oberammergau notwendig geworden, die bisherige Entwicklungsarbeit neu zu überdenken.

Mit Sicherheit war das P1106 nicht der große Wurf, und zudem bot es gegenüber dem P1101 in leistungsmäßiger Hinsicht keinerlei Vorteile. Daher entschied sich Prof. Messerschmitt für eine Überarbeitung der P1101-Serienversion vom Dezember 1944, für eine Weiterentwicklung des vielversprechenden P1110 und für den Neuentwurf eines schwanzlosen Jagdflugzeuges, dem Entwurf P1111.

Jetzt erhielt der 1101-Entwurf eine verstärkte Bewaffnung, einen vergrößerten Kraftstoffvorrat und eine verbesserte Linienführung.
(Nähere Einzelheiten im Kapitel: Die Serienausführung des P1101)

Die drei eingereichten und auf der Sitzung vom 27./28. Februar besprochenen Messerschmitt-Entwürfe erhielten gemeinsam mit dem Junkers-Vorschlag EF-128 die beste Beurteilung. Die des öfteren in der Nachkriegsliteratur schon als „Sieger“ dieser Ausschreibung bezeichnete Tank Ta183 fand zu diesem Zeitpunkt wegen der als nicht ausreichend erachtenden Höchstgeschwindigkeit keine Beachtung; dazu mehr im Kapitel „Beurteilung der Entwürfe“.

Eine endgültige Entscheidung über ein zukünftiges Serienflugzeug fiel nicht und ist mit Sicherheit in den wenigen Wochen bis zum Kriegsende auch nicht mehr gefallen. Das RLM vergab nur noch Bauaufträge für Musterflugzeuge, und so heißt es auch in der sich aus dieser Tagung ergebenden Schlußfolgerung: „Das in Bau befindliche Studienflugzeug P1101 ist schnellstens fertigzustellen und zu erproben; das gleiche kann von anderen eventuell in Bau befindlichen Studienflugzeugen gelten.“

Doch: das Kriegsende stand unmittelbar bevor, die Lebensbedingungen verschlechterten sich zusehends, und die Arbeitsverhältnisse nahmen ausgesprochen chaotische Formen an. Längst war an ein geordnetes Arbeiten nicht mehr zu denken, Material war kaum zu bekommen und oft schreckte ein Luftalarm die Mitarbeiter auf, und diese waren gezwungen, bepackt mit den wichtigsten Unterlagen, im unterirdischen Teil der Anlage oder im kaum bewachsenen Gelände außerhalb der Forschungsanstalt Schutz zu suchen. Bezeichnenderweise flüchtete die Belegschaft nicht in nahegelegene Waldstücke, denn das wußten oder ahnten die Angreifer, wie bereits die Messerschmitt-Mitarbeiter noch aus Augsburg in schmerzhafter Erinnerung hatten.

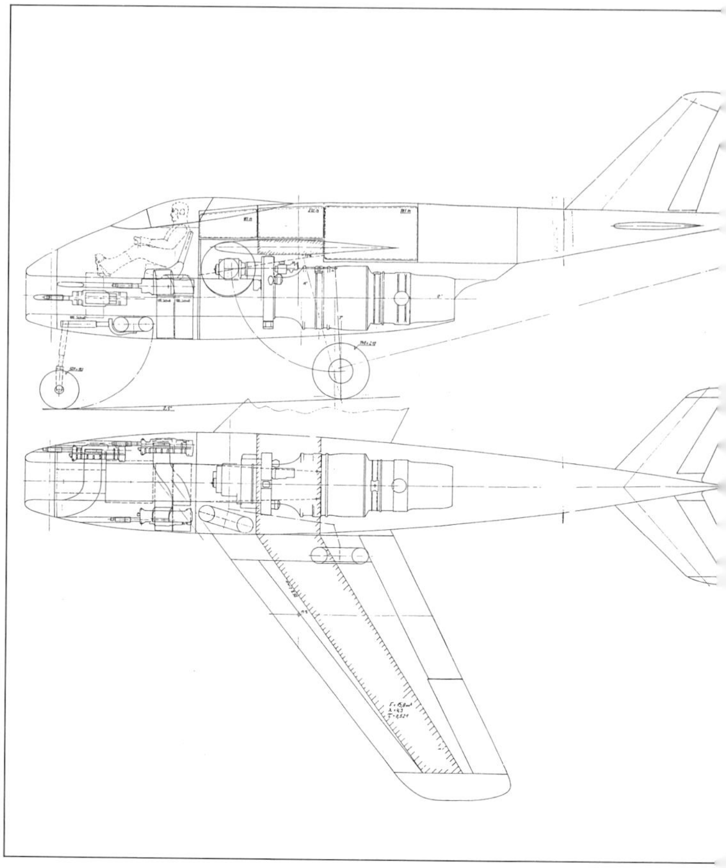

Auf dem Weg zum endgültigen P1101-Serienvorschlag; Alternative zur bisherigen Fahrwerkskinematik: P1101 mit nach vorne einziehbarem Fahrwerk (20. Feb. 45).

Zum Glück für die Mitarbeiter erlebte die Oberbayerische Forschungsanstalt während des gesamten Krieges keinen einzigen Luftangriff. Die Abschottung und die Tarnung war augenscheinlich perfekt. War sie es wirklich? Zweifel daran sind berechtigt.

Wahrscheinlich besaß der französische Nachrichtendienst entweder über das Pariser Messerschmittbüro oder über die im Werk in großer Zahl tätigen Franzosen genaue Informationen über die Oberbayerische Forschungsanstalt; Informationen, die gegenüber den eigenen Verbündeten unterdrückt wurden, und die sich einige Tage vor Kriegsende für Frankreich als hochkarätig, wenn nicht sogar als unbezahlbar erweisen sollten.

Diese Annahme wird dadurch untermauert, daß ein leitender Mitarbeiter des Pariser Büros sich nach dem Kriege als „Widerstandskämpfer von Anfang an“ bezeichnete, und daß einige der französischen Arbeitskräfte sich in Widerstands- und Sabotagegruppen organisiert hatten und Verbindung mit der Widerstandsbewegung in Frankreich hielten.

Im März 1945 befand sich das benötigte einsatzbereite Junkers-Strahltriebwerk noch immer nicht in Oberammergau und es sollte auch bis zum Kriegsende nicht mehr eintreffen.

Nachdem die DVL beim P1101-Serienvorschlag die geringe Leitwerkshochlage über dem Flügel bemängelt hatte, fertigte das Projektbüro für das Experimentierflugzeug noch die Ausführungszeichnung für das „Leitwerk mit hochgelegtem Höhenleitwerk“ als Grundlage für die Detailkonstruktion; ansonsten waren die Mitarbeiter um Prof. Messerschmitt und Dipl. Ing. Voigt in diesen Tagen noch vollauf beschäftigt.

Etwas verkürzt betrachtet, befaßten sich die hauptsächlichen Arbeiten

- mit der schrittweisen Verbesserung (Einarbeitung von Truppenwünschen, Beanstandungen) der im Serienbau stehenden Muster

- mit der Weiterentwicklung und mit der Projektierung von Varianten der Me262 (Hochgeschwindigkeit, Nachtjäger usw.)

- mit der Entwicklung des einstrahligen Jagdflugzeuges (P1101, P1110, P1111)

- und nicht zuletzt mit dem revolutionären Strahlbomberprogramm P1107/P1108, das nach dem Kriege seinen Niederschlag in der britischen Spezifikation B35/46 (aus der die Arro „Vulcan" hervorging) und im Verkehrsflugzeug D. H. 106 Comet fand. Schließlich befand sich de Havillands Chefingenieur R. E. Bishop im Juni 1945 nicht als Sommerfrischler in Oberammergau!

Aber noch lieferten sich am Himmel über dem geschlagenen Reich hochgezüchtete Kolbenmotorjäger die letzten klassischen Luftkämpfe. Ein Umbruch in der Luftfahrttechnik kündigte sich mit dem Ende des Krieges an, ein Umbruch der zwar bereits vor dem Kriege seine Schatten warf, der aber in dieser Radikalität ohne Beispiel in der Geschichte der Luftfahrt ist.

Im April 1945 war die 1101-V1 etwa zu 80% fertig. Ein beschädigtes Jumo-Triebwerk stand zwar für Anpaßarbeiten zur Verfügung, doch eine Verkleidung konnte nicht mehr angebaut werden. Der Erstflug war mittlerweile für den Juni 1945 angesetzt, doch die bekannten Gründe machten dem Vorhaben einen Strich durch die Rechnung.

Zumindest Teile der V1 flogen, wenn auch ungewollt, dennoch: Beim Abdrücken des Führerraumes (Dichtigkeitsprüfung mit leichtem Überdruck) flog die Kabinenhaube des Prototypen mit einem lauten Knall an die Decke der Halle 615.

Am 27. April zog einer der wenigen noch in Oberammergau gebliebenen Messerschmitt-Mitarbeiter mit einigen französischen Hilfskräften die fast fertige P1101 aus der Montagehalle. Die Arbeiter schafften das Flugzeug in den unterirdischen Teil der Anlage, um es dort zur Sprengung vorzubereiten. Doch dazu kam es nicht mehr.

Technische Beschreibung

Das Experimentierflugzeug P1101-V1: Die Konstruktion der ersten Versuchsmuster führten die Oberammergauer Büros unter der Leitung von Walter Rethel in den Monaten Dezember 1944/Januar 1945, also in 6–8 Wochen, durch.

P1101-V1, Zustand nach dem Einmarsch der US-Streitkräfte; Modellbau: G. Sengfelder (oben).

Modellvergleich Me-262 – P1101 (links).

Modellvergleich He 162 – P1101 (unten) (Modellbau: Sengfelder).

Der erste Prototyp diente zugleich aus Zeitgründen als „Attrappe" für diverse Anpaßarbeiten. Diese, durch den damaligen Leiter des Attrappenbaues belegte Tatsache führte nach dem Kriege bei einigen Chronisten zu allerlei Mutmaßungen und Verwechslungen.

An der Entstehung der P1101-V1 waren direkt beteiligt:

Entwurf: Messerschmitt, Voigt, Hornung
Baumusterleitung: Keidel

Konstruktion:
Leitung: Rethel
Rumpf: Barmeyer
Flügel: Weissflog
Fahrwerk: Schäffler
Leitwerk: Bosch

Messerschmitt P.1101 (Bell test configuration)

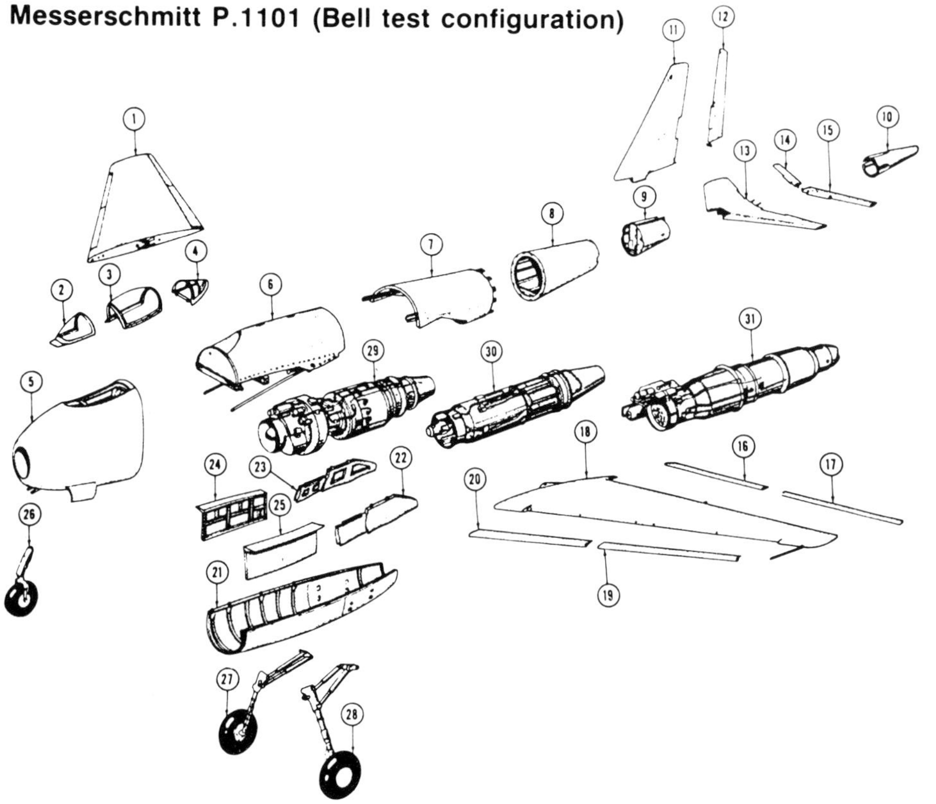

1 Flügel, rechts, montiert
2 Kabine, Windschutz
3 Kabine, Mittelteil
4 Kabine, Abfluß
5 Rumpfbug
6 Rumpf/Tank
7 Rumpf/Fahrwerk
8 Rumpf/Heckkonus
9 Rumpf/Hinterabschnitt
10 Rumpf/Endkonus
11 Seitenleitwerk – Flosse
12 SLW – Ruder
13 Höhenflosse
14 Höhenruder, links
15 Höhenruder, rechts
16 Landeklappe LH
17 Querruder LH
18 Flügel, ohne Klappen LH
19 Vorflügel, außen/r + l
20 Vorflügel, innen/r + l
21 Triebwerksverkleidung, unten
22 Fahrwerksklappen LH
23 Fahrwerksklappen RH
24 Triebwerksverkleidung/r
25 Triebwerksverkleidung/l
26 Fahrwerk – Bugrad
27 Hauptfahrwerk, rechts
28 Hauptfahrwerk, links
29 Triebwerk He S011
30 Triebwerk Allison TG-180
31 Triebwerk Westinghouse WE-24C-10

P1101-V1 in ihre Hauptbaugruppen zerlegt; Abb.: Aerofax/Jay Miller (oben).

Rumpfbug der V1; Aufnahme nach der Besetzung in Oberammergau, Halle 615. Die durch das Kriegsende verursachten Schäden sind deutlich sichtbar (rechts).

Die für Messerschmitt typische seitlich aufklappbare Kabinenhaube (unten).

Triebwerkseinbau u.
Behälterkonstruktion: Beese
Ausrüstung, Hydraulik u. Elektrik: Harsch
Bodengeräte: Zimmermann
Listenerstellung: Menhardt
Festigkeit/Statik: Ebner
Versuchsbau: Asam

Beim Bau der P1101-V1 wurde besonders Wert auf eine äußerst saubere Bauausführung und eine einwandfreie Oberflächenbeschaffenheit gelegt. („Nietköpfe und Blechstöße sind untragbar") Dies war und ist unerläßlich zur Erzielung einer möglichst hohen Geschwindigkeit, und zudem hatte die Fertigung in dieser Hinsicht einiges gutzumachen; war doch die Bauausführung der Me262 des öfteren einer herben Kritik ausgesetzt.

Laut Aussage des Baumusterleiters Walter Keidel wäre zum Zeitpunkt der Besetzung das Flugzeug in 2–3 Wochen flugklar gewesen.

Rumpf

Der Rumpf ist in Ganzschalenbauweise aus Duraluminium gefertigt. Der Rumpfstrak ist beim ersten Versuchsflugzeug zwar für das Jumo 004-B ausgeführt; eine Umrüstung auf das Heinkel-Triebwerk HeS 011 ist aber ohne große Schwierigkeiten möglich. Die Hauptabmaße und die festigkeitsmäßige Auslegung des V1-Rumpfes entsprechen der späteren Serienausführung.

Das Rumpfvorderteil enthält das Luftführungsrohr, das nach hinten einziehbare Bugrad und den Raum für den Piloten. Der durch das Luftführungsrohr verursachte Schubverlust des Triebwerkes, wurde mit einer diesem Rohr entsprechenden Ansaughutze am linken Triebwerk einer Me262 untersucht.

Der Raum für das Bugrad ist bereits für das größere Rad der Serienausführung ausgelegt; Raum genug ist auch für eine eventuell einzubauende Bewaffnung und für die Ausrüstung mit einer Druckkabine. Bei der Kabinenabdeckung handelt es sich um eine aufgesetzte Vollsichthaube, deren Bauart bei Messerschmitt etwas volkstümlich als „Rennkabine" bezeichnet wurde.

Die Sichtscheiben der Kabine werden durch Spülung mit vom Triebwerk gezapfter Warmluft beschlagfrei gehalten. Eine Haube ähnlicher Ausführung erprobte das Unternehmen bereits mit einer entsprechend umgerüsteten Me262.

Im mittleren Teil des Rumpfes ist der komplette Vorrat an Betriebsstoff (1000 l) untergebracht; allerdings nicht in beschußgeschützten Kraftstoffbehältern sondern in vier dichtgenieteten Rumpfabschnitten.

Das Triebwerk ist unterhalb des Kraftstoffraumes aufgehängt. Durch Abnehmen der kompletten Triebwerksverkleidung ist der Antrieb ohne Hilfsmittel gut zugänglich und damit ausgesprochen wartungsfreundlich; Triebwerk und Kraftstoff sind durch ein Brandschott getrennt.

Der für das Hauptfahrwerk vorgesehene Raum ist ebenfalls bereits für die größeren Räder des Serienflugzeuges ausgelegt.

Das kegelförmige Rumpfende nimmt die funktechnische (FT) Ausrüstung, die Sauerstoff-Anlage, die Kurssteuerung und den Mutterkompaß auf. Wegen der Wärmestrahlung des Triebwerkes ist die Beplankung an der Unterseite des Rumpfendes mit Stahlblech ausgeführt. Da der Mutterkompaß keinen Stahl verträgt, rutschte er ans äußerste Rumpfende und wird durch eine Kappe aus einem eisenfreien Werkstoff abgedeckt.

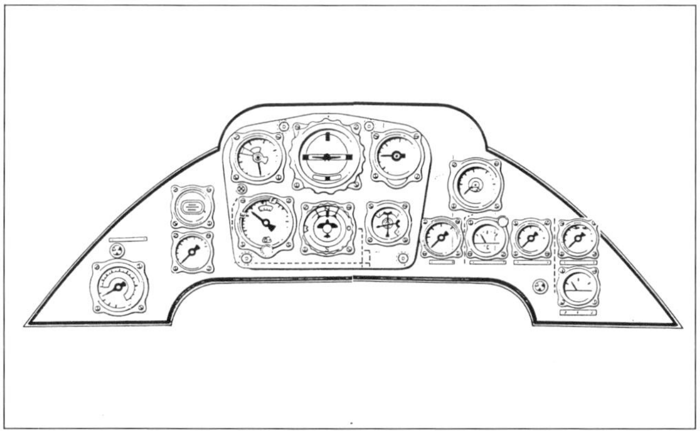

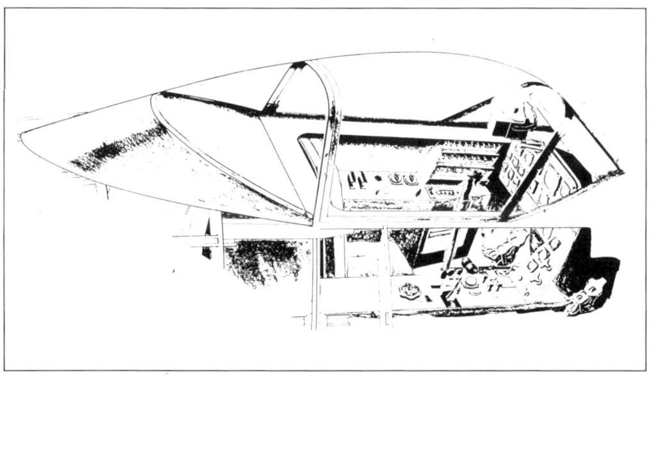

Führerraum der Me-262 A-1, weitgehend identisch mit dem Cockpit der P1101-V1. (unten links)

Leitwerk mit Rumpfheck der P1101 (oben).

Gerätetafel der P1101-V1 (links oben): Die Anordnung der linken und der rechten Gerätebank entspricht bis auf den „Schaltkasten für Abschußgerät" der, der Me-262 A-1.

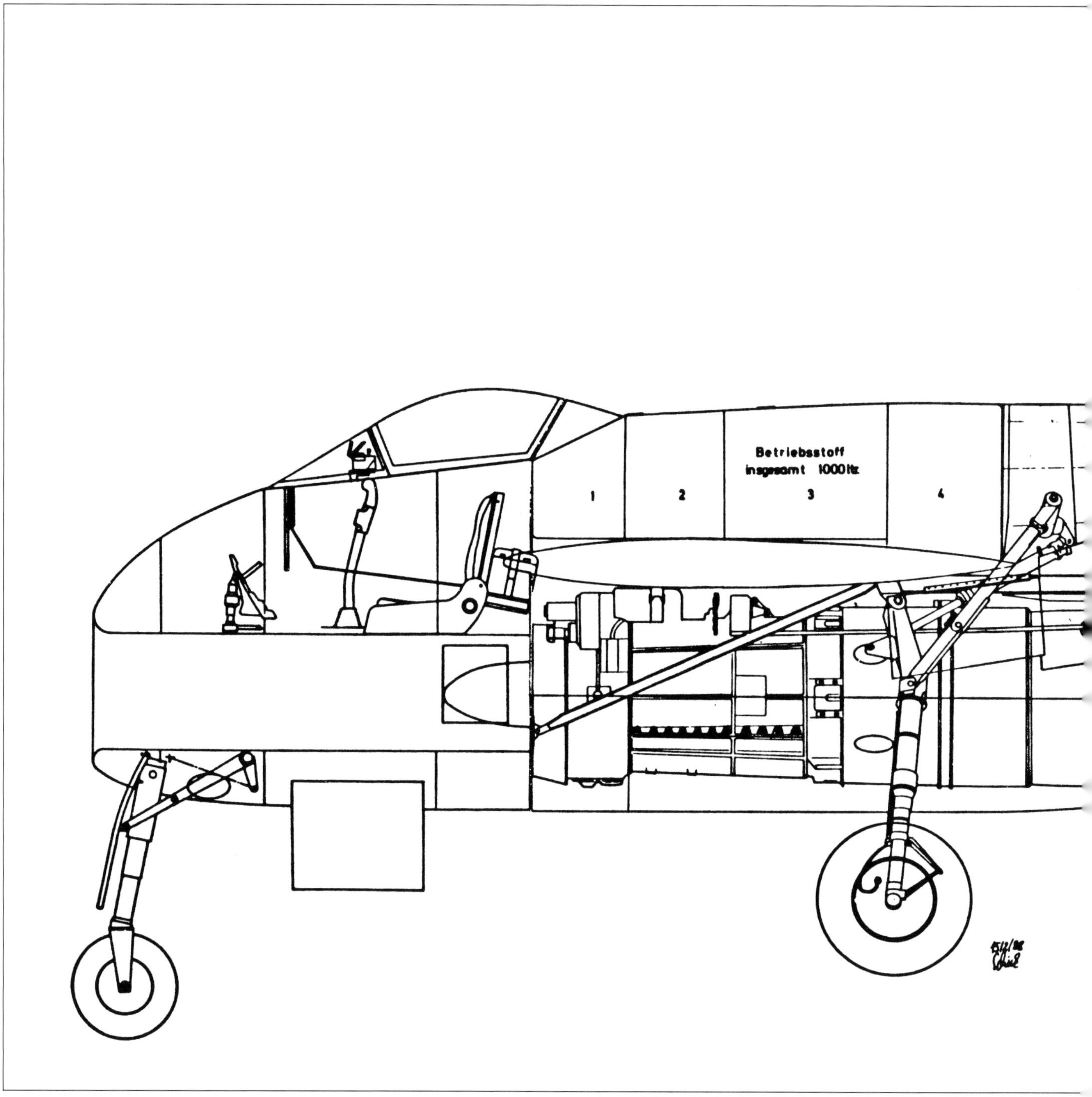

Ein Rumpfausschnitt vor dem Leitwerk dient der Wartung der FT-Geräte, der Kurssteuerung und der Sauerstoff-Anlage.

Der Tragflügel

Die ersten Tragflügelsätze des Experimentierflugzeuges entsprechen in etwa dem Außenflügel der Me262 in dem Bereich von Rippe 7 (Triebwerk) bis Rippe 21 (Endrippe). Die Randkappe ist der 40°-Pfeilung angepaßt. Die Profilierung des Tragflügels, der Querruderschnitt und der Vorflügel (Slot) entsprechen der Me262. Den Schwierigkeiten des Pfeilflügels beim Langsamflug hofften die Konstrukteure durch den Einsatz der Vorflügel über fast die gesamte Spannweite zu begegnen, eine Lösung, die doch einige Unsicherheiten hervorrief:

Beim zweiten Versuchsflügelsatz, den im Februar

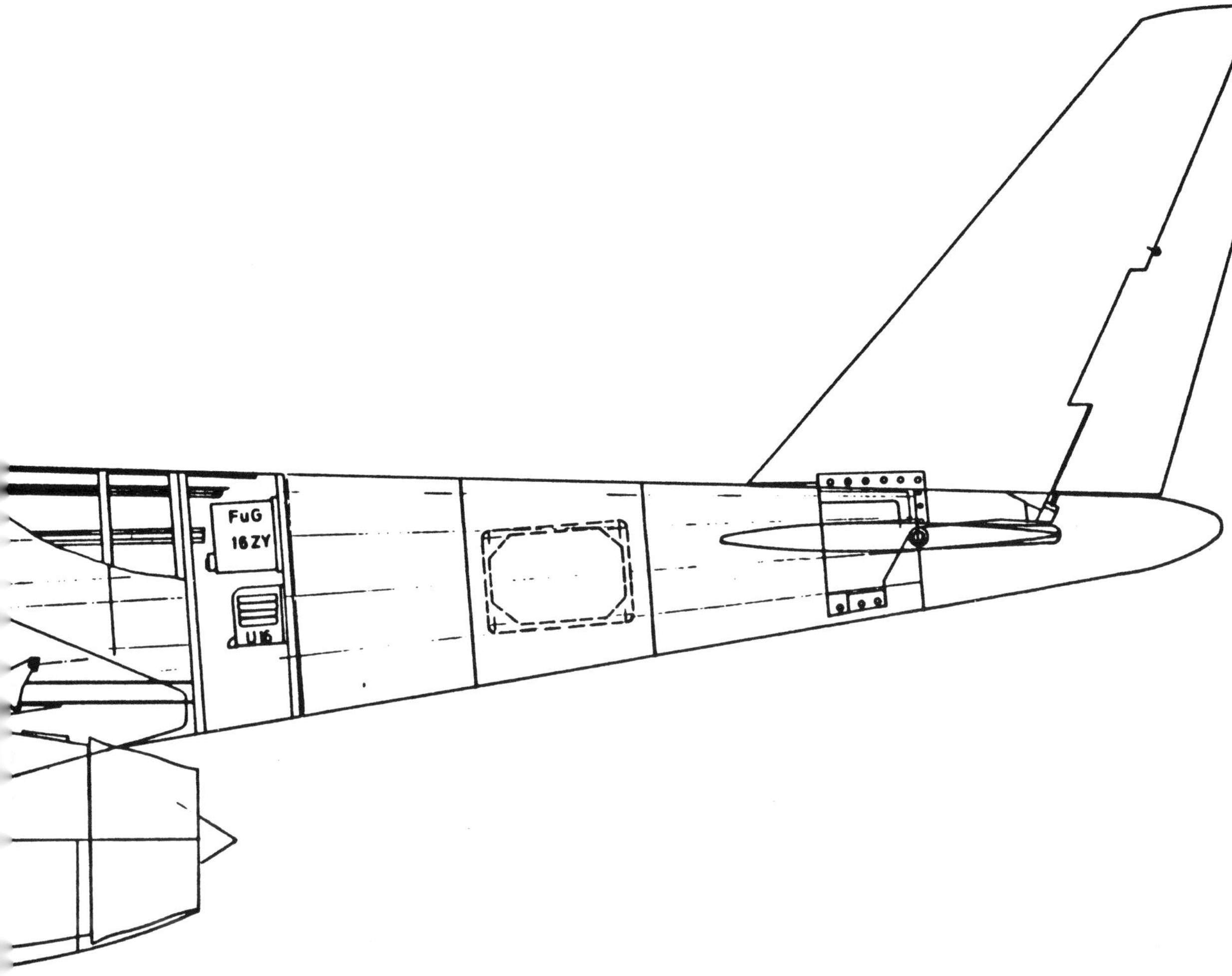

Rumpflängsschnitt der P1101-V1.

1945 die Werkstätten in Leonberg anlieferten, war der Slot von 13% auf 20% der Flügeltiefe vergrößert worden. Eine Lösung, die aber trotz der Bedenken beim RLM („der Vorflügel bringt im Schnellflug auch bei guter Bauausführung einen beträchtlichen Widerstandszuwachs, da das Flügelprofil gerade an dem strömungsmäßig empfindlichsten Teil der oberen vorderen Profilkontur unterbrochen wird") aerodynamisch zukunftsweisend war, wie etliche der nach dem Kriege ausgeführten Pfeilflügel mit derartigen Auftriebshilfen (Vorflügel, Nasenklappen) beweisen. Die von den Sowjets von Focke-Wulf übernommene Entwurfsphilosophie der niedrigen Flächenbelastung ohne relativ komplizierte Auftriebshilfen wurde zwar bei den ersten Generationen von Strahljägern mit viel Blech in Form von Grenzschichtzäunen auf den gepfeilten Flügeln verwirklicht. Aber bei neueren Konstruktionen wurden diese Grundsätze zugunsten einer Lösung mit einem, mit entsprechenden Hilfsmitteln über einen größeren Bereich veränderbaren Auftrieb, aufgegeben.

Die Landeklappen der P1101 sind als einfache Wölbungsklappen ausgeführt. Das Querruder kann im Falle einer zu knappen Auslegung auf Kosten der Landeklappe verlängert werden.

Die Tragfläche ist an drei Punkten mit dem Rumpf verbunden.

Ein besonderes Merkmal des Versuchsflugzeuges ist

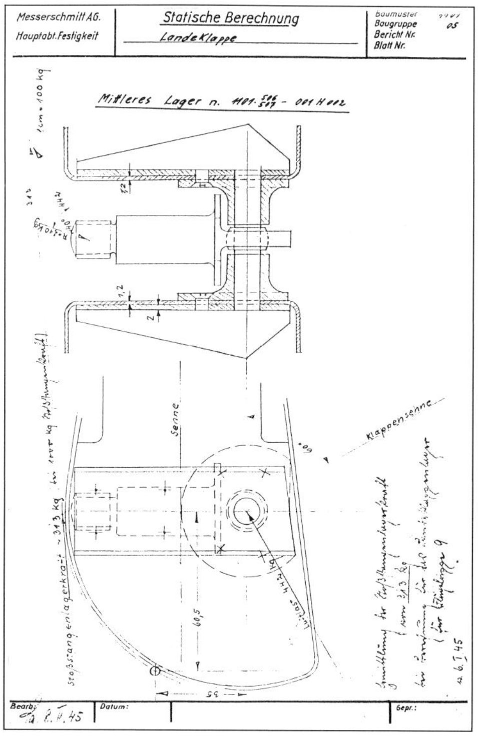

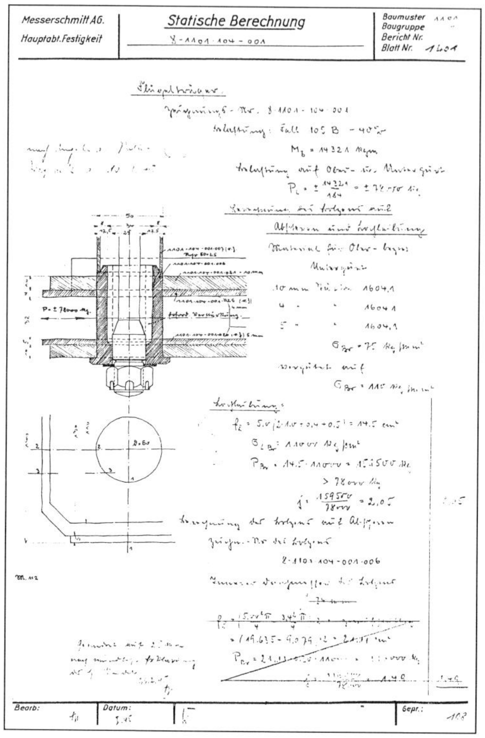

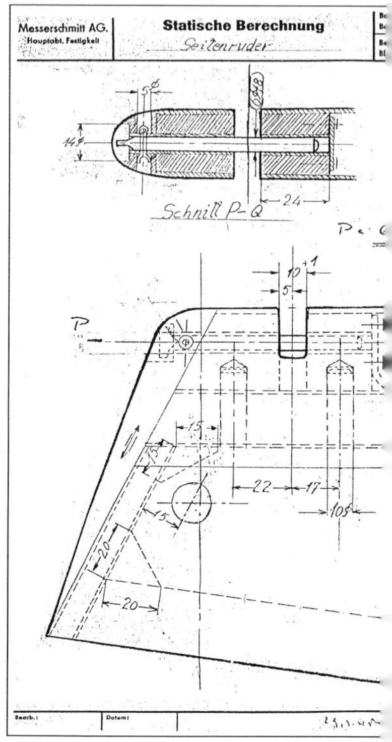

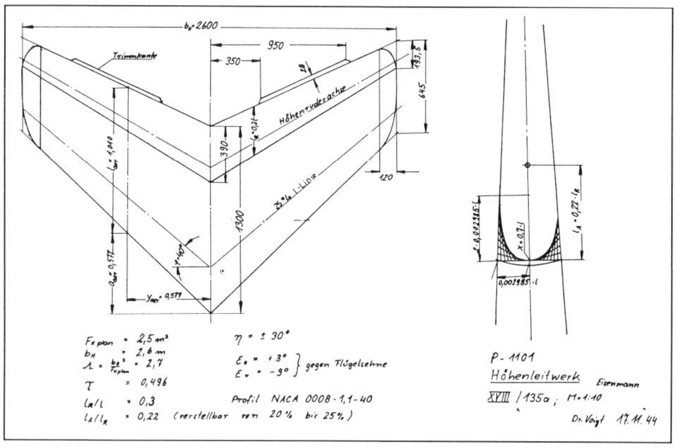

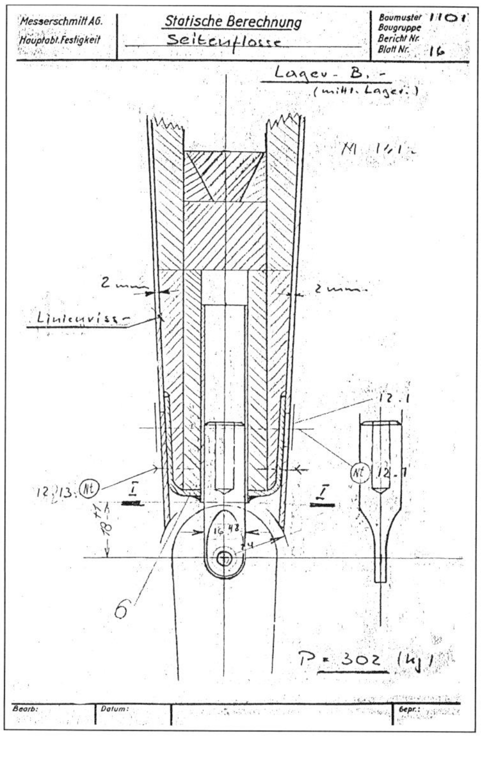

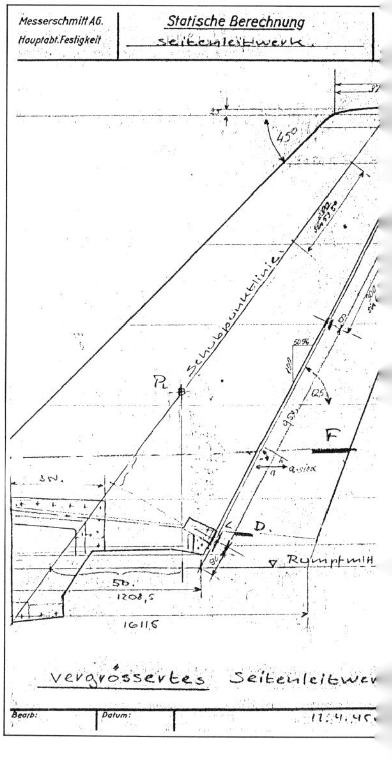

Mittleres Gelenk der Landeklappe (oben links)
Flügel-Rumpf Verbindung, Hauptholmanschluß, Beispiel aus der statischen Berechnung (oben Mitte)
Maßblatt Seitenleitwerk (unten rechts)
Anschluß des Seitenruders, Leitwerk in Holzbauweise (rechts Mitte)
Gelenk des Seitenruders (rechts oben)
Übersichtszeichnung Höhenleitwerk; aus der Projektübergabe. (oben)

die bereits erwähnte Möglichkeit, den Pfeilwinkel am Boden in drei verschiedene Positionen (35°, 40° und 45°) zu bringen. Der rumpfseitige Vorderholmanschluß muß beim Wechsel der Pfeilung gegen einen der jeweiligen Pfeilung entsprechenden ausgetauscht werden.

Der Anschluß am Hauptholm ist mittels einem, in einer rumpfseitigen, mit dem Spant 2731 verbundenen Lasche, senkrecht sitzenden Schraubbolzen aus vergütetem Stahl ausgeführt; um diesen Punkt wird der Flügel gedreht.

Im statischen Aufbau gleicht der P1101-Flügel dem der Me262: Ein als Vollwandträger mit Doppel-T Profil ausgebildeter Hauptholm bildet gemeinsam mit einem hinteren Hilfsholm und den im Abstand von 270 mm angebrachten Leichtmetallrippen das Gerüst für die in Tafeln aufzunietende, mittragende Beplankung.

Das Leitwerk
Das Leitwerk ist ein in Kreuzanordnung ausgeführtes Normalleitwerk. Das Seiten- wie das Höhenleitwerk sind in Ganzschalen-Holzbauweise ausgeführt und besitzen eine Pfeilung von 40° an der t/4-Linie.

Beim Prototypen ist das sog. „große Seitenleitwerk" eingebaut. Das Seitenruder ist an drei Punkten in der Seitenflosse gelagert. Der Ausschlag des Seitenruders ist bei vollem Pedalweg auf ± 20° begrenzt, während der Höhenruderausschlag ± 30° betragen kann.

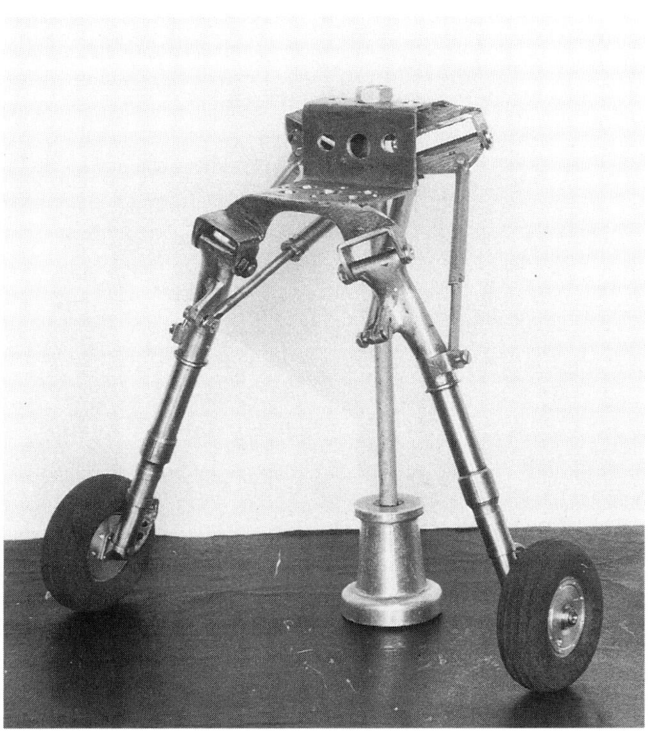

Steuerung
Die mechanisch ausgelegte Steuerung wurde weitgehend von der Me262 übernommen.

Das Fahrwerk
Das nicht bremsbare, nach hinten einziehbare Bugrad der Größe 465 x 165 mm hatte wegen der Kurven-

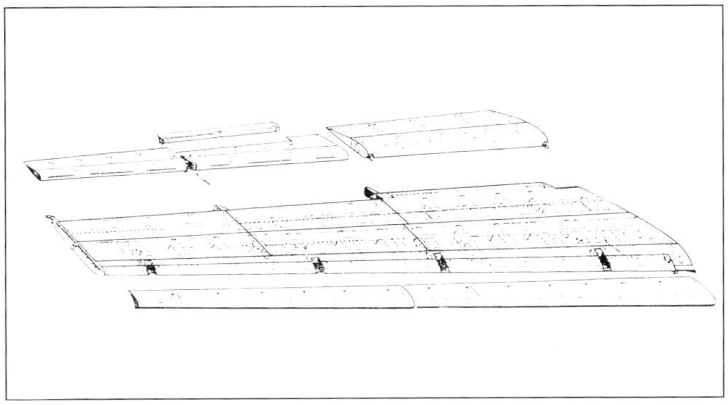

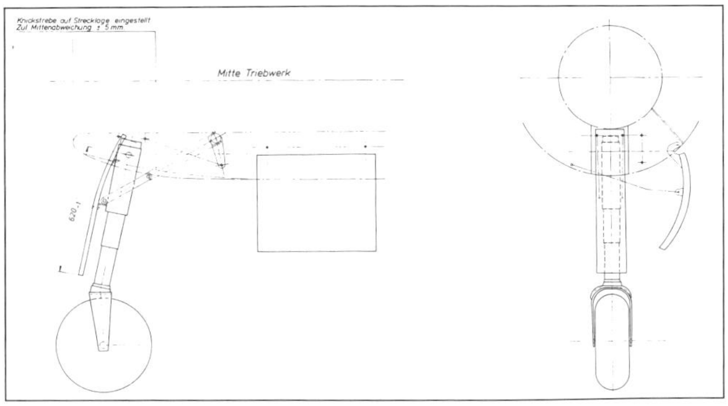

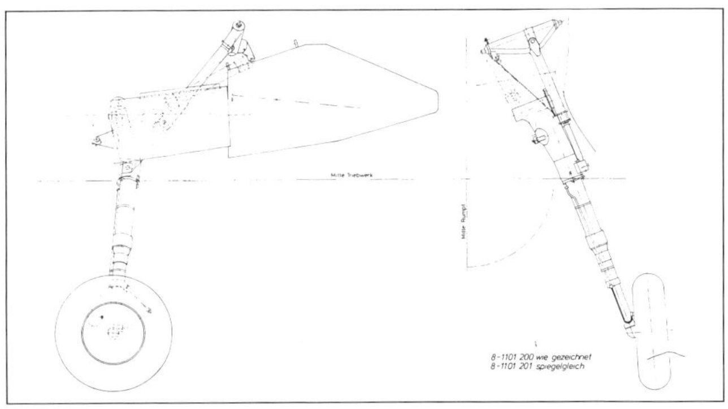

Übersicht Tragflügel P1101-V1; 1. Flügelsatz mit Slot 13%

Bugfahrwerk der 1101-V1
Hauptfahrwerk der 1101-V1
(von oben nach unten)
Funktionsmodell des Fahrwerkes – ausgefahren (links)

wendigkeit am Boden einen innenliegenden hydraulischen Flatterdämpfer. Der Hydraulikzylinder für den Einziehmechanismus arbeitet über eine Knickstrebe.

Das Hauptfahrwerk stammt zu einem großen Teil von der Me109 K.

Die bremsbaren Räder haben eine Größe von 660 x 190 mm. Die Lagerung des Fahrwerkbeines und der hydraulische Einziehmechanismus wurden im Vergleich zur Me109 K neu konstruiert.

Das Triebwerk
Bei dem für die erste Erprobung eingebauten Triebwerk handelt es sich um das in Großserie gebaute und im Einsatz (Me262, Ar234) erprobte Junkers Aggregat Jumo 109-004 B. Sobald jedoch das schubstärkere Heinkel HeS 109-011 A zur Verfügung stand, war ein Wechsel auf diesen Antrieb vorgesehen.

Ausrüstung
Für das Experimentierflugzeug ist keine militärische Ausrüstung wie Panzerung und Bewaffnung geplant. Das Flugzeug ist mit der Jägerkurssteuerung der Me262 ausgerüstet. An funktechnischer Ausrüstung ist das fernbedienbare UKW-Sprechgerät

Funktionsmodell des Fahrwerkes - eingezogen (oben) Hauptfahrwerk mit Attrappe des He S 011 – Triebwerkes. (rechts) P1101-V1 Tragflügel-Mittelrumpf – Hauptfahrwerk. Auf dieser Aufnahme, die 1948 in den Bell-Werken/Buffalo N.Y. entstand, sind die Beschädigungen, welche durch Besetzung und Transport entstanden, deutlich zu sehen. (unten)

FuG 15 von Lorenz vorgesehen. Das Gerätebrett ist folgendermaßen bestückt:
Blindflugtafel I mit
Fahrtmesser
Wendehorizont
Variometer
Höhenmesser
Führertochterkompaß
AFN 2 Anzeigegerät
und mit den Überwachungsinstrumenten für das Triebwerk:
Drehzahlanzeiger
Gasdruckmesser
Einspritzdruckmesser (Kraftstoff)
Schmierstoffdruckmesser
Kraftstoffvorratsanzeiger
Zur Bordstromversorgung befindet sich am Triebwerk ein 3000 W Generator.

Technische Daten

Einsatzweck:
Pfeilflügelforschungsflugzeug, event. Prototyp für eine Serie
Besatzung:
1 Pilot in druckdicht machbarer Kabine
Länge:
8980 mm
Höhe:
ca. 3500 mm
Tragflügel:
(aus der Me262 abgeleitet, „Tragflügel A" siehe P1101-Serie)
Tragflügelfläche:
13,6 m^2
Tragflügelprofil:
Wurzel NACA 00011,41 –1,1 –40
Flügelspitze NACA 00009 –1,1 –40
Streckung b^2/F:
= 4,78
Pfeilung: (am Boden einstellbar)
(t/4-Linie): 35°/40°/45°
Spannweite:
8060 mm (bei Pfeilung 40°)
V-Stellung:
Normalstellung 0° – 3° bis + 2° einstellbar
Winkel zur Rumpfachse:
0° Tragflügel ohne aerodynamische Schränkung
Fahrwerk:
Bugrad 465 x 165 mm
Hauptrad 660 x 190 mm
Spurweite 2124 mm
Radsturz 4° 20' zum Rumpf geneigt
Leitwerk:
Seitenleitwerk
Fläche, gesamt: 1,54 m^2
Fläche, Seitenruder: 0,40m^2
Profil: NACA 0008 – 1,1 – 40
Höhenleitwerk
Spannweite: 2650 mm
Fläche, gesamt: 2 x 1,20 m^2 = 2,40 m^2
Fläche, Ruder: 2 x 0,30 m^2
Profil: NACA 0008 –1,1 –40

Triebwerk:
1 x Junkers Jumo 109 – 004 B max. Schub:
B-1 9 kN (910 kp)   B-4 9,81 kN (1000 kp)
Gewichte
Teile während des Zusammenbaues gewogen

Rumpfvorderteil	89,0 kg
Kabine	15,4 kg
Rumpfmittelteil	60,0 kg
Behälterteil 1+4	160,1 kg
Fahrwerkträger	36,0 kg
Abstützung	5,0 kg
Rumpfhinterteil	40,1 kg
Sitz	10,0 kg
Rumpf ca.	416,0 kg
Höhenleitwerk	72,3 kg
Seitenleitwerk, groß	40,8 kg
Leitwerk ca.	113,0 kg
Hauptfahrwerk	224,0 kg
Bugfahrwerk	41,8 kg
Fahrwerk ca.	266,0 kg
Tragflügel mit Einbauten	350,0 kg
Flügelträger	60,0 kg
Tragwerk	410,0 kg
Steuerung im Rumpf	ca. 35,0 kg
Geräte mit Instrumentierung	6,8 kg
Gerätebank, links	2,4 kg
Gerätebank, rechts	5,2 kg
Sauerstoffanlage	5,9 kg
Leitungen u. Befestigungsteile	1,2 kg
Öldruckanlage/Bugrad	14,2 kg
Bremsanlage im Rumpfvorderteil	0,7 kg
Elektr. Anlage im Rumpfvorderteil	13,2 kg
3000 Watt Generator	15,5 kg
Akku 24V/20 Ah	24,0 kg
Hydraulik, Bremsen für Hauptfahrwerk	13,3 kg
Betriebsgeräte ca.	103,0 kg
Triebwerksverkleidung	50,0 kg
Bediengestänge	3,1 kg
Kraftstoffanlage im Triebwerk	3,0 kg
Triebwerk Jumo 004 B	750,0 kg
Triebwerk	806,1 kg
FuG 16 ZY	35,0 kg
Ausrüstung	35,0 kg
Rüstgewicht	2184,0 kg
Flugzeugführer	100,0 kg
Kraftstoff 1000 l	830,0 kg
Ballast	91,0 kg
Zuladung	1021,0 kg
Startgewicht:	3205,0 kg

Flugleistungen: (errechnet)
Höchstgeschwindigkeit: 860 km/h in 7 km Höhe
Sturzfluggeschwindigkeit: 1100 km/h
Steiggeschwindigkeit: 12 m/sek in 0 km Höhe
Landegeschwindigkeit: 170 km/h
Landestrecke: 900 m
Dienstgipfelhöhe: 10 000 m
Flächenbelastung (Start): 236 kg/m^2

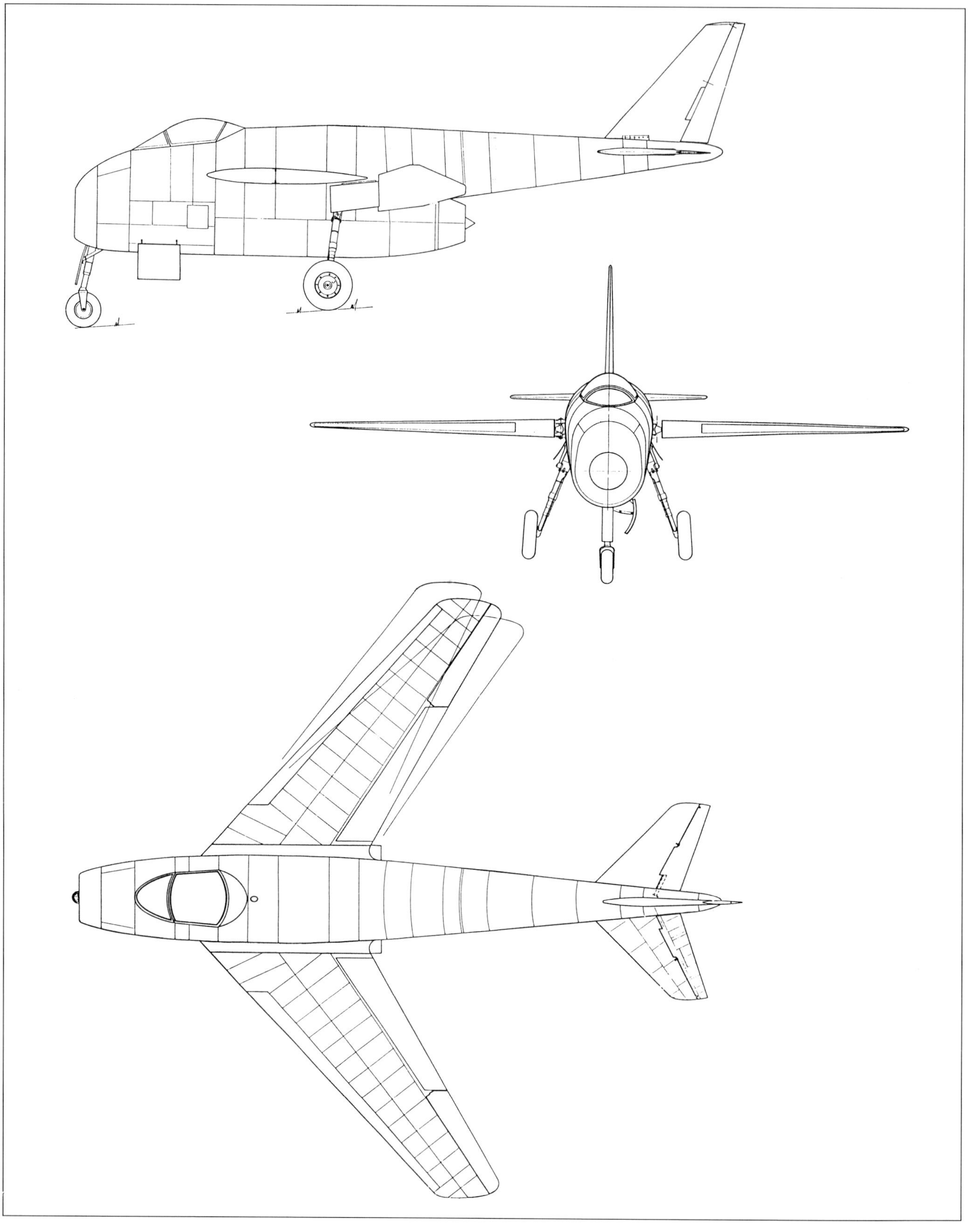

Nach Originalunterlagen rekonstruierte Dreiseitenansicht der Messerschmitt P1101 V1.

Die tatsächliche Leistungsfähigkeit der P1101-V1 dürfte etwas höher anzusiedeln sein, wie der anschließende Vergleich mit dem sowjetischen Gegenstück zur P1101, der Lawotschkin La-160 zeigt.

P1101 im Vergleich:

	Lawotschkin La-160 „Strelka“	Messerschmitt P1101-V1
Verwendung	Pfeilflügel-Forschungsflugzeug	Pfeilflügel-Forschungsflugzeug
Antrieb	1 x RD-10F m. 1100 kp Schub (modifiziertes Jumo 004 A Triebwerk)	1 x Jumo 004 B mit 890 kp Schub
Länge	10,06 m	8,98 m
Spannweite	8,95 m	8,06 m (40°)
Flügelfläche	15,9 m²	13,6 m²
Streckung	5,0	4,78
V-Stellung	– 2°	– 3° bis + 2°
Profil	TSAGI-Hochgeschw.	NACA-Reihe
relative Flügeldicke	9,5%	durchschn. 10%
Pfeilung	35°	35°–45°
Rüstgewicht	2738 kg	2184 kg
Startgewicht	4060 kg	3205 kg
Treibstoff	ca. 1500 l	1000 l
max. Flächenbelastung	255 kg/m²	236 kg/m²
Schubbelastung	3,7 kg/kp	3,6 kg/kp
Höchstgeschwindigkeit	900 km/h in 0 m 1060 km/h in 5700 m	860 km/h in 7000 m
Dienstgipfelhöhe	11 000 m	10 000 m
Bewaffnung	2 x 37 mm Mk N-37	Ballast
aerodyn. Hilfsmittel	je 2 Grenzschichtzäune auf jeder Flügelhälfte	Vorflügel über fast die gesamte Spannweite
Erstflug	24. Juni 1947	vorgesehen Juni 1945

Im Herbst 1946 begann in Rußland ein Flugzeug mit der Bodenerprobung, das sich gegenüber von allen bisher im Lande gebauten Mustern in einigen Punkten deutlich unterschied. Der von einem Nachbrenner-Strahltriebwerk deutscher Konstruktion getriebene Einsitzer besaß als augenfälligstes Merkmal einen gepfeilten, dünnen Tragflügel, und der eingebaute Schleudersitz stellte ein weiteres Novum für die sowjetische Luftfahrt dar.

Mit diesem, als Lawotschkin La-160 „Strelka“ (= Pfeil) bezeichneten „Experimentierflugzeug“ konnten die Sowjets nach dem am 24. Juni 1947 erfolgten Erstflug ein umfangreiches Erprobungsprogramm durchführen. Mit mehreren gebauten Flugzeugen erzielten die Wissenschaftler und Ingenieure wertvolle Erkenntnisse, die in die Konstruktion der zukünftigen Serienflugzeuge einflossen.

Die mit Hilfe deutscher Unterlagen gebaute La-160 erreichte nicht die aerodynamische Raffinesse der P1101. Trotzdem es fraglich erscheint, ob beim Bau dieses russischen Pfeilflüglers überhaupt Messerschmitt-Unterlagen Verwendung fanden, ist ein Vergleich der beiden Muster in einigen Punkten doch sehr aufschlußreich.

Die Serienausführung der P1101

(Stand Ende Februar 1945/RLM-Vorlage)

Die geplante Serienausführung der 1101 besaß im Grundsätzlichen den gleichen Aufbau wie das Experimentierflugzeug. Aus Gründen der Materialknappheit war aber in einem größeren Umfang das noch reichlich vorhandene Holz als Werkstoff vorgesehen.

Naturgemäß ist bei einem Einsatzflugzeug die Ausrüstung wesentlich umfangreicher als bei einem Erprobungsträger. Zu diesem Zeitpunkt, also Anfang 1945, kann der Ausrüstungsplan vom 2. 1. 1944 bereits in Teilen als überholt angesehen werden.

Bei der Flugzeugbewaffnung ging der Trend eindeutig zur weitreichenden Luftkampfrakete, um die Gefährdung des Angreifers durch die z. T. immens starke Abwehrbewaffnung der Bomber auszuschließen, eine Tendenz, die noch Jahre nach dem Kriege bis zum heutigen Tage feststellbar ist. Die im Ausstattungsplan vom November 1944 erwähnte funkgesteuerte Bordlenkwaffe HS 298 ist zugunsten der drahtgelenkten Luft/Luft-Rakete Ruhrstahl X-4 bereits aufgegeben worden, und bei den ungesteuerten Luftkampfraketen setzte sich immer mehr die Bauweise mit Heck-Stabilisatoren (Leitwerk) gegenüber den großkalibrigen, werferartigen Geschossen mit Drallstabilisierung durch.

Verursacht durch die modernen Geräte des Gegners

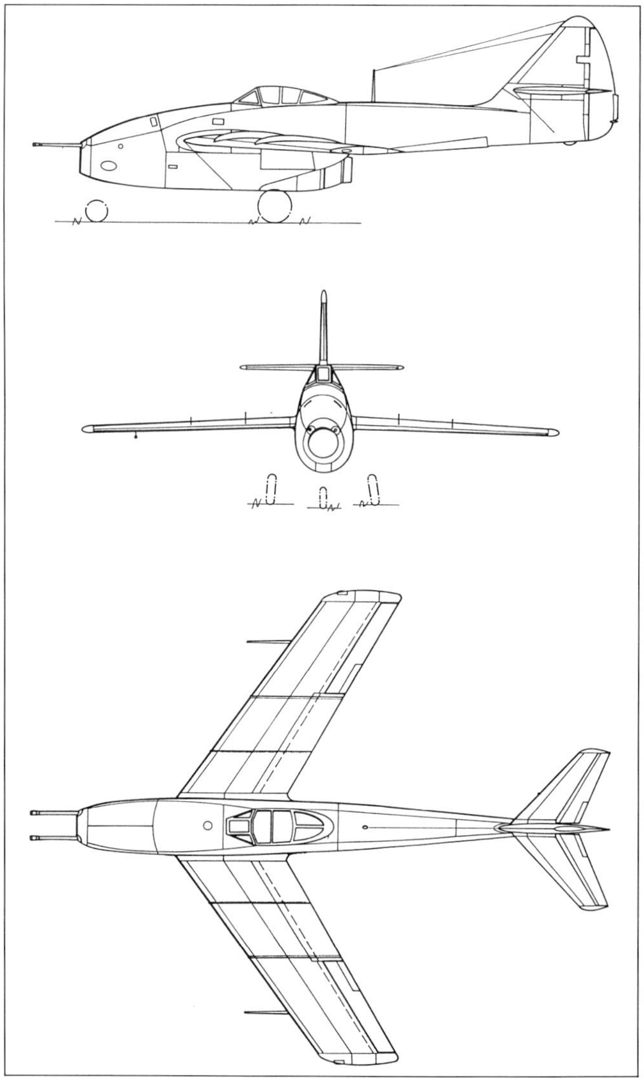

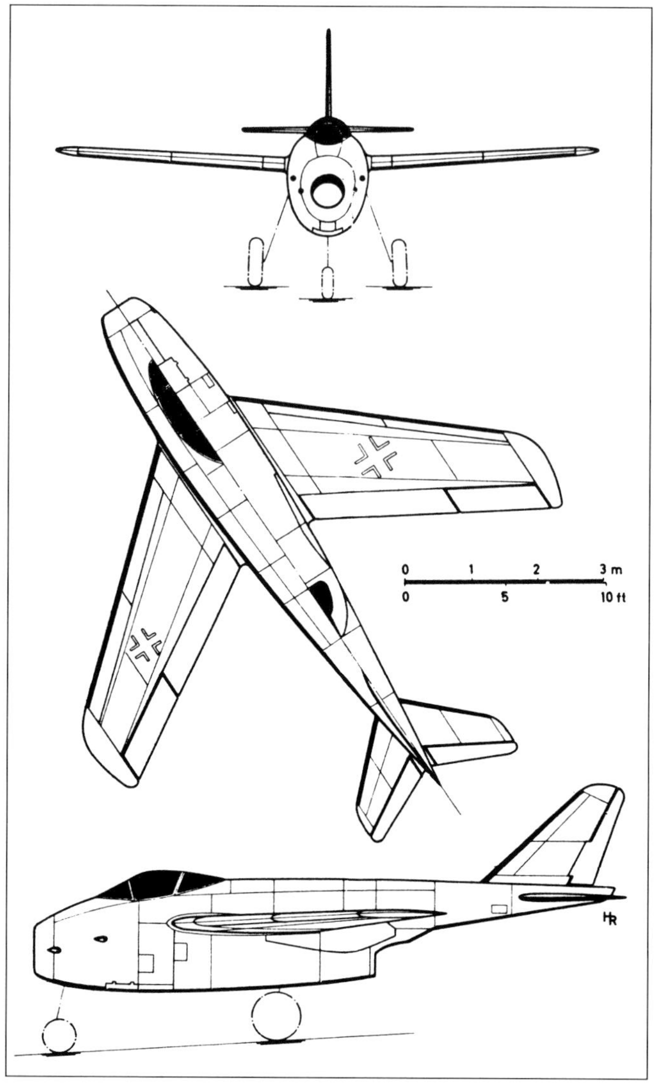

Die sowjetische 1101: Lawotschkin La-160 (oben) Übersichtszeichnung P1101-Serie (rechts)

wurden große Fortschritte auf dem Gebiet der elektronischen Kriegsführung erzielt. Im Frühjahr 1945 plante man deshalb mit einer im Vergleich zum Herbst 1944 geänderten, verfeinerten und manchmal auch vereinfachten elektronischen Ausstattung.

Naturgemäß unterliegt gerade die waffentechnische und elektronische Ausrüstung eines in Serie gebauten Flugzeuges einer fast ständigen Veränderung. Der im Anhang beschriebene Zustand ist der wahrscheinliche technische Ausrüstungsstand eines Abfangjägers der Luftwaffe[1]) der Jahre 46/47 und er entspricht in vielen Punkten dem Stand, den viele der nach dem Kriege gebauten Jagdflugzeuge aufweisen.

[1]) **Anmerkung**: Natürlich unter weitgehender Nichtberücksichtigung der Kriegsereignisse und unter der Annahme, daß die beschriebenen Waffen und Geräte, die z. T. noch nicht einmal in einer ernsthaften Erprobung standen, sich als einsatztauglich erweisen würden.

Rumpf
Der Aufbau des Rumpfes als Ganzmetallschale entspricht konstruktiv in etwa dem Aufbau des Prototypen-Rumpfes. Die Linienführung ist etwas verfeinert, und von vorneherein geplant ist der Einbau von 4 Mk 108, einem Heinkel HeS 011 Triebwerk und von drei, gegen Beschuß geschützten, Behältern zur Aufnahme des größten Teiles des mitgeführten Kraftstoffes.
Der Besatzungsraum ist als Druckkabine ausgebildet. Der Flugzeugführer soll durch eine Panzerung gegen Beschuß geschützt werden. (von vorne gegen 12,7 mm und von hinten gegen 20 mm Munition)

Tragflügel
Der Tragflügel ist ein zweiteiliger Holzschalenflügel

mit einer Pfeilung von 40°. Diese Pfeilung ist nicht veränderbar.
Der an der Flügelnase angebrachte, automatische Vorflügel besitzt über die Spannweite verschiedene prozentuale Tiefen. Dadurch bleibt der Querschnitt des Hilfsflügels annähernd konstant.
Die Landeklappen sind als Wölbungsklappen ausgeführt.
Im Tragwerk ist ebenfalls, allerdings in gegen Beschuß ungeschützten Räumen, Kraftstoff untergebracht.
Der aerodynamische Aufbau entspricht weitgehend dem bereits erwähnten ,,Tragflügel A", dessen besonderes Merkmal die Zunahme der relativen Tragflügeldicke von der Wurzel (8%) zur Flügelspitze (12%) hin ist. Gemeinsam mit dem Vorflügel erhofften die Messerschmitt-Ingenieure durch diese Maßnahme annehmbare Langsamflugeigenschaften zu erzielen; zudem besitzt diese Bauweise festigkeitsmäßige und auch konstruktive, bautechnische Vorzüge.
Der beschriebene Flügel hat mit dem Tragwerk der Me262 keine Gemeinsamkeiten mehr.

Die vorgesehene Holzbauweise wäre, trotz der Verfügbarkeit des Werkstoffes, gegen Ende des Krieges kaum mehr durchführbar gewesen: Der notwendige Kaltleim war durch die Auswirkungen des Bombenkrieges nicht mehr verfügbar und Ersatzstoffe kaum verwendbar, wie das Debakel mit dem Nachtjäger Tank Ta154 zeigte.

Leitwerk
Das Seiten- wie das Höhenleitwerk sind, ähnlich wie das Tragwerk aus Holz aufgebaut und auf der 0,25 t-Linie um 40° gepfeilt.

Fahrwerk
Bedingt durch das höhere Startgewicht ist das Fahrwerk beim Serienflugzeug gegenüber dem Prototypen verstärkt, d. h. in der Regel vergrößert. Der prinzipielle Aufbau ist annähernd gleich. Das Bugfahrwerk mit einem Rad der Größe 500 x 180 mm wird beim Einfahren um 90° gedreht.

Das Hauptfahrwerk mit einem Rad der Größe 740 x 210 mm besitzt ein hydraulisch einziehbares Luftölfederbein.

Triebwerk
Bei dem Antrieb der P1101 handelt es sich um das gegen Ende des Krieges in fast alle Studien, Vorschläge und Entwürfe der deutschen Flugzeug-Konstrukteure eingeplante Heinkel-Hirth HeS 109-011 A-0 (kurz HeS 011) Triebwerk.

Technische Daten des P1101-Serienflugzeuges
(Stand 22. 2. 1945)

Einsatzweck:
Jagdflugzeug; Abfangjäger und Jagdbomber
Besatzung:
1 Pilot in Druckkabine
Triebwerk:
1 x Heinkel-Hirth HeS 109-011 A-0
Standschub 1300 kp (12,8 kN)
Vollgasschub 1020 kp in 0 km Höhe
100 % 480 kp in 10 km Höhe
Länge:
9175 mm
Höhe:
3710 mm
Tragflügel:
Tragflügel ,,A" entspricht in den aerodynamischen Kennwerten dem Tragflügel der P1106 und P1110; geringe Unterschiede in den geometrischen Daten
Tragflügelprofil:
Wurzel NACA 0008-1, 2-40
Flügelspitze NACA 0012-1, 0-40
V-Stellung: 0°
Zuspitzung: 0,524
Winkel zur Rumpfachse: 0°
Tragflügel ohne aerodynamische Schränkung

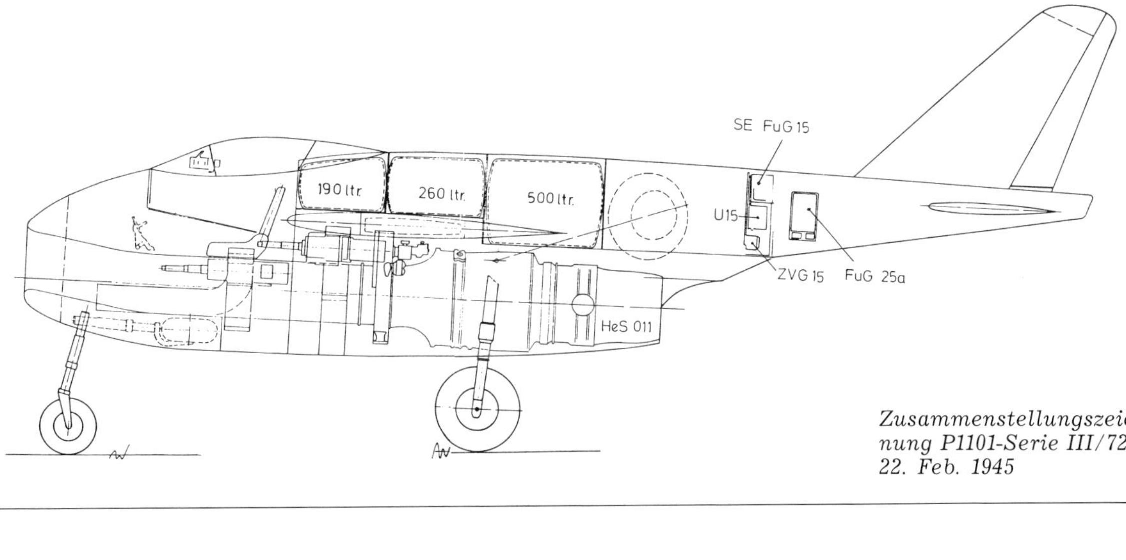

Zusammenstellungszeichnung P1101-Serie III/726 vom 22. Feb. 1945

Fahrwerk:

Bugrad:	500 x 180 mm
Hauptrad:	740 x 210 mm
Spurweite:	2200 mm
gesamte zulässige ruhende Belastung:	6000 kg

Seitenleitwerk:
Fläche mit Ruder 1,4 m^2

Höhenleitwerk:
Spannweite 2580 mm
Fläche mit Ruder: 2,45 m^2

Gewichte:
Daten nach Dipl. Ing. Hornung vom 27. Juni 1945

Flügel	450 kg
Rumpf	300 kg
Leitwerk mit Steuerung	128 kg
Fahrwerk	230 kg
Flugwerk total	1108 kg

Flugwerk total	1108 kg
Triebwerk mit Anbauten	986 kg
Ausrüstung	190 kg
Bewaffnung (Mk 108 v.Panzerung)	310 kg
Leergewicht	2594 kg
Pilot	100 kg
Treibstoff	1250 kg
Munition	120 kg
Nutzlast	1470 kg
Abfluggewicht normal	4064 kg

Damit liegt das Startgewicht, hauptsächlich wegen des vergrößerten Treibstoffvolumens, um gut 200 kg über dem im Dezember 1944 genannten Gewicht (3863 kg).

max. Startgewicht:
4700 kg
mit zusätzlicher Ausrüstung (Rüstsatz) z. B. Abwurfwaffe 500 kg und Starthilfsraketen

Die P1101 liegt mit einem auf 5000 kg zustrebenden maximalen Startgewicht in einer Gewichtsklasse, in der sich auch die letzten klassischen Kolbenmotorjäger bewegen; zum Vergleich: Spitfire F Mk 22 max. Startgewicht 5121 kg; FW 190 A-8 max. Startgewicht 4865 kg; P-51 D Mustang max. Startgewicht 5490 kg; ja sogar der Raketenjäger Me 163 brachte 4310 kg auf die Waage. Bereits die erste Nachkriegsgeneration der Strahljagdflugzeuge, vielleicht mit Ausnahme der sowjetischen Konstruktionen, besitzt ein beinahe doppelt so hohes maximales Abfluggewicht als der Messerschmitt-Entwurf.

Man kann durchaus, angesichts der Vorschläge 1101 und natürlich 1110, die Auffassung vertreten, daß Messerschmitt die ursprüngliche RLM-Forderung nach „einem kleinsten TL-Einsitzer mit höchstmöglichen Flugleistungen" voll erfüllt hat; apropos Leistungen:

Flugleistungen:
(nach DVL-Industrierechnung)

Höchstgeschwindigkeit	
in Meereshöhe	885 km/h
in 7 km Höhe	985 km/h
Steiggeschwindigkeit	
in Meereshöhe	22,2 m/sek
Steigzeit	
auf 2000 m	1,5 min
Rollstrecke beim Start 700 – 750 ohne Starthilfen	
Landegeschwindigkeit bei 1/3 Kraftstoff	172 km/h
Rollstrecke bei der Landung	570 m

Die folgenden Daten stammen aus einem amerikanischen CIOS-Bericht:

Dienstgipfelhöhe	12 000 m
Flugdauer in 0 m	40 min
Flugdauer in 10 000 m	1,8 h
Reichweite in 0 m	500 km
Reichweite in 10 000 m	1500 km

Trotz der außerordentlich kurzen Entwicklungszeit von etwa einem halben Jahr hatte das P1101 einen Stand erreicht, der die Aufnahme der Detailkonstruktion und damit das Bauen sofort gestattet hätte und der es letztlich zum Vorbild der ersten Strahljagdflugzeuge unmittelbar nach dem Kriege machte. Aus all den Versuchs- und Serienflugzeugen dieser frühen Jetgeneration ragt neben der Sabre F-86 und der MiG-15 die schwedische SAAB J-29 heraus, die ebenso wie das amerikanische und das sowjetische Muster in vielerlei Hinsicht direkt auf deutsche Wurzeln zurückzuführen ist. Dieser erste voll einsatzfähige Pfeilflügeljäger Westeuropas war das erfolgreiche Produkt von gekonnt durchdachter schwedischer Ingenieursarbeit, deutscher Aerodynamik und zuverlässiger britischer Triebwerkstechnologie.

Bei der J-29 erlebte nicht nur der Pfeilflügel eine seiner ersten Anwendungen bei einem Einsatzflugzeug, sondern der durch das Zentrifugal-Triebwerk aufgeblähte, etwas unförmige Rumpf war bereits nach der Flächenregel ausgelegt; Dies war eine der Ursachen, dafür daß die J-29 der schlankeren F-86 in den Flugleistungen kaum nachstand.

P1101-Serie im Vergleich:

	SAAB J-29 A	Messerschmitt P1101 Serie v. 22. 2. 45
Verwendung	Jagdflugzeug	Jagdflugzeug
Besatzung	1 Pilot in Druckkabine mit Schleudersitz	1 Pilot in Druckkabine Schleudersitz i. d. Erprobung
Triebwerk	Flygmotor RM2 (Lizenz D. H. Ghost) mit 2270 kp Standschub	Heinkel-Hirth HeS 109-011 A-0 mit 1300 kp Standschub
Länge	10 227 mm	9175 mm
Höhe	3750 mm	3710 mm
Spurweite des Fahrwerkes	2200 mm	2200 mm
Spannweite	11 000 mm	8250 mm
Tragflügelfläche	24 m^2	15,85 m^2
Streckung	5,0	4,29
Profildicke	8,5%	8%/12%
Pfeilung t/4-Linie	25°	40°
Aerodynamische Hilfsmittel	Slots im Außenflügel; stärkere Pfeilung in Rumpfnähe	Slots über fast die gesamte Spannweite
Leergewicht	4580 kg	2594 kg
Normales Startgewicht	6880 kg	4064 kg
maximales Startgewicht	7530 kg	4700 kg
Flächenbel. norm.	286,7 kg/m^2	256 kg/m^2
Flächenbel. max.	313 kg/m^2	296,5 kg/m^2
Schubbel.norm.	3,03 kg/kp	3,1 kg/kp
Treibstoff	1430 l u. Zusatztank 900 l	1470 l
Bewaffnung	4 x 20 mm Mk u.Außenlasten 650 kg	4 x 30 mm Mk u.Außenlasten 500 kg
Leistungen max.Geschwindigkeit	1035 km/h	985 km/h
Steigzeit auf 10 km	7,3 min	ca. 9,5 min
Dienstgipfelhöhe	13 700 m	ca. 14 000 m
Landegeschwindigkeit	220 km/h	172 km/h
Startstrecke	900 m	750 m
Landestrecke	600 m	570 m
Reichweite	1200 km ohne Zusatztreibstoff	max. 1500 km

Zwischenspiel

Die scheinbare Alternative – Projekt 1106: Je weiter im Herbst 1944 die Arbeiten am P1101-Serienflugzeug fortschritten, desto öfter und ernster zeigten sich Probleme und traten Zweifel auf.

Die Schwierigkeiten betrafen in erster Linie

- den sehr gedrängten Waffeneinbau, der nur einen begrenzten Munitionsvorrat zuließ;

- die komplizierte Unterbringung des Hauptfahrwerkes (Prof. Messerschmitt machte dazu Mitte Oktober einen Vorschlag einer P1101 mit nach vorne einziehbarem Hauptfahrwerk; diese Skizze arbeitete man später in eine detaillierte Zeichnung ein);

- die ungünstige Anordnung der Hauptlasten, welche ein etwas erhöhtes Rumpfgewicht zur Folge hatte;

- und, das vielleicht gravierendste Problem: die errechnete Höchstgeschwindigkeit war niedriger als

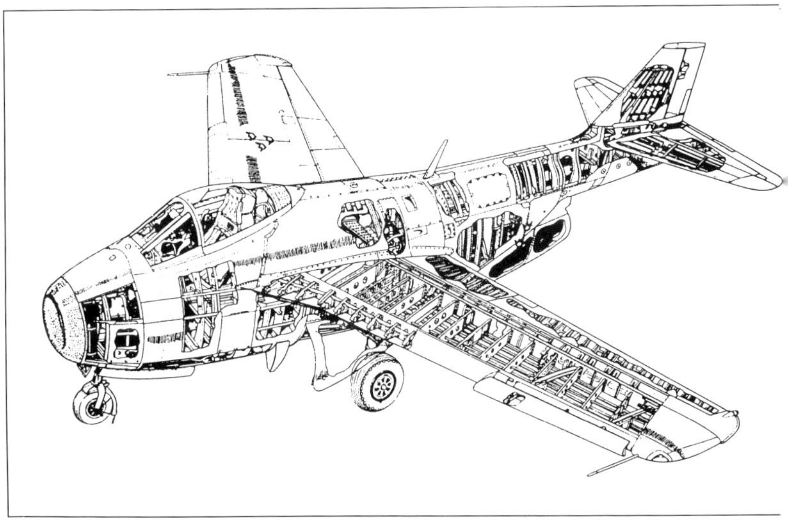

SAAB J-29 A, erstes Serienflugzeug W.Nr. 29101 (links)
SAAB J-29 A Durchsichtszeichnung
Der Einfluß der P1101 ist unverkennbar. (oben)

vorgesehen. Zudem beinhaltete die Rechnung wegen der gewählten Rumpfform, die mit ihren hohen Spanten doch erheblich von der Spindelform mit Kreisquerschnitt abwich, einige Unwägbarkeiten;

- bedingt durch die Anordnung des Triebwerkes ergab das Moment des Schubes erhebliche Verschiebungen des Indifferenzpunktes zwischen den Zuständen Vollgas und Leerlauf (Trimmprobleme);

Dies alles und einige neue Erkenntnisse aus der

Hochgeschwindigkeitsforschung veranlaßten die Verantwortlichen den Entwurf P1101 zu einem neuen Vorschlag weiterzuentwickeln.

Weiterentwickeln, das hieß in diesem Falle vor allem, den die Geschwindigkeit hemmenden und Treibstoff verbrauchenden Widerstand herabzusetzen.

Für die Rumpfaufteilung des mit P1106 bezeichneten Entwurfes wählten die Projektingenieure eine neue Anordnung der Hauptbaugruppen:

Das Triebwerk setzte man fast unmittelbar an den Lufteinlauf, um den Einlauf-Schubverlust möglichst gering zu halten; überschlägig betrachtet, besaß der Entwurf 1106 nur noch die halbe Einlauflänge der 1106.

In einem Versuch (für ein „Neuprojekt", wahrscheinlich 1101) wollte man den durch den Bugeinlauf entstehenden Verlust eines im Rumpf liegenden Triebwerkes ermitteln.

Dabei stellte der Versuchsingenieur Kaiser an einem 3 m langen Einlaufrohr unter ungünstigen Bedin-

Versuch zur Messung des Einlaufverlustes einer Triebwerksanordnung im Rumpf, Ermittlung der optimalen Einlaufgestaltung (15. 11. 1944/ oben)

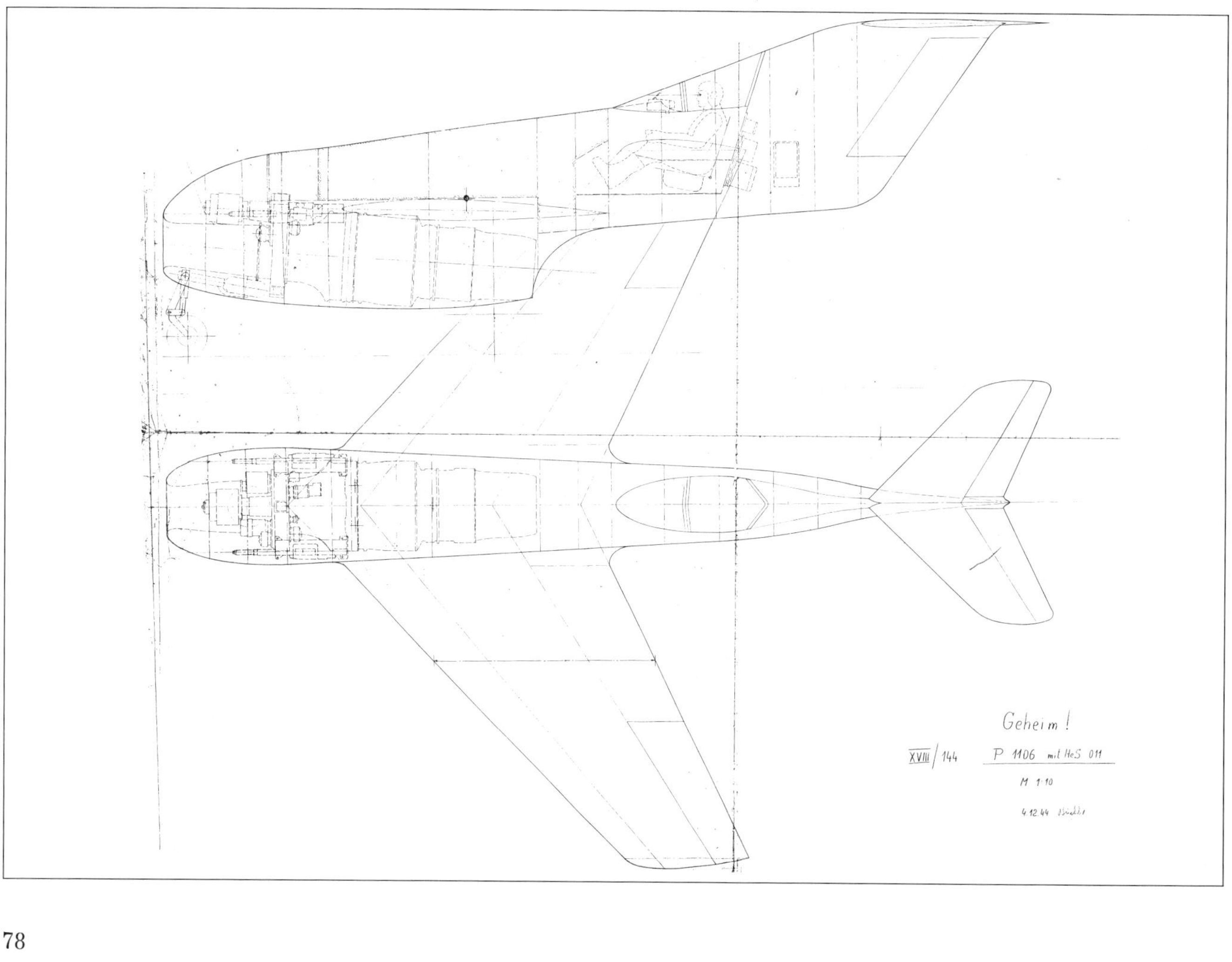

Erster Entwurf zum P1106 vom 4. Dez. 1944 (unten)

gungen einen Verlust von max. 3% fest. Als vorteilhafte Gestaltung erkannte man ein äußerst glattes Rohr mit einer runden Einlaufgestaltung.

Dafür rutschte das Cockpit weit nach hinten in die Vorderkante der Seitenflosse. Der Düsenauslaß besaß wiederum die Form eines abgestuften Halbtunnels.

Die P1106 erhielt von vorneherein ein etwas größeres Kraftstoffvolumen (P1101 : 1079 kg, P1106 : 1200 kg). Unter dem Treibstofftank, der die obere Hälfte des Rumpfes zwischen Bewaffnung und Pilot beanspruchte, ging der Hauptholm des Flügels hindurch. Die Bewaffnung befand sich wiederum im Rumpfbug; die Raumverhältnisse waren jetzt allerdings durch den Wegfall des Cockpits etwas großzügiger.

Beim ersten Entwurf der P1106 (datiert vom 4. 12. 1944) war von vorneherein ein ,,Seitenleitwerk mit hochgelegtem Höhenleitwerk" eingeplant.

Die mit dieser etwas umständlichen Formulierung umschriebene Anordnung ist heute allgemein als ,,T-Leitwerk" bekannt.

Mit diesem Kniff sollte die volle Wirksamkeit des Höhenleitwerkes bei Flügen mit schallnahen Geschwindigkeiten erhalten bleiben: Das Höhenleitwerk wird aus dem ,,Totwassergebiet" der vom Flügel und auch vom Rumpf durch Verdichtungsstöße abgelösten Strömung nach oben gelegt.
Die Kunst des Konstrukteurs bestand darin, diese Verdichtungsstöße durch Vermeidung von örtlichen Übergeschwindigkeiten zu verringern oder gar zu verhindern. Vorsicht war vor allem bei Querschnittsanhäufungen und Verdickungen geboten; eine Erkenntnis, die 1944 patentiert wurde und heute als ,,Flächenregel" bekannt ist.

Andere zeitgenössische deutsche Entwürfe, wie die Focke-Wulf Ta183 oder das Forschungsflugzeug DFS 346 wurden aus dem gleichen Grunde ebenfalls mit dieser Leitwerksform ausgelegt. Nach dem Kriege besaßen etliche erfolgreiche Konstruktionen dieses Merkmal. Die Untersuchungen über diese Leitwerksform begannen Mitte November im Auftrage Messerschmitts bei der Aerodynamischen Versuchsanstalt Göttingen (AVA). Die 6-Komponenten Messungen, die erst Ende Februar 1945 abgeschlossen wurden, führten die Aerodynamiker mit verschiedenen Höhenleitwerksgrößen und Anordnungen an einem Gesamtmodell der P1101 durch.

Mit dem Experimentierflugzeug 1101 sollte diese Leitwerksform auch im Fluge ihre Wirksamkeit beweisen.

Das Pfeilflügelmeßprogramm, das Messerschmitt gemeinsam mit der DVL durchführte, ließ unter anderem die Tendenz erkennen, daß ein kleineres Seitenverhältnis den Widerstand verringert. (Eine Er-

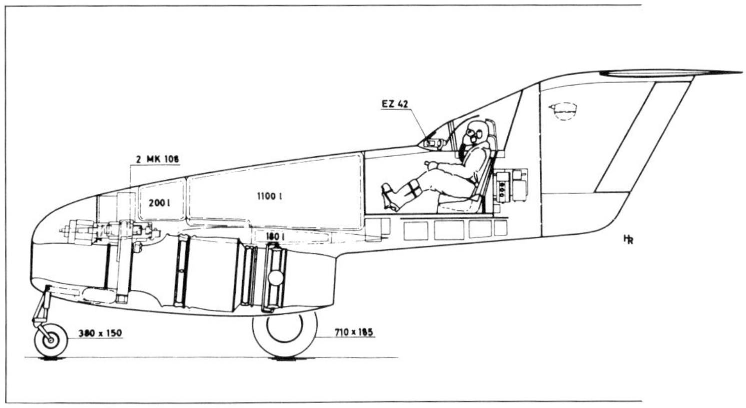

Längsschnitt durch den P1106-Entwurf vom 12. 12. 44 – Zeichnung: H. Redemann

kenntnis, deren Richtigkeit u. a. der Deltaflügel und auch die Lockheed F-104 ,,Starfighter" demonstrierte.)

Obwohl gegenüber der P1101 die Tragflügelfläche fast gleich blieb, verringerte sich die Flügelspannweite um 1340 mm und setzte damit das Seitenverhältnis der P1106 auf einen Wert von $\lambda = 3{,}5$ herab (zum Vergleich: Me262 $\lambda = 7{,}05$, P1101 im Oktober 44 $\lambda = 5$).

Zudem erlaubte ein tieferer Flügel bei gleichbleibender Profildicke eine größere Bauhöhe.

Am 12. Dezember 1944 lag ein weiterer Entwurf zum P1106 vor, der aber weitgehend mit der ersten ausgearbeiteten Studie vom 4. Dezember identisch war; Unterschiede sind nur im Detail erkennbar, so z. B. bei der Rumpfform oder in der Gestaltung des Bereiches in dem der Gasstrahl des Triebwerkes austritt.

Wie bei vielen Projekten, so existieren auch bei diesem eine Anzahl von Studien, Ableitungen und Varianten. Um eventuellen Einwänden wegen der zu knappen Bemessung der Baugruppen vorzubeugen, und um von vorneherein möglichen weitergehenden Forderungen des RLM bezüglich der Treibstoffkapazität zu begegnen, demonstrierte Messerschmitts Projektbüro, daß auch dieses Konzept einen vielseitigen Einsatz zuließ.

In einer Variante vom 14. Dezember wurde ein ,,P1106 mit vergrößerter Reichweite" vorgeschlagen. Der Entwurf zeigte den Grundentwurf mit einem in der Spannweite auf 7,37 m vergrößerten Flügel, einem verlängerten Rumpf und einem dadurch möglichen Kraftstoffvorrat von 2100 l.

Eine weitere, äußerst interessante Ableitung aus der 1106 trägt das gleiche Datum.

Messerschmitt plante, ähnlich wie beim Vorläufer, dem P1101, auch vom Projekt 1106 ein Experimen-

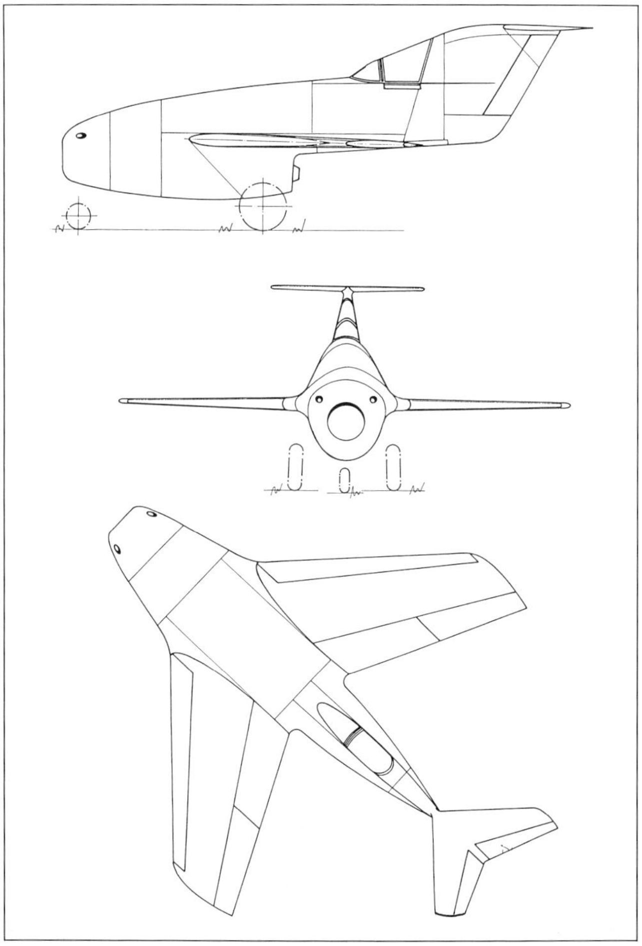

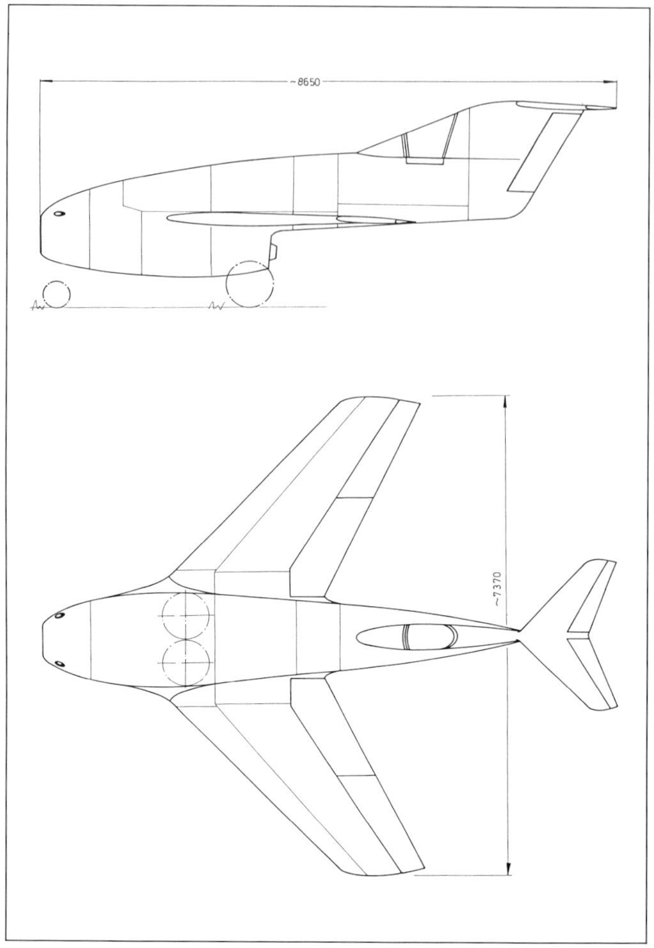

P1106-Vorschlag vom 12. Dez. 1944 (links)
P1106 mit vergrößerter Reichweite vom 14. Dez. 1944 (oben)

tierflugzeug; allerdings sollte dieses in einen Geschwindigkeitsbereich vorstoßen, der aller Wahrscheinlichkeit nach für die P1101-V1 unerreichbar gewesen wäre: der Überschall.

Wie ernst es den Planern mit diesem Gedanken um die Jahreswende 1944/45 war, ist kaum noch nachvollziehbar; es blieb bei der zeichnerisch formulierten Idee und nach dieser bekam der Bug anstelle des Einlaufes eine kegelförmige Verkleidung, das T-Leitwerk wandelte sich zum V-Leitwerk, und vor allem ersetzte man das Heinkel-Strahltriebwerk durch einen Walter-Raketenmotor.

Obwohl jedem Beteiligten klar sein mußte, daß zu diesem Zeitpunkt der Aufwand für ein derartiges Programm nicht mehr möglich gewesen wäre, handelt es sich bei dieser Studie um einen Vorschlag, der bei einer praktischen Umsetzung durchaus Chancen zum Erreichen dieses Zieles gehabt hätte. Ein kurzer Vergleich mit dem ersten Überschallflugzeug der Luftfahrtgeschichte soll diese Ansicht illustrieren:
Der höhere Triebwerksschub der Bell X-1 wäre mit Sicherheit durch die leichtere und kleinere Auslegung und durch die bessere Aerodynamik der P1106 wettgemacht worden.

Die Amerikaner erprobten nach dem Kriege auch das des öfteren von der DVL kritisch beurteilten V-Leitwerk („Es müssen Mach-Störungen am V-Leitwerk befürchtet werden“) und den Pfeilflügel an einem entsprechend modifizierten Modell der Bell X-1 im Windkanal des Forschungszentrums von Langley. Obwohl die Versuche erfolgreich verliefen, erhielt das Nachfolgemustger Bell X-2 zwar einen um 40° gepfeilten Tragflügel, aber ein konventionelles Leitwerk.

Eine weitere P1106-Variante veröffentlichte im November 1976 unter der Überschrift „Wenig bekannte Flugzeugprojekte aus der Zeit des Zweiten Weltkrieges“ die Zeitschrift „Luftfahrt international“. Nach

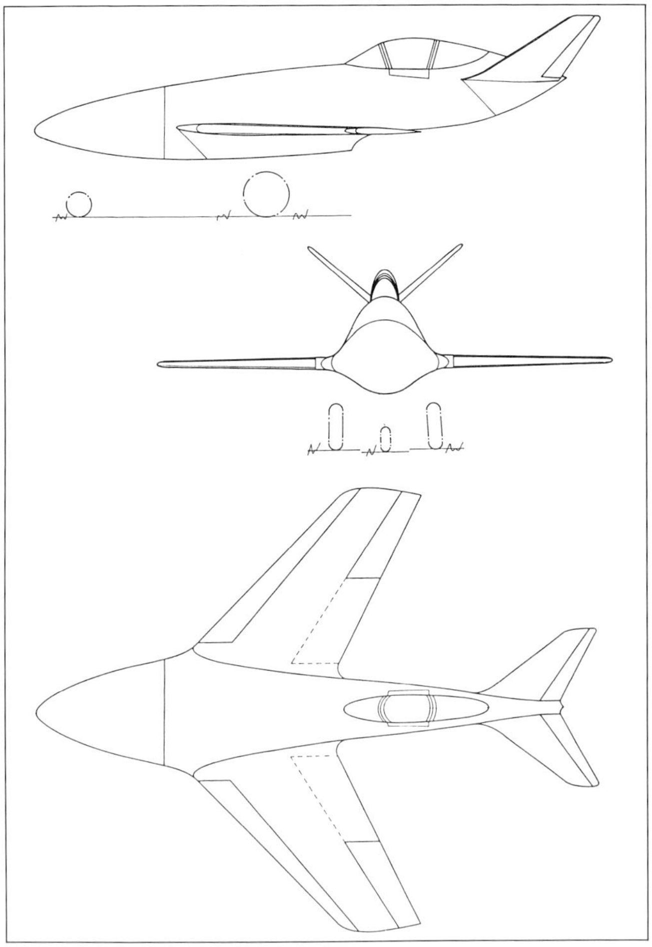

P1106R im Vergleich:

	Forschungsflugzeug Bell X-1	Forschungsflugzeug P1106 mit R-Antrieb
Schub des Raketenmotors	2720 kp	ca. 1800 kp
Länge	9500 mm	8420 mm
Höhe	3400 mm	3050
Spannweite	8500 mm	6740 mm
Tragflügelfläche	12 m^2	13 m^2
Tragflügeldicke	10% (2. Prototyp)	12 – 8%
Zuspitzung	0,5	0,4
Pfeilung	–	40°
Seitenverhältnis	6,03	3,5
Startgewicht	6124 kg	ca. 4000 kg (geschätzt mit der Treibstoffzuladung der Me163)

Meinung der Autoren stammt dieser Entwurf aber aus der Zeit unmittelbar nach dem Kriege und wurde in England oder Frankreich zu Papier gebracht. Folgendes spricht für diese Annahme:

- der Tragflügel ist in seiner Auslegung alles andere als eine Messerschmitt-Konstruktion (z. B. fehlender Slot),

- die Radgrößen des Fahrwerkes sind in keiner deutschen Reifentabelle verzeichnet

- und, als wohl gewichtigstes Indiz, das eingezeichnete Triebwerk ist mit Sicherheit keine deutsche Konstruktion aus der Zeit des Zweiten Weltkrieges.

Vorschlag für ein Überschallversuchsflugzeug auf der Basis der P1106 mit Raketenantrieb. (links)
Amerikanisches Hochgeschwindigkeits-Versuchsflugzeug Bell X-1; deutlich erkennbar: die dem 0,5" – Geschoß nachempfundene Rumpfform

Doch zurück zum eigentlichen 1106-Hauptentwurf: Messerschmitt stellte den Entwurf vom 12. 12. 1944 in einer etwas abgewandelten Form bei dem vom 19. bis zum 21. 12. in Berlin-Adlershof stattfindenden Abgleich der eingereichten Jäger-Projekte zur Diskussion.

Ähnlich wie die raketengetriebene 1106-Studie vom 14. 12. besaß das Projekt anstelle des T-förmigen Leitwerkes nun ein V-Leitwerk.

Leider existieren offensichtlich vom eingereichten Vorschlag weder eine Baubeschreibung mit einer detaillierten Übersichtszeichnung, noch die mit Sicherheit erstellten Leistungsblätter.
Bei der Tagung in Berlin fand ein reger Gedankenaustausch zwischen den Vertretern der beteiligten Firmen und den Fachleuten der DVL statt. Die endgültige Festlegung des vergleichenden, allgemein gültigen Berechnungsverfahrens verlegte man auf das im Januar 1945 folgende Treffen. Als Konsequenz aus dieser Zusammenkunft verbesserten einige Firmen ihre Entwürfe oder arbeiteten neue Vorschläge aus. Messerschmitt tat beides: Er überarbeitete die P1106 und begann in der ersten Januarhälfte mit den Arbeiten an der P1110.

Die Übersichtszeichnung mit dem verbesserten Entwurf der P1106 stellte Projektingenieur Thieme unmittelbar vor der Tagung, die vom 12. bis 15. Januar wiederum in Berlin-Adlershof stattfand, fertig. Das auf dieser Zeichnung dargestellte Flugzeug, legte Messerschmitt gemeinsam mit dem ersten Entwurf zum Projekt 1110 bei der DVL zur Diskussion vor.

Die P1106 in dieser Form war dann doch einiger Kritik ausgesetzt; dies geht aus einer Beurteilung hervor, die Dipl. Ing. Dietrich Fiecke, der als Vertreter der Firma Henschel an der Besprechung beratend teilnahm, im Jahre 1953 in der Flugwelt veröffentlichte:

„Die Pfeilform und die Trapezform des Flügels sind vom strömungstechnischen Standpunkt aus gut gewählt worden. Als Landehilfe ist ein Vorflügel angeordnet, der allerdings für den Schnellflug auch bei guter Bauausführung einen beträchtlichen Widerstandszuwachs bringt, da das Flügelprofil gerade an dem strömungsmäßig empfindlichsten Teil der oberen vorderen Profilkontur unterbrochen wird.

Der Rumpf mit seinem weit zum Rumpfheck liegenden Kabinenaufbau zeigt strömungsmäßig gute Form. Die gewählte Lage des Triebwerkes ermöglicht eine kurze Luftzuführung zum Triebwerk und eine günstige Lösung der Lage des Triebwerkseinlaufes am Rumpfbug. Dadurch wird der Schubverlust nur mit 0,75% angesetzt und bringt also von der Antriebsseite her Vorteile. Die Lage des Kabinenaufbaues erscheint ungünstig, da der Flügel im Blickfeld liegt.

Um den Formwiderstand herabzusetzen, hat man Höhen- und Seitenleitwerk in ein Leitwerk mit großer V-Stellung vereinigt. An der Wurzel der beiden Leitwerksteile sind infolge der zusammenfallenden Übergeschwindigkeiten der Luft bald Verdichtungsstöße zu erwarten, so daß bei hohen Fluggeschwindigkeiten der Widerstand des Leitwerkes stärker zunehmen wird.

Bis auf die V-Form des Leitwerkes sind die Konturen der Flugzeugteile vom aerodynamischen Standpunkt aus zur Erreichung hoher Geschwindigkeiten verhältnismäßig gut gewählt worden, so daß die Höchstgeschwindigkeit im Vergleich zu den anderen Entwürfen recht hoch liegt. Dagegen sind wegen der kleinen Tragflächen und der sich daraus ergebenden großen Flächenbelastung die Werte für die Startstrecke und die Landegeschwindigkeit ungünstig."

Gerade die Bemerkungen über die hohe Flächenbelastung und auch über das eingeschränkte Blickfeld des Piloten waren Punkte, die ohne entscheidende Eingriffe in die bisherige Konzeption kaum geändert werden konnten. Ein besseres Blickfeld läßt sich nicht so ohne weiteres herbeizaubern; jedenfalls überarbeitete das Projektbüro den Vorschlag nochmals, stattete ihn mit dem neuen, 15,8 m^2 großen Tragflügel „A" aus, erhöhte die eingebaute Bewaffnung auf 5 x Mk 108, verfeinerte die Rumpfkonturen und rüstete das Flugzeug mit einem Normalleitwerk aus.

Beim Vergleich mit der ebenfalls auf den neuesten Stand gebrachten P1101 behielt jedoch jetzt diese die Oberhand und gemeinsam mit der entscheidend verbesserten P1110 und dem radikalen Neuentwurf

Technische Daten des P1106-Entwurfes vom Dezember 1944

Verwendung	einsitziger 1-TL-Jäger	
Triebwerk	1 x Heinkel He S011 mit 1300 kp Standschub	
Bewaffnung	2 x Mk 108 mit je 100 Schuß; ca. 500 kg Außenlasten	
Spannweite	6740 mm	
Länge	8000 mm	nach der Zeichnung
Höhe	3120 mm	vom 12. 12. 44
Flügelfläche	13,0 m^2	
Flügelstreckung	λ 3,5	
Zuspitzung	τ 0,4	
Pfeilung	γ 40°	
Profil	Wurzel NACA 0012 – 40 Flügelspitze NACA 0008 – 40	
Funktechnische Ausrüstung	FuG 15, FuG 25, FuG 125	
Kraftstoff	1200 kg entspr. ca. 1450 l (ζ = 0,83 – 0,85)	
Rüstgewicht	2538 kg	
Fluggewicht	3958 kg	
Fahrwerk	Bugrad 380 x 150, Hauptrad 740 x 210	
Flächenbelastung	304 kg/m^2	
Schubbelastung	3 kg/kp	
Leistungen (errechnet)		
max. Geschwindigkeit	1090 km/h in 6 km Höhe	
Steiggeschwindig	26,6 m/sek in Meereshöhe	
Reichweite	1600 km in 12 000 m Höhe	
Startstrecke	620 m mit 500 kp Zusatzschub (Startrakete)	
Lande geschwindigkeit	174 km/h	
Landestrecke	570 m	
Dienstgipfelhöhe	14 000 m	
bauliche Ausführung	Rumpf in Ganzmetall; Tragflächen aus Holz	

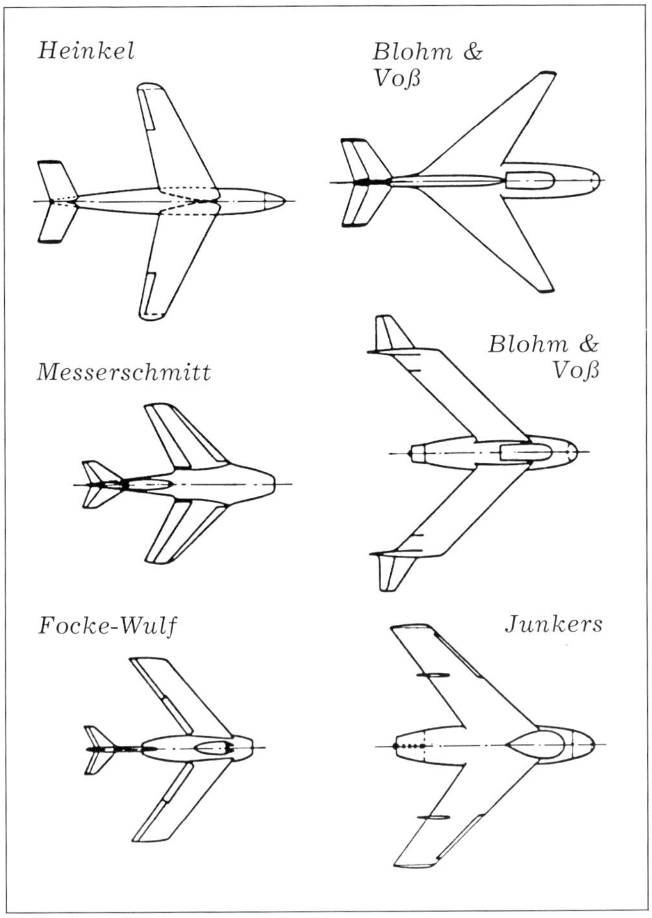

Die sechs Entwürfe der Firmen Blohm und Voss, Focke-Wulf, Heinkel, Junkers und Messerschmitt in der Draufsicht, die bei der Dezember-Zusammenkunft in Berlin-Adlershof bei der DVL vorgelegt wurden.
Leitung der Tagung: Prof. Dr. A. W. Quick.

P1111 reichte Messerschmitt jetzt diese beim RLM ein.

Der Entwurf P1106 besaß gegenüber der P1101, abgesehen vom etwas kürzeren Triebwerkseinlauf, keinerlei Vorteile mehr. So stellt die nicht vollendete Übersichtszeichnung vom 22. 2. 1945 den Schlußpunkt der P1106 dar. Die Auslegung dieses Entwurfes taucht nach dem Kriege nicht mehr allzuoft auf.

Gewisse Gemeinsamkeiten sind mit dem italienischen Leichtjäger Ambrosini „Sagittario II" von Sergio Stefanutti vorhanden, der an dem Nato-Wettbewerb für einen leichten Jagdbomber teilnahm und das als erstes italienisches Flugzeug am 4. 12. 1956 die Schallmauer durchbrach..

Aus der Aufgabenstellung für den RLM-Wettbewerb und auch aus der Willi Messerschmitt eigenen Konstruktionsmethode erscheint es naheliegend, daß die ihrer Zeit weit vorauseilenden Konzepte des Projektbüros sich insbesondere als Vorbilder für Leichtjägerentwürfe eigneten.

Technische Beschreibung

Der Entwurf P1106 vom Januar 45: Der Entwurf P1106 ist direkt aus dem P1101 abgeleitet. Im Vergleich zum Ausgangsmodell fällt vor allem die geänderte Anordnung der Hauptbaugruppen des Rumpfes auf. Bei der Auslegung der übrigen Komponenten versuchten die Projekteure konsequent Bauteile mit der kleinstmöglichen Bemessung einzusetzen.

Im Rumpfvorderteil befindet sich das kurze Luftführungsrohr für das Triebwerk, die beiden Mk 108 mit je 100 Schuß Munition und ein beim Einfahren um 90° schwenkbares Bugrad der Größe 500 x 175 mm. Der mittlere Rumpfabschnitt nimmt den großen 1350 l fassenden, gegen Beschuß geschützten Treibstofftank und das direkt darunterliegende HeS 011-Triebwerk auf. Zwischen Tank und Triebwerk läuft der Hauptholm des Tragflügels hindurch; unmittelbar vor dem Holm findet in einer Ausbuchtung des Tankes das nach vorne einfahrbare Haupt-

Entwurf P1106 vom Januar 1945 (unten)

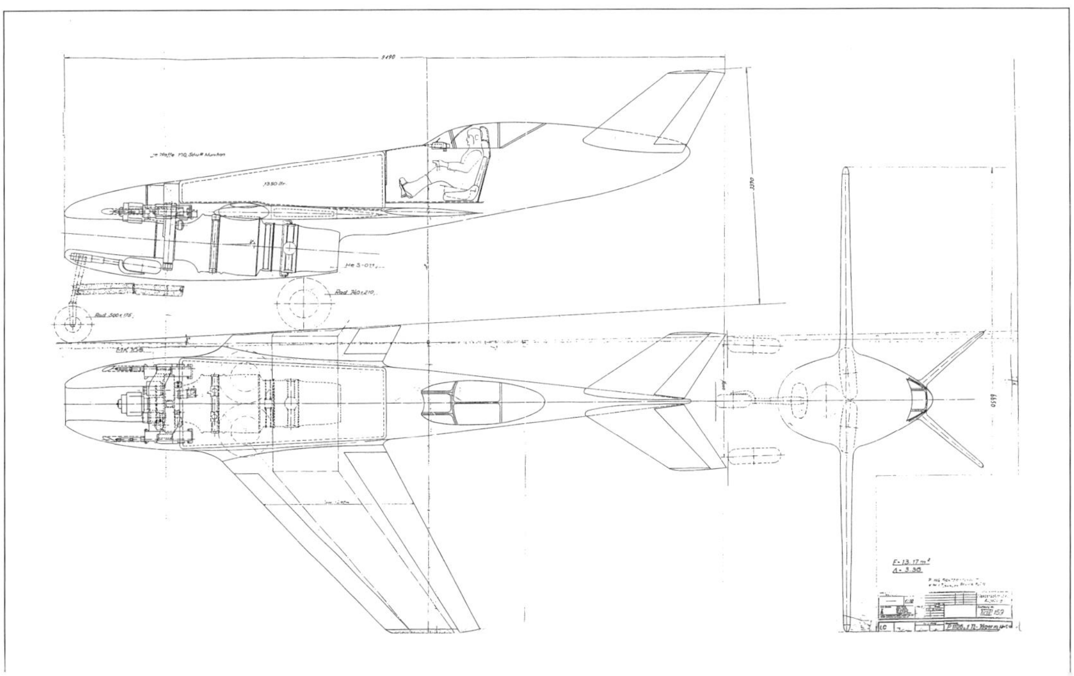

fahrwerk mit Rädern der Größe 740 x 210 mm Platz. Der teilweise gepanzerte Pilotenraum liegt unmittelbar hinter dem Tank und im daran anschließenden flachovalen Rumpfheck ist genügend Raum zur Unterbringung der FT-Ausrüstung.

Die V-Stellung des Leitwerkes beträgt 50°. Bei dieser Anordnung übernimmt quasi das Höhenleitwerk die Funktion des Seitenleitwerkes.

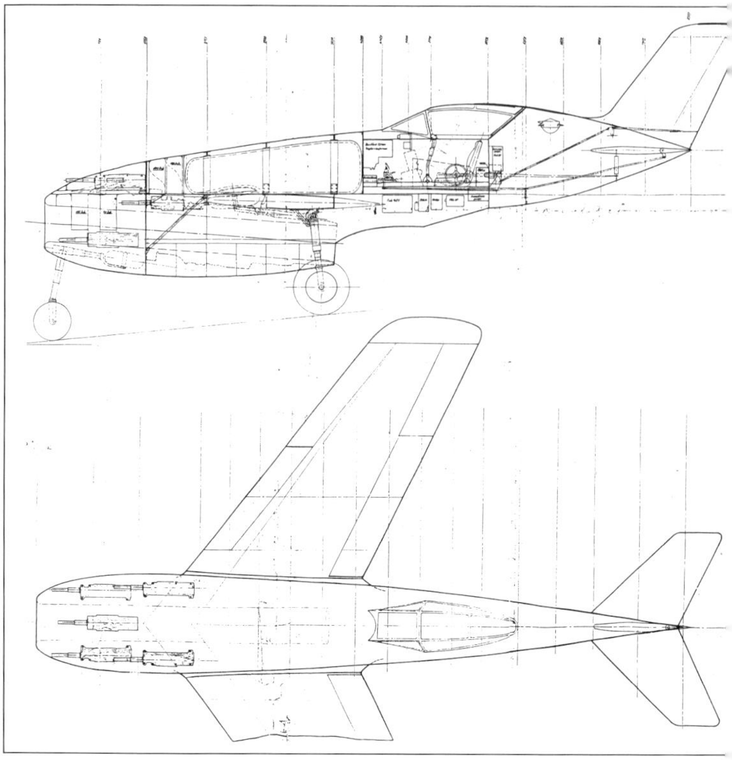

P1106-Entwurf vom 22. Feb. 1945. Messerschmitt reichte diesen Vorschlag nicht mehr beim RLM bzw. bei der DVL ein. Er entschied sich zur Vorlage der Projekte 1101, 1110 und 1111.

Die „Sagittario II" erinnert in ihrer Auslegung an den 1106-Entwurf vom 22. Feb. 45. Da aber von diesem keine endgültigen Daten vorliegen, wird die „Sagittario II" mit dem im Januar 45 beim RLM eingereichten Vorschlag verglichen.

Der zweiteilige gepfeilte Holzschalenflügel besitzt als Auftriebshilfen einen durchgehenden Slot an der Flügelvorderkante und als Wölbungsklappen ausgebildete Landeklappen. Im Flügel sind etwa 145 kg Treibstoff ungeschützt untergebracht.

Zum Vergleich mit dem P1106 sind in der nachfolgenden Tabelle die verfügbaren Daten des italienischen Leichtjägers Ambrosini „Sagittario II" angegeben. Dieses Flugzeug, das im NATO-Wettbewerb gegen die FIAT G-91 den kürzeren zog, entspricht in mancherlei Hinsicht dem Messerschmitt'schen Vorschlag und dadurch bieten sich einige aussagekräftige Vergleichsmöglichkeiten.

Fliegerisch gesehen wäre die „Sagittario" mit ihrer niedrigeren Flächenbelastung ohne Frage wendiger als das P1106 gewesen.

Die Konsequenz: Projekt P1110, der „klassische Düsenjäger" der Nachkriegszeit

Das Projekt 1110 entstand in der ersten Januarhälfte des Jahres 1945.

Nachdem Messerschmitt erkannte, daß nach den Erfahrungen und Erkenntnissen der vergangenen Monate, aus dem 1101/1106-Grundentwurf mehr herauszuholen war, begann sein Projektbüro neben dem verbesserten P1106 eine Variante zu entwickeln, die letzten Endes auf ein neues Flugzeug hinauslief.

Messerschmitt's Projektingenieure versuchten durch eine hintereinander liegende Anordnung der Hauptkomponenten des Rumpfes den kleinsten möglichen Rumpfquerschnitt zu erreichen. Nur mehr die unbedingt erforderliche Größe des Führerraumes legte jetzt in der Hauptsache den Querschnitt des Hauptspantes fest. Dabei trat jedoch eine Schwierigkeit auf, von deren befriedigender Lösung der Erfolg des Entwurfes abhing: Der kleine Rumpfdurchmesser gestattete keinen Bugeinlauf, und für einen Lufteintritt in der Flügelwurzel, in der zudem noch das Fahrwerk liegt, war der Flügel durch die gewählte Profilierung zu dünn.

Beim ersten Entwurf wählte man die etwas ungewöhnliche Form eines ringförmigen Lufteinlaufes unmittelbar hinter der Kabinenhaube. Durch die Anwendung von Grenzschichtabsaugung im Einlaufbereich sollten die Verluste möglichst klein gehalten werden.

Diesen Vorschlag reichte Messerschmitt gemeinsam mit der verbesserten P1106 beim RLM ein. In der bereits erwähnten Sitzung der DVL in Berlin-Adlershof vom 12. bis 15. Januar 45 diskutierte man die eingereichten Vorschläge (Blohm und Voss BV

P1106 im Vergleich:

	Messerschmitt P1106 Stand: Jan. 45	Ambrosini „Sagittario II“
Verwendung	einstrahliges Jagdflugzeug, Pilot in druckdichter Kabine	einstrahliges Jagdflugzeug, Pilot in druckdichter Kabine mit Schleudersitz
Antrieb	1 x Heinkel HeS 109-011 A-0 mit 1300 kp Standschub	1 x Rolls Royce Derwent 9 mit 1633 kp Standschub
Abmessungen		
Länge über alles	9150 mm	ca. 9700 mm
Rumpflänge	8650 mm	
Höhe	3370 mm	ca. 3150 mm
Spannweite	6650 mm	7500 mm
Flügelfläche	13,17 m^2	14,73 m^2
Flügelstreckung	= 3,36	= 3,82
V-Stellung	0°	0°
Pfeilung t/4-Linie	40°	40°
Profil	Wurzel NACA 0012-40 Spitze NACA 0008-40	
Gewichte		
Rüstgewicht	2300 kg	
Kraftstoff	1200 kg	
ges. Zuladung	1700 kg	
Startgewicht	4000 kg	3293 kg
Bewaffnung	2 x 30 mm Mk 108 mit je 100 Schuß und Außenlasten	2 x 30 mm Mk und Außenlasten
max. Flächenbelastung	303,7 kg/m^2	224 kg/m^2
max. Schubbelastung	3,08 kg/kp	2,02 kg/kp
Leistungen		
max. Geschwindigkeit	993 km/h (M 0,882) in 7 km	1006 km/h im Sturzflug Mach 1
Rollstrecke bei Start	830 m	
Anfangssteiggeschwindigkeit	21,2 m/sek	
Dienstgipfelhöhe	13 300 m	14 000 m
Landegeschwindigkeit	184 km/h	
Erstflug	Entwurf Jahreswende 1944/45	Vorläufer: 5. 1. 53 Sagittario II: 19. 5. 1956

P. 212, Focke-Wulf Ta 183 I und II, Heinkel P1078, Junkers EF 128, Messerschmitt P1106 und P1110) und nahm eine vergleichende Leistungsberechnung nach dem nun endgültig festgelegten Verfahren vor.

Abgesehen davon, daß das P1110 die höchste Geschwindigkeit aller eingereichten Entwürfe aufwies, war es, wie auch die übrigen Entwürfe, mit kritischen Anmerkungen versehen worden.

Im Einzelnen bemängelte die DVL folgendes:

- Die Vorflügel; die Befürchtungen erscheinen schwer verständlich, da Messerschmitt die zu dieser Zeit im Einsatz befindlichen schnellsten deutschen Jagdflugzeuge, die Me262 und die Me163, mit eben diesem Merkmal versehen hat;
- die hohe Flächenbelastung, die eine mangelhafte Wendigkeit beim Kurvenflug und schlechte Langsamflugeigenschaften mit sich bringt;
- den ringförmigen Lufteinlauf:

„der in Rumpfmitte angeordnete Lufteintritt zum Triebwerk scheint nicht sehr günstig gewählt zu

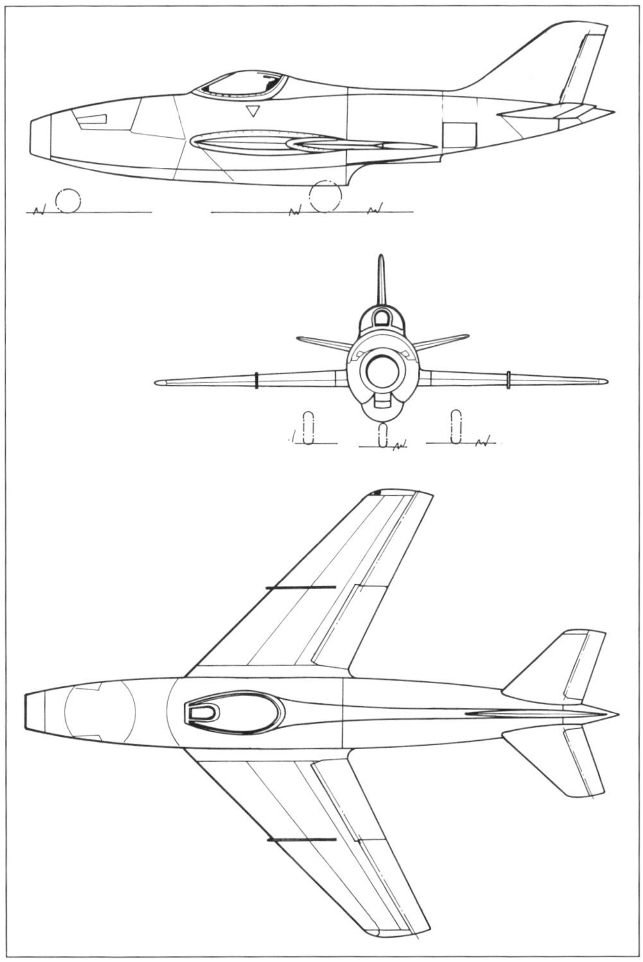

Dreiseitenansicht der Aerfer (Ambrosini) „Sagittario II“.

sein, da der Lufteinlauf im Bereich der größten Rumpfdicke liegt, wo zuerst beim Hochgeschwindigkeitsflug Verdichtungsstöße auftreten, die keine einwandfreie Luftführung zum Triebwerk gewährleisten" und weiter „die elastische Verformung des Rumpfes, die gerade bei der 1110 durch den ringförmigen Triebwerkseinlauf besonders stark auftreten wird, bringt ungünstige Folgeerscheinungen für die Flugeigenschaften."

Zu den „Verdichtungsstößen am Lufteinlauf" ist folgendes anzumerken: Die Verdichtungsstöße beim Hochgeschwindigkeitsflug treten nach der damals bereits patentierten Flächenregel an den Stellen der größten Querschnittshäufung auf. Bei der notwendigen Einbeziehung des Tragflügels in die Betrachtung liegt aber die Stelle der größten Querschnittshäufung hinter dem ringförmigen Lufteinlauf!

Technische Daten des P1110-Entwurfes vom 12. 1. 45: Die Daten werden mit denen eines Leichtjägers verglichen, der ebenfalls zu den Wettbewerbern der NATO-Ausschreibung vom Frühjahr 1954 gehörte und in einer stattlichen Anzahl gebaut wurde: der Folland Fo. 141 „Gnat".

Dieser Vergleich soll illustrieren, wie weit Messerschmitt 1944/45 mit seiner Konzeption seiner Zeit voraus war.

Handschriftliche Anweisung von Messerschmitt an Voigt und Hornung; Messerschmitt erkennt sofort den Schwachpunkt und setzt sich mit der Einlaufproblematik eines hintenliegenden Triebwerkes auseinander. (4. 1. 45)

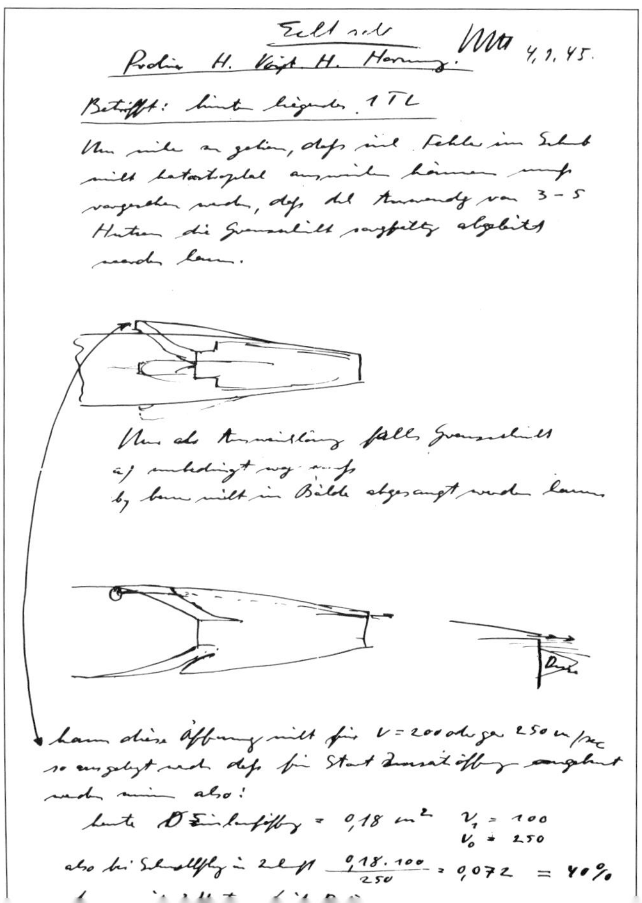

P1110 im Vergleich:

	Messerschmitt P1110 Entwurf v. 12. 1. 45	Folland (Hawker-Siddeley) Fo. 141 „Gnat" F.1
Bezeichnung	einsitziges Jagdflugzeug	einsitziger Kleinjäger
Entwicklung	1944/1945	Entwicklungsbeginn 1950 Erstflug des Prototypen Fo 139 „Midge" 11. 8. 54
Besatzung	1 Pilot in Druckkabine m. Schleudersitz	1 Pilot in Druckkabine m. Schleudersitz
Triebwerk	1 x Heinkel He S011 A mit 1300 kp Standschub	1 x Rolls-Royce (Bristol) „Orpheus" m. 2050 kp Standschub
Spannweite	6650 mm	6750 mm
Pfeilung	40°	40°
Streckung	3,36	3,58
relative Tragflügeldicke	12%	8%
Flügelfläche	13,17 m^2	12,7 m^2
Länge	9665 mm	9070 mm
Höhe	ca. 2700 mm	2690 mm
Rüstgewicht	2580 kg	2200 kg
Startgewicht	4000 kg	4030 kg
Schubbelastung	3,07 kg/kp	1,97 kp/kp
max. Flächenbelastung	304 kg/m^2	317 kg/m^2
max. Horizontalgeschwindigkeit	1006 km/h in 7000 m	ca. 1150 km/h Mach 1,0
Anfangssteiggeschwindigkeit	26 m/sek	101,6 m/sek
Dienstgipfelhöhe	13 100 m	ca. 15 000 m
Reichweite	1500 km	1900 km
Bewaffnung	3 x 30 mm Mk 108 und 500 kg Abwurfwaffe	2 x 30 mm Aden Mk (Nachbau der deutschen Mk 213 C) und 454 kg Abwurfwaffe

Die Flugleistungen der Me P1110 wurden mit einem Einlaufschubverlust von 8% der Antriebsleistung gerechnet.

Einen Auftrag über den Bau eines Serienflugzeuges konnte das RLM angesichts der kritischen Anmerkungen der DVL noch nicht vergeben. Zudem be-

Folland Fo-139 „Midge" (Prototyp der „Gnat"). Das Flugzeug entspricht in den Abmessungen und in der Anordnung der Hauptbaugruppen dem P1110. (oben)

standen immer noch Bedenken der grundsätzlichen Art:

„Die für Hochgeschwindigkeit notwendige Flügelpfeilung bringt aber eine Reihe von Schwierigkeiten flugmechanischer Art mit sich, die zum Teil nur durch Versuche in Hochgeschwindigkeitskanälen und im Fluge geklärt und dann vielleicht behoben werden können."

Während die Windkanaluntersuchungen an verschiedenen, überlasteten Forschungseinrichtungen einigermaßen liefen und auch zu brauchbaren Ergebnissen führten, sah es mit der praktischen Erprobung, bedingt durch die aussichtslose Lage, nicht gut aus.

Nur bei Messerschmitt befand sich zu diesem Zeitpunkt ein Erprobungsträger in der Endmontage und wartete vergeblich auf das benötigte Triebwerk; zudem konnte eine entsprechend umgerüstete Me262 für eine Pfeilflügelerprobung herangezogen werden (falls es die Kriegslage noch zuließ).

Die anderen Firmen versuchten ebenfalls, in die praktische Erprobung einzusteigen und die theoretische Arbeit zu bestätigen und zu unterstützen.

Blohm und Voss erhielten Mitte Februar vom RLM den Auftrag, die Flügelbauweise und die Leitwerksanordnungen der BV P. 212 in Vorversuchen auf ihre Steifigkeit und Flattersicherheit hin zu untersuchen, und Focke-Wulf begann bereits mit dem Bau eines Ta 183-Erprobungsträgers, der ähnlich wie im Falle der P1101 mit einer Junkers 004-Turbine eingeflogen werden sollte.

Messerschmitt erhielt von der DVL für die weitere Arbeit die Empfehlung, beim Entwurf P1110 die Flügelfläche zu vergrößern und den Triebwerkseinlauf zu überarbeiten.

Nachdem eine Vergrößerung der Flügelfläche nur einen relativ unbedeutenden Widerstandszuwachs brachte, andererseits aber eine wesentliche Verbesserung der Langsamflugeigenschaften bedeutete, war der Vorschlag für Messerschmitt in gewissen Grenzen annehmbar. (Die DVL schlug Flächengrößen nicht unter 20 m^2 vor, Messerschmitt erhöhte bei der P1110 auf 15,8 m^2 und arbeitete den schwanzlosen Entwurf P1111 mit 28 m^2 aus.) Desweiteren äußerte die DVL Bedenken gegenüber dem V-Leitwerk: „Es erscheint fraglich, ob die aus Widerstandsgründen gewählte Form des Leitwerkes mit geringer Fläche nicht flugmechanisch so große Nachteile bringt, daß eine derartige Anordnung nicht vertreten werden kann."

Obwohl die Bedenken anscheinend mehr gefühlsmäßiger Natur waren und auch nach dem Kriege durch Flugversuche (z. B. mit der Republic XF-91 und der Supermarine Type 508) nicht bestätigt wurden, entschloß sich Messerschmitt vorerst zur Verwendung

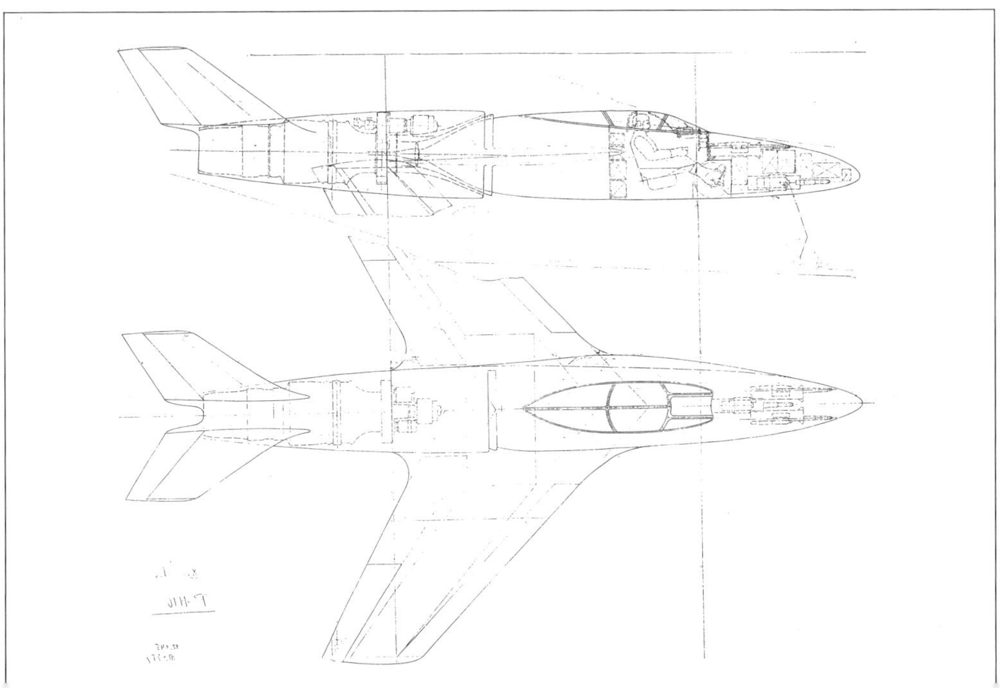

Erster Entwurf zum P1110 vom Januar 1945.

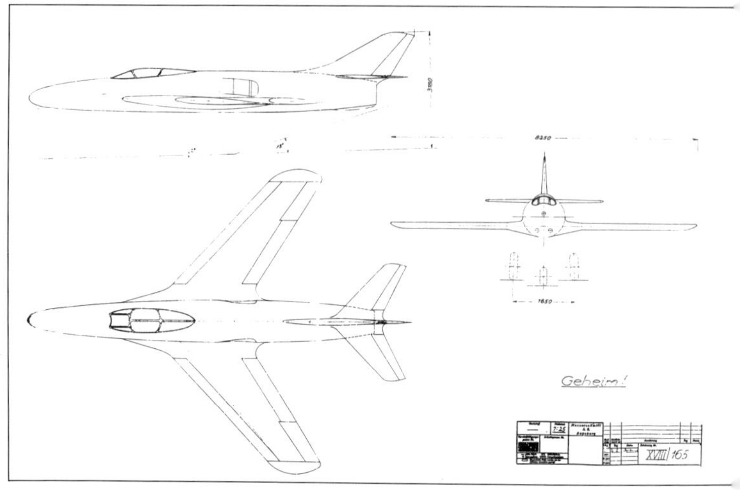

P1110-Vorschlag vom 2. Feb. 1945.
Erster Einsatz des „Tragflügels A", der in der zweiten Januarhälfte 1945 endgültig festgelegt wird. Die weit vorgezogene Flügelwurzel ist heute sehr aktuell (F-18 oder MiG-29). Dieser aerodynamische Kniff erzeugt kräftige Wirbelströmungen an der Oberseite des Flügels. Das Abwandern der Grenzschicht wird dadurch bis zu einem gewissen Grad verhindert, ein Fliegen mit einem größeren Anstellwinkel ist möglich.
Vorschlag P1110-Ente vom 12. Feb. 1945 (Mitte).

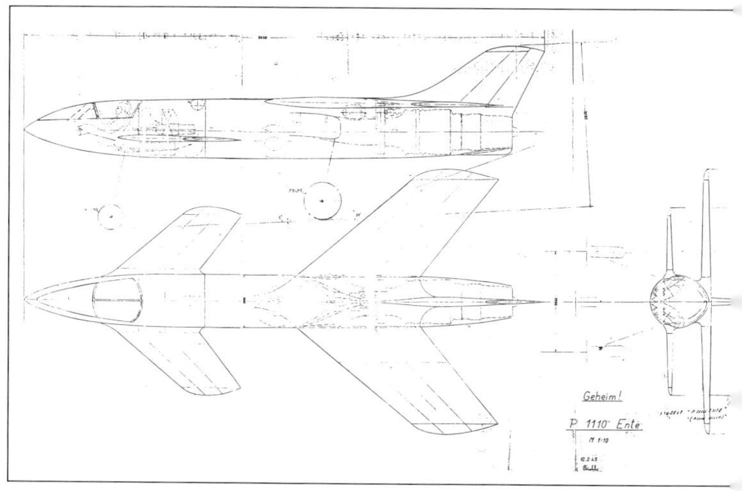

eines normalen Seitenleitwerkes mit Höhenleitwerk.

Bereits Anfang Februar zeigte eine Übersichtszeichnung (Zeichnungsnr. XVIII/165 vom 2. 2. 45) eine weitgehend verbesserte P1110. Diese Studie zeigt u. a. den neuen, vergrößerten Tragflügel mit geänderter Profilierung, seitliche Lufteinläufe und ein konventionelles Leitwerk. Die interne Bewaffnung blieb mit 3 x Mk 108 unverändert.

Etwa zu der gleichen Zeit beschäftigte sich Hornungs Projektgruppe mit der Ausarbeitung von Alternativen, die einen großen Geschwindigkeitsbereich zuließen. Kurze Start- und Landestrecken waren neben einer hohen Geschwindigkeit mittlerweile zu einer Frage des Überlebens geworden.

Der bereits mehrfach in Projektstudien vorgesehene geteilte oder ungeteilte Schwenkflügel kam wegen der komplizierten Mechanik nicht in Frage; daher befaßten sich die Projektingenieure neben einem schwanzlosen Entwurf mit niedriger Flächenbelastung (P1111) auch mit einer Studie, in der sie für das P1110 die sogenannte „Entenbauart" vorschlugen. Dies sollte dem Flugzeug neben einer guten Längs- und Querstabilität vor allem gute Langsamflugeigenschaften verleihen. Ein weiterer Vorteil dieser Bauweise ist die Möglichkeit, größere Schwerpunktverschiebungen ohne einen merklichen Verlust an aerodynamischer Güte auszugleichen. Angesichts der Lage, die keinerlei Umwege und Experimente mehr zuließ, ließ Messerschmitt den Vorschlag zugunsten der „herkömmlichen" P1110 wieder fallen.

Sicherlich hätten auch die Fachleute bei der DVL und im RLM Befürchtungen wegen der, der Entenbauart eigenen schlechten Richtungsstabilität geäußert. Interessant ist in diesem Zusammenhang, daß 1946/47 ein Entwurfsteam der schwedischen Firma SAAB, das im Besitz der Messerschmitt-Unterlagen war, bei den Vorarbeiten zu dem Jagdbomber J-32 „Lansen" ebenfalls die Entenauslegung vorschlug.

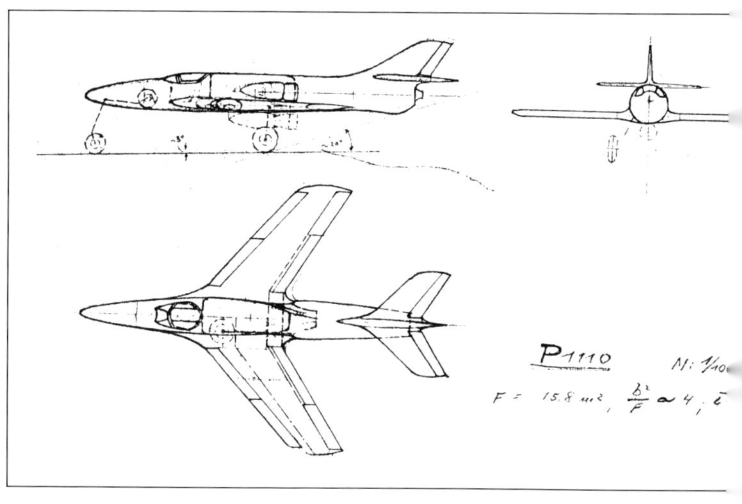

Skizze (wahrscheinlich Hornung unmittelbar nach Kriegsende) zum Neuentwurf P1110.

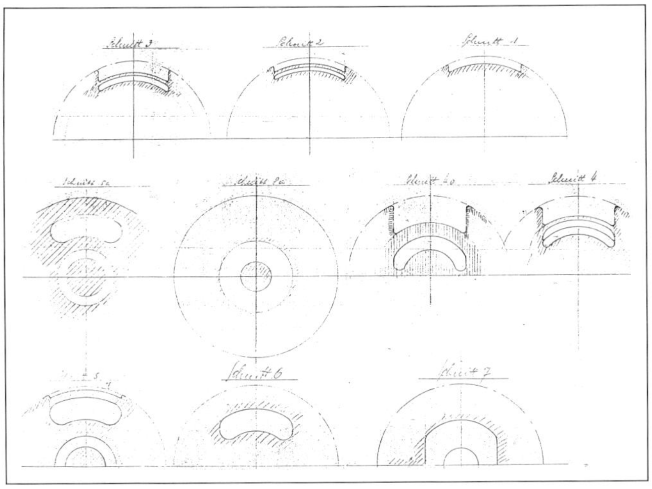

Einlaufproblematik 1110; Projektingenieur Thieme fertigte diese Zeichnung der Einlaufquerschnitte für den Bau eines Windkanalmodelles.

Die schwedische Luftwaffe zeigte jedoch wenig Neigung, einen derartigen Entwurf zu akzeptieren und so erhielt auch die J-32 das Aussehen des „konventionellen" P1110-Entwurfes.

Heutzutage, im Zeichen von künstlicher Stabilität zeigen sehr viele der modernsten Kampfflugzeugentwürfe im Flugbild eine mehr oder weniger ausgeprägte „Ente".

Über die Vorgehensweise waren sich Messerschmitt und seine Mitarbeiter also etwa Mitte Februar einig, und das Projektbüro konnte sich mit der Ausarbeitung einer detaillierten Übersichtszeichnung befassen. Sorgen bereitete, ähnlich wie bei der P1101, die Unterbringung des Fahrwerkes und die Gestaltung des Lufteinlaufes.

Der erfolgreichen Lösung der Einlaufproblematik kam eine zentrale Bedeutung zu, und dementsprechend ließen die Ingenieure in diesem Punkt die größte Sorgfalt walten.

Wie bereits bemerkt, wurde der ringförmige Einlauf zugunsten zweier seitlich an der Rumpfoberfläche angeordneter Öffnungen aufgegeben. Viele Möglichkeiten blieben ohnehin nicht, ohne die Entwurfsphilosophie des nach der Flächenregel ausgelegten Jagdflugzeuges zu verlassen: Ansaughutzen, ob seitlich oder oben, hätten an dieser empfindlichen Stelle eine Querschnittsvergrößerung ergeben und auch eine Verlegung der Lufteinläufe nach vorne hätte neben dem Reibungsverlust eine Abkehr vom Prinzip des kleinsten Rumpfquerschnittes bedeutet.

Um die Einlaufverluste aber in Grenzen zu halten, sah man wiederum eine Absaugung der anlaufenden Grenzschicht in der Art des ersten Entwurfes vom Januar vor. Windkanalversuche mit einem Lufteinlaß in halber Größe zeigten die Wirksamkeit der Luftzuführung und des Grenzschichtkontrollsystems. Im Vergleich zum damals bevorzugten Bug- oder Flügelwurzeleinlauf war diese Lösung sicherlich die schlechtere, die verlustreichere. Durch die Anwendung von Grenzschichtabsaugung und vor allem durch die exzellente aerodynamische Formgebung des Jägers, konnte jedoch dieser Nachteil mehr als ausgeglichen werden: Die rechnerische Höchstgeschwindigkeit der P1110 lag beim neuerlichen Vergleich der Konzepte am 27./28. Februar 1945 in Oberammergau knapp über der Messerschmitt P1111, und damit war dieser Vorschlag der schnellste aller eingereichten Entwürfe. Auch insgesamt gesehen erhielt die P1110 hinsichtlich der zu erwartenden Leistungen und Flugeigenschaften eine sehr günstige Beurteilung. Lediglich der Lufteinlauf des Triebwerkes bekam, wie schon beim vorangegangenen P1110-Entwurf, eine schlechte Note, und die gewählte Anordnung wurde als Unsicherheitsfaktor in der Leistungsrechnung bezeichnet.

Bedingt durch den raschen technischen Fortschritt und vor allem durch die katastrophale militärisch-wirtschaftliche Lage mußten die technischen Vorgaben fast ständig der Situation so gut es eben ging angepaßt werden: daher schlug die Sonderkommission Tagjäger (Vorsitz Willy Messerschmitt) neue, erweiterte „Technische Richtlinien" für den Standardjäger vor. Nach dieser Konferenz, in der über den Bau eines Serienflugzeuges keine Entscheidung fiel, berieten sich die Verantwortlichen der Firma Messerschmitt über das weitere Vorgehen. Klar war, daß zu diesem Zeitpunkt die gleichzeitige Entwicklung von drei Hochleistungsflugzeugen weder sinnvoll noch möglich gewesen wäre. Nach dem bisher erreichten Kenntnisstand versprachen zwei Wege die größten Erfolgsaussichten:

- zum einen die Weiterverfolgung des „konventionellen" Konzeptes (P1101, P1110), von dem bereits ein Versuchsflugzeug kurz vor der Fertigstellung stand.

- oder zum anderen eine Verwirklichung der schwanzlosen Bauweise (P1111).

Eine dritte Möglichkeit tat sich mit der Kombination der beiden genannten Konzepte auf. Obwohl keine endgültigen Beschlüsse gefaßt wurden, gab offenbar die technische Leitung des Unternehmens im Laufe des Monates März letzterem den Vorzug.

Woldemar Voigt formulierte das damals gesteckte Ziel nach dem Kriege gegenüber den Amerikanern folgendermaßen: „Innerhalb eines Jahres beabsichtigten wir als ein erstes Ergebnis unserer Forschungsarbeit ein Höchstgeschwindigkeitsflugzeug herauszubringen, das mit Sicherheit eine Geschwindigkeit von 1000 km/h erreicht."

Zwar fertigte das Projektbüro Mitte März nach Studien der verschiedensten Waffeneinbauten (Mk 108, Mk 112 und Mk 214) unter der Bezeichnung P1110 W an, jedoch besitzt das auf diesen Zeichnungen gezeigte Rumpfvorderteil bereits das eingestrakte Cockpit der P1112. Eine dieser Zeichnungen (P1110 Blatt 2 mit 4 x Mk 108 vom 14. 3. 45) wird dann auch folgerichtig für die Erstellung einer P1112-V1 Attrappe benutzt.

Die Arbeit an dem Entwurf P1110 floß also, genau wie der Vorschlag P1111, in die Planungen zu dem von Woldemar Voigt erwähnten Hochgeschwindigkeitsflugzeug, das die Bezeichnung P1112-V1 erhalten sollte.

Trotzdem das eigentliche Konzept der P1110 (wie auch das der P1101) bei Messerschmitt aus den aufgezeigten Gründen nicht mehr zum Tragen kam, waren Strahlflugzeuge ähnlicher Auslegung nach dem Kriege in großer Zahl am Himmel zu sehen.

Stellvertretend für manch andere seien hier genannt:

- Saab J-32 „Lansen"
- Folland „Gnat"
- Dassault „Etendard"
- Hawker „Hunter"
- Supermarine „Swift"
- Grumman F-11 „Tiger"

Technische Beschreibung: das Projekt P1110: Der wegweisende und seiner Zeit weit vorauseilende Entwurf, dessen Grundlage das P1101 ist, wurde unmittelbar vor Kriegsende eines der beiden Ausgangsmuster für die zum Bau und zur Erprobung vorgesehene P1112-V1.

Die Hauptbaugruppen des P1110 sind nach der im März 1944 von Hertel, Frenzel und Hempel (Junkers) formulierten Flächenregel angeordnet.

Die folgende Beschreibung des Flugzeuges ist dem Technischen Bericht TB 139/45 „Vergleich der zur Entscheidung eingereichten Ein-TL-Jäger" entnommen. Die Verfasser dieses Berichtes vom 26. Februar 45 sind Hans Hornung und Woldemar Voigt.

Kurzbaubeschreibung des Projektes der Fa. Messerschmitt AG P1110:

Allgemein: Freitragender gepfeilter Tiefdecker im Heck eingebautem Triebwerk und normaler Leitwerksanordnung.

Flügel: wie P1101-Serie

Rumpf: Kreisrumpf in Ganzmetall-Bauweise. Rumpfvorderteil setzt sich zusammen aus Bugspitze als Waffenkanzel mit 3 x Mk 108 und Bugradraum, anschließend druckdichter Führerraum mit FT-Ausrüstung.
Rumpfmittelteil nimmt den Flügel, das Hauptfahrwerk und den geschützten Kraftstoff auf. Weiter noch die Ansaugkanäle mit Grenzschichtabsauganlage.
Im Rumpfende befindet sich das Triebwerk und Leitwerk.

SAAB J-32 „Lansen"

Leitwerk: Normales Kreuzleitwerk in Holz mit 40°-Rückwärtspfeilung, kann später durch V-Leitwerk ersetzt werden.

Fahrwerk: Bugfahrgestell als Einbeinfahrgestell mit abgekröpfter Radgabel, wird mit Hydraulikstrebe in die Waffenkanzel eingezogen. Bugrad 500 x 180. Hauptfahrwerk wird schräg nach vorn in den Flügel-Rumpfübergang durch selbstverriegelte Hydraulikstrebe, um eine Achse drehbar, eingezogen.

Triebwerk: Das Triebwerk liegt im Rumpfheck. Die Luft wird dem Triebwerk durch je ein Loch auf der Rumpfseite zugeführt. Die an dem langen Rumpfvorderteil anlaufende Grenzschicht wird durch ein dem Triebwerk gekuppelten Gebläse über 2 oder mehrere Schlitze im gekrümmten Einlauf abgesaugt.

Kraftstoffanlage: 1500 l geschützter Kraftstoff im Rumpfmittelteil, zwischen Führerraum und Triebwerk. Der vorgesehene Mtt.-Zellenbehälter kann gegen normalen Sacktank ausgewechselt werden.

Ausrüstung: Standardausrüstung für Jagdflugzeuge.

Bewaffnung: 3 x Mk 108 mit 2 x 70 und 1 x 100 Schuß in Waffenkanzel. Der Einbau von 2 weiteren Mk 108 ist möglich.

Panzerung: Schutz des Flugzeugführers gegen Beschuß von vorn gegen 12,7 und von hinten gegen 20 mm.

Technische Daten:

Einsatzzweck:
leichter Luftüberlegenheitsjäger

Besatzung:
1 Pilot in teilweise gegen Beschuß geschützter Druckkabine mit 90 mm starker Sichtscheibe, die um 30° gegen die Rumpfachse geneigt ist.

Antriebsanlage:
1 x Heinkel HeS 109-011 A-0 Standschub 1300 kp mit einem auf der Triebwerkswelle sitzenden Gebläse zur Absaugung der Grenzschicht in den seitlichen Lufteinläufen.
Gebläseleistung: 200 PS entsprechend 4% des Triebwerksschubes
Später: Antrieb durch 1 x HeS 109-011B mit 1500 kp Standschub
Der Einbau des Triebwerkes im Rumpfheck sollte das Gewicht der Bewaffnung im Rumpfbug ausgleichen. Während des Schießens nahm man eine Schwerpunktswanderung durch den Munitionsverbrauch in Kauf. Trotz der etwas ungünstigen Lufteinläufe lag der Widerstandsbeiwert der P1110 um 16% niedriger als der der vorangegangenen Projekte 1101 und 1106.

Hauptdaten:

Länge über alles:	10360 mm
Gesamthöhe:	3180 mm
Spannweite:	8250 mm

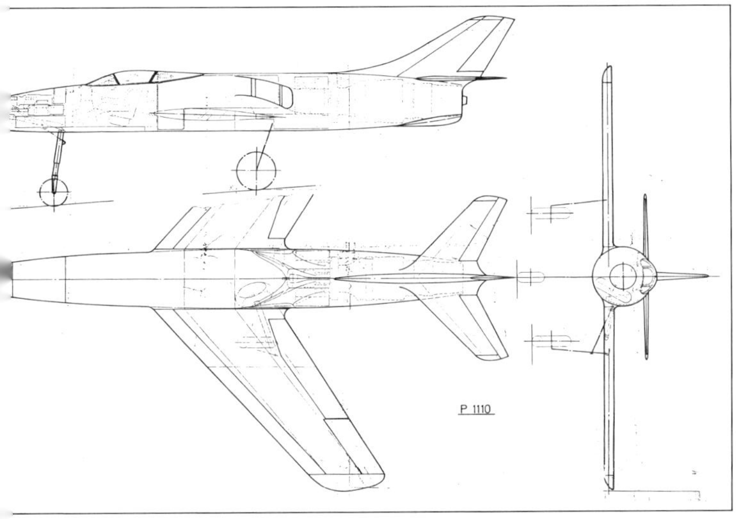

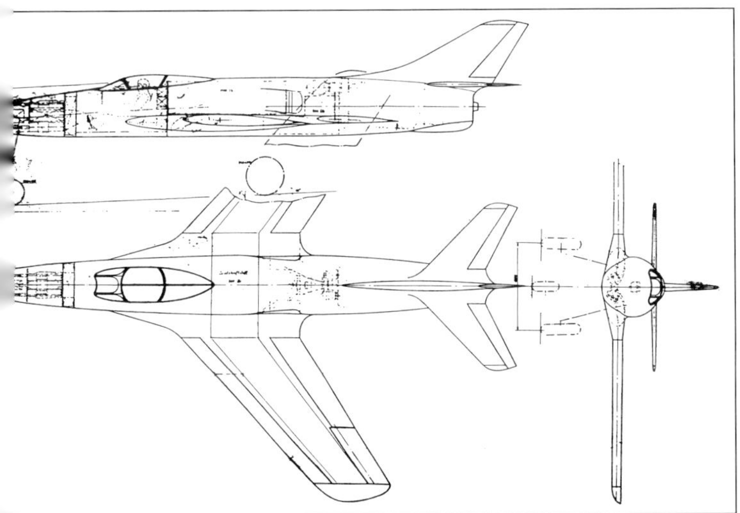

Rumpf:

Rumpflänge bis zur Düse:	9350 mm
größte Rumpfhöhe (mit Kabine):	1200 mm
Rumpfdurchmesser hinter der Kabine:	1120 mm

Tragflügel:
Daten siehe P1101-Serie

Fahrwerk:

Bugrad:	500 x 180 mm
Hauptrad:	740 x 210 mm
Spurweite:	1650 mm

(nach Zeichnung vom 22. 2. 45)

Das Projektbüro neigte letztlich zu einem nach innen einziehbaren Hauptfahrwerk mit einer Spurweite von 2450 mm; das Bugrad fuhr dabei nach vorne in die Rumpfspitze ein. Dies geht eindeutig aus der abgebildeten Zeichnung und aus der Abhandlung „New Designs" im Woods-Report des zivilen US-Spezialisten J. M. Shoemaker hervor.

Leitwerk:

Seitenleitwerksfläche (mit Ruder)	1,8 m^2
Höhenleitwerksfläche (mit Ruder)	3,0 m^2

Gewichte:
(nach H. Hornung vom 27. Juni 1945)

Flügel	450 kg
Rumpf	350 kg
Leitwerk mit Steuerung	135 kg
Fahrwerk	230 kg
Flugwerk, total	1165 kg
Triebwerk mit Anbauten	1015 kg
Ausrüstung	190 kg
Bewaffnung (Mk 108 u. Panzerung)	442 kg
Leergewicht	2812 kg
Pilot	100 kg
Treibstoff 1500 l	1250 kg
Munition	128 kg
Zuladung	1478 kg
Abfluggewicht	4290 kg

normal, ohne zusätzliche Ausrüstung und Bewaffnung (Rüstsätze)

Flugleistungen:

Höchstgeschwindigkeit in Meereshöhe	902 km/h
in 7 km Höhe	1015 km/h
Steiggeschwindigkeit in Meereshöhe	22,2 m/sek

P1110 mit geändertem Fahrwerk; Zeichnung nicht vollständig ausgearbeitet und nicht datiert, wahrscheinlich letzter Vorschlag zum „eigentlichen" P1110 mit dem „Tragflügel A". Anschließend kombinierten die Projektingenieure die Vorschläge P1110 und P1111 zum P1112.
P1110-Vorschlag der am 27./28. Feb. mit der DVL diskutiert wurde; auch hier die moderne, weit vorgezogene Flächenwurzel.

Dienstgipfelhöhe	14 000 m
Rollstrecke beim Start ohne Starthilfen	ca. 800 m
Landegeschwindigkeit	ca. 180 km/h
Überziehgeschwindigkeit	161 km/h
Rollstrecke bei der Landung	610 m

Die folgenden Daten stammen aus einem amerikanischen CIOS-Bericht:

Dienstgipfelhöhe	größer als 12 000 m
Flugdauer in 0 km	40 min
Flugdauer in 10 km	1,8 h
Reichweite in 0 km	500 km
Reichweite in 10 km	1500 km

Leistungsvergleich:
Obwohl der mit Prof. Messerschmitt bekannte Ing. Gabrielli die Fiat G-91 für einen anders gearteten Einsatzzweck entwarf, gestatten doch die eng beieinanderliegenden Daten einen interessanten Vergleich zwischen dem Sieger der NATO-Leichtjägerausschreibung von 1954 und dem deutschen Jägerentwurf von 1945. Einmal mehr wird die weit vorauseilende Konzeption des deutschen Flugzeugbauers sichtbar.

Die Alternative: P1111/P1112

P1111: Nachdem bei der Tagung im Januar 1945 bei der DVL in Berlin-Adlershof die beiden Messerschmitt-Vorschläge in einigen, bereits dargestellten Punkten der Kritik ausgesetzt waren, entschloß sich Messerschmitt zu folgendem Vorgehen: Der Serienentwurf P1101 erhält den neuesten technischen Standard, der konventionell ausgelegte Entwurf P1110 wird überarbeitet, und der Vorschlag 1106 wird zurückgezogen; an dessen Stelle soll eine vollkommen anders geartete Konzeption treten.

Noch im Januar 1945 begann das Projektbüro mit den Arbeiten zu diesem Flugzeug, das die Bezeichnung P1111 erhielt. Mit diesem Entwurf umgingen die Ingenieure die Schwierigkeit mit dem Lufteinlauf, die Unsicherheiten in der Leitwerksauslegung und die monierten schlechten Langsamflugeigenschaften auf eine äußerst elegante Art und Weise: der Entwurf verzichtete auf ein Höhenleitwerk, dafür besaß er stark gepfeilte Tragflächen, die an der Flügelwurzel eine große Tiefe aufwiesen. Die dadurch erzielte Profildicke gestattete die problemlose Anordnung des Lufteinlaufes in der Tragflügelwurzel und die Unterbringung eines breitspurigen Hauptfahrwerkes, dessen Räder in den Flügel-Rumpfübergang einfuhren.

Messerschmitt hatte zwar durch den Bau der Me 163 viel Erfahrung mit Flugzeugen dieser Bauart, und doch können beide Entwürfe, nicht nur wegen des völlig anders gearteten Antriebssystems, kaum miteinander verglichen werden. Die Tabelle auf Seite 94 soll die aerodynamischen Unterschiede etwas verdeutlichen und den Fortschritt in der Konzeption der P1111 herausstreichen.

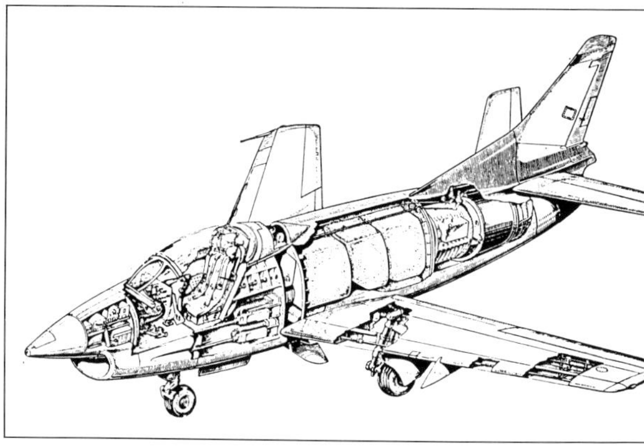

Aufbau der Fiat G-91 in einer frühen Darstellung. Deutlich sichtbar ist die der P1110 entsprechende Anordnung der Hauptbaugruppen. (rechts)
Bremsschirmlandung einer Fiat G-91 auf einer Graspiste. (unten)

Innerhalb nur eines Monats nahm das neuartige Konzept konkrete Formen an. Etwa eine Woche vor dem Besprechungstermin erstellte das Projektbüro eine detaillierte Übersichtszeichnung im Maßstab 1 : 10 und auch die vollständige Leistungsberechnung auf der Basis des im Januar festgelegten Verfahrens konnte vorgelegt werden.

Nur für die vollständige Durcharbeitung des Treibstoffsystems blieb keine Zeit mehr; geplant war die Unterbringung des gesamten Kraftstoffes in ungeschützten Behältern in den Außenflügeln.

Am 24./25. Februar leitete man aus dem vorliegenden Entwurf einen zweisitzigen, zweistrahligen Nachtjäger ab, der die Projektnummer 1112 erhielt. Möglich, daß man diese Studie nur zu Vergleichszwecken mit den aus der Me 262 entwickelten Nachtjägervorschlägen benutzte; auf jeden Fall war der Nachtjäger P1112 wieder ziemlich schnell vom Tisch, und die freiwerdende Projektnummer konnte für

Dreiseitenansicht des italienischen Leichtjägers und Erdkämpfers (aus „Aeromodeller" Jan. 1959)

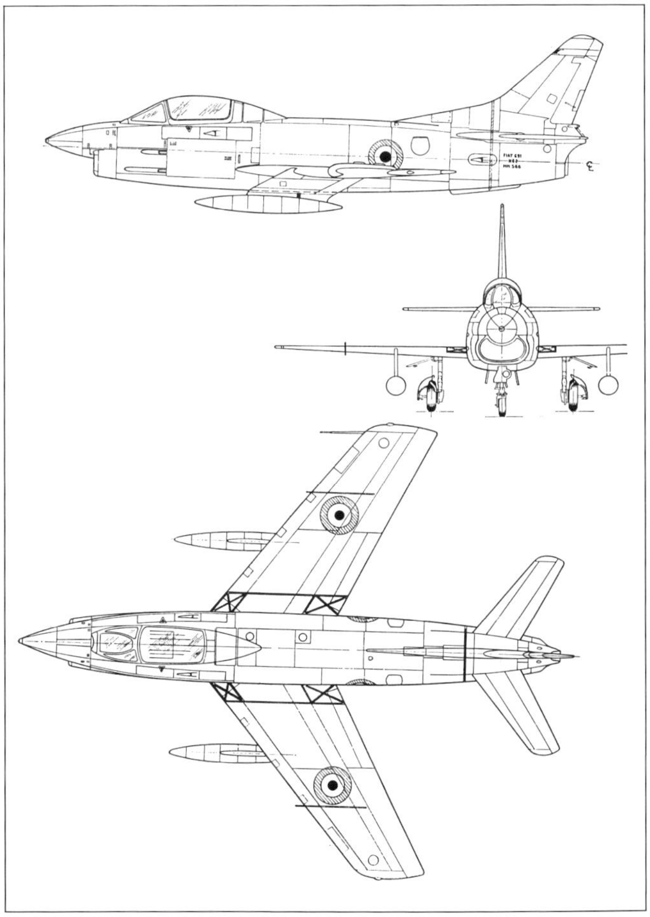

P1110 im Vergleich:

	Messerschmitt P1110	Fiat G-91
Verwendung	Luftüberlegenheitsjäger	Tiefangriffsflugzeug, Erdkämpfer
Triebwerk	1 x HeS 011 mit 1300 kp Standschub	1 x Fiat 4023.002 (Lizenz BS „Orpheus" 80302) mit 2270 kp Standschub
Länge	10 360 mm	10 290 mm
Höhe	3180 mm	4000 mm
Spannweite	8250 mm	8560 mm
Tragflügelfläche	15,85 m^2	16,42 m^2
Seitenverhältnis	4,29	4,46
Pfeilung t/4-Linie	40°	37° 13' 24"
Tragflügelprofil innen	NACA 0008-40 (8%)	NACA 65 A 112 (12%)
außen	NACA 0012-40 (12%)	NACA 65 A 111 (11%)
aerodynamische Hilfsmittel am Tragflügel	Vorflügel, Landeklappen aerodynamische Schränkung	Grenzschichtzäune, Landeklappen, geometrische Schränkung
Rüstgewicht	2812 kg	3040 kg
Zuladung	1470 kg	2162 kg
Startgewicht normal	4290 kg	5202 kg
Landegewicht max.	3490 kg	3730 kg
Kraftstoff	1200 kg	1675 kg
Flächenbelastung	271 kg/m^2	317 kg/m^2
Leistungsbelastung	3,3 kg/kp	2,3 kg/kp
Bewaffnung	3 x Mk 108 mit 2 x 70 Schuß u. 1 x 100 Schußs u. ca. 500 kg Außenlasten oder 5 x Mk 108	4 x 0,5' Colt Browning oder 2 x 20 mm Mk oder 2 x 30 mm Mk mit ca. 500 kg Außenlasten
Horizontalgeschwindigkeit	902 km/h in 0 km 1015 km/h in 7 km	1045 km/h in 1,5 km
Anfangssteiggeschwindigkeit	21,5 m/sek	30 m/sek
Überführungsreichweite (ohne Zusatztanks	1500 km	2200 km
Landegeschwindigkeit	178 km/h	275 km/h
Minimalgeschwindigkeit		230 km/h
Startrollstrecke	790 m	ca. 900 m
Landerollstrecke	610 m	ca. 300 m
Dienstgipfelhöhe	ca. 14 000 m	12 200 m
Stand	Februar/ März 1945	1960/61

P1111 im Vergleich:

	Messerschmitt Me 163-B	Messerschmitt Projekt P1111
Länge	5920 mm	8920 mm
Spannweite	9300 mm	9160 mm
Höhe	2490 mm	3060 mm
Triebwerks-schub	1 x 1500 kp	1 x 1300 kp
Bewaffnung	2 x Mk 108 mit je 60 Schuß	4 x Mk 108 mit je 100 Schuß
Fahrwerk	abwerfbar, Landung auf Kufe	einziehbares Dreibein-fahrwerk
Gewichte		
Rüstgewicht	1775 kg	2740 kg
Fluggewicht	3945 kg	4282 kg
max. Flächen-belastung	210 kg/m^2	153 kg/m^2
Leistungen		
max. Geschwin-digkeit	950 km/h	(errechnet) 995 km/h
Gipfelhöhe	14 500 m	14 000 m
Startstrecke	ca. 800 m	600 m
Landestrecke	ca. 600 m	450 m
geometr. Daten des Tragflügels:		
Spannweite	9300 mm	9160 mm
Flügelfläche	19,7 m^2	28,0 m^2
Pfeilung t/4	27,5°	45°
Auftriebshilfe	Slot, fest	Slot
Streckung	4,4	3,0
Zuspitzung	0,42	0,3
Wurzelrippe	max. Dicke 14,4% in 30% Rücklage	max. Dicke 8% in 40% Rücklage
Endrippe	max. Dicke 8% in 20% Rücklage	max. Dicke 8% in 40% Rücklage Profilierung symmetrisch
Schränkung	5,7°	
Anstellung gg. die Rumpfachse	3°	
	Tragflügel zum Fliegen bei schallnahen Geschwindig-keiten ungeeignet.	Tragflügel läßt Flüge in Schallnähe und Überschall bei entsprechender Triebwerks-leistung zu.

die Weiterführung des 1111-Entwurfes Verwendung finden.

Bei dem wenige Wochen vor Kriegsende am 27./28. Februar in Oberammergau stattfindenden Treffen, bei dem erneut ein Vergleich der vorliegenden Entwürfe stattfand, schnitt die Messerschmitt P1111 leistungsmäßig hervorragend ab. Allerdings heißt es in der Beurteilung der Treibstoffsystems der noch in Frage kommenden Entwürfe: „die P1111 scheidet unseres Erachtens wegen der Unmöglichkeit den Brennstoff zu schützen aus der weiteren Betrachtung aus."

Andererseits wird in den sich aus dem Vergleich ergebenden Schlußfolgerungen nochmals die bemerkenswert gute Leistung des Entwurfs, vor allem im Hinblick auf die Kombination von Höchstgeschwindigkeit und Start-, Steig- bzw. Landeleistung hervorgehoben. Die Experten vertreten die Meinung, daß diese Eigenschaft auf eine grundsätzliche Überlegenheit der Nurflügelbauart hinweist.

Das Konzept der P1111 fand nach dem Kriege viele Nachahmer. Die widerstandsarme Anordnung der Hauptbaugruppen hintereinander in Verbindung mit einem stark gepfeilten Tragflügel ohne Höhenleitwerk ist bei einigen der erfolgreichsten Kampfflugzeuge zu beobachten.

Stellvertretend dafür seien der von deutschen Arbeiten inspirierte amerikanische Marinejäger Douglas F4 D-1 „Skyray" und die schwedische SAAB J-35 „Draken", deren Anfänge ebenfalls in deutschen Unterlagen liegen, genannt.

Das britische Forschungsflugzeug de Havilland D.H. 108 besitzt einen direkten Bezug zu dem Messerschmitt'schen Vorschlag. Beim Vergleich der Konzepte (siehe technische Beschreibung) ist man versucht zu behaupten, daß der entscheidende Punkt, in dem die Nachahmer vom ursprünglichen Konzept abwichen, die Ursache für die eklatanten Schwierigkeiten bei der Flugerprobung war: Hätte der Tragflügel ein kleineres, in etwa der P1111 entsprechendes Seitenverhältnis besessen, so wäre die D.H. 108 mit Sicherheit im Hochgeschwindigkeitsbereich einfacher zu fliegen gewesen.

Trotz allem ist die D.H. 108 das erste turbinengetriebene Flugzeug, das die Schallmauer durchbrach, und die Versuchsflüge der drei Prototypen lieferten wertvolle Daten für die Entwicklung der D.H. 106 „Comet" und der D.H. 110 „Sea Vixen". Bei dem letztgenannten Marinejäger betrug das Seitenverhältnis bereits 3,86 (anstelle der 4,64 der D.H. 108), und der Entlastung des Tragflügels diente ein an einem doppelten Seitenleitwerk angebrachtes Höhenleitwerk.

Technische Beschreibung: Das Projekt 1111: Die Baubeschreibung und der größere Teil der Daten für

Messerschmitts schwanzlose Alternative zu der Baureihe 1101/1110 stammen ebenfalls aus dem bereits zitierten „Technischen Bericht TB 139/45" vom 26. 2. 45.

B8 Kurzbaubeschreibung des Projektes der Fa. Messerschmitt AG
P1111

Allgemein:	Freitragender, gepfeilter, schwanzloser Mitteldecker
Flügel:	Flügel zur Aufnahme von 1500 l ungeschützten Kraftstoff ausgebildet. Große Pfeilung mit kleinerer Streckung und Zuspitzung. Im Bereich des Querruders sind an der Flügelnase Slots eingebaut.
Rumpf:	Rumpf in Ganzmetallbauweise. Rumpfvorderteil setzt sich aus Bugspitze, ausgebildet als Waffenkanzel mit 2 x Mk 108 und Bugradraum, anschließend druckdichter Führerraum mit FT-Ausrüstung hinter dem Führer, zusammen. Rumpfmittelteil nimmt Flügelträger, Fahrwerk, Ausrüstung und Luftführungsrohre auf. Rumpfende enthält Triebwerk und Seitenleitwerk.
Leitwerk:	Querruder zugleich als Höhenleitwerk wirkend. Normales gepfeiltes Seitenleitwerk am Rumpfheck.
Fahrwerk:	Bugradfahrwerk als Einbeinfahrgestell, wird nach hinten in Waffenkanzel hochgezogen. Das breitspurige Hauptfahrwerk wird seitlich in den Flügel-Rumpfübergang eingezogen. Bugrad 465 x 165. Hauptrad 740 x 210.
Triebwerk:	Luftzuführung zum Triebwerk durch zwei leichte gekrümmte Rohre, die in der Flügelnase des Flügel-Rumpfüberganges ihre Öffnung besitzen.
Kraftstoffanlage:	Gesamter Kraftstoff 1500 l ungeschützt im Flügel untergebracht.
Ausrüstung:	Standardausrüstung für Jagdflugzeuge.
Bewaffnung:	2 x Mk 108 in Waffenkanzel mit je 100 Schuß. 2 x Mk 108 in Flügel-Rumpfübergang mit je 100 Schuß.
Panzerung:	Schutz des Flugzeugführers gegen Beschuß von vorn gegen 12,7 und von hinten gegen 20 mm

P1111

Technische Daten:	
Einsatzzweck:	leichter Luftüberlegenheitsjäger
Besatzung:	1 Pilot in Druckkabine Schleudersitz nachrüstbar
Triebwerk:	1 x Heinkel 109-011 A-0 m. 1300 kp Standschub
Hauptdaten:	
Länge über alles	8920 mm
Gesamthöhe	3060 mm
Spannweite	9160 mm
Rumpf:	
Rumpfhöhe ohne Kabine	1080 mm
Rumpfbreite	950 mm
Tragflügel:	
Spannweite	9160 mm
Flügelfläche	28,0 m^2
Streckung	3,0
Pfeilung	45° in 0,41 t
Profil, innen	NACA 0008-40
Profil, außen	NACA 0008-40
Zuspitzung	0,3
Fahrwerk:	
Bugrad	464 x 165 mm
Hauptrad	740 x 210 mm
Spurweite	3130 mm
Seitenleitwerk:	
Fläche mit Ruder	2,0 m^2
Gewichte:	(nach H. Hornung vom 27. 6. 45)
Flügel	570 kg
Rumpf	200 kg
Leitwerk	50 kg
Steuerung	40 kg
Fahrwerk	230 kg
Flugwerk, total	1090 kg
Triebwerk m. Anbauten	940 kg
Ausrüstung	190 kg
Bewaffnung (Mk 108 u. Panzerung)	520 kg
Leergewicht	2740 kg
Leergewicht	2740 kg
Pilot	100 kg
Treibstoff	1250 kg
Munition	192 kg
Zuladung	1542 kg
Abfluggewicht	4282 kg
normal, ohne zusätzliche Ausrüstung u. Bewaffnung	
Landegewicht b. 1/2 Br.	3482 kg
Flugleistungen:	
Höchstgeschwindigkeit	
in Meereshöhe	900 km/h
in 7 km Höhe	995 km/h
Steiggeschwindigkeit	
in Meereshöhe	23,7 m/sek
Rollstr. b. Start	600 m
Landegeschwindigkeit	155 km/h
Rollstr. b. Landung	450 m
Dienstgipfelhöhe	bis 14 000 m
Die folgenden Daten stammen aus einem amerikanischen CIOS-Bericht:	
Flugdauer in Meereshöhe:	40 min
Flugdauer in 10 km Höhe:	1,8 h
Reichweite in Meereshöhe:	500 km
Reichweite in 10 km Höhe:	1500 km

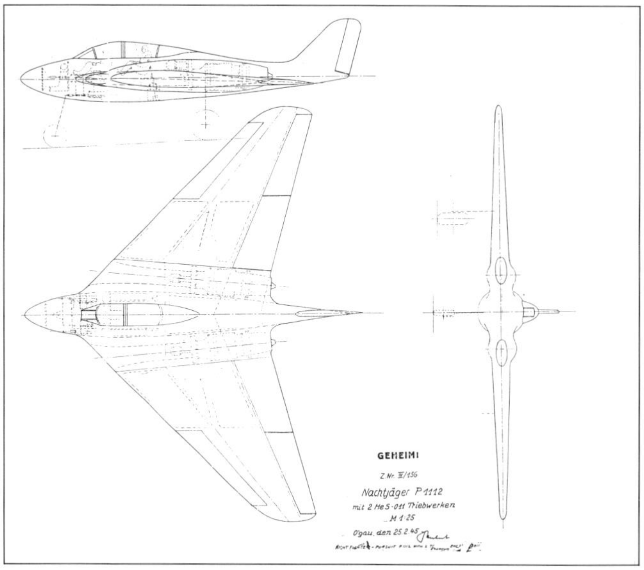

Im Sommer 1945 herrschte rege Betriebsamkeit in Oberammergau. Die im Ort internierten Messerschmitt-Mitarbeiter arbeiteten an Berichten, versuchten verlorene oder vernichtete Unterlagen zu rekonstruieren oder standen den insgesamt 44 englischen und amerikanischen Spezialisten für Befragungen zur Verfügung.

Die britischen Zivilisten R. G. Bishop und R. M. Clarkson befaßten sich als Mitarbeiter des CIOS (Combined Intelligence Objective Sub-Committee) vor allem mit den Entwurfsgrundlagen der geplanten neuen Generation von Messerschmitt-Flugzeugen. Beide waren hauptberuflich bei den englischen de Havilland Flugzeugwerken tätig; vor allem Chefkonstrukteur Bishop ist als Schöpfer vieler erfolgreicher Flugzeuge ein Begriff.

De Havilland erhielt kurz darauf nach den Spezifikationen E. 18/45 und E. 28/45 vom Ministry of Supply (MoS) den Auftrag zum Bau von drei Forschungsflugzeugen auf der Basis der D.H. 100 „Vampire", um den völlig neuen Pfeilflügel in der Praxis zu erproben. Der Hintergrund des Vorhabens war die Schaffung eines neuen Tragflügelkonzeptes für zukünftige Verkehrs- und Kampfflugzeuge. Bishop setzte seine Oberammergauer Erfahrungen in die Praxis um und lehnte seine D.H. 108 „Swallow" eng an die P1111 an, von deren fortschrittlichem Konzept er überzeugt war.

Variation des P1111-Grundentwurfes: Zweistrahlige Nachtjäger-Studie P1112. (links oben)

Messerschmitt Me-163: Die Querruderanordnung und der starre Vorflügel sind gut erkennbar. Diese Anordnung behielt Messerschmitt prinzipiell bei der Auslegung der P1111 bei. (oben)

Die englische P1111: D. H. 108 „Swallow"; die Aufnahme zeigt den dritten Prototypen. (unten)

Übersichtszeichnung der P1111 XVIII/168 vom 24. Feb. 45 Bearbeiter: Projektingenieur Scharrer (rechts)

Der D.H. 108 war kein allzu großer Erfolg beschieden, da alle drei gebauten Prototypen abstürzten. Trotzdem flossen die gewonnenen Daten maßgeblich in die Konstruktion der D.H. 110 „Sea Vixen" und in die Entwicklungsarbeit am ersten Jetliner der Welt, der D.H. 106 „Comet", ein. Nach den Erfahrungen mit der D.H. 108 erhielten allerdings die ursprünglich nur mit Seitenleitwerk geplanten Flugzeuge ein Höhenleitwerk.

Messerschmitt vollzog diesen Schritt noch im März 1945, als er die P1111-Weiterentwicklung P1112 mit einem V-Leitwerk ausstattete.

<u>P1112, die Unvollendete:</u> Unmittelbar nachdem die Gutachter grundlegende Zweifel am Vorschlag P1111 äußerten, nahm die Projektgruppe von Hans Hornung die Arbeit am einstrahligen Jäger wieder auf, um die erkannten Mängel zu beseitigen. Den

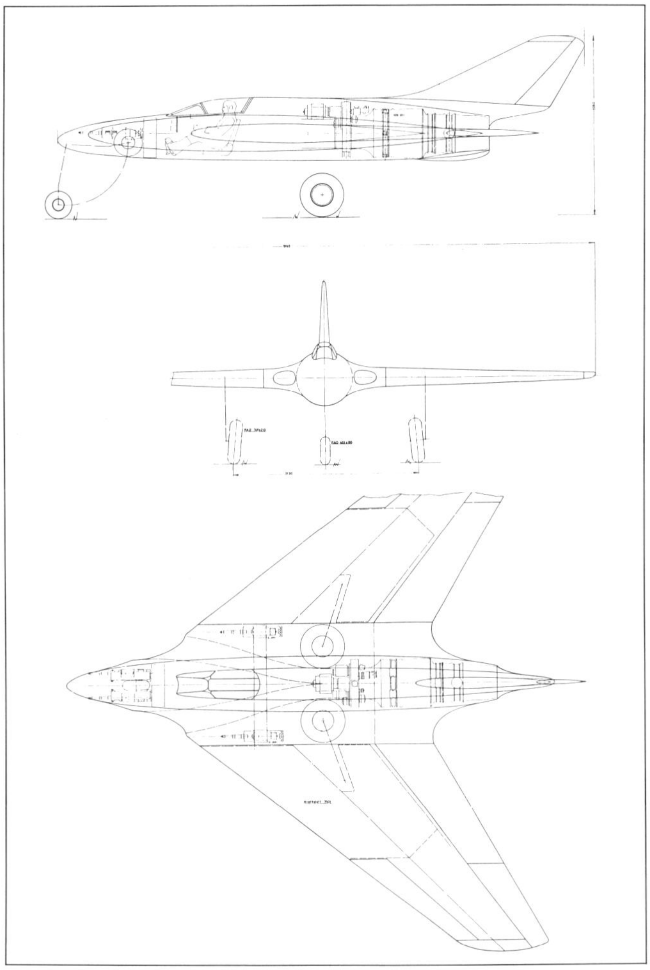

technischen Rahmen für die fällige Überarbeitung bildeten die Anfang März neu formulierten Forderungen der „Sonderkommission Tagjäger" (siehe dort).

Eine Übersichtszeichnung vom 3. 3. 45 mit dem Titel P1112 S/2 zeigt ein Flugzeug, dessen Auslegung eng an die des Vorläufers P1111 angelehnt ist.

Das Vorderteil des etwas kleineren Rumpfes bildet ein vollständig in die Kontur eingestrakter Führerraum. Im ebenfalls verkleinerten Tragflügel (22 m^2 statt 28 m^2) ist nur mehr ein Teil der jetzt insgesamt 1550 kg umfassenden Treibstoffmenge in selbstdichtenden Behältern untergebracht. Durch das reduzierte Rüstgewicht war die Mitnahme von ca. 1900 l Kraftstoff ohne großen Gewichtsnachteil möglich geworden.

Etwa in der ersten Hälfte des Monates März, in dem im verbliebenen Deutschland längst das Chaos ausgebrochen war, hat sich offenbar Professor Messerschmitt mit seinem technischen Führungsstab zur Weiterverfolgung von nur noch einem Muster entschlossen. Dazu sollten die Vorzüge der beiden Entwicklungslinien in einem Entwurf vereinigt werden.

So zeigt ein neuer, nicht vollständig ausgeführter Entwurf mit der Bezeichnung P1112/S2 ein in etlichen Punkten neues Flugzeug. Auffallend ist die Anordnung der Lufteinläufe in der Art der P1110 unmittelbar vor dem Triebwerk, die größere Streckung des Tragwerkes und die Verringerung der Flügelpfeilung von 45° auf 40°.

Der mit diesen Vorstellungen fast identische Entwurf P1112 S/2 vom 27. 3. 45 zeigt einen weiter ausgefeilten Lufteinlauf, der nach dem Kriege als NACA-Rampeneinlauf noch des öfteren auftauchte, so z. B. beim geplanten und in Prototypenform ausgeführten F-86 Nachfolger North-American YF-93 und beim bundesdeutschen Höhenflugzeug-Entwurf DFS-582, der zu Anfang der sechziger Jahre für einiges Aufsehen sorgte. Der Rampeneinlauf schaltet den Formwiderstand der Einlaufhutzen weitgehend

P1111 im Vergleich:

	Messerschmitt P1111	de Havilland D.H. 108 2. Prototyp
Verwendung	TL-Jagdflugzeug	Forschungsflugzeug für Pfeilflügel
Triebwerk	1 x HeS 011 mit 1300 kp Schub	1 x Goblin 3 m. 1497 kp Schub
Länge	8920 mm	7470 mm
Höhe	3060 mm	ca. 3400 mm
Spannweite	9160 mm	11 890 mm
Flügelfläche	28,0 m^2	30,47 m^2
relative Dicke	8%	11%
Pfeilung	45° in 0,41 t	45°
Seitenverhältnis	3,0	4,64
Einstellwinkel zum Rumpf	0°	0°
V-Stellung	0°	0°
Schränkung	keine	keine
aerodyn. Hilfen	Slots i. Bereich der Querruder	Slots i. Bereich der Querruder
Startgewicht	4282 kg	4064 kg
Flächenbelast.	153 kg/m^2	133 kg/m^2
Leistungsbelast.	3,29 kg/kp	2,71 kg/kp
Leistungen		
max. Geschwindigkeit	995 km/h	1030 km/h
Landegeschwindigkeit	155 km/h	140 km/h
Dienstgipfelhöhe	14 000 m	12 200 m
Entwurfszeit	Jan./Febr. 1945	Entwurfsbeginn Okt. 45 Erstflug: 15. Mai 46 2. Prototyp: 23. Aug. 46

aus und stellt sicherlich die widerstandsärmste Gestaltung eines sich seitlich am Rumpf befindlichen Einlaufes im hohen Unterschallbereich dar.

Deshalb zeigt auch der letzte Jägerentwurf, der im Oberammergauer Projektbüro entstand, diese ungewöhnliche Einlaufgeometrie. Ansonsten unterscheidet sich dieses mit P1112-V1 bezeichnete und auf einer Zeichnung vom 30. 3. 45 dargestellte Flugzeug doch in einigen wesentlichen Punkten von seinen Vorgängermodellen:

- auf den ersten Blick fällt die erneute Verwendung eines V-Leitwerkes auf; beim genauen Betrachten des Originales der Zeichnung XVIII/166 ist deutlich zu sehen, daß Projektingenieur Scharrer auch

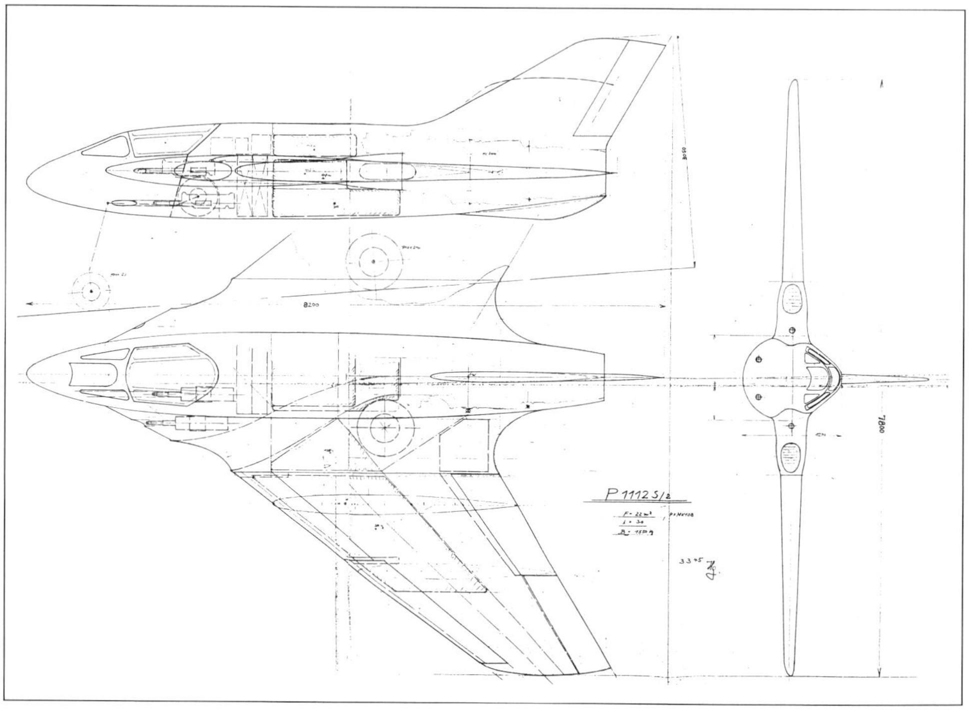

Übersichtszeichnung P1112 S/2 vom 3. März 1945 Bearbeiter H. Hornung

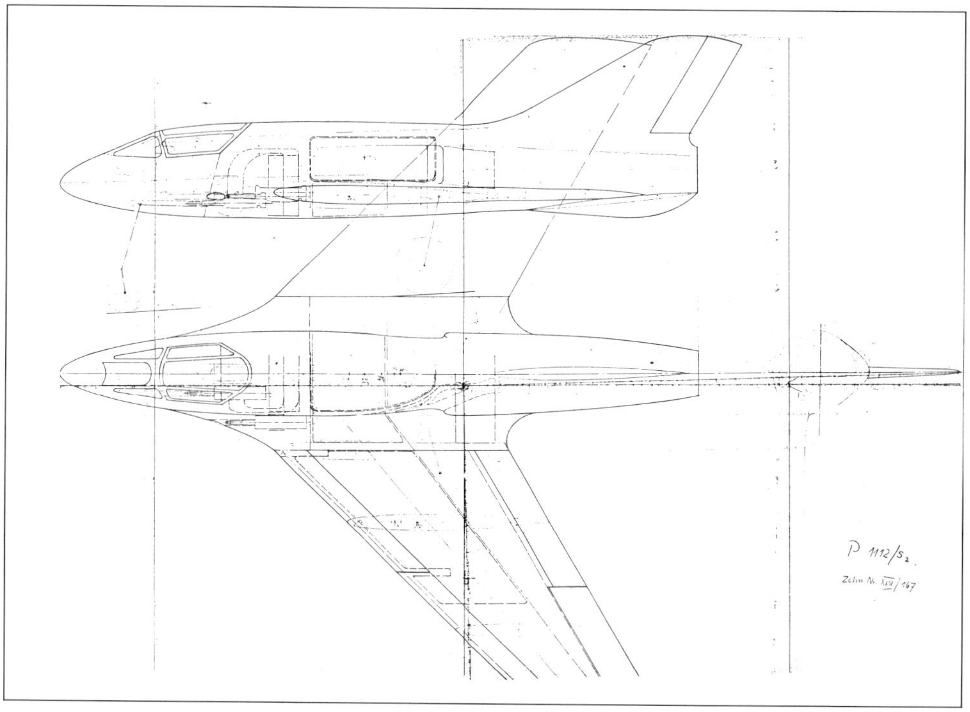

Nicht vollständig ausgeführter Entwurf P1112/S2; nicht datierte Studie mit seitlichen Einläufen. (unten) P1112 S/1

die Ausrüstung des Flugzeuges mit dem „Normalleitwerk" des P1110-Entwurfes vom Februar 45 untersuchte.

- das Leitwerk gestattet die Verringerung der Tragflügelfläche von vordem 22 m^2 auf 19 m^2

Weitere Angaben und Daten können den Zeichnungen und der Tabelle entnommen werden. Verständlicherweise war es bis zum unmittelbar bevorstehenden Kriegsende nur mehr möglich, die Konstruktionsidee zeichnerisch umzusetzen; vollständige Zeichnungsunterlagen, Datenblätter und Leistungsberechnungen konnten die Oberammergauer Büros von der P1112 nicht erstellen. Es ist unwahrscheinlich, daß Messerschmitt Unterlagen oder Teilergeb-

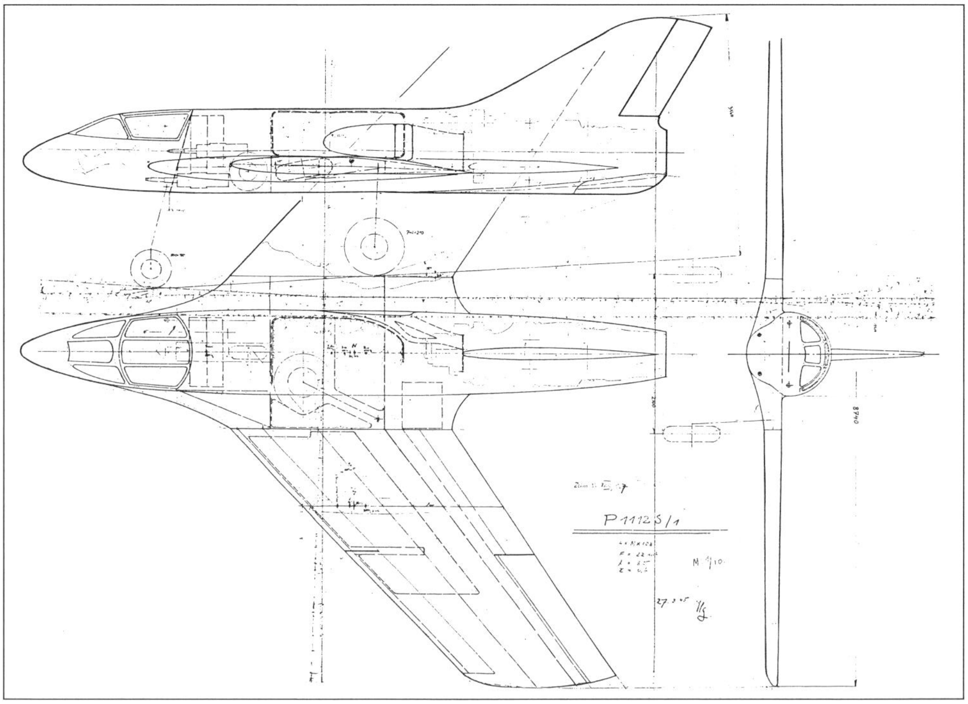

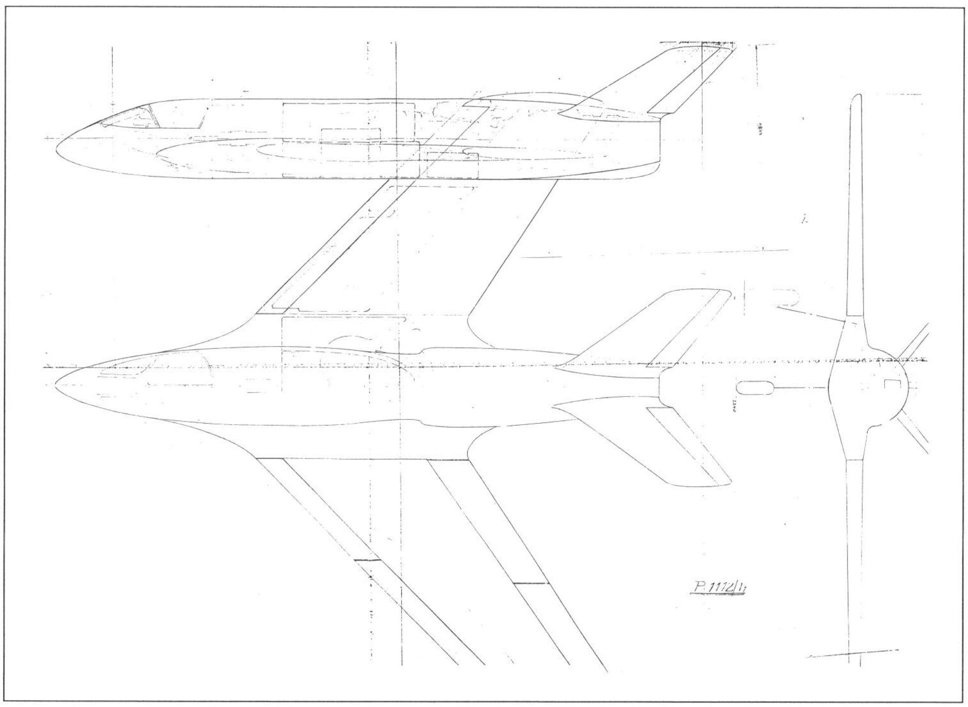

Hornungs Weiterführung der P1112/S 2-Studie (oben)
Der Schlußpunkt: P1112-V1 vom 30. März 1945
Zusammenfassung der Entwicklungslinien 1101/1110 und 1111/1112 (unten)

nisse seiner Arbeit am P1112 beim RLM in Berlin einreichte oder sogar noch auf der letzten Besprechung zum „Ein-TL-Jäger" im März 1945 bei Focke-Wulf in Bad Eilsen vorlegte.

Das auf der erwähnten Übersichtszeichnung XVI-II/166 dargestellte Jagdflugzeug zeigt deutlich das Bestreben, die bis dato von Messerschmitt verfolgten Entwicklungslinien P1101/P1110 und P1111 zu verbinden und gleichzeitig, im Sinne der technischen Richtlinien vom März 1945 jedes unnötige Risiko (schwanzlose Auslegung!) zu vermeiden.

Bei dem Entwurf handelt es sich offenbar, und darauf deutet auch die Bezeichnung P1112-V1 hin, um das Flugzeug, mit dem Woldemar Voigt innerhalb eines Jahres „mit Sicherheit" die 1000 km/h-Grenze erreichen wollte. Obwohl der Entwurf über das Anfangsstadium nicht hinauskommen konnte, zeigt er bereits viele der technischen Lösungen, durch die sich erfolgreiche Jagdflugzeuge der 50er und 60er Jahre auszeichneten. Weder eine deutsche, geschweige denn irgendeine ausländische Entwicklung gleicher oder ähnlicher Aufgabenstellung hatten zu diesem Zeitpunkt einen derartigen Stand erreicht.

Diese, in mancher Hinsicht sicherlich gewagte Behauptung wird durch die folgenden Merkmale unterstrichen:

- konventionelles Konzept mit optimaler d. h. widerstandsarmer Anordnung der Baugruppen;

- Gestaltung des Flugzeuges nach der Flächenregel;

- stark gpfeilte Tragflächen mit einer relativen geringen Profildicke und Auftriebshilfen für ein gutes Langsamflugverhalten; das kleine Seitenverhältnis gestattet einen stabilen, verdrehsicheren Flügelaufbau;

- hervorragend gelöste Einlaufsituation für die Triebwerksluft durch widerstandsarme Rampeneinläufe;

- großes internes Kraftstoffvolumen im Rumpf und in selbstdichtenden Flächentanks;

- fortschrittliche, vielseitige Bewaffnung.

Unter Hinzuziehung einer Bewaffnungsstudie mit 4 x Mk 108, die unter der Bezeichnung P1110 W am 14. März 1945 Projektingenieur Büchler anfertigte, begannen im Gebäude 607 der Oberammergauer Anlagen noch die Arbeiten an einer Attrappe des P1112-V1 Rumpfvorderteiles. In einer Beschreibung vom 18. April 45 heißt es dazu:

„Diese Attrappe stellt die Rumpfspitze des oben genannten Projektes (P1112) dar und ist als Behelfsattrappe für Raumuntersuchungen gedacht.

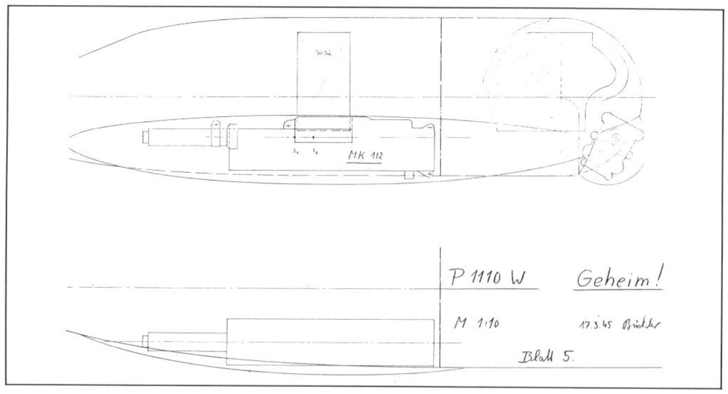

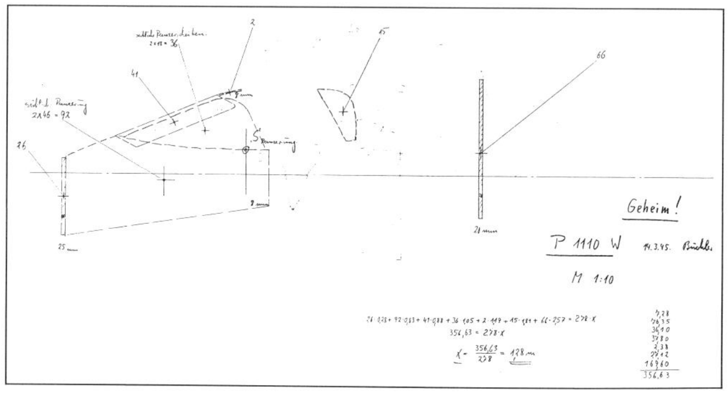

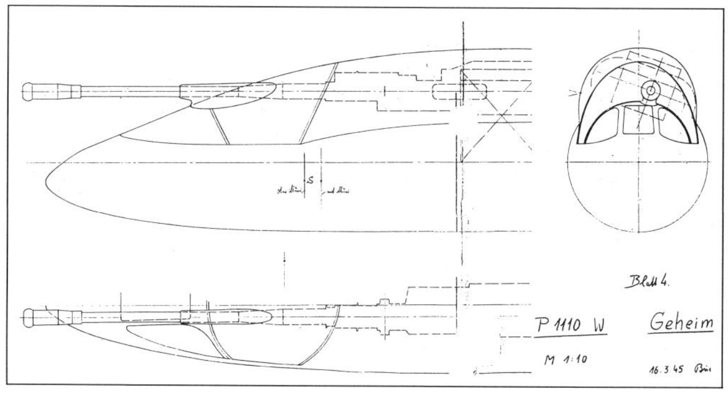

Bewaffnungsvariante Mk 112 für P1112 (oben)
Panzerung der P1112/P1110 (Mitte)
Bewaffnungsvariante Mk 214 für P1112 (unten)

Der Strak besteht aus Eierkurven und geht beim Anschluß an das Rumpfmittelteil in Kreisquerschnitte über. Ein Kabinenaufbau ist nicht vorhanden und Pläne, gepanzerte Scheiben sind derart in den Rumpf eingesetzt, daß die Sicht nach vorn ausreichend ist und keine wesentlichen Ecken sowie Stufen im Kabinenvorderteil vorhanden sind. Die vordere Panzerscheibe ist 100 mm stark und 23° geneigt. Die seitlichen Panzerscheiben weisen eine Wandstärke von 60 mm auf und sind symmetrisch, also für die linke und rechte Seite gleich. Die Form der restlichen Kabine ist abwickelbar und mit Rücksicht auf druckdichte Ausführung in einige Felder unterteilt.

Als Fußsteuerung wird eine Parallelsteuerung verwendet und die Bedienungsgeräte sind übersichtlich sowie gut bedienbar in Gerätebänke links und rechts eingebaut.

Der Einheitssitz ist gegenüber der normalen Anordnung nach hinten geneigt, doch gewährleistet er trotzdem ein durchaus erträgliches Sitzen.

Hinter dem Führersitz sind 4 x Mk 108 angeordnet, deren Schutzrohre für den Führer sowie auch für die Gerätebänke in keiner Weise störend wirken.

Oberhalb und zwischen den Waffen befinden sich die Munitionskästen, von denen gerade Gurtzuführungen zu den Waffen führen.
Die Ausrüstung befindet sich hinter der Bewaffnung und ist gut zugänglich.
Das Bugradfahrwerk liegt hinter dem Führer, es wird normal nach hinten eingezogen.
Das Kriegsende beendete auch einen Abschnitt der Luftfahrtgeschichte, in dem, trotz der herrschenden Knappheit und der kaum zu steigernden Wirren, hochqualifizierte, kreative Aerodynamiker und Konstrukteure weit in technisches Neuland vorstießen und dabei der übrigen Fachwelt wieder das Staunen lehrte. Im Rahmen der RLM-Ausschreibung für ein einstrahliges Jagdflugzeug schuf das Unternehmen Messerschmitt in den Monaten von Juli 1944 bis April 1945 einen fast vollendeten Prototypen, eine Vielzahl von Jäger-Studien und mindestens drei richtungsweisende Entwürfe; mit dem Attrappenbau eines Flugzeuges wurde noch begonnen, das bei Fortdauer des Krieges auf lange Sicht keinen ebenbürtigen Gegner am Himmel gehabt hätte.

Attrappenbau für P1112-V1 mit 4 x MK 108 Ende März/Anfang April 1945 in Oberammergau

Dies, um es einmal zu betonen, war nicht das Verdienst einer Ideologie oder gar des Krieges, sondern das Ergebnis der Arbeit von Ingenieuren und Wissenschaftlern, die ständig neue Erkenntnisse gewannen und diese konsequent in die Praxis umsetzten. Diese rein technische Arbeit fand ihre Fortsetzung, wie schon des öfteren angedeutet, in den Konstruktionsbüros der Luftfahrtindustrie der Siegermächte.

Im Falle der P1112 ist die grundsätzliche Auslegung des Tragflügels vor allem bei Trägerflugzeugen der US-Navy wiederzuerkennen. Als Beispiel ist die Chance Vought F7 U-1 „Cutlass" zu nennen. Der immer wieder abgeschriebenen Behauptung, daß das „Cutlass"-Konzept auf Arado-Unterlagen beruht, kann höchstens teilweise zugestimmt werden.

Geometrische Daten der Vorschläge:

	P1111	P1112/S2 vom 3. 3. 45	P1112/S2 P1112/S1 v. 27. 3. 45
Spannweite	9160 mm	7800 mm	8740 mm
Fläche	28 m²	22 m²	22 m²
Streckung	3,0	3,0	3,5
rel. Dicke	8%	8%	8%
Pfeilung	45°	45°	40°
Länge	8920 mm	8200 mm	8250 mm
Höhe	3060 mm	3050 mm	3160 mm
Fahrwerk Spurweite	3130 mm		2100 mm
Reifengröße	740 x 210 465 x 165	740 x 210 500 x 180	740 x 210 500 x 180
Bewaffnung	4 x Mk 108	4 x Mk 108	4 x Mk 108
Treibstoff	1200 kg	1550 kg	(1550 kg)

Bei den Arado-Projekten handelt es sich, soweit bekannt, um Nurflügel-Studien mit Tragflügeln mit nach außen abnehmender Pfeilung, dem sogenannten Sichelflügel, oder um Entwürfe mit einem reinen Deltaflügel. Das Merkmal, das bei der „Cutlass" an die Arado-Studien erinnert, ist die Anordnung der beiden Seitenleitwerke auf dem Tragflügel.

Endgültiger Entwurf P1112 V-1 zur Standardjäger-Ausschreibung des RLM vom 30. März 1945:

Besatzung	1 Pilot in druckdichtem Führerraum; gegen Beschuß geschützt, mit Schleudersitz ausrüstbar
Triebwerk	1 x HeS 109-011 A-0 mit 1300 kp Standschub oder 1 x HeS 109-011 B-0 mit 1500 kp Standschub
Länge	8250 mm
Höhe	3160 mm
Spannweite	8740 mm
Fläche	22 m^2
Streckung	3,5
relative Dicke	8%
Pfeilung	40°
Fahrwerk	
Spurweite	2100 mm
Bugrad	500 x 180
Hauptrad	740 x 210
Bewaffnung	normal: 4 x Mk 108 und ca. 500 kg Außenlasten verstärkte Waffen: 1 x Mk 214 Kaliber 50 mm oder 1 x Mk 112, Kaliber 55 mm mit 70 Schuß Munition
Treibstoff	ca. 1900 l, max. 2400 l
Rüstgewicht	2290 kg
Zuladung	2383 kg
Fluggewicht	4673 kg
Flächenbelastung	246 kg/m^2

Dagegen zeigt der Pfeilflügel der „Cutlass" eindeutig die Merkmale der P1112, und nicht zuletzt hatte der Leiter des Oberammergauer Projektbüros Woldemar Voigt bei Chance Vought einen neuen Arbeitsplatz gefunden.

Eine genaue Leistungsrechnung konnte das Projektbüro bis zum Kriegsende nicht mehr erstellen.

Mit Sicherheit hätte ein Flugzeug dieser Bauart in 7 km Höhe eine Geschwindigkeit von über 1000 km/h erreicht, und ebenso sicher hätte die P1112 den technischen Forderungen der „Sonderkommission Tagjäger" bzw. der Technischen Abteilung des RLM entsprochen.

Die Konkurrenz

In der Beurteilung, die der Besprechung vom 27./28. Februar 1945 folgte, ist in erster Linie ein Vergleich zwischen den einzelnen Messerschmitt-Vorschlägen und dem Junkers-Entwurf EF 128 enthalten. Obwohl in diesem Papier das Focke-Wulf Projekt nur kurz erwähnt wird, erhielt augenscheinlich diese Firma gemeinsam mit Junkers und Messerschmitt einen Auftrag für den Bau von Prototypen.

Nach dem Kriege bezeichneten einige Chronisten, aus welchen Gründen auch immer, die Focke-Wulf Ta 183 als „Nachfolger der Me 262". Mit Sicherheit kann festgestellt werden, daß das RLM einen offiziellen Serienauftrag im Anschluß an diese Ausschreibung nicht mehr vergeben hat. Die erhaltene RLM-Nummer kann schwerlich ein Indiz zugunsten eines Ta 183 Serienauftrages sein, wenn man z. B. an die Me 329 denkt, von der Messerschmitt gerade eine Attrappe baute.

Die Leistungsfähigkeit der Tank'schen Konstruktion und auch die geographische Lage der Fertigungsstätten (Stichwort: Alpenfestung) sprechen zu diesem Zeitpunkt gegen eine Auftragsvergabe an Focke-Wulf.

Über dieses Thema ist bereits einiges geschrieben worden und vieles davon ist widersprüchlich; kein Wunder, wenn man bedenkt, daß die Umstände kurz vor dem Zusammenbruch die Recherchen nicht gerade vereinfachten. Was bleibt, sind die Meilensteine, die die vorgestellten Entwürfe auf dem Weg zum modernen Kampfflugzeug darstellen. Focke-Wulf setzte gegen die höhere Geschwindigkeit der Messerschmitt-Projekte die geringere Flächenbelastung der Ta 183; dadurch erhielt diese eine bessere Höhenleistung und gute Langsamflugeigenschaften. Mit den Nachkriegsprogrammen MiG-15 (Focke-Wulf) und North American F-86 „Sabre" (Messerschmitt) verfolgten nach dem Kriege die Sowjetunion und die USA diese Entwurfsphilosophien weiter. Die neuartige aerodynamische Auslegung der EF 128 tauchte nach dem Kriege nicht mehr allzuoft auf. Bekannt ist das vom Junkers-Entwicklungsleiter Professor Hertel bearbeitete wesentlich größere französische Nurflügelprojekt SNCA Sud-Est SE-1800 und, mit Einschränkungen, das amerikanische Trägerflugzeug Chance Vought F7 U „Cutlass".

Die beiden anderen eingereichten Vorschläge von Blohm und Voss bzw. Heinkel waren augenscheinlich chancenlos. Der Henschel-Entwurf lag 1945 noch nicht offiziell vor, und er hätte mit seiner „risikobehafteten" Auslegung und mit einer Höchstgeschwindigkeit von 984 km/h wohl kaum Aussicht gehabt, den Standardjäger der Luftwaffe abzugeben.

In die Tabelle sind auch zwei frühe amerikanische Strahlflugzeuge mit einbezogen. Diese beiden Muster, die um 1945 ihren Dienst in den Luftstreitkräften bzw. in der Navy aufnahmen, wurden von den jeweiligen Entwurfsteams (Clarence L. Johnson/Lockheed und Kendall Perkins/McDonnell) ohne Kenntnis der Luftfahrtforschung in Deutschland entwickelt. Die überlegene deutsche Aerodynamik macht sich beim Vergleich der Flugleistungen deut-

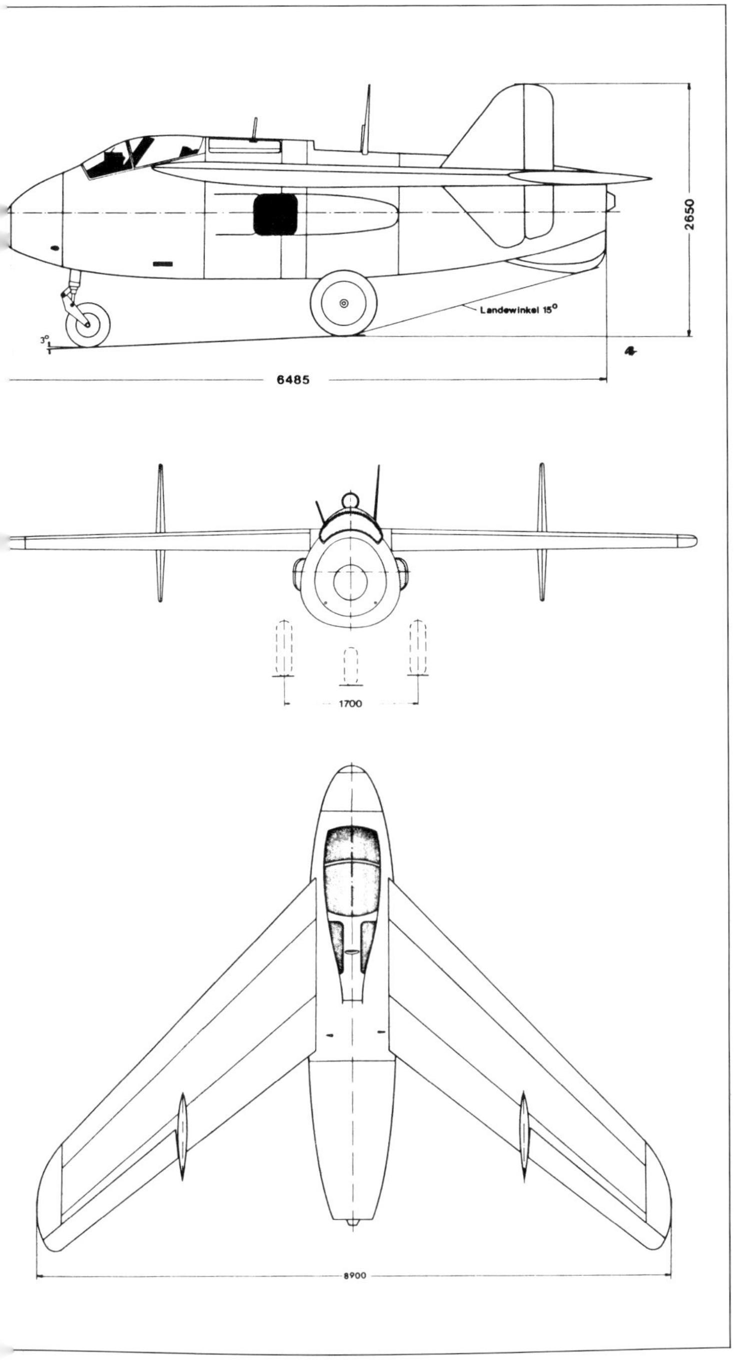

lich bemerkbar. Trotz der höheren Triebwerksleistung und den annähernd gleichen Abmessungen fallen die Amerikaner vor allem mit der erzielten Höchstgeschwindigkeit doch merklich ab.

Auch das Fliegen bei hohen Geschwindigkeiten muß, vor allem mit der FH-1 „Phantom", nicht die reine Freude gewesen sein: so wird berichtet, „daß eine weitere Geschwindigkeitserhöhung durch starkes Schütteln, Aufbäumen und durch auftretende Instabilitäten absolut unmöglich ist", deutliche Hinweise dafür, daß die aerodynamischen Vorgänge bei der Annäherung an die Schallgeschwindigkeit noch nicht bekannt waren.

Vereinfachend kann angemerkt werden, daß in Deutschland der Triebwerksbau in der Hauptsache wegen der fehlenden Werkstoffe (Nimonic!) nicht mit der Zellenentwicklung Schritt hielt, während in den angloamerikanischen Staaten die Problematik genau umgekehrt lag.

Erst die Kombination beider Vorzüge trug zum Welterfolg der amerikanischen Flugzeugindustrie nach dem Zweiten Weltkrieg bei.

<u>Junkers EF-128:</u> (nach dem Technischen Bericht TB-Nr. 139/45, Stand Januar 45)

Beschreibung

Allgemein:	Schwanzloser Hochdecker mit Pfeilflügel.
Flügel:	Zweiholmiger Ganzholzflügel, zweiteilig, Innenteil des Flügels zur Aufnahme von Kraftstoff ausgebildet.
Rumpf:	Rumpf in Ganzmetallbauweise. Bugkappe enthält Raum für Bugradfahrwerk und zusätzliche Sonderausrüstung, anschließend druckdichter Führerraum sowie der Raum für das Hauptfahrwerk und darüber die Luftkanäle. Im Rumpfheck das Triebwerk und ein weiterer Rumpfbehälter.
Leitwerk:	Querruder als Höhenruder, das Seitenleitwerk am Querruderanfang auf jeder Flügelober- und Unterkante.
Fahrwerk:	Bug- und Hauptfahrwerk als Schwenkhebelfahrwerk mit biegungsfreien Luftfederbeinen. Einziehung pneumatisch. Haupträder 710 x 185, als Bugrad das Spornrad 465 x 165.
Triebwerk:	HeS 109-011 im Rumpfheck. Zugänglichkeit durch abnehmbare Teile der Rumpfoberschale gewährleistet. Einlauföffnungen für die Ansaugluft an den Rumpfseitenwänden unter dem Flügel. Grenzschichtabspaltung vorgesehen. Absaugung der Grenzschichtluft durch Stufe am Ende der Führerraumhaube, Kraftstoffanlage: Im Flügel ungeschützt 540 l, der Rest von 1030 l in zwei geschützten Behältern im Rumpf.
Ausrüstung:	Standardausrüstung für Jagdflugzeuge. Einheitsjäger-Schleudersitz, Feuerlöschanlage.

Bewaffnung: 2 x Mk 108 mit je 100 Schuß im Rumpfvorderteil unter dem Führerraum, zusätzlich 2 x Mk 108 mit je 100 Schuß möglich.

Panzerung: Der Flugzeugführer geschützt gegen 12,7 mm Munition von vorn und 20 mm von hinten.

Junkers plante von der EF-128 eine gestreckte, zweisitzige Ausführung für den Einsatz als Nacht- und Schlechtwetterjäger.

Focke-Wulf Tank Ta 183: Insgesamt existieren zur Ta 183 drei direkte Vorläufer: FW PV „Huckebein", FW-PV Entwurf 2 und der im Vergleich zu den beiden anderen wesentlich konventionellere Entwurf 3. Mit dem Entwurf 2 und 3 nahm das Unternehmen an der RLM-Ausschreibung teil und diskutierte die Vorschläge auf der Tagung vom 12. bis 15. Januar 1945.

Focke-Wulf Ta-183 V1; „fliegende Attrappe" mit Jumo 004 B.
Das geplante Flugzeug entspricht der Messerschmitt P11101-V1 (Zeichnung: Sengfelder)

Bei der folgenden Entwicklung konzentrierte man sich auf den Entwurf 2, wie Zeichnungen, Datenblätter und Fertigungsunterlagen vom Februar/März 1945 zeigen. Im März, als der Bauauftrag für die Prototypen kam, erhielt der Strahljäger die RLM-Bezeichnung Ta 183.

Die technische Beschreibung und die in der Tabelle angegebenen Daten beziehen sich deshalb auf den Entwurf 2.

Der Prototyp (V1) der Ta 183 sollte in etwa zu derselben Zeit wie die P1101-V1, also Mai/Juni 1945, den Erstflug durchführen. Für die ersten Erprobungsmuster (V1 – V3), war genau wie bei der Konkurrenz aus Oberammergau, anstelle der noch nicht verfügbaren Heinkel-Strahlturbine HeS 011 das Junkers Triebwerk Jumo 004 B als Antrieb vorgesehen. Und ähnlich wie Professor Messerschmitt plante auch Dipl. Ing. Tank mit der Ta 183 V1 eine Erprobung von verschiedenen Komponenten, so z. B. mit einer, in etwa dem Entwurf 3 entsprechenden Leitwerksform (Seitenleitwerk II vom 29. 3. 1945).

Unmittelbar vor Kriegsende war die Konstruktion

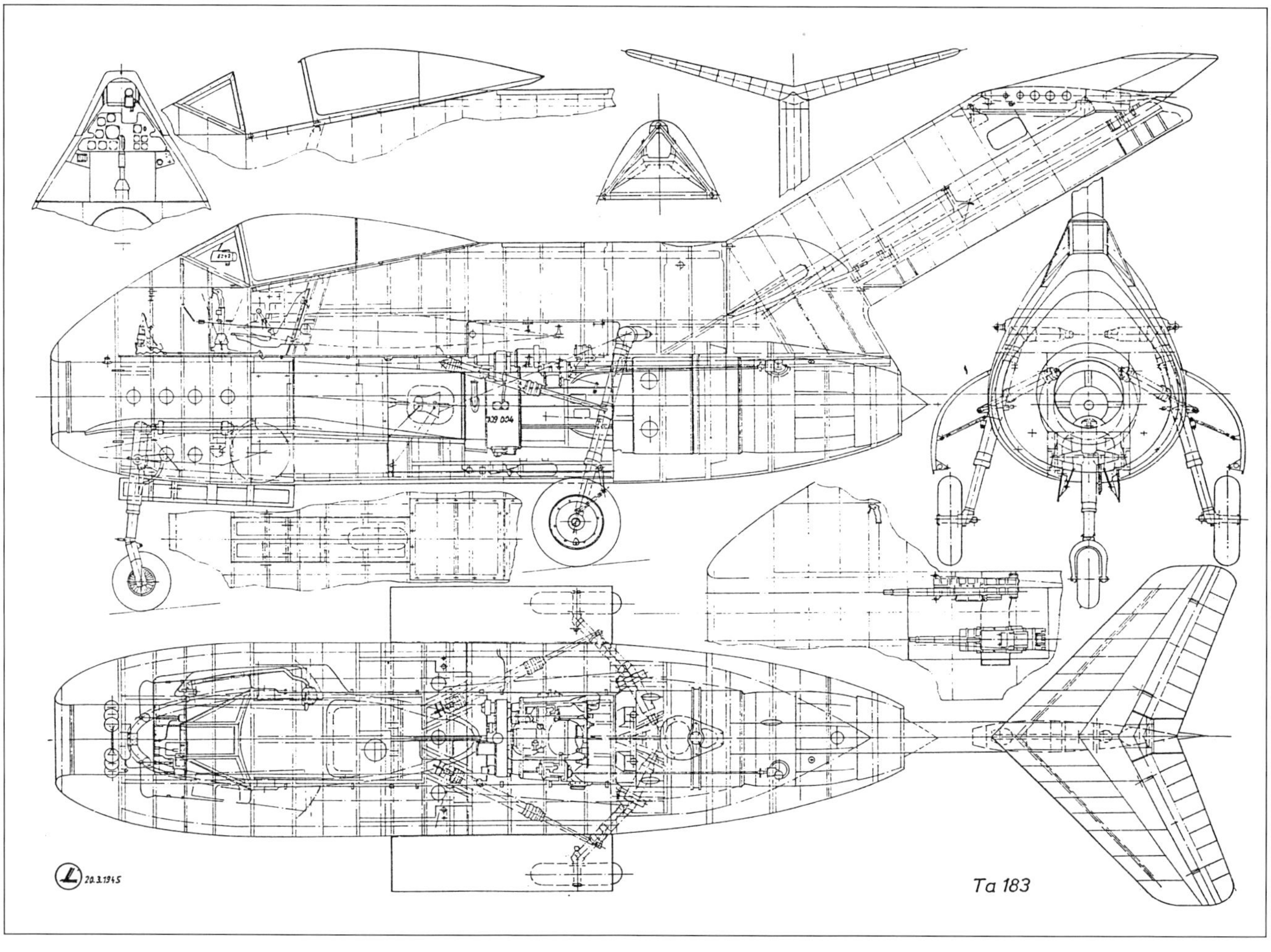

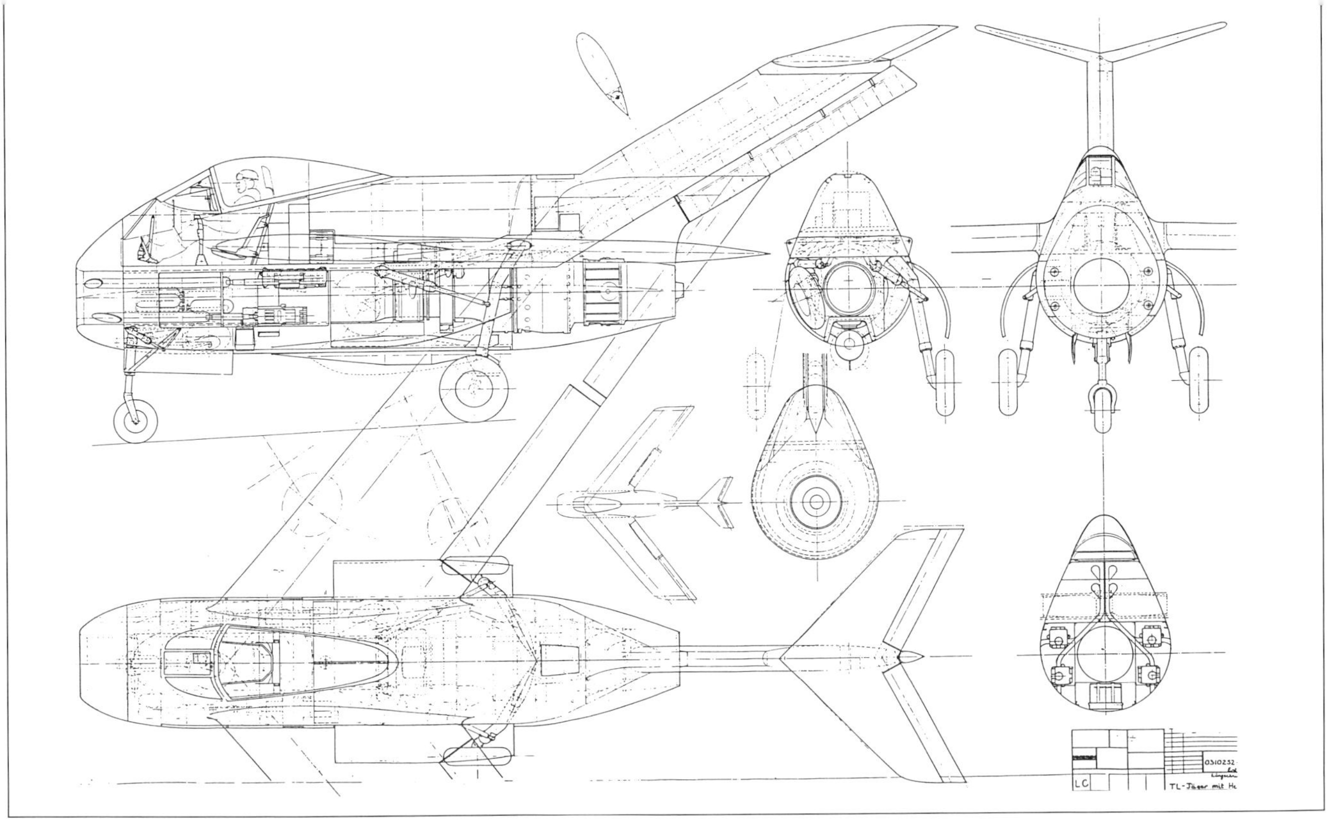

Focke-Wulf Ta-183
Serienflugzeug mit He S 011
Stand: Februar 1945 (oben)
Modell der Ta-183 im Windkanal (links)

der Prototypen so gut wie abgeschlossen und die Werkstätten begannen noch mit dem Vorrichtungsbau und der Teilefertigung.

Die mit dem Heinkel Antrieb HeS 011 versehene Vorserie sollten die Flugzeuge Ta 183 V4 – V16 bilden, wobei die V15 und die V16 als Bruchzellen für statische Versuche vorgesehen waren.

Den Erstflug der Ta 183 V4 setzten die Planer in Bad Eilsen in einem am 23. 2. 45 aufgestellten Konzept auf Mitte August des Jahres 1945 fest; das erste Serienflugzeug Ta 183 A-0 sollte die Fabrikhallen im Oktober desselben Jahres verlassen, und bereits für den Juli 1946 rechnete man mit einem Monatsausstoß von 300 Strahljägern. Diese Leistung wäre, laut Planung, mit einem Einsatz von 3600 Arbeitskräften möglich gewesen.

Technische Beschreibung des Entwurfes 2 zur Focke-Wulf Ta 183
(Nach dem Typenblatt vom 18. 2. 1945 und dem Flugzeug-Fertigungskennblatt)

Verwendungszweck:	Jagdflugzeug für alle Flughöhen, speziell Höhenjäger bis 14 km Flughöhe.
Allgemein:	Einstrahliger, freitragender Mitteldecker mit zentralem, hochgelegtem Leitwerk und Triebwerkseinlauf im Rumpfbug.
Flügel:	Der Tragflügel ohne Nasenklappe oder Vorflügel besitzt eine Pfeilung von 40° und einen parallelogrammartigen Grundriß, er ist als Holzflügel mit Stahl-Holmgurten aufgebaut und mit Querrudern (Keulenrudern) und Landeklappen (Wölbungsklappen) ausgestattet. Der Tragflügel nimmt einen Teil des Kraftstoffes auf; dazu werden entweder kraftstoffdichte Bauweise oder, alternativ, Aluminium-Folienbehälter benutzt. Die V-Stellung des Tragwerkes beträgt 0°, die relative Dicke 10%; der Flügel besitzt weder eine aerodynamische noch eine geometrische Schränkung.

Rumpf: Der Rumpf besitzt ovalen Querschnitt mit einem zu ca. 70% abwickelbaren Kreisstrak der unteren Hälfte. Er ist in Ganzmetallbauweise teils aus Stahl (Rumpfoberteil, Triebwerksverkleidung) teils aus Duraluminium aufgebaut. Neben dem Piloten im druckdichten Führerraum, dem Triebwerk, der militärischen und elektronischen Ausrüstung nimmt der Rumpf auch den größten Teil des mitgeführten Treibstoffes entweder im kraftstoffdicht genieteten Mittelteil oder, alternativ, in dünnwandigen Sackbehältern auf.

Leitwerk: Zentrales Seitenleitwerk aus Leichtmetall mit einer relativen Dicke von 13% und einer Pfeilung von 60°. Das hochgelegte Höhenleitwerk aus Holz besitzt, genau wie der Tragflügel, eine Pfeilung von 40° und eine relative Dicke von 10%. Das stark gepfeilte Seitenleitwerk mit relativ großer Streckung hätte dem Entwurf mit Sicherheit Probleme bei hohen Geschwindigkeiten mit der in Richtung Höhenleitwerk abfließenden Grenzschicht beschert.
Spätere Erfahrungen in der Sowjetunion bestätigen diese Annahme.

Wunschvorstellung der Focke-Wulf Planer: Ta-183 in der Einsatzerprobung. Modellbau G. Sengfelder.

Fahrwerk:	Bugfahrwerk als Einbeinfahrgestell mit gekröpfter Radgabel, das nach hinten unter Drehung in den Rumpfbug hydraulisch eingefahren wird; Radgröße 465 x 165 mm. Das Einbein-Hauptfahrwerk wird nach vorne seitlich in den Rumpf eingefahren; das Federbein ist weitgehend von der FW-190 übernommen; Radgröße 700 x 175 mm.
Triebwerk:	Das Triebwerk liegt im Rumpfheck und ist durch eine abnehmbare Verkleidung vom Boden her gut zugänglich.
Kraftstoffanlage:	1000 l bei kraftstoffdichter Bauweise bzw. 850 l bei Behälterbauweise im Rumpfmittelteil; der Rest ungeschützt im Flügel. Maximal mögliche Kraftstoffzuladung 2000 kg (ca. 2500 l).
Ausrüstung:	Standardausrüstung für Jagdflugzeuge.
Bewaffnung:	4 x Mk 108 mit 2 x 100 und 2 x 120 Schuß; Munition unterhalb des Führerraumes.
Panzerung:	Schutz des Flugzeugführers gegen Beschuß von vorne gegen 12,7 und von hinten gegen 20 mm.

Hersteller Typ	Messerschmitt P1110	Messerschmitt P1111	Junkers EF 128	Focke-Wulf Ta 183 Entw. 2	Lockheed P-80 A1	McDonnell FH-1 Phantom
Triebwerk Standschub	HeS 011 1300 kp	HeS 011 1300 kp	HeS 011 1300 kp	HeS 011 1300 kp	J-33 A-9 1746 kp	J-30 WE 10 2 x 726 kp = 1452 kp
Spannweite	8,25 m	9,16 m	8,9 m	10,0 m	11,85 m	12,42 m
Pfeilung in t/4	40°	45°	45°	40°	–	–
Seitenverhältnis	4,29	3,0	4,5	4,45	6,36	6,06
Profil	0.08-40 0.12-40	0.08-40	0.10-45	0.10-40	65.2-013 65.2-010	
Flügelfläche	15,86 m^2	28.03 m^2	17,6 m^2	22,5 m^2	22,07 m^2	25,45 m^2
Gesamtlänge	10,36 m	8,92 m	7,05 m	9,35 m	10,51 m	11,81 m
Höhe	3,18 m	3,06 m	2,05 m	3,48 m	3,45 m	4,32 m
Rüstgewicht	2812 kg	2740 kg	2607 kg	2909 kg	3593 kg	3039 kg
normales Startgewicht	4290 kg	4282 kg	4077 kg	4379 kg	5307 kg	4524 kg
Brennstoff norm. ohne Zusatztanks	1560 l	1560 l	1560 l	1500 l	1609 l	1418 l
Flächenbelast. beim Start	271 kg/m^2	153 kg/m^2	231,5 kg/m^2	195 kg/m^2	240,5 kg/m^2	178 kg/m^2
Horizontalgeschwindigkeit	in 0 km 902 km/h 1000 km/h in 7 km	in 0 km 900 km/h 995 km/h in 7 km	in 0 km 905 km/h 990 km/h in 7 km	in 0 km 875 km/h 955 km/h in 7 km	in 0 km 898 km/h 858 km/h in 6,1 km	in 0 km 771 km/h 780 km/h in 4,57 km
Anfangssteiggeschwindigkeit	21,5 m/sek.	23,7 m/sek.	22,9 m/sek.	20,5 m/sek.	21,2 m/sek.	21 m/sek.
Dienstgipfelhöhe	ca. 14 000 m	14 000 m	13 750 m	14 400 m	13 716 m	13 100 m
Landegeschwindigkeit	178 km/h	155 km/h	186 km/h	166 km/h		
Bewaffnung	3 + 2 x Mk 108 zusätzl. 500 kg Abwurfwaffe	4 x Mk 108 zusätzl. 500 kg Abwurfwaffe	2 + 2 x Mk 108 zusätzl. 500 kg Abwurfwaffe	2 + 2 x Mk 108 zusätzl. 500 kg Abwurfwaffe	6 x 12,7 mm Colt Browning M2 plus 454 kg Abwurf	4 x 12,7 mm Colt Browning
Reichweite	1500 km	1500 km	1300 km	1740 km max. mit Zusatzkraftstoff	1770 km max. mit Zusatzkraftstoff	1464 km max. mit Zusatzkraftstoff
Sonstiges	Hauptkomponentenerprobung mit P1101-V1	Attrappenbau der Weiterentwicklung P1112 in Oberammergau begonnen	vorgesehener Serienanlauf Mitte 1945	vorgesehener Erstflug 15. 8. 45 Serienanlauf 15. 10. 45	Erstflug 8. 1. 44 Auslieferung der P80-A ab Jan. 45	Erstflug 26. 1. 45

Mc Donnell FH-1 „Phantom" (oben)
Lockheed F-80 A „Shooting Star" (unten)

Der Entwurf Ta 183 diente als Grundlage für die „Pulqui II", die Kurt Tank mit seiner früheren Focke-Wulf Mannschaft in Argentinien verwirklichte. Auch frühe sowjetische Strahlflugzeuge lassen zweifellos einen starken Einfluß der Tank'schen Konstruktion erkennen.

In zumindest einem Punkt scheint aber auch Dipl. Ing. Tank von der Qualität der Messerschmitt'schen Aerodynamik überzeugt gewesen zu sein: die Pulqui II besaß zwar im Umriß den Flügel der Ta 183, die Profilierung jedoch entsprach exakt der des ersten Flügelsatzes des P1101-Prototypen.

Beurteilung der Entwürfe

Die beim RLM eingereichten Vorschläge erhielten, wie bereits angedeutet, nach dem Kriege eine teilweise sehr widersprüchliche Bewertung. Über Messerschmitts Arbeiten taucht dabei kaum eine genaue Beurteilung auf. Oft sind selbst die technischen Angaben nicht korrekt wiedergegeben und, um die Verwirrung vollständig zu machen, beschreiben des öfteren verschiedene Autoren Phantasieprojekte wie P1114 und P1116. Anstelle einer fundierten, den Tatsachen und den technischen Gegebenheiten entsprechenden Bewertung heißt es meist lapidar, daß das RLM im Herbst 44 die P1101 ablehnte und im übrigen zuerst die EF 128 und dann die Ta 183 als das kommende Serienflugzeug auswählte. Das Eine stimmt sowenig wie das Andere.

Der ungekürzte Abdruck der DVL-Stellungnahme vom März 1945 legt die tatsächlichen Verhältnisse dar und erlaubt gleichzeitig einen Einblick in die technisch-militärischen Probleme, mit denen man sich zu Beginn der Düsenfliegerei im hohen Unterschallbereich herumschlug.

Beurteilung

1. Leistungen
In der Gesamtheit der Leistungen liegt zweifellos das Projekt Messerschmitt P1111 an der Spitze. In der Höchstgeschwindigkeit gibt dieser Entwurf dem schnellsten Muster P1110 nur wenig nach (Unterschied 5 km/h), während er in allen anderen gerechneten Leistungen an der Spitze liegt:
Steiggeschwindigkeit 23,7 m/s gegenüber 23,2 bei Focke-Wulf II und 21,5 m/s bei P1110; Startrollstrecke 600 m gegenüber 650 m bei Focke-Wulf II und 790 m gegenüber P1110. Landegeschwindigkeit 155 km/h gegenüber 164 km/h bei Focke-Wulf I* und 178 km/h bei P1110, Landestrecke 450 m gegenüber 490 m bei Focke-Wulf II* und 610 m bei P1110.

* **Anmerkung der Autoren**: Focke-Wulf I entspricht TA-183 Entwurf 2 und Focke-Wulf II entspricht TA-183 Entwurf 3.

Der Entwurf von Junkers ist mit dem Entwurf P1110 von Messerschmitt etwa gleichwertig: In der Höchstgeschwindigkeit ist er um rund 10 km/h unterlegen (er steht damit an 3. Stelle in Bezug auf die Höchstgeschwindigkeit), in den Start- und Steigleistungen ist er etwas besser, in den Landeleistungen etwas schlechter als P1110.

An 4. Stelle in Bezug auf die Höchstgeschwindigkeit und 20 km/h hinter dem schnellsten Entwurf Messerschmitt P1110 liegend (unter der Annahme, daß letzterer mit 4% Schubverlust im Einlauf auskommt) folgt Messerschmitt P1101 mit v_{max} = 980 km/h. Die Start- und Steigleistungen dieses Entwurfes liegen über denen der P1110 und sehr nahe an denen des Junkers-Entwurfes, die Landeleistungen sind besser als die von P1110 und EF 128.

Die weiteren Entwürfe liegen in den Geschwindigkeitsleistungen so weit hinter den genannten zurück, daß sie u. E. aus der Wahl ausgeschieden werden können. Die bisherigen Einsatzerfahrungen haben gezeigt, daß eine Leistungsunterlegenheit von rund 30 – 50 km/h gegenüber dem schnellstmöglichen Flugzeug für ein Jagdflugzeug ein untragbarer taktischer Nachteil sein würde. Die Unterschiede, die zwischen den in den Höchstgeschwindigkeit besten Entwürfen und z. B. dem Entwurf Focke-Wulf II in Bezug auf Start-, Steig- und Landeleistungen bestehen, rechtfertigen u. E. den Höchstgeschwindigkeitsunterschied nicht. (Es ist dabei wichtig, sich zu erinnern, daß bei TL-Flugzeugen und Vergrößerung derselben die Maximalgeschwindigkeit steigt bei gleichem Schub pro m^2, wichtig wegen gegnerischer Bomber!)

Neben der absoluten Größe der errechneten Leistungen interessiert die Frage, ob bei irgendwelchen der genannten Muster die errechneten Leistungen an erheblichen Unsicherheiten geknüpft sind. Hierzu ist folgendes zu bemerken:

a) Triebwerkseinlauf

Die größte Unsicherheit in der Leistungsrechnung aller Entwürfe liegt in der Abschätzung des Schubverlustes bei den Triebwerkseinläufen der Entwürfe Junkers und Messerschmitt P1110. Bei beiden Mustern liegen die Triebwerkseinläufe seitlich und ziemlich weit hinten am Rumpf und führen die Luft mit erheblichen Krümmungen dem Triebwerk zu. Bei beiden Entwürfen soll der Einfluß der vor dem Triebwerkseinlauf aufgelaufenen Grenzschicht durch Absaugung dieser Grenzschicht beseitigt werden, wobei Junkers die Absaugung durch den Strömungsunterdruck an einer geeigneten Stelle des Rumpfes, Messerschmitt dagegen durch ein besonderes Absaugegebläse vornehmen will. Die von Messerschmitt gewählte Anordnung ist aufwendiger, scheint jedoch zuverlässiger und wahrscheinlich mit geringeren Leistungsverlusten verbunden.

Die Größe der Leistungsunsicherheit infolge der Grenzschichtabsaugung wird recht erheblich eingeschätzt, zumal da Windkanalversuche bei geringen Geschwindigkeiten nicht verbindlichen Aufschluß geben können; es ist durchaus denkbar, daß bei hohen Mach-Zahlen eine Grenzschichtverdickung bzw. Ablösung infolge eines Druckstoßes vor dem Triebwerkseinlauf auftritt, und daß hierdurch die Verhältnisse entscheidend beeinflußt werden.

Der durch den Einlauf bewirkte Leistungsverlust ist mit 4% Schub gerechnet. Der Entwurf P1110 kann einen Verlust von 14%, EF 128 einen solchen von 9,5% ertragen, bis die Geschwindigkeit auf den Betrag des langsamsten der 4 in die engere Wahl gezogenen Entwürfe abgesunken ist. Diese Zahl gilt jedoch nur für den Geschwindigkeitsflug in großer Höhe (Mach-Einfluß) und nur unter der Voraussetzung, daß der Mach-Einfluß tatsächlich die in der Vergleichsrechnung angenommene Größe hat, und daß die Fluggeschwindigkeit ausreicht, um in den Bereich des steilen Widerstandsanstieges zu kommen!

b) Abweichungen der Rumpfform von der theoretischen Spindelform.

Der Rumpf P1101, der beim Leistungsabgleich aufgrund von Messungen an Spindelkörpern und Kreisquerschnitten gerechnet wurde, weicht in Wirklichkeit erheblich von dieser Form ab. Er ist einerseits in der Seitenansicht wegen der Anordnung des Triebwerks, andererseits im Querschnitt wegen seiner hohen Spantform als nicht ideal zu bezeichnen; es ist anzunehmen, daß diese Tatsachen die Leistungen gegenüber der Rechnung etwas ungünstig beeinflussen werden.

c) Möglichkeit des slotlosen Flügels.

Eine andere Unsicherheit in der Leistungsermittlung bei dem Entwurf Junkers ist dadurch gegeben, daß dieser Entwurf ohne Slot (statt dessen mit einer Nasenspreizklappe) vorgesehen ist. Die Nasenspreizklappe ist zur Zeit noch in keinem Fall im Fluge erprobt, sie ist außerdem nicht ohne weiteres als eine automatische Sicherung gegen das Abreißen der Strömung zu verwenden. Bei der großen Pfeilform von 45° besteht eine erhebliche Wahrscheinlichkeit, daß der Entwurf Junkers EF 128 nachträglich mit einem Vorflügel ausgerüstet werden muß, wodurch die Höchstgeschwindigkeit um etwa 10 km/h zurückgehen würde.

2. Flugeigenschaften

a) Verhalten um die Querachse

Die Leitwerkswirkung in Bezug auf die Stabilität und Steuerbarkeit ist bei dem normalen Flugzeug wegen des größeren Hebelarmes ganz erheblich günstiger als beim schwanzlosen Flugzeug. Dieses gibt insbesondere größere Möglichkeiten in der Variation der Ausrüstung sowie eine größere Sicherheit gegenüber unvorhergesehenen Verstimmungen aerodynamischer und gewichtlicher Natur. Die beiden Muster P1110 und P1101 von Messerschmitt sind hierin den Entwürfen EF 128 von Junkers und P1111 von Messerschmitt überlegen.

Das Moment des Triebwerkschubs um den Schwerpunkt ergibt bei einigen Entwürfen erhebliche Verschiebungen des Indifferenzpunktes zwischen den Zuständen Vollgas und Leerlauf. In dieser Hinsicht ist schlecht der Entwurf Messerschmitt P1101.

Ein sehr ernster Gesichtspunkt kann die Tatsache sein, daß bei den schwanzlosen Flugzeugen insbesondere mit großem Seitenverhältnis die Wirkung des Höhenruders bei großen Staudrücken infolge der Drehweichheit des Flügels entscheidend abnehmen kann. Rechnungen, die zum Teil durch Flugmessungen belegt sind, ergaben für die Muster 8-109, 8-262 eine Umkehrung der Querruderwirkung infolge der Flügelweichheit bei einer Geschwindigkeit von etwa 1100 km/h in

Bodennähe. Dieses Abnehmen bzw. Umkehren der Ruderwirkung kann bei schwanzlosen Mustern mit großem Seitenverhältnis (EF 128) eine ernste Gefahr darstellen. Beim Entwurf P1111 dürfte die Gefahr durch das geringe Seitenverhältnis erheblich gemildert sein.

Das Verhalten bei hohen Mach-Zahlen wird durch Druckpunktwanderungen am Flügel und durch Abwindänderungen am Ort des Leitwerks bestimmt. Die schwanzlosen Flugzeuge sind benachteiligt, da ihre Leitwerkshebelarme in derselben Größenordnung sind wie die Profiltiefe (die ihrerseits ein Maß für die mögliche Größe der Druckpunktswanderung ist). Flugzeuge mit normalen Rumpflängen und Leitwerkshebelarmen werden wegen ihrer größeren Stabilität und wegen ihrer besseren Ruderwirksamkeit unempfindlicher sein. Wirklich maßgebende Flugerfahrungen hierzu fehlen noch (die Ergebnisse der 8-163 sind nicht als maßgebend anzusehen, da sie mit dicken und gewölbten Profilen erflogen wurden).

Der Einfluß des Flügelnachlaufes bei hohen Mach-Zahlen auf das Höhenleitwerk ist nach Windkanalmessungen an Gesamtmodellen und Nachlaufvermessungen hinter Flügeln bei üblichen Anordnungen gering. Flugversuche von Messerschmitt bis M = 0,86 ergaben keine Schwierigkeiten.

Der Entwurf P1101 hat geringe Leitwerkshochlage über dem Flügel. Diese wird wohl vergrößert werden.

b) Verhalten um Hoch- und Längsachse

Zur Beurteilung des Abkippverhaltens der betrachteten Flugzeuge diene folgende Tabelle:

	Junkers	P1101	P1110	P1111
Pfeilung	45°	40°	40°	45°
δ	10/10	8/12	8/12	8/8
l_a/l_i	0,57	0,524	0,524	0,3
Slot	–	Slot	Slot	Slot
F	17,6	15,8	15,8	28
b	8,9	8,25	8,25	9,16
λ	4,5	4,29	4,29	3

Eine einigermaßen sichere Beurteilung der Abkippeigenschaften aufgrund dieser Tabelle ist nicht möglich, da die Erfahrungen mit ähnlichen Flugzeugen, insbesondere mit großer Pfeilform fehlen. Es läßt sich jedoch sagen, daß die Abkippeigenschaften der 40° und mehr gepfeilte Flügel gewisse Risiken bringen können.

Die Entwürfe P1101 und P1110 dürften am meisten auf der sicheren Seite liegen. Sie haben die kleinste Pfeilung, eine mittlere Zuspitzung, dicke Profile im Außenteil und außerdem einen Vorflügel, der im äußeren Flügelteil außergewöhnlich tief ausgeführt ist, um gerade dort die größtmögliche Sicherheit gegen örtliches Abreißen zu erreichen. Diesen Vorteilen stehen gegenüber den anderen Entwürfen geringere Flügelfläche und Spannweite entgegen. Nach bisherigen Erfahrungen ist allerdings anzunehmen, daß der Vorflügel diese nachteiligen Einflüsse überdeckt, da seine Wirkung auch bei stark gepfeilten Flügeln in einer größeren Größenordnung liegt als die der erwähnten Einflüsse.

Das Trudelverhalten der vorgeschlagenen Baumuster läßt sich kaum voraussehen. Das geringste Risiko dürfte evtl. P1101 besitzen, P1110 kann durch die weit auseinandergezogenen Massen benachteiligt sein.

Über die Eigenschaften schwanzloser Flugzeuge liegen ausreichende Erfahrungen kaum vor.

Zusammenfassend läßt sich folgendes sagen:

Die Flugeigenschaftsrisiken der betrachteten Muster lassen im Entwurfsstadium keine großen Unterschiede erkennen.

Wahrscheinlich ist der Entwurf P1110 am sichersten; das Trudeln, welches durch die Auseinanderziehung der Massen in der Längsrichtung nachteilig beeinflußt werden könnte, ist unseres Wissens seit langem nicht mehr für die Beurteilung der Gesamteigenschaften eines Musters ausschlaggebend geworden.

Als etwas ungünstiger ist P1101 anzusehen mit Rücksicht auf die Tieflage des Triebwerksschubs, die etwa 13% l an Indifferenzpunktwanderung zwischen Vollgas- und Nullschub ergibt.

Noch etwas riskanter werden von uns der Junkers-Entwurf EF 128 und der Messerschmitt P1111 eingeschätzt. Beim ersteren wird mit großer Wahrscheinlichkeit ein Abkippen als Folge des stark gepfeilten und nicht durch Vorflügel geschützten Flügels erwartet. Beim letzteren sind Schwierigkeiten infolge der sehr geringen Kenntnisse und Erfahrungen über schwanzlose Flugzeuge mit extrem geringerem Seitenverhältnis (λ = 3) möglich. Bei beiden schwanzlosen Flugzeugen besteht die Gefahr der Empfindlichkeit um die Querachse in Bezug auf Schwerpunktsverschiebungen aerodynamischer Betrachtungen (hohe Mach-Zahlen!) und Flügelweichheit bei großen Staudrücken.

Eine Nachprüfung der aus Leistungsgründen aus der weiteren Betrachtung ausgeschiedenen Muster ergibt, daß von diesen wahrscheinlich keines eigenschaftsmäßig derartig überlegen ist, daß sich hierdurch die Inkaufnahme der geringeren Leistung für ein Jagdflugzeug rechtfertigen ließe.

3. Ausrüstung

Wie eingangs erwähnt, sind dem Vergleich im wesentlichen gleiche Ausrüstungen zu Grunde gelegt worden. Diese Regel konnte nicht bei allen Mustern angewendet werden, da in zwei Fällen aus Schwerpunktsgründen (bzw. zur Vermeidung von Schwerpunktsschwierigkeiten bei späterer Erhöhung der Bewaffnung) stärkere Bewaffnung vorgesehen ist. Außerdem ergeben sich für die Beurteilung der verschiedenen Entwürfe Unterschiede dadurch, daß die einzelnen Muster zum Teil verschiedene Möglichkeiten zur Vergrößerung der Bewaffnung besitzen.

Die Bewaffnungsstärke wurde als Norm mit 2 x MK 108 ausgelegt. Stärkere Bewaffnung als Grundausrüstung wurde bei P1111 (4 x MK 108) und P1110 (3 x MK 108) vorgesehen und ist auch im Flugleistungsvergleich eingerechnet.

Die Vergrößerbarkeit der Bewaffnung durch Einbau von mehr Waffen der gleichen Größenordnung läßt sich anhand von Projektentwürfen nicht überprüfen. Es wurde deshalb auf eine Beurteilung in dieser Hinsicht verzichtet.

Eine Verstärkung der Bewaffnung durch Änderung der Bewaffnungsform z. B. durch Einführung einer schweren MK 112 anstelle mehrerer leichter Waffen läßt sich leichter beurteilen. In dieser Hinsicht sind am günstigsten die Entwürfe Junkers EF 128 und Messerschmitt P1110, bei denen in sich abgeschlossene Waffenräume mit der schwerpunktsmäßigen Unterbringungsmöglichkeit für bis zu etwa 350 kg oder 400 kg eine große Freizügigkeit erlauben. Etwas schlechter ist P1111, die zwar eine abgeschlossene Waffenkanzel besitzt, jedoch aus Schwerpunktsgründen in der Ausnutzung wesentlich beschränkter ist (geringeres Auslegungsgewicht der Kanzel und schwanzlose Bauform).

Am ungünstigsten ist P1101, bei der zwar die Unterbringung von 4 x MK 108 möglich ist, jedoch in einer Anordnung, die keine Zusammenfassung der Gewichte zu größeren Einzelwaffen gestattet.

Die Unterbringung von elt. Such- und Schießgeräten ist beim Junkers-Entwurf weitaus am besten möglich.

4. Triebwerksanlage

Die Triebwerksanordnungen von Junkers, P1110 und P1111 haben den sehr großen Vorteil vor den Anordnungen der anderen Entwürfe, insbesondere P1110, daß die Triebwerke gegen Beschuß von vorn durch ihre Anordnung zentral im Rumpfheck denkbar gut geschützt sind und gut wartbar sind.

Mehrere der eingereichten Entwürfe besitzen Flügeltanks, die nicht ausgebaut werden können:

P1111	100% Kraftstoff in nicht ausbaubaren Flügelbehältern
EF 128	35%
P1101	25%

Die Flügelbehälter sind, bedingt durch die dünnen und kleineren Flügelschnitte für die Entnahme ziemlich ungünstig (große flache Böden, damit relativ große Restmengen, ungünstige Unterbringung der Armaturen). Bei den schwanzlosen Flugzeugen werden außerdem Schwierigkeiten dadurch auftreten, daß die Schwerpunktsempfindlichkeit dieser Bauart besondere Vorkehrungen verlangt, die eine schwerpunktsgleichmäßige Entnahme aus allen Behältern und eine Verhinderung von Schlingerbewegung des Kraftstoffes sicherstellt.

Raum für die Steigerung des Brennstoffinhaltes ist nur bei P1110 vorgesehen; im Flügel ist Raum für etwa 400 l frei.

Die Beschußsicherheit der Kraftstoffanlagen ist sehr unterschiedlich. Man muß bei den gegebenen geringen Flügeldicken in Kauf nehmen, daß der gesamte im Flügel untergebrachte Kraftstoff vollkommen ungeschützt ist; dieser Gesichtspunkt ist für die Beurteilung des Gesamtwertes der Maschine von allergrößter Bedeutung. Am besten ist der Entwurf P1110 zu beurteilen, bei dem der gesamte Kraftstoff geschützt und außerdem durch den davor liegenden Führer- und Bewaffnungsraum und das dahinter liegende Triebwerk gedeckt, im Rumpf angeordnet ist. Als zweitbestes Muster ist der Entwurf P1101 zu erkennen, bei dem 75% des Kraftstoffes im Rumpf, und zwar gegen Beschuß von vorn durch den gepanzerten Führerraum gedeckt ist.

Die 25% Flügelkraftstoff sind zwar in ungeschützten Behältern, jedoch durch den geschützten Kraftstoffbehälter, das Triebwerk und den Führerraum aus 3 Richtungen gut gedeckt untergebracht.

EF 128 hat 35% des Kraftstoffes im ungeschützten Flügelbehälter angeordnet und einen weiteren Anteil in einem um das Triebwerk herum gebauten Behälter (Fortlassung dieses Behälters wird empfohlen).

Am ungünstigsten in dieser Hinsicht liegt der Entwurf P1111, bei dem der gesamte Kraftstoff nicht schützbar im Flügel untergebracht wird und zwar so, daß er je nach Beschußrichtung (von vorn bzw. oben) dem Gegner eine Trefffläche von 0,85 m^2 vorne und von etwa 17 m^2 von oben bietet. Diese Anordnung wird von uns als militärisch nicht tragbar angesehen.

Die Triebwerkseinläufe der 4 verglichenen Muster sind wie folgt zu beurteilen:

Der Einlauf P1101 ist einfach und ohne jedes Risiko, der Einlauf P1111 ist zwar komplizierter, dürfte je-

doch nach Messungen von Focke-Wulf kein großes Risiko bieten.
Die Einlaufanordnungen von EF 128 und P1110 sind insofern ausgesprochen riskant, als bei nicht einwandfreier Lösung der Absaugeanordnung erhebliche Triebwerksleistungsverluste auftreten können; im Abschnitt 1) Leistungen wird angegeben, eine wie große Abminderung der Triebwerksleistungen tragbar ist, ohne den Wert der Baumuster zu gefährden. Die Anordnung von Junkers erscheint in der Funktion unsicherer, dagegen erfordert die von Messerschmitt gewählte Anlage erhöhten Aufwand in Form des zusätzlich benötigten Absaugegebläses.

Zusammenfassung

Eine zusammenfassende Beurteilung der Triebwerksanlagen ist nicht einfach möglich, da die beim guten technischen Gelingen voraussichtlich beste Gesamtanordnung leider gleichzeitig mit einem erheblichen technischen Risiko belastet ist.

Bei der Beurteilung der Gesamtanordnung von Triebwerks- und Tankanlagen erscheint der Entwurf P1110 als der insgesamt günstigste:
Das Triebwerk ist gegen Beschuß von vorn gedeckt im Rumpfende eingebaut. Die gesamte Tankanlage besteht aus geschützten Behältern, die einwandfreie ausbaubare und gegen Beschuß vorn und hinten durch Führerraum-Panzerung bzw. Triebwerk einigermaßen gedeckt im Rumpf angeordnet sind. Andererseits ist gerade beim Entwurf P1110, wie oben gesagt, das größte Risiko des technischen Mißlingens (zusammen mit EF 128 aus der Anordnung der Ansaugöffnungen) gegeben, zudem ist der Aufwand wegen der Anordnung eines vom Triebwerk angetriebenen Absaugegebläses größer als bei den anderen Flugzeugen.

Falls die P1110 wegen des durch den Triebwerkseinlauf gegebenen Risikos ausgeschieden wird, wird als insgesamt beste Anordnung der Vorschlag P1101 gewertet:

Der Schutz von Triebwerks- und Tankanlage ist zwar sehr viel geringer als bei dem vorbesprochenen Projekt. Gegenüber den anderen Entwürfen bestehen jedoch die ausschlaggebenden Vorteile der völligen Risiko-Freiheit der Triebwerksanlage und der Möglichkeit, praktisch den gesamten Kraftstoff gut geschützt unterzubringen (der Flügelbehälter mit 25% des Gesamtinhalts liegt in seiner Größe so, daß im allgemeinen mit seiner Entleerung vor Beginn eines Luftkampfes gerechnet werden darf. Zudem ist der Behälter räumlich ziemlich gut gedeckt in der Mitte des Rumpfes angeordnet.

Der Entwurf P1111 scheidet unseres Erachtens wegen der Unmöglichkeit, den Brennstoff zu schützen, aus der weiteren Betrachtung aus.

5. Sonstige Gesichtspunkte.

Die Sicht ist bei allen in die engere Wahl gezogenen Anordnungen gut und einigermaßen gleichwertig.

Die Absprungmöglichkeit des Flugzeugführers ist beim Entwurf EF 128 am besten gewährleistet, da sich hinter dem Führerraum kein Seitenleitwerk befindet. Die anderen Entwürfe dürften in dieser Hinsicht einigermaßen gleichwertig sein.

Schlußfolgerungen

Die Gesamtbetrachtung der einzelnen Entwürfe gibt folgendes Bild:

1. Die 3 in der Höchstgeschwindigkeit wirklich befriedigenden Entwürfe P1110, P1111 und EF 128 sind mit Risiken (Triebwerkseinlauf) bzw. Nachteilen (ungeschützte Tanks) behaftet, die eine Entscheidung zu ihren Gunsten jetzt nicht zulassen.

2. Alle weiteren Entwürfe sind in der Höchstgeschwindigkeit so stark unterlegen, daß eine endgültige Entscheidung zu ihren Gunsten ebenfalls unmöglich erscheint, da sie für den Einsatz der Flugzeuge eine Unterlegenheit gegenüber dem (auch dem Gegner!) technisch Erreichbaren begründen würde.

3. Die Leistungsergebnisse des Entwurfes P1111 scheinen darauf hinzuweisen, daß eine gegenüber dem Normalflugzeug und der schwanzlosen Bauart mit relativ großem Rumpf wesentlich bessere Kombination von Höchstgeschwindigkeit und Start-, Steig- bzw. Landeleistung durch Entwicklung in Richtung des Nurflügelflugzeuges möglich ist.

Folgende Entscheidung wird vorgeschlagen:

1. Ein Auftrag mit dem unmittelbaren Ziel einer Serienfertigung kann noch nicht erteilt werden.

2. Das in Bau befindliche Studienflugzeug P1101 ist schnellstens fertigzustellen und zu erproben; das gleiche kann von anderen evtl. in Bau befindlichen Studienflugzeugen gelten.

3. Für das in Serie zu beschaffende 1-TL-Jagdflugzeug sind neue Entwürfe zu erstellen, bei dem die Leistungen dem leistungsmäßig besten bisherigen Entwurf möglichst einigermaßen vereinigt und ohne entscheidende Risiken oder Nachteile anzustreben sind.

   Ein Vorschlag für die technischen Forderungen liegt vor.

4. Aufgrund der bisher vorgelegten Entwürfe erhalten den Projektauftrag nur 3 Firmen; durch diese Beschränkung soll eine Zersplitterung der Ent-

wurfskapazität durch Parallelarbeit einzelner Firmen an zu vielen Aufgaben ebenso vermieden werden, wie eine Konzentration der deutschen Entwicklung auf die eine Aufgabe des 1-TL-Jägers zu Ungunsten anderer militärisch ebenso wichtiger Aufgaben.*

Gegenüber den Vorstellungen von Mitte/Ende 1944 erweiterte und änderte jetzt das technische Amt des RLM die Anforderungen an den zukünftigen Strahljäger Anfang 1945 nochmals.

Der in den „Schlußfolgerungen" erwähnte Vorschlag der Sonderkommission „Tagjäger" lautete wie folgt:

Technische Richtlinien
(Vorschlag der Sonderkommission Tagjäger)

1. Allgemeines:

Ausrüstung: Zur Standard-Jäger-Ausrüstung gehört: Jägerkurssteuerung, Druckkabine, EZ 42.

Bewaffnung: 2 bis möglichst 4 x MK 108 mit je 100 Schuß bzw. 2 bis 4 MG 213/30 mit je 150 Schuß.
Gewünscht ist die Möglichkeit des Einbaues von verstärkten Waffen, wie MK 103, MK 112 usw.
Zusatzbewaffnung, wenn möglich, vorgesehen.

Abwurflast: Für Überlastfälle ist die Mitnahme von insgesamt 500 kg Außenlast gefordert.

Panzerung: Schutz des Führers und der MK 108-Munition gegen Beschuß von vorne mit 12,7 mm Munition, von hinten mit 20 mm Munition.
Anzustreben ist möglichst guter Schutz des Triebwerkes gegen Beschuß von vorne.

Kraftstoff: Normalkraftstoff mindestens 1200 kg = ca. 1500 l.
Es ist zu prüfen, wie weit die Forderungen des Generalstabes, die Gesamtkraftstoffmenge im Innern des Flugzeuges für 2 Stunden Flugzeit mit 100% Schub in 9 km Höhe, leistungsmäßig tragbar ist.
2/3 des Kraftstoffgewichtes sind gut geschützt unterzubringen.

***Anmerkung der Autoren:** In der Entwicklungshauptkommission (EHK) hat man offensichtlich andere Vorstellungen: Das Focke-Wulf Projekt Nr. 279 (TA-183 Entwurf 2) wird als Sofortlösung gefordert (was von TLR/F1-E abgelehnt wird) und Messerschmitt soll seine „Optimallösung" zu einem späteren Zeitpunkt bringen. Wenig später, in der ersten Märzwoche, fordert TLR/F1-E nichts weniger als die Entwicklung von fünf Projekten. (Junkers, Blohm und Voss, Focke-Wulf, Messerschmitt und Henschel/Lippisch.)

FT-Anlage: Nach Forderung Chef TLR.

Vergrößerbarkeit: Es wäre wünschenswert, daß eine spätere Vergrößerung des Flügels und des Nutzvolumens, bedingt durch größere Kraftstoffmenge, erweiterte Ausrüstung oder stärkerem Triebwerk (bis zu 2000 kg Schub) möglich ist.

Leistungen: Die Polaren für die Leistungsrechnungen sind in Anlehnung an das anläßlich des 1-TL-Leistungsvergleichs bei der DVL benützte Rechnungsverfahren, entsprechend dem jeweiligen Stand der Forschung angepaßt, aufzustellen und mit den Erfahrungen der Flugerprobungen abzustimmen.

Es werden folgende Leistungen gewünscht (bei Normalkraftstoffgewicht):

Horizontalgeschwindigkeit: In der Höhe der besten Geschwindigkeit (nicht unter 7 km) soll bei halbem Kraftstoffgewicht unter Berücksichtigung des Macheinflusses bei 120% Schub mindestens sein:
$v_{max} \geqq 1050$ km/h
in 0 km Höhe mit 100% Schub
$v_{max} \geqq 900$ km/h.

Steiggeschwindigkeit in 0 km Höhe: Mit Startgewicht abzüglich Kraftstoff für Warmlaufen, Start und Beschleunigung soll mit 100% Schub sein:
$w > 20$ m/sek.

Start: Die Startrollstrecke ohne Überlast mit 100% Schub soll nicht über 650 m betragen ($\mu = 0{,}04$).

Landung: Landegewicht mit 1/3 Kraftstoffgewicht und vollem Munitionsgewicht: Die Landegeschwindigkeit soll möglichst unter 165 km/h liegen.

Ausrollstrecke: Mit gebremsten Rädern soll möglichst kleiner als 555 m sein.

Materialaufwand und Risiken: Die zur Verwendung freigegebenen Materialien werden vom Chef TLR oder EHK vor Beginn der Konstruktion verbindlich festgelegt.
Vom Entwurf an ist auf die Möglichkeit schnellster Durchführung der Entwicklung und auf geringsten Fertigungsaufwand zu achten.
Entwürfe, die ein großes Risiko irgendwelcher Art in sich tragen, sind daher möglichst zu vermeiden.

Diese Vorgaben bildeten die Basis für den endgültigen Entwurf der Ta 183 und für die Messerschmitt P1112.

Etwa zehn Jahre später gab die NATO eine Spezifikation für einen Leichtjäger heraus, die zu einem großen Teil aus den in Korea gemachten Erfahrungen entstand, und die ein in Europa einzusetzendes Flugzeug betrafen.

Die Überlegungen, die zu dieser Ausschreibung führten und auch die darin enthaltenen Vorgaben waren, wenn auch in einer völlig anderen Situation, denen von 1944 nicht unähnlich; die NATO wollte den ständig steigenden Kosten und auch den ausufernden Abfluggewichten entgegenwirken. Der Schlüssel dazu sollte ein billiges, unkompliziertes und feldmäßig zu wartendes Flugzeug sein. Die technische Abteilung unter General Norstad im SHAPE forderte in groben Zügen einen Einsitzer mit Druckkabine der über eine interne Bewaffnung von wahlweise 4 x 0,5"MG oder 2 x 20 mm Mk bzw. 2 x 30 mm Mk und diverse Außenlasten (3"-Raketen) verfügt. Das Leergewicht sollte 2250 kg nicht überschreiten und der Start über ein 15 m-Hindernis sollte innerhalb 1000 m auf einer Graspiste möglich sein. In Bodennähe wünschte SHAPE annähernd Schallgeschwindigkeit (Mach 0,95); weitere geforderte Leistungsmerkmale waren eine durchschnittliche Reisegeschwindigkeit von 640 km/h und eine Rollgeschwindigkeit von 100°/sek. bei Mach 0,9.

Nach dieser Spezifikation entwickelten westeuropäische Unternehmen insgesamt neun Vorschläge. Aus Frankreich kamen allen fünf Bewerber, darunter die Breguet Br. 1001 „Taon" und die MD „Etendard VI", Großbritannien legte dem SHAPE zwei Entwürfe vor, darunter die Folland FO. 139 „Midge" (später „Gnat") und Italien schickte die Aerfer „Sagittario" und – last not least – die Fiat G. 91 ins Rennen. Im Oktober 1957 erklärte die NATO die Fiat G. 91, die am 8. 9. 1956 den Erstflug hatte, zum Sieger und zum künftigen Serienflugzeug.

Seit der Veröffentlichung der Ausschreibung waren mittlerweile fast vier Jahre in ein nunmehr friedliches Europa gegangen.

Der Hinweis sei erlaubt, daß der deutschen Luftfahrtindustrie gegen Ende des Krieges nur knappe neun Monate zur Entwicklung ähnlich gearteter Flugzeuge zur Verfügung standen. Sicherlich hätte es in Deutschland bis zur Serientauglichkeit der P1112 oder der Ta 183 noch einer geraumen Zeit bedurft, und sicherlich sind die Vorgänge, die im RLM und bei der NATO zu den jeweiligen Entwicklungen führten, wie auch die Flugzeuge selbst, nur in Teilbereichen miteinander vergleichbar. Und doch ergibt eine Gegenüberstellung einigen Aufschluß über die Leistung der deutschen Flugzeugbauer in den Jahren 1944/45.

Ein Zusammenbruch, aber kein Ende

Götterdämmerung in Oberammergau

Durch den raschen Vormarsch der alliierten Streitkräfte faßten die Verantwortlichen der Oberammergauer Forschungsanstalt bereits die Verlegung der Anlagen ins Kalkül; man wollte weiter in den Süden, nach Tirol ausweichen.

Viele wichtige Dokumente wurden auf Mikrofilm aufgenommen und gemeinsam mit weiteren Unterlagen, Berechnungen und Zeichnungen in insgesamt 19 Stahlröhren und 45 Behältern wasserdicht verpackt. Aus dieser Zeit stammt auch das letzte, den Autoren vorliegende technische Dokument aus Oberammergau: eine Beschreibung der Attrappe des Rumpfvorderteiles der P1112 vom 18. 4. 1945. Vor dem Einmarsch der Amerikaner verteilten sich viele der Messerschmitt-Mitarbeiter auf die umliegenden Dörfer. Die Behältnisse mit den geheimen Unterlagen wurden in insgesamt vier Verstecke gebracht.

An einem Sonntag, man schrieb den 29. April 1945, erreichte eine amerikanische Infanterie-Einheit Oberammergau und besetzte die Anlagen der Firma Messerschmitt, ohne deren Bedeutung sofort zu erkennen. Dies hing natürlich damit zusammen, daß die alliierte Luftaufklärung die Anlagen nie erfaßte und demzufolge auch nicht identifizierte. Nach der Einnahme plünderten die GI's regelrecht die Bürogebäude und die Hallen, angeblich um Raum für eine „I- and E-School" zu schaffen; teilweise wurden die Räume auch als Unterkunft genutzt.

Dazu ein Augenzeuge: „Sie durchwühlten sämtliche Schreibtische und Schränke, nahmen mit, was ihnen lohnend erschien, zerstörten durch Beilhiebe alle Vorräte an Zeichenpapier, Millimeterblöcken, Rechenschiebern usw."

Bei diesen „Aktionen zogen die Soldaten auch das Versuchsflugzeug P1101 aus dem Stollen ins Freie. Die deutlich sichtbaren Beschädigungen am Rumpf-

Zeitungsmeldung aus dem Jahre 1945; das Bild zeigt die aus dem Stollen gezogene 1101-V1 mit einer von den Amerikanern angebrachten Aufschrift. Im Hintergrund die triebwerkslose Me-262, die sich zur Umrüstung in einen Heimatschützer in Oberammergau befand.

bug stammen entweder von der sicherlich nicht fachgerechten Behandlung durch die Militärs (Beilhiebe?) oder aber einige Messerschmitt-Mitarbeiter versuchten noch kurz vor dem Einmarsch der Amerikaner den Prototyp zu zerstören.

Der lädierte Vogel wurde gemeinsam mit einem Eroberer von einem Kriegsberichterstatter fotografiert.

Das Bild kam mit der Überschrift „Mysteriöses Nazi-Flugzeug in Oberammergauer Bergfabrik gefunden" in die amerikanische Presse.

ne Fehleinschätzung, die teilweise noch heute in der Literatur wiederholt wird.

Der Düsenjäger wurde wieder in die Halle 615 gebracht, wo er dann von amerikanischen Fachleuten vorgefunden wurde. Die kamen am 7. Mai 1945, also gut eine Woche nach der militärischen Einnahme der Anlagen, nach Oberammergau. Es handelte sich um eine Abordnung des CAFT (Combined Advance Field Team) und diese sollte erst einmal die Bedeutung der Anlage abschätzen und entsprechend einordnen.

Die provisorisch wieder hergerichtete 1101-V1 in der Halle 615 der Oberammergauer Anlage. Die Aufnahmen entstanden wahrscheinlich im Sommer 45.

Die Sieger wollten wohl mit diesen selbst für amerikanische Spezialisten dubiosen Flugzeugen einer staunenden Bevölkerung Beispiele für den fortgeschrittenen Wahnsinn der Deutschen liefern; die eigentliche Bedeutung wurde nicht sofort erkannt. In der Bildunterschrift wird das Flugzeug zudem als „Attrappe aus Holz und Aluminium" bezeichnet, ei-

Am 17. Mai 1945 traf eine weitere Expertengruppe, diesmal von der USSTAF-ATI (United States Strategic Air Forces – Air Technical Intelligence), in dem bayerischen Gebirgsort ein. Und ein paar weitere Tage später, am 21. Mai 1945 traf mit dem Field Team 85 der Mann ein, der bei der Erfassung und Erforschung der Oberammergauer Anlagen eine führende Rolle einnehmen sollte: Robert J. Woods, technischer Leiter und Mitbegründer der Bell-Flugzeugwerke, später Herausgeber eines umfassenden Berichtes über die Messerschmitt-Werke (sog. Woods-Report) und Initiator der Bell Hochgeschwindigkeits- und Pfeilflügelforschung. Mit Woods waren noch die Bell-Mitarbeiter R. Kluge und H. V. Hawkins in Oberammergau tätig; im übrigen traten sich bei der Auswertung der Unterlagen die Vertreter der namhaftesten englischen und amerikanischen Flugzeugbau- und Ausrüstungsfirmen auf die Füße.

Die noch im Ort gebliebenen und die in der Umgebung von Oberammergau aufgespürten leitenden Messerschmitt-Mitarbeiter internierten die Amerikaner in einem Hotel (Haus Osterbichl). Auch die „Interrogation", die eingehende Befragung der führenden Mitarbeiter Messerschmitts, fand meist in diesem Hause statt.

Selbstverständlich war es das allererste Bestreben, die versteckten Unterlagen zu bergen. Schon beim ersten und vollständigsten Versteck im Keller eines

Hauses in Wertach/Allgäu gab es für die Amerikaner eine böse Überraschung: Einheiten der Ersten französischen Armee stießen vom Bodensee kommend ins Allgäu vor und besetzten den Ort Wertach. Das Entdecken des Versteckes war für die Franzosen äußerst einfach, nachdem ihnen erklärt wurde, wo der Schatz zu heben sei. Die vorgefundenen 23 Blechbehälter und 8 Stahlröhren mit Zeichnungen gelangten umgehend ins Luftfahrtministerium nach Paris. Das erbeutete Material war mit Sicherheit eine große Hilfe für die französische Luftfahrtindustrie, die unmittelbar nach dem Kriege um den Anschluß an den internationalen Standard kämpfte. Erst wesentlich später wurden die erbeuteten Dokumente, die vor allem Konstruktionsunterlagen der P1101-V1 enthielten, den Amerikanern zugänglich gemacht.

Zwei weitere Verstecke in der Umgebung von Oberammergau wurden von den Amerikanern geräumt, während Versteck Nr. 4 von einem englischen Captain aufgespürt wurde.

Bis auf 4 Metallbehälter war alles wieder aufgetaucht.

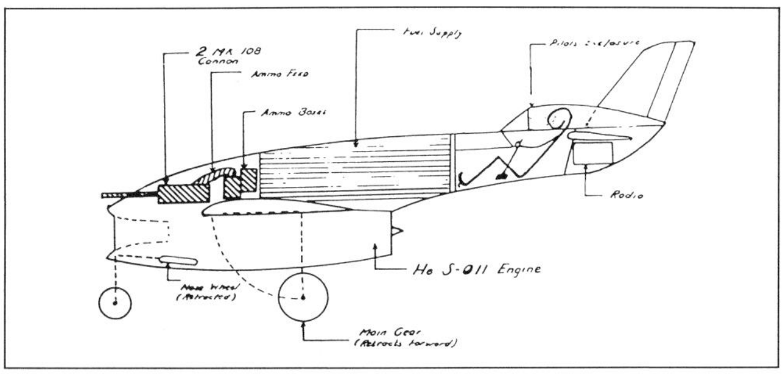

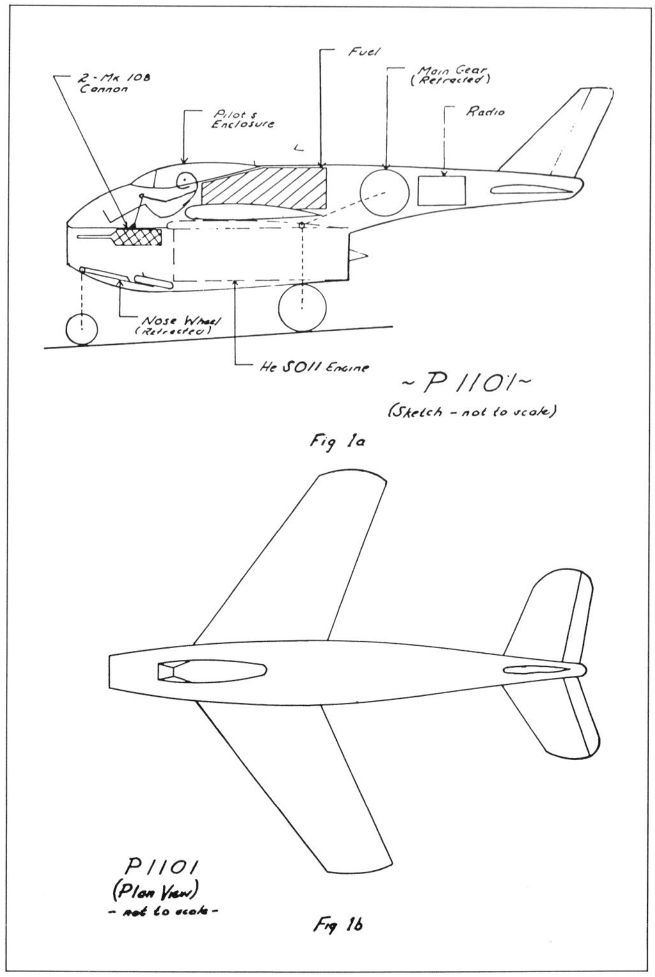

Man bedient sich

Die Ergebnisse der umfangreichen Befragungen der leitenden Mitarbeiter Messerschmitts durch die amerikanischen und britischen Fachleute faßte der zivile Leiter der Kommission Robert J. Woods in seinem bereits erwähnten umfangreichen Report zusammen (Review Nr. F-IR-6-RE). Desweiteren tauchen die fortschrittlichen Jägerentwürfe des Projektbüros, in allerdings mehr skizzenhafter Form, in einem Bericht der US-Navy auf, den das CIOS-London an kompetente Stellen verbreitete. Mit diesem Bericht mit der Bezeichnung CNO (OP-16-PT) konnte man sich allenfalls einen groben Überblick verschaffen.

Allmählich fanden die Ergebnisse der deutschen Arbeiten Zugang zu allen übrigen luftfahrttreibenden Nationen.

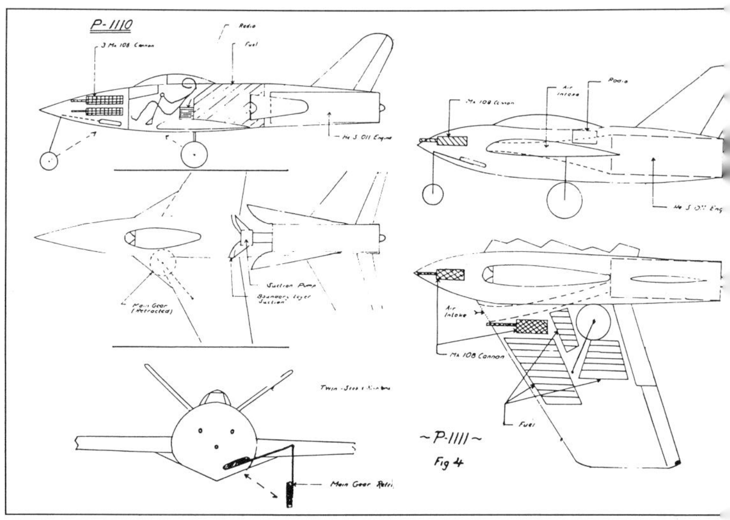

Die Skizzen aus dem CIOS-Bericht CNO (OP - 16 - PT) des U.S. Navy Dept.

Auch in der neutralen Schweiz, also nicht allzu weit von Oberammergau entfernt, war man kurz nach Kriegsende mit der Auswertung deutscher Forschungsberichte beschäftigt. Woher hatten die Schweizer diese Unterlagen? Darüber kann eine

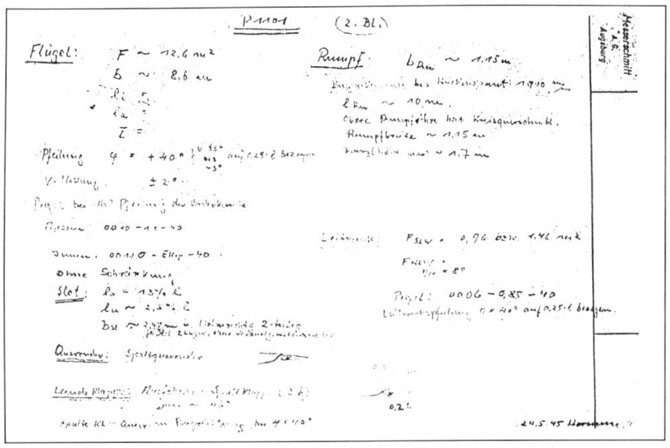

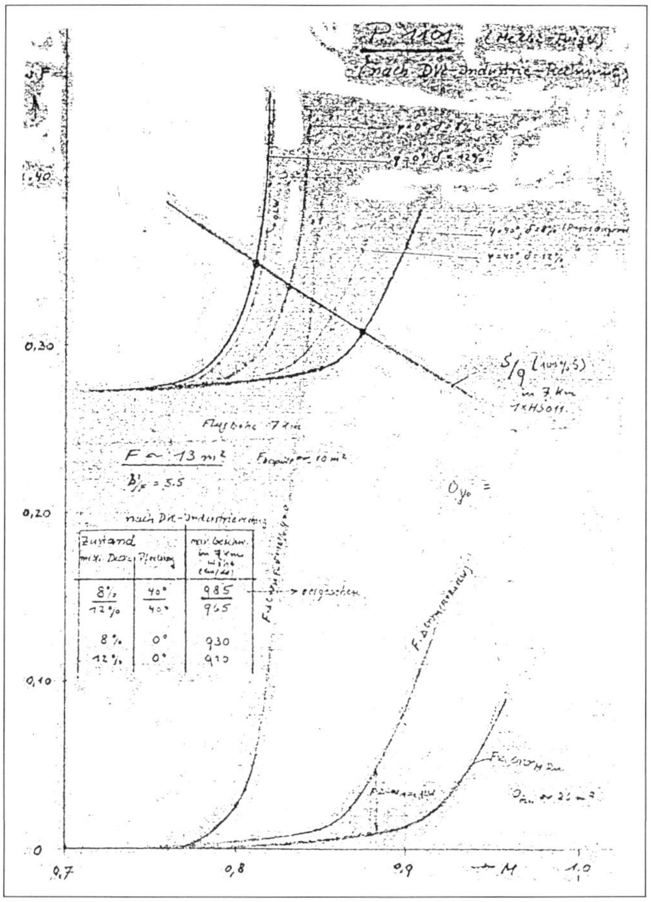

Zwei Beispiele aus der Tätigkeit Hans Hornungs im Sommer 1945 unter amerikanischer Regie:
- Datenblatt P11101; „Gedächtnisprotokoll" vom 24. Mai 1945 (oben)
- Flugleistungen P1101; Darlegung des Pfeilflügeleffektes vom 16. Juni 1945 (unten)

Spekulation angestellt werden: die SS nahm unmittelbar vor Kriegsende einen Messerschmitt-Angestellten bei dem Versuch fest, geheime Unterlagen in die Schweiz zu schaffen. Nur das Kriegsende bewahrte diesen Mann vor der Erschießung. Ob diese fehlgeschlagene Transaktion der erste Versuch war, oder ob der Mitarbeiter derartige „Botengänge" schon vorher erfolgreich durchführte, konnte nicht geklärt werden.

Im Herbst 1945 kam der Projektleiter der schwedi-

Von der P1111 inspiriert: Das Versuchsflugzeug SAAB-210, ein Vorläufer der SAAB J-35 „Draken" und SAAB J-35 A (unten)

schen SAAB-Flugzeugwerke Frid Wanström in die Schweiz und prüfte dort die deutschen Dokumente. Wanström erkannte sofort die Bedeutung des Inhaltes, und die Schweden machten sich mit Erfolg an die praktische Umsetzung. Neben den Ideen fanden auch einige ehemalige Messerschmitt-Mitarbeiter den Weg zu den SAAB-Werken in Linköping (so z. B. der Statiker Dr. Behrbohm). Bei näherer Betrachtung der Erfolgskonstruktionen SAAB J-29 „Tunnan", SAAB J-32 „Lansen" und SAAB J-35 „Draken" (bzw. SAAB-210) sind durchaus Ähnlichkeiten mit den Messerschmitt-Projekten P1101, P1110 und P1111/1112 festzustellen.

Interessant ist in diesem Zusammenhang auch ein Leserbrief, den im August 1956 die britische Zeitschrift „Air Pictorial" abdruckte; darin heißt es u. a.: „In seinem Artikel über die Tu-104 schreibt Boffin, daß die SAAB J-29 mit dem Focke-Wulf Projekt (gemeint ist die Ta 183, Entwurf 3) im Zusammenhang steht. Während eines kürzlich stattgefundenen Besuches in den SAAB-Werken teilte man mir mit, daß die J-29 aus der Me P1101 entstand. SAAB entwickelte jedoch das Konzept weiter und verbesserte es wesentlich."

Robert J. Woods macht weiter: Von der P1101 zur Bell X-5

Etwa Ende Mai/Anfang Juni 1945 nahm man die Arbeiten am Experimentierflugzeug wieder auf. R. J. Woods war sich mit W. Voigt einig, daß das Flugzeug ausgebessert, komplettiert und in einen flugfähigen Zustand versetzt werden sollte.

Das Vorhaben erwies sich schwieriger als erwartet, da unter anderem viele der Zeichnungsunterlagen zerstört oder nach Paris gebracht worden waren und die Franzosen sich zu diesem Zeitpunkt konstant weigerten, die Dokumente an die Amerikaner zu übergeben. Kurzum, das Flugzeug erlebte nie seine Fertigstellung, und in dem Zustand mit ausgebeultem Rumpfbug, aber ohne Triebwerksverkleidung, ohne Abdeckung der Flügelwurzel und ausgerüstet mit einem höchstwahrscheinlich nicht flugfähigen Heinkel-Triebwerk (wahrscheinlich Attrappe) ging das zerlegte, in Kisten verpackte Flugzeug gemeinsam mit dem zweiten Satz Versuchsflügel per Bahn und Schiff in die Vereinigten Staaten, genauer gesagt zur Wright Air Force Base in Dayton/Ohio.

Der neue Eigentümer, die U. S. Air Force lagerte dort die Maschine ein. In den kommenden Monaten und Jahren sollte Messerschmitts ehrgeiziges Projekt höchstens noch ab und an als Studienobjekt dienen.

Die Wright AFB nahm bei der Ausbeutung der luftfahrttechnischen Kriegsbeute, einer Beute, deren Wert wahrscheinlich heute noch nicht abgeschätzt werden kann, eine Schlüsselstellung ein. Dort trafen in den ersten Monaten nach Kriegsende, meist über den Umweg Wimbledon/England, viele der herausragenden Persönlichkeiten der zerschlagenen deutschen Luftfahrtindustrie ein; so u. a. Woldemar Voigt, Alexander Lippisch und Richard Vogt, also Wissenschaftler und Ingenieure, die in Deutschland führend mit der praktischen Umsetzung der Busemann'schen Idee befaßt waren und denen auch die Nachteile des neuartigen Pfeilflügels nicht verborgen geblieben waren. Sie und mancher andere arbeiteten bis zum Kriegsende mit Erfolg an der Verbesserung der Langsamflugeigenschaften des neuartigen Tragwerkes. Wie so oft, so boten sich auch hier mehrere erfolgversprechende Möglichkeiten an:

- Ausrüstung des Pfeilflügels mit Auftriebshilfen wie Kippnase, Slots, Landeklappen usw.;

- Sonderformen des gepfeilten Flügels wie Vorwärtspfeilung oder Deltaflügel

- und nicht zuletzt der Tragflügel mit veränderlicher Pfeilung.

All dies galt es nun in den verschiedenen Forschungs- und Versuchsanstalten zu untersuchen und mit entsprechenden Flugzeugen in der Praxis zu erproben.

Die deutschen „Entwicklungshelfer" kamen im Rahmen der Operation „Paperclip" in die Vereinigten Staaten und verbrachten dort die ersten Monate oder sogar Jahre mit dem Schreiben von Berichten über ihre frühere Tätigkeit in Deutschland und mit dem gelegentlichen Beurteilen der neuesten amerikanischen Entwürfe. Die meisten suchten sich anschließend eine Tätigkeit in der amerikanischen Industrie und für viele wurden die USA zu ihrer neuen Heimat.

Während also in Deutschland das völlige Ende für die Luftfahrtindustrie gekommen war, wurde der deutsche Einfluß auf die Spitzentechnologie der führenden Industrieländer unübersehbar.

Auch in der amerikanischen Flugzeugindustrie ging es, z. T. unter dem Druck der Militärs, rasch voran:

- bei North American verwandelte sich das aus der P-51 „Mustang" entwickelte, etwas plumpe Düsenjagdflugzeug FJ-1/XP-86 unter tatkräftiger Mithilfe von Messerschmitt-Unterlagen in die erfolgreiche Schönheit F-86 „Sabre";

- ähnliches auch bei Republic: die aus der P-47 „Thunderbolt" abgeleitete F-84 „Thunderjet" wurde nach dem Bekanntwerden der deutschen Ergebnisse zur gepfeilten F-84 F „Thunderstreak" weiterentwickelt, die u. a. zur Erstausstattung der deutschen Nachkriegsluftwaffe zählte;

- McDonnell stellte den Entwurf eines Langstreckenjägers auf Pfeilflügel um und das Modell erhielt die Bezeichnung XF-88: das Grundmuster der F-101 „Voodoo" war entstanden;

- bei Convair und Douglas erschienen Kampfflugzeuge mit einer neuartigen Tragfläche; dem Deltaflügel des Dr. Alexander Lippisch;

- Chance Vought verwirklichte einen Entwurf ohne Höhenleitwerk mit gepfeilten Tragflächen zur F7U „Cutlass", so wie sie es in den deutschen Skizzen und Zeichnungen gesehen hatten;

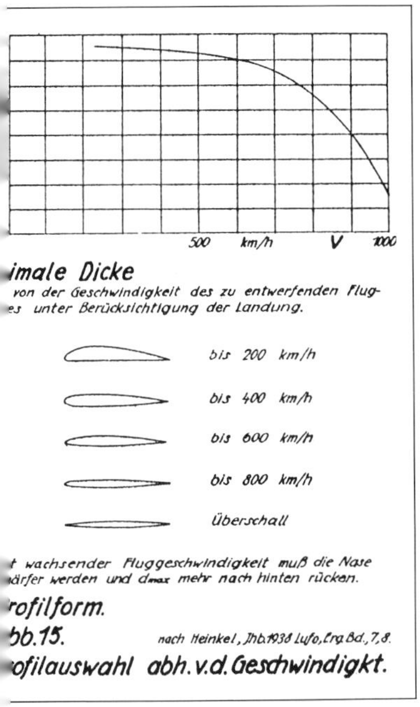

Im Deutschland des Jahres 1938 bereits Allgemeingut: dünne Profile zur Erreichung von Höchstgeschwindigkeit (Vorlesungen über Flugzeugbau, J. Kleinwächter, Flugtechn. Institut der TH Danzig/links)

Pfeilflügelerprobung im Windkanal: deutlich sind an diesem modifizierten Bell X-1 Modell die Oberammergauer „Reiseeindrücke" von Robert J. Woods erkennbar. (unten)

„Messerschmitt-Pfeilflügel" für die Bell X-1; Vorstufe zur X-2 (rechts)

- bei Boeing erlebte das Projekt 432 seine Wandlung über das Model 448 zum Model 450-1-1, der späteren Boeing B-47. Die beiden letztgenannten Entwürfe besaßen bereits den Pfeilflügel, auf dessen Wirksamkeit der Boeing-Ingenieur Schairer 1945 in Braunschweig-Völkenrode stieß.

- und nicht zu vergessen ist in dieser unvollständigen Aufzählung der immense Beitrag, den die deutsche aerodynamische Forschung für die Höchstgeschwindigkeitsprogramme der US Air Force und der US Navy leistete. Auf Messerschmitts Anteil dabei wird später noch etwas näher eingegangen.

Auch in den USA setzte Ende der dreißiger Jahre die Hochgeschwindigkeitsforschung ein. Allerdings beschränkte man sich dabei vor allem, genau wie in Großbritannien, auf zwei aerodynamische Maßnahmen, mit denen die Erreichung des Zieles Mach 1 möglich sein sollte: das Fluggerät erhielt eine angenäherte Geschoßform und einen sehr dünnen, geraden Tragflügel mit einem symmetrischen Profil.

Mit diesen Mitteln und einem starken Raketenmotor peitschte sich buchstäblich die Bell X-1 am 14. Oktober 1947 durch die Schallmauer.

Bei Miles in England verfolgten die Konstrukteure mit der Miles M. 52 einen ähnlichen Weg, der bei konsequentem Vorgehen sicherlich auch zum Ziel geführt hätte.

Über die Wirksamkeit der Flügelpfeilung lag also in den angloamerikanischen Ländern nichts Konkretes vor. Der Aerodynamiker Robert Jones schlug kurz vor Kriegsende der NACA ein gepfeiltes Tragwerk für Schnellflugzeuge vor, er erhielt jedoch wegen „zu wilder Ideen" eine Abfuhr; offensichtlich hielten seine, mehr empirischen Ausführungen keiner wissenschaftlichen Prüfung stand.

Inwieweit Jones die Theorie von Busemann kannte, sei einmal dahingestellt; immerhin war der Volta-

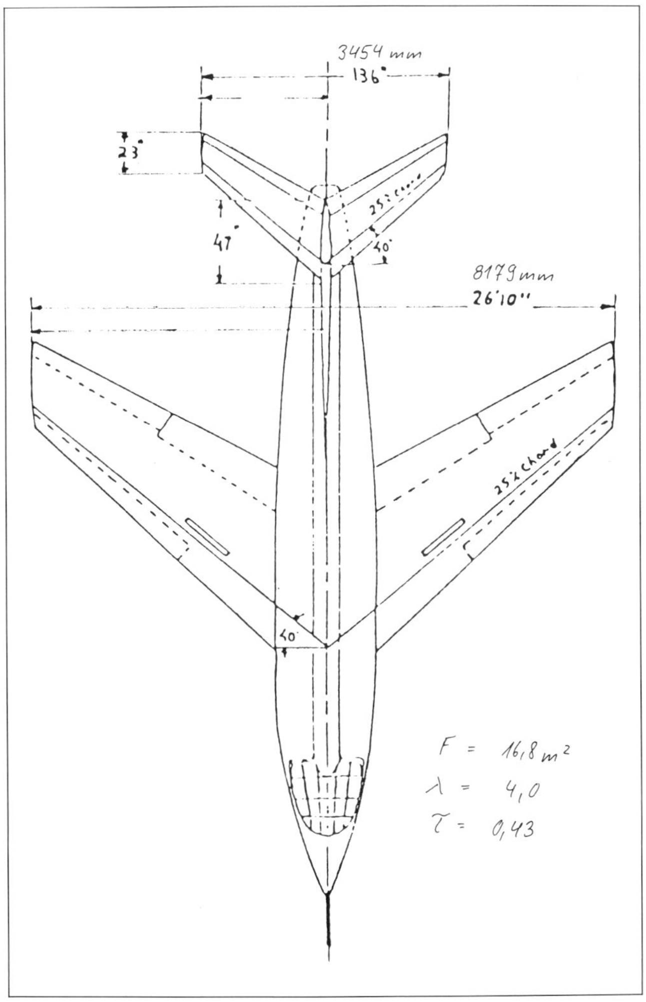

Kongreß von 1935 keine Geheimkonferenz. Die Initialzündung für viele der nun einsetzenden Forschungsarbeiten kam eindeutig aus Deutschland. Die amerikanischen Wissenschaftler übernahmen die grundlegenden Gedanken ihrer deutschen Kollegen und führten die Arbeiten bis hin zur praktischen Erprobung unter Voraussetzungen durch, die die deutschen Forscher kaum vom Hörensagen kannten.

Als Resultat dieser Tätigkeit schlugen die Aerodynamiker bereits unmittelbar nach dem Kriege für das in der Planung befindliche Versuchsflugzeug Bell X-1 eine Reihe von Änderungen vor, deren Sinn auch im Windkanal bestätigt wurde:

- V-Leitwerk
- Tragflügel mit positiver oder negativer Pfeilung
- und Schwenkflügel in der von Messerschmitt für Kampfflugzeuge vorgeschlagenen Bauweise, die der NACA-Wissenschaftler Charles Donlan im Langley Research Center in einem 7 x 10 ft (2,13 x 3,048 m) Windkanal untersuchte.

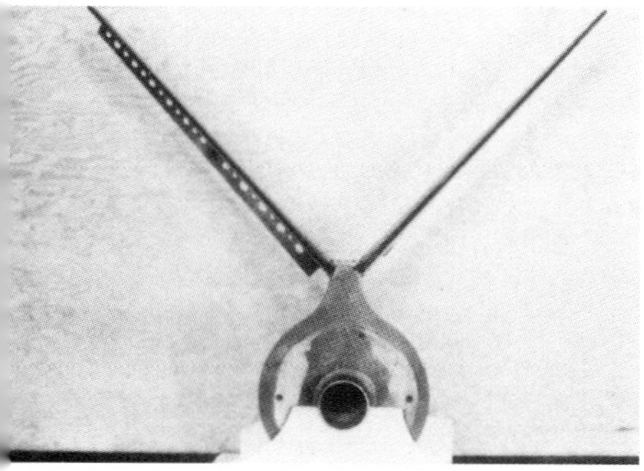

V-Leitwerk Vorschlag für die Bell X-1; Messerschmitt bevorzugte für seine Hochgeschwindigkeitsentwürfe während des Krieges diese Leitwerksform. (links)
Bell X-2, dreifache Schallgeschwindigkeit mit einer, dem Tragflügel „A“ ähnlichen Flügelform. (unten)

Im Oktober 1945 wurde dann anstelle einer entsprechend modifizierten Bell X-1 der Vorschlag für ein völlig neues Pfeilflügelflugzeug gemacht und bereits am 14. Dezember 1945 erhielt Bell einen Entwicklungsauftrag über zwei „Überschall-Pfeilflügel-Forschungsflugzeuge XS-2“.

Charles Donlan schlug ebenso wie für die Bell X-1 für das neue Forschungsflugzeug X-2 den von ihm in Langley erprobten Schwenkflügel vor. Die NACA war daran jedoch noch nicht interessiert.

Im Sommer 1946 wurde der für die Bell X-2 vorgesehene Pfeilflügel mit zwei entsprechend umgebauten Bell P-63 A Jagdflugzeugen erprobt. Diese Flugzeuge führten die Bezeichnung L 39-1 (Nr. 90060) und L 39-2 (Nr. 90061). Die durchgeführte Flugerprobung bewies die Brauchbarkeit des Konzeptes und bildete auch die Grundlage für die Tragflügelkonstruktion des Navy-Gegenstückes zur Bell X-2, der Douglas D-558-2 „Skyrocket“.

Die mit einem, dem Messerschmitt „Flügel A“ in der Geometrie auffällig ähnlichen Tragwerk ausgerüstete Bell X-2 wurde am 3. 7. 1947 mit einem offiziellen Bauauftrag bestellt; jedoch begann das Testprogramm erst am 27. 6. 1952 mit dem ersten Gleitflug, also zu einer Zeit, als die Bell X-5 längst flog.

Am 12. Mai 1953 erlitt das X-2-Programm einen schweren Rückschlag, als die erste Bell X-2 (46-675) noch am Trägerflugzeug B-50 explodierte und aus über 9000 m Höhe in den Ontariosee stürzte. Dabei kam der Testpilot Jean Ziegler, der auch den ersten Flug mit der Bell X-5 ausgeführt hatte, ums Leben.

Der erste „scharfe" Flug, d. h. mit eingeschaltetem Raketenantrieb erfolgte daher erst am 18. 11. 1955, und bereits kaum ein Jahr später, am 27. 9. 1956 erfolgte der letzte Flug der schwierig zu fliegenden und vor allem zu landenden Bell X-2. Bei diesem Flug wurde eine inoffizielle Weltrekordgeschwindigkeit von Mach 3,2 erreicht; allerdings endete er ebenfalls mit dem Tod des Testpiloten Milburn Apt. Diese Geschwindigkeit sollte erst 1961 überboten werden.

<u>Technische Daten der Bell X-2</u>

Einsatzzweck:	einsitziges Forschungsflugzeug (Pfeilflügel, Hochgeschwindigkeit) in der Hauptsache aus rostfreiem Stahl und der Metall-Legierung „K-Monel" gebaut
Länge:	13 840 mm
Höhe:	3580 mm
Tragflügel Spannweite:	9830 mm
Flügelfläche:	24,15 m^2
Profil:	von der NACA entworfenes, bikonvexes Kreisbogen-Profil mit der Bezeichnung 2S – (50) (05) – (50) (05) d. h. der Flügel erhält in 50% der Flügeltiefe eine relative Dicke von 7,66%.
Streckung:	= 4
Pfeilung (t/4-Linie):	40°
	Der Flügel besitzt aus Gründen der Flattersicherheit verstärkte Querruder und zur Auftriebserhöhung im Langsamflug im Außenbereich eine „Kippnase"; beide Details sind aus der Ideenwerkstatt Messerschmitts bekannt.
Antrieb:	Ein Zweikammer-Raketenmotor Curtiss-Wright XL R25-CW3 mit einem zwischen 1200 kp und 6800 kp regelbarem Schub.
Leergewicht:	5613 kg
Startgewicht:	11 300 kg
Flugleistungen:	max Geschwindigkeit: 3370 km/h (entspr. Mach 3,2) max. Höhe: 38 450 m Flugdauer im Antrieb: ca. 11 min.

Mit dem beschlossenen Bau der Bell X-2 war natürlich der Schwenkflügel-Vorschlag noch immer nicht vom Tisch. Die nunmehr bereits drei Jahre andauernden Windkanalversuche bei der NACA in Langley fanden immer noch keine praktische Umsetzung.

In dieser Situation schlug im Sommer 1948 der vom Konzept der veränderlichen Geometrie überzeugte Bell-Chefingenieur Woods eine vergrößerte und geänderte Ausführung der Messerschmitt P1101 vor, die in der Lage sein sollte, den Pfeilwinkel des Tragwerkes im Fluge zu verändern.

Die Verstellung sollte, wie auch später durchgeführt, konsequenterweise in der von Messerschmitt vorgeschlagenen Art und Weise erfolgen. Dabei handelte es sich um einen geteilten Flügel, bei dem die beim Schwenken auftretende Schwerpunktwanderung durch ein Vor- und Zurückschieben des kompletten Tragwerkes ausgeglichen werden sollte.

Woods beabsichtigte weiterhin, die originale P1101 als fliegenden Prüfstand für eine neue Generation von amerikanischen Strahlantrieben zu benutzen. Nicht nur Turbinen-Luftstrahl-Triebwerke, wie das in den fünfziger Jahren in Großserie gebaute General Electric J-47 bzw. die etwas mißglückten Westinghouse-Konstruktionen J 34 und J 46, sondern auch das später in die X-5 eingebaute Allison J-35 sollten mit dem Versuchsmuster aus Oberammergau in eine Flugerprobung gehen. Zudem planten die Verantwortlichen sogar die, sicherlich nicht einfache, Umrüstung der P1101 zu einem staustrahlgetriebenen Flugzeug; selbst vor einem Umbau (mit einer Abdeckhaube auf dem Bugeinlauf) auf ein reines Raketenflugzeug schreckte man nicht zurück.

Jedoch: all dies blieb Theorie. Während der Überstellung von der Wright AFB zu den Bell-Werken in Buffalo N. Y. im August 1948 fiel das deutsche Flugzeug von einem Lastwagen herunter. Dies führte doch zu erheblichen Beschädigungen, die letztendlich eine Flugerprobung unmöglich machten. Dies und die technischen Probleme, die bei etwas genauerer Prüfung der verschiedenen Ein- und Umbauten eintraten, ließen das Vorhaben scheitern.

Der lädierte Vogel blieb also endgültig am Boden und die Bell-Techniker benutzten die Konstruktion nur noch für Anpaßarbeiten mit dem bereits als X-5-Antrieb erwähnten Allison J-35 Triebwerk. Andeutungsweise befestigte man auch Attrappen einer Bewaffnung seitlich am Rumpf (4 x MK 108 und – unverständlicherweise – 6 x MG 151).

Die US-Luftwaffe, die den Bau der X-5 genau wie die NACA ursprünglich befürwortete, lehnte nach ungünstigen Gutachten von Experten einen militärischen Einsatz als Abfangjäger mit variabler Geometrie (vorgesehene Stückzahl: 24) ab.

Die Haupteinwände der Air-Force Gutachter waren:
- mit Sicherheit zu erwartende Probleme mit der Bewaffnung;
- zu geringe Nutzlast, mit bedingt durch den 3,4% des Startgewichtes in Anspruch nehmenden Flügel-Schwenkmechanismus;
- unzureichende Treibstoffkapazität, d. h. mangelnde Einsatzdauer und Reichweite;

– schwerwiegende Bedenken gegen die Anordnung des gesamten Kraftstoffvorrates unmittelbar über dem Triebwerk.
(Bei der geforderten aber nicht realisierten Umkonstruktion wäre wohl eine P1110 entstanden)

Was blieb, war ein Bauauftrag über zwei Prototypen, der am 26. Juli 1949 mit Bell abgeschlossen wurde. Die beiden, dann als Forschungsflugzeuge für Pfeilflügel und für die praktische Durchführbarkeit der variablen Geometrie benutzten Maschinen, erhielten die US-Air-Force Seriennummern 50-1838 und 50-1839.

Trotz eines Streikes in den Bell-Flugzeugwerken

P1101-Instandsetzungsversuch in den Bell-Werkstätten in Buffalo N.Y. (1948). Die Arbeiten wurden jedoch bald eingestellt (oben)
Die P1101 bei Bell mit He S 011-Attrappe (?) und Andeutung von 6 x MG 151 (Mitte)
Mittelteil P1101 mit Andeutungen von 4 x MK 108, die als Folge des Transportunfalles angebrachte Verstärkung der Kabinenhaube ist gut sichtbar. (rechts)

fand die Besichtigung und die Diskussion der Holzattrappe des P1101-Nachfolgers gegen Ende des Jahres 1949 statt.

Windkanalversuche zu jener Zeit zeigten bereits gewisse Mängel in der Richtungsstabilität des Flugzeuges. Zur Behebung dieser gefährlichen Eigenschaft erhielt der Entwurf eine zusätzliche vertikale Flosse unter dem eigentlichen Seitenleitwerk; eine Maßnahme, die offensichtlich nicht ausreichend war, wie der Absturz des zweiten Flugzeuges 0-1839 zeigt.

Nach dem Einarbeiten von einigen weiteren, z. T. von der NACA veranlaßten Verbesserungen und Änderungen hatte zu Anfang des Jahres 1951 die erste Bell X-5 das „Roll-out". Den Erstflug machte das neue Muster allerdings an Bord einer Transportmaschine vom Typ Fairchild C-119, die den noch nicht flüggen Vogel von den Bell-Werken hart an der kanadischen Grenze weit in den Süden brachte. Ziel war das legendäre Air-Force Erprobungszentrum Edwards AFB in Kalifornien.

Das verbliebene Flugzeug führte die Versuchs- und Forschungsflüge bis zum Ende des Jahres 1955 durch, anschließend wurde die Versuchsmaschine ins Museum der Air-Force nach Dayton/Ohio überführt.

Während des X-5 Programmes benutzte man Teile der originalen P1101 für statische Versuche, und irgendwann in den frühen fünfziger Jahren gingen die Reste des Messerschmitt-Flugzeuges endgültig auf den Schrottplatz.

Die P1101 als Anschauungsmodell in den Bell-Werkstätten: Anpaßarbeiten mit dem Allison J-35 Triebwerk.

Ungefähr sieben Jahre nach dem die ersten Entwürfe zu diesem Flugzeug in Oberammergau auf den Reißbrettern Gestalt annahmen, unternahm am 20. Juni 1951 der routinierte Bell-Testpilot Jean Ziegler, jener Pilot, der mit der Bell X-2 tödlich verunglückte, den ersten Flug mit der Bell X-5/0-1838. Die erste Betätigung der Schwenkflügel erfolgte einige Tage später während des fünften Fluges.

Am 10. Dezember 1951 führte ebenfalls Jean Ziegler den Erstflug des zweiten bestellten Flugzeuges, der Bell X-5/0-1839, auf der Edwards AFB durch.

Nachdem beide Flugzeuge von der US Air-Force übernommen waren, nahmen sie ein Testprogramm auf, in das sich auch die NACA einschaltete.

Dieses Programm erlitt durch den Absturz des zweiten Flugzeuges, der 0-1839, infolge mangelnder Längsstabilität am 13. 10. 1953 einen Rückschlag. Der Air-Force Pilot Major Raymond Popson fand dabei den Tod.

Insgesamt führten die beiden Bell-Flugzeuge ca. 150 Versuchsflüge durch. Der Nachweis der erwarteten Schnell- und Langsamflugeigenschaften gelang; die deutsch-amerikanische Konstruktion zeigte einen gangbaren, aber auch einen ziemlich aufwendigen Weg zu dem Ziel, ein schnelles Pfeilflügelflugzeug mit guten Langsamflugeigenschaften zu versehen.

Etwa zur selben Zeit führte auch das Gegenstück der US-Navy zur Bell X-5, die Grumman XF 10 F-1 „Jaguar" einige Versuchsflüge durch. Während der Schwenkmechanismus der am 19. Mai 1952 zum Erstflug gestarteten „Jaguar" zufriedenstellend arbeitete, erreichte das Westinghouse J 40-Triebwerk nie die geplante Leistung. Aus diesem Grunde fand das Versuchsprogramm bereits nach gut einem, stark die Nerven der Verantwortlichen beanspruchendem Jahr, sein Ende.

Die Frage nach dem optimalen Pfeilwinkel eines Kampfflugzeuges beantworteten die Experten auf

01838

BELL Aircraft

Grund der nun vorliegenden Ergebnisse mit einem Wert in der Größenordnung von 40° auf der t/4-Linie; dies wußten die Messerschmitt-Aerodynamiker bereits im Jahre 1943!

Robert J. Woods bzw. die Fa. Bell unterbreiteten in der Folgezeit dem Verteidigungsministerium in Washington immer wieder Vorschläge für eine militärische Anwendung des Schwenkflügels. Aber erst Ende der fünfziger Jahre zeigte das Pentagon wieder Interesse und startete das TFX-Programm, aus dem der Entwurf General-Dynamics F-111 hervorging. Die frühen Messerschmitt-Schwenkflügel Studien und die Bell-Forschungsflugzeuge stellten Vorläufer der F-111 dar, und die mit der X-5 gewonnenen Erkenntnisse und Daten waren für die Auslegung und die Konstruktion des neuen Flugzeuges, das am 21. Dezember 1964 den Erstflug absolvierte, eine wertvolle Hilfe.

Die F-111 machte den Anfang; nach ihr folgten in Ost und West eine ganze Reihe von Flugzeugen, die ein Merkmal gemeinsam besitzen: Tragflügel mit veränderlicher Pfeilung. Flugzeuge dieser Bauart gehören heute, dank der Eigenschaften, die schon ein Dr. Richard Vogt, ein Prof. Messerschmitt, ein Dr. Alexander Lippisch und ein Dipl. Ing. Woldemar Voigt für äußerst wünschenswert hielten, zur Standardausrüstung fast jeder modernen Luftwaffe.

„Vater und Sohn" P1101 und Bell X-5 (oben links)
Bell X-5, der erste Prototyp 01838 (links und unten)
Start des 1. Prototypen zu einem Erprobungsflug (rechts)

Unmittelbar nach dem Abheben: Fahrwerk rein (ganz oben).

Vorbeiflug mit 20°-Pfeilstellung im Langsamflug (mitte u. oben).

Vorbeiflug mit 60°-Pfeilstellung im Schnellflug (links).

Im Horizontalflug hoch über Edwards AFB (links)
2. Prototyp im Langsamflug (Mitte links)
Landung der Bell X-5/01839 (Mitte rechts)
Bell X-5/01839 (2. Prototyp, unten)

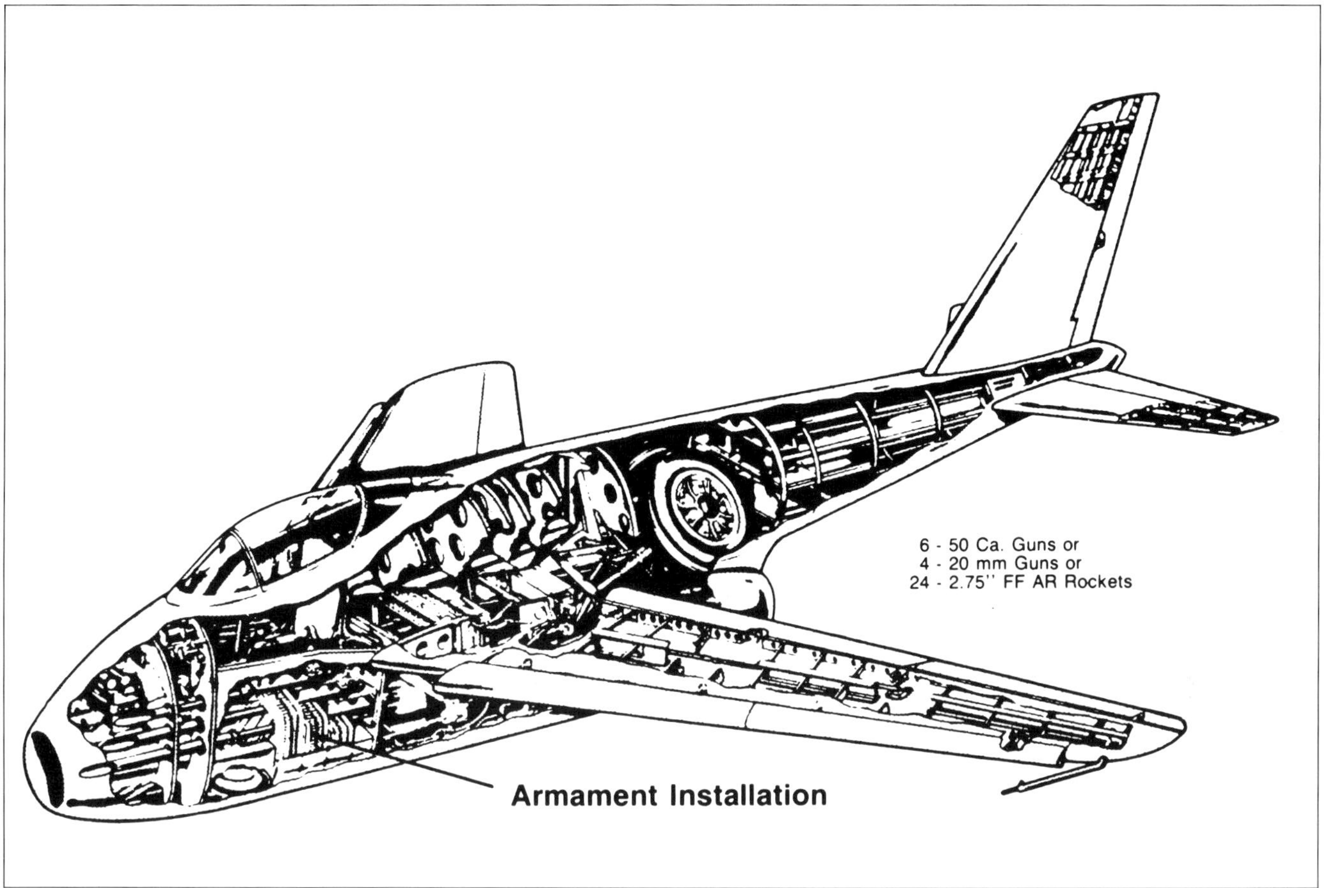

Revell-Modell der Bell X-5 (oben)
Bell X-5 Interzeptor-Vorschlag für die U.S. Air Force; vergl. mit P1101-Serie; Quelle: Jay Miller/Aerofax (ganz oben)

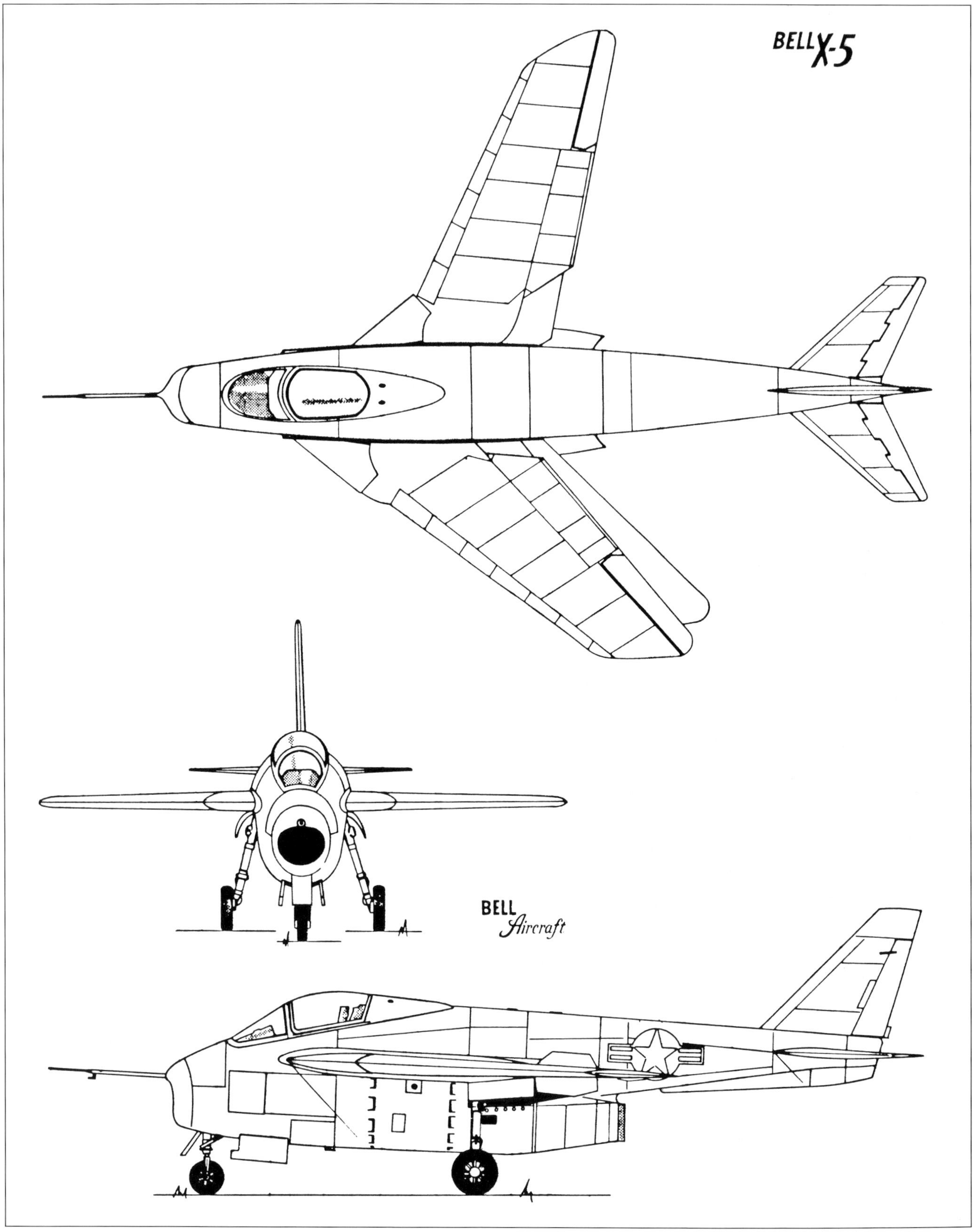
BELL X-5
BELL
Aircraft

Technische Daten der Bell X-5

Einsatzzweck:	einsitziges Forschungsflugzeug für Tragflügel mit unterschiedlichem Pfeilwinkel
Aufbau:	Konventionelle Ganzmetallkonstruktion aus Duraluminium; klimatisierte Druckkabine mit Schleudersitz; hydraulisch betätigte, große Luftbremsen am Rumpfbug.
Länge:	10 160 mm
Höhe:	3658 mm
Tragflügel:	Der Pfeilwinkel des Tragwerkes ist zwischen 20° und 60° veränderbar.

Während des Zurückschwenkens gleitet der Tragflügel zur Kompensation der Schwerpunktwanderung insgesamt um 686 mm zurück. Die stufenlose Betätigung des Tragflügels (Schwenken und Gleiten) erfolgt elektromotorisch über ein Synchrongetriebe und einen Gewindespindelantrieb.

Spannweite	Startstellung	Pfeilung 20°:	10210 mm
	Schnellflug,	Pfeilung 60°:	6325 mm
Flügelfläche:	16,26 m^2		
Tragflügelprofil			
Wurzel	NACA 64 A 011 mit 11% Dicke		
Flügelspitze:	NACA 64 A 00828 mit 8% Dicke		
Antrieb:	1 Stahltriebwerk Allison J-35 A-17 mit einem Standschub von 2223 kp		
Gewichte:			
Leergewicht:	2880 kg		
Startgewicht:	4480 kg		
Leistungen:			
Höchstgeschwindigkeit im geraden Flug:	1045 km/h		
max. Geschwindigkeit	1135 km/h		
max. erreichb. Höhe:	12800 m		
Reichweite:	1200 km		

Dreiseitenansicht Bell X-5 (links)
Zwei mit einer gemeinsamen Wurzel: North American F-86 und Bell X-5. (oben)

Der Leichtjäger HA-300

Neubeginn in Spanien

Das Kriegsende 1945 bedeutete auch für die Messerschmitt AG zunächst das vollständige Aus. Die Fertigungsstätten waren zerschlagen, und die entlassene Belegschaft, für die der Lebensunterhalt jetzt die erste Notwendigkeit war, nahm die Arbeit an, die es eben gerade gab.

Bei Messerschmitt gab es davon noch nicht viel. Das Unternehmen stand unter der Treuhänderschaft der Amerikaner, und der ehemaligen Geschäftsleitung war das Betreten der Werksanlagen untersagt.

Professor Messerschmitt selbst konnte sich erst im Frühjahr 1948 wieder frei bewegen. Seinem Lebensinhalt aber, dem Bau von Flugzeugen, konnte er sich nicht mehr widmen, denn der war auf unabsehbare Zeit in Deutschland verboten. Zwangsläufig beschäftigte er sich nun mit Fertighäusern, Nähmaschinen, Motorrollern u. a. m. Viele seiner Mitarbeiter aus der Zeit vor dem Zusammenbruch hielten sich auf Abruf in seiner Nähe auf oder arbeiteten bereits wieder direkt mit ihm zusammen.

Während also der Flugzeugbau in aller Welt einen ungeheuren Schub durch die deutschen Ideen und Forschungen erhielt, war es den Urhebern selbst in ihrer Heimat verboten, in ihrem angestammten Fach zu arbeiten. Und so ist es nicht verwunderlich, daß etliche der besten Flugzeugbauer sich mehr oder weniger freiwillig ins Ausland orientierten.

Aber Messerschmitt wäre nicht Messerschmitt gewesen, wenn nicht auch bei ihm nach der erzwungenen Abstinenz der Drang zu seinem ureigensten Metier wieder übermächtig geworden wäre. Allerdings war, dies sei vorweg genommen, bei allem Engagement im Ausland bei ihm wie bei seinen Unternehmer-Kollegen Heinkel und Dornier immer der Wiederaufbau ihrer deutschen Unternehmen das vorrangige Ziel.

Anfang 1951 erreichte ihn eine Anfrage aus Spanien, die den dort laufenden Lizenzbau der Me 109 betraf. Messerschmitt nahm die Gelegenheit sofort wahr und reiste mit seiner späteren Frau, der Baronin von Michel-Raulino, nach Sevilla zu Hispano-Aviacion. Da Spanien seit dem Bürgerkrieg einen neutralen Kurs steuerte, war es bestrebt, sich einerseits von ausländischen Rüstungsgütern unabhängig zu machen und andererseits auf dem Weg zum modernen Industriestaat Anschluß an die damalige Hochtechnologie zu halten. Bereits bei dieser Reise knüpfte der deutsche Konstrukteur Verbindungen mit dem Ziel, in Spanien Luftfahrtentwicklung zu betreiben.

Nachdem sein langjähriger Mitarbeiter und Chefstatiker Prof. Julius Krauß seit April bei Hispano beratend tätig war, besuchte Messerschmitt im Juli 1951 noch einmal die spanischen Flugzeugbauer und faßte anschließend seine Eindrücke, Erfahrungen und Vorschläge in einem Memorandum zusammen. Darin schlug er den Spaniern u. a. den Entwurf von Turbinenjagdflugzeugen und Forschungen auf dem Gebiet der Überschall-Aerodynamik vor.

Dieses Memorandum wurde zur Grundlage eines Vertrages, den Messerschmitt mit Hispano-Aviacion (HA) mit Zustimmung des spanischen Luftfahrtministeriums am 26. Oktober 1951 in München unterzeichnete.

Aufgrund dieser Vereinbarung nahm am 3. Januar 1952 ein deutsches Team am Fuß der Sierra Nevada die Arbeit auf. Leiter der kleinen Gruppe und ständiger Vertreter von Professor Messerschmitt war Professor Krauß. Mit von der Partie waren neben dem ehemaligen Leiter der Projektgruppe 1, Hans Hornung, die Herren Ebner und Bosch.

Nach einer Ausschreibung des spanischen Luftfahrtministeriums entwickelte die kleine Gruppe gemeinsam mit spanischen Fachleuten und mit Unterstützung des Münchner Büros das Schulflugzeug HA-100, das am 10. 12. 1953 den ersten Flug absolvierte.

Neben der Entwicklung und dem Bau von Trainern verfolgte Messerschmitt von Anfang an ein ehrgeiziges Ziel: die Konstruktion eines leichten Überschalljagdflugzeuges, das bezüglich Leistungsfähigkeit, Gewicht und Fertigungsaufwand einen optimalen Kompromiß darstellen sollte.

Mit dieser Entwurfsphilosophie kam Messerschmitt, dem man ja zurecht nachsagte, daß er der Meister der Konstruktion von Flugzeugen höchster Leistung bei geringstem Gewicht sei, den Vorstellungen der spanischen Luftwaffenführung weitgehend entgegen.

Die Spanier wünschten einen kleinen, einsitzigen Abfangjäger, der bei klarem Wetter Punktziele verteidigen, eine Geschwindigkeit von Mach 1,3 bis 1,5 erreichen, und der in größeren Stückzahlen auch von wirtschaftlich und industriell schwachen Ländern gefertigt werden konnte.

Die erste Information über diesen Jäger findet sich Anfang Juli 1952 in einem Schreiben der Fa. Oerlikon an Professor Messerschmitt, in dem es um den Einbau der „neuen Revolverkanonen" und die „Bestückung von Raketen für einen von Ihnen zu entwickelnden Jäger" geht. Die in Frage kommenden

Kanonen besitzen ein Kaliber von 20 oder 30 mm, und der Durchmesser der zur Wahl stehenden Raketen beträgt 5 oder 8 cm. In diesem Brief wird bereits eine Schwierigkeit angesprochen, die das künftige Flugzeug ständig begleiten sollte: die Beschaffung eines geeigneten Triebwerks.

Eine weitere Information findet sich im Anfangsteil eines Berichtes vom 14. 7. 1952, in dem über die Bewaffnung und die Triebwerksleistung des „künftigen Düsenjägers“ gesprochen wird.

Erst ungefähr ein Jahr später, am 12. Juli 1953 wies dann Messerschmitt in einer Aktennotiz seine Mitarbeiter Krauß und Hornung an, den „TL-Jäger so zu bauen, daß bei Verwendung des gleichen Rumpfes ein ungepfeilter Flügel, ein stark gepfeilter Flügel, ein Deltaflügel und ein Höhenleitwerk oder keines angebaut werden kann“.

Nach den beiden Trainern mit den Kennziffern 100 und 200 laufen die Arbeiten am Strahljäger unter der Nummer P (Projekt) 300.

Zu Beginn des Jahres 1954 nahmen Hornung und Krauß Kontakt mit den Eidgenössischen Flugzeugwerken in Emmen bei Luzern mit dem Ziel auf, die für das P 300 notwendigen Hochgeschwindigkeitsmessungen dort durchzuführen.

Ein offizieller Auftrag für die Entwicklung des Flugzeuges lag zwar „de jure“ noch nicht vor, aber die Bereitschaft zur Übernahme der Windkanalkosten durch das Luftfahrtministerium signalisierte einen „de facto“-Zustand, der ein Arbeiten ermöglichte.

Bei den Studien des Jahres 1954 ist die Verwandtschaft zu den Arbeiten in Oberammergau noch unverkennbar. Auch bei diesen Vorschlägen setzten die Planer auf einen Tragflügel, der an der Flügelspitze eine größere relative Profildicke als im Wurzelbereich besitzt.

Die Zeichnung des Windkanalmodelles zeigt die Konturen des ersten Entwurfes zum Jägerprojekt 300 (Anfang 1954)

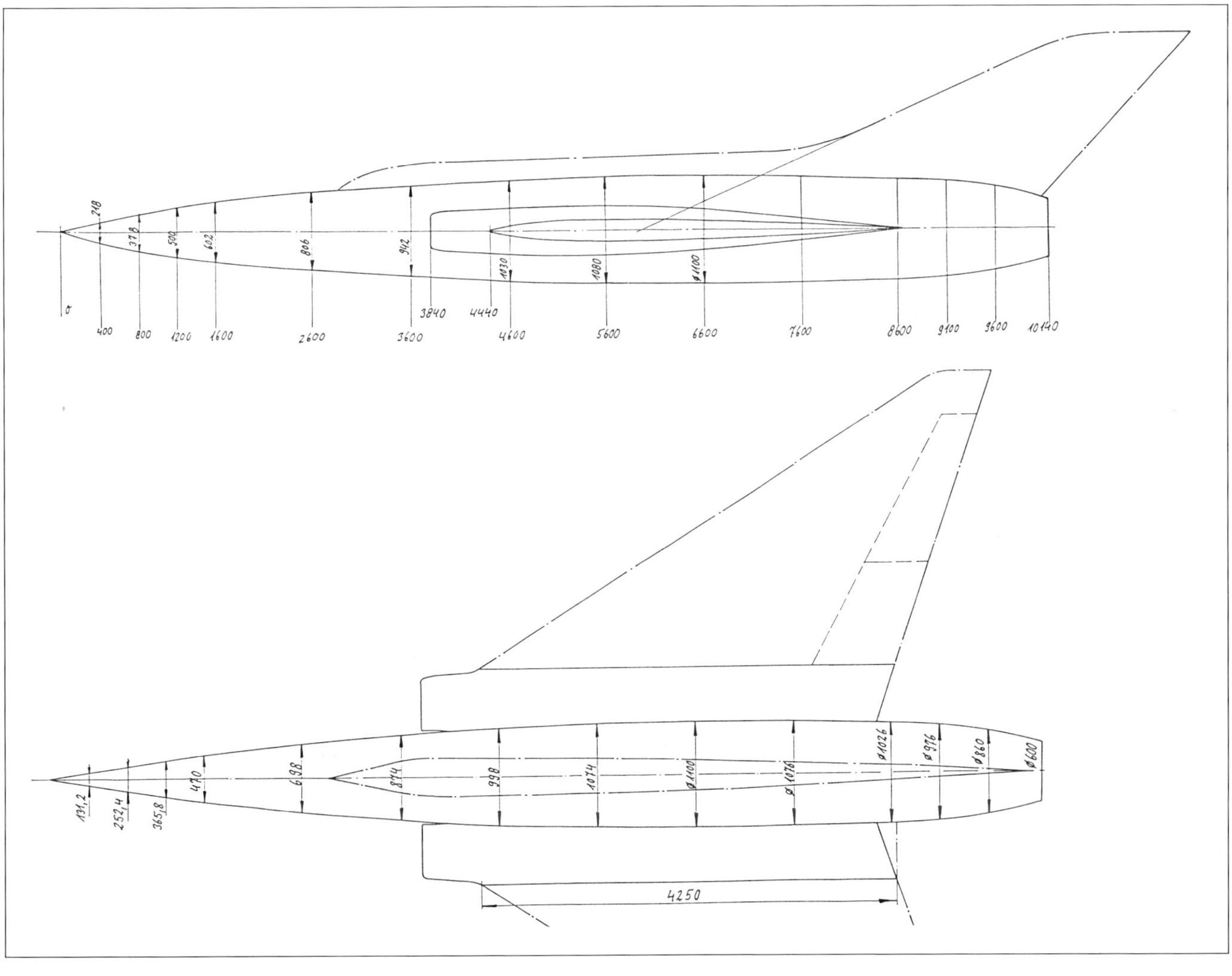

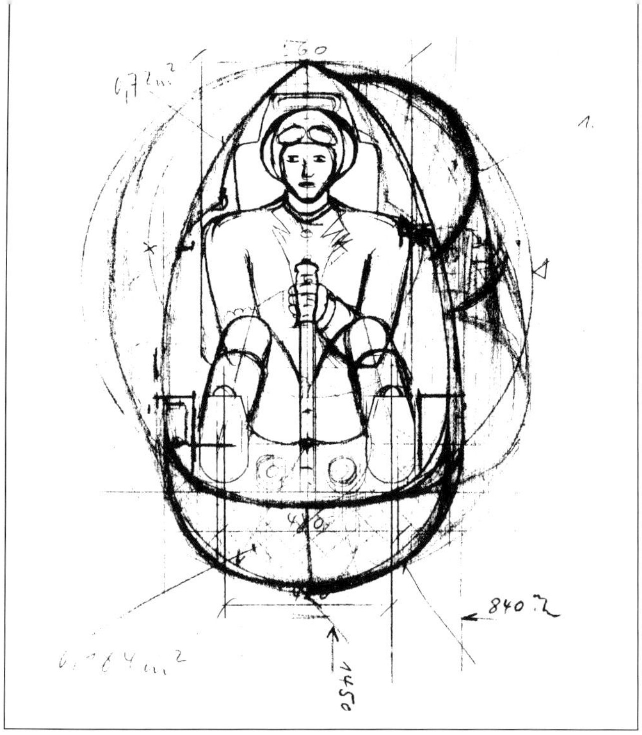

Auch bei der P300: Versuch des kleinstmöglichen Rumpfquerschnittes; Originalskizze aus dem spanischen Messerschmitt-Büro. (links) Tragflügel P300; Maßblatt vom 8. April 1954 (unten)

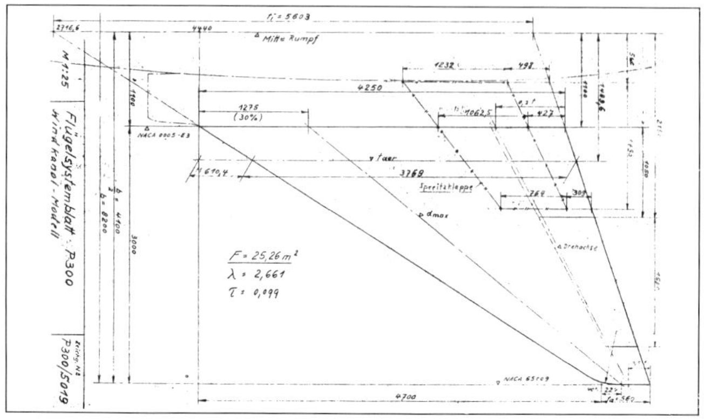

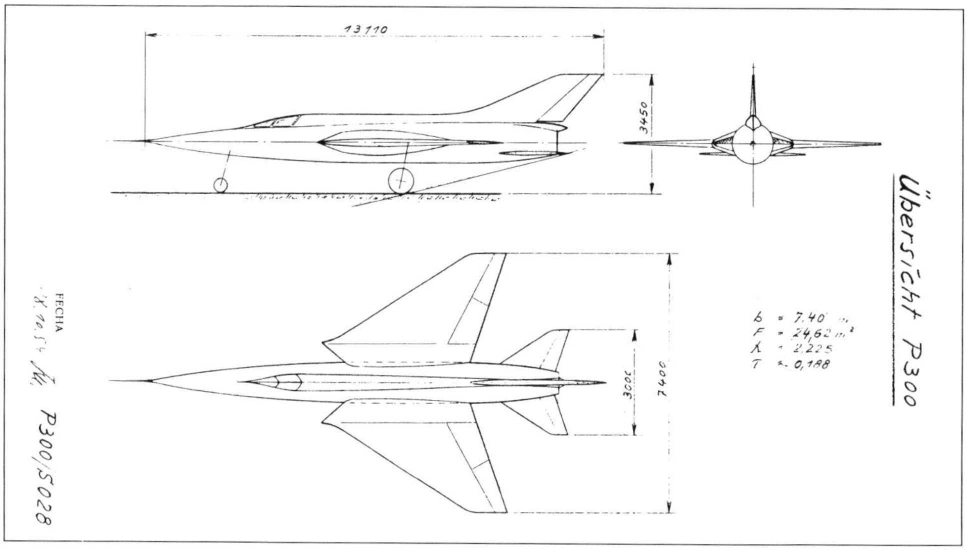

Übersichtszeichnung P300 vom 18. Okt. 1954; interessant sind die gepfeilten Einläufe, die and die Republic F-105 „Thunderchief" (Erstflug 22. 10. 1955) erinnern

Ein kurzer Vergleich der hauptsächlichen geometrischen Daten soll die Unterschiede zum P1111 von 1945 veranschaulichen:

	P1111	P300 Pfeilflügel	P300 Deltaflügel
Spannweite	9160 mm	8200 mm	7300 mm
Flügelfläche	28 m^2	25,26 m^2	24,52 m^2
Streckung	3,0	2,66	2,173
relative Profildicke			
Innen	8%	5%	5%
Außen	8%	9%	9%
Zuspitzung	0,3	0,1	0,2
Pfeilung	45°	50°	50°
Länge ü. a.	8920 mm	11 915 mm	11 915 mm
Höhe	3060 mm	3300 mm	3300 mm

Auch in Sevilla verfolgte Hornung konsequent das von Messerschmitt vorgegebene Ideal des kleinstmöglichen Rumpfquerschnittes. Eine Skizze aus dem Planungsbüro belegt dies anschaulich. Ähnlich wie bei den späten P1112-Studien war für den geplanten Jäger ein Höhenleitwerk vorgesehen, über dessen endgültige Anordnung noch keine Klarheit bestand. Vom P300 existieren ein Vorschlag für das Serienmodell (S 028) und eine Modellausführung für die Windkanaluntersuchungen, an dem die verschiedensten Modifikationen möglich waren; bekannt ist folgendes:

- Pfeilflügel mit verschiedenen Spannweiten,
- Pfeilflügel abgeändert zum Deltaflügel,
- Leitwerk mit hochgesetztem Höhenleitwerk,

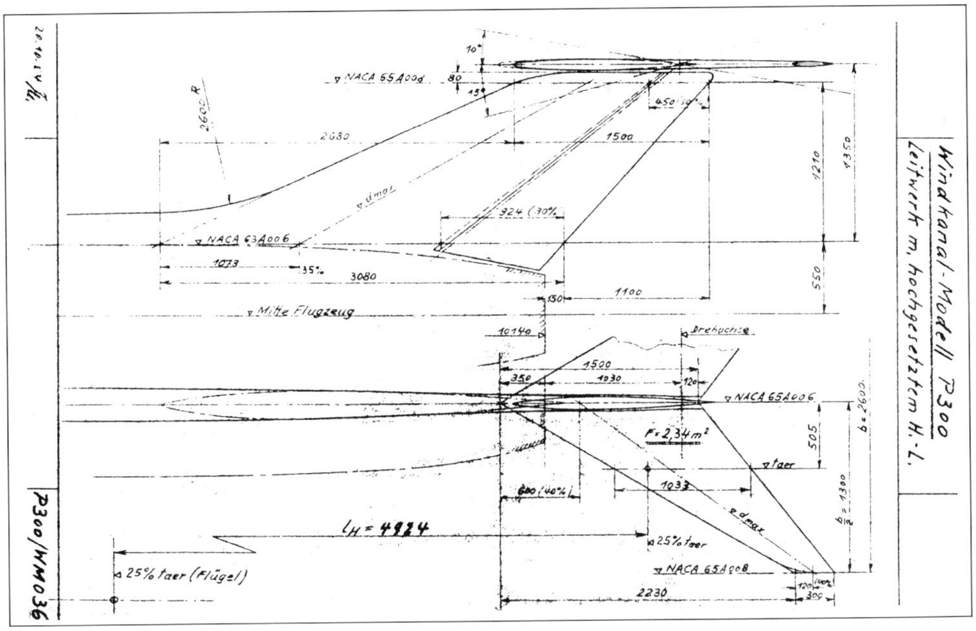

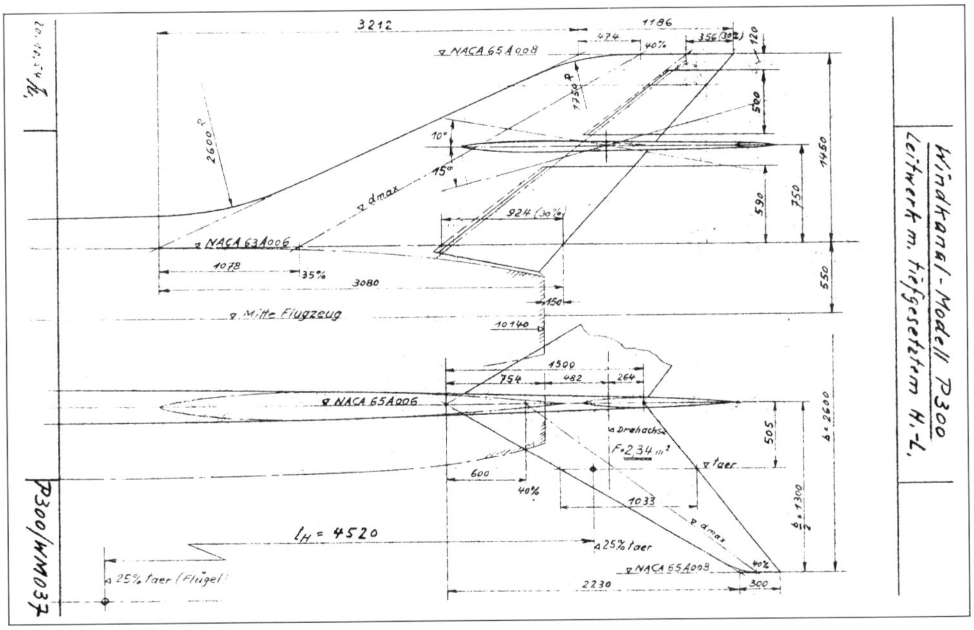

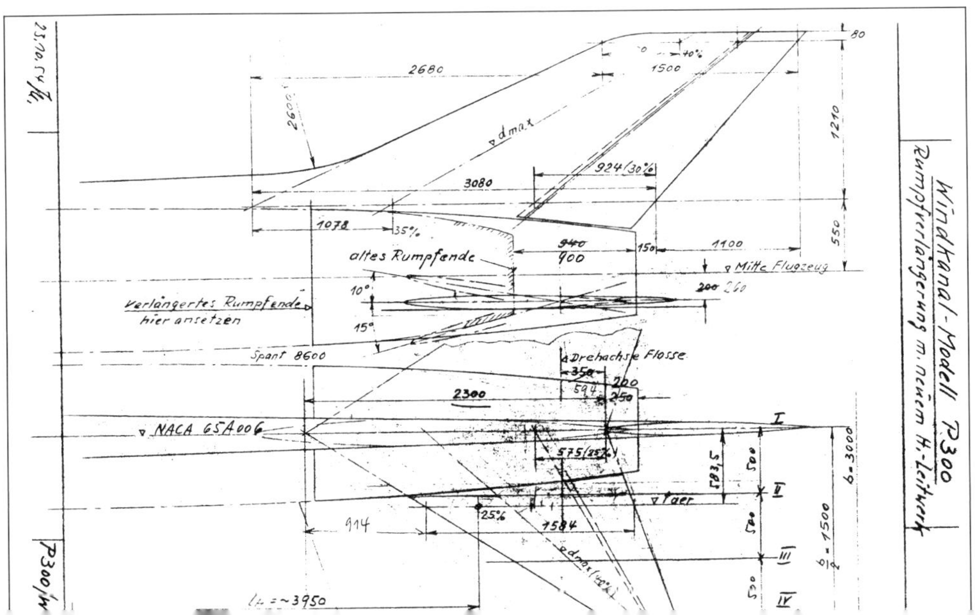

Maßblätter für die geplanten Modifikationen am P300 Grundentwurf: sie belegen die umfangreiche Windkanalarbeit zur Erzielung der bestmöglichen Auslegung.

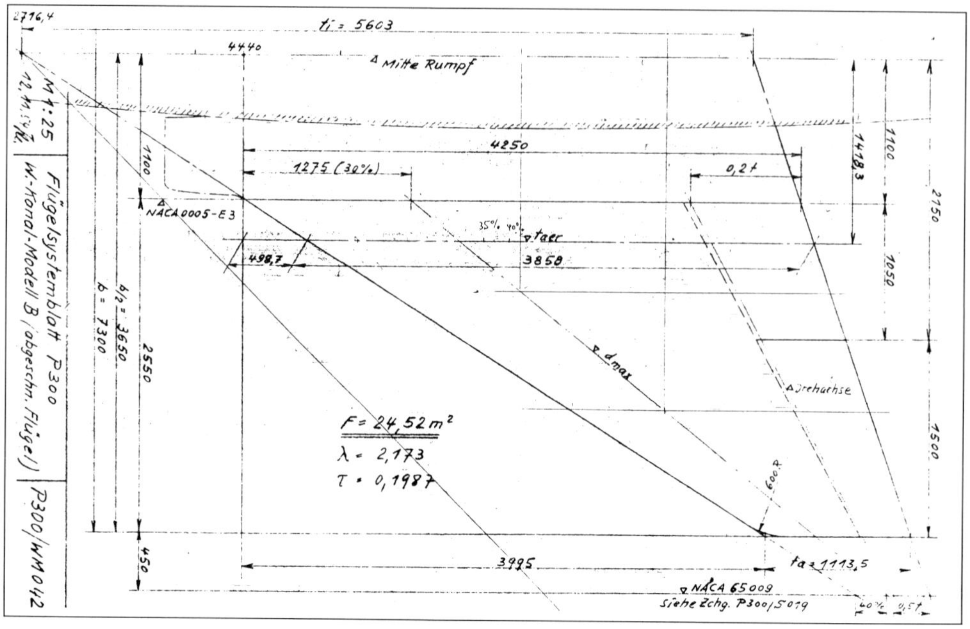
Flügelsystemblatt P300
W.-Kanal-Modell B (abgeschn. Flügel)
P300/WM042
M 1:25
t_i = 5603
Mitte Rumpf
4250
1275 (30%)
0,2t
NACA 0005-E3
t_{aer}
3858
498,7
d_{max}
Drehachse
F = 24,52 m²
λ = 2,173
τ = 0,1987
3995
t_a = 1113,5
NACA 65009
siehe Zchg. P300/S079
b/2 = 3650
b = 7300
2550
1100
2750
1050
1500
450

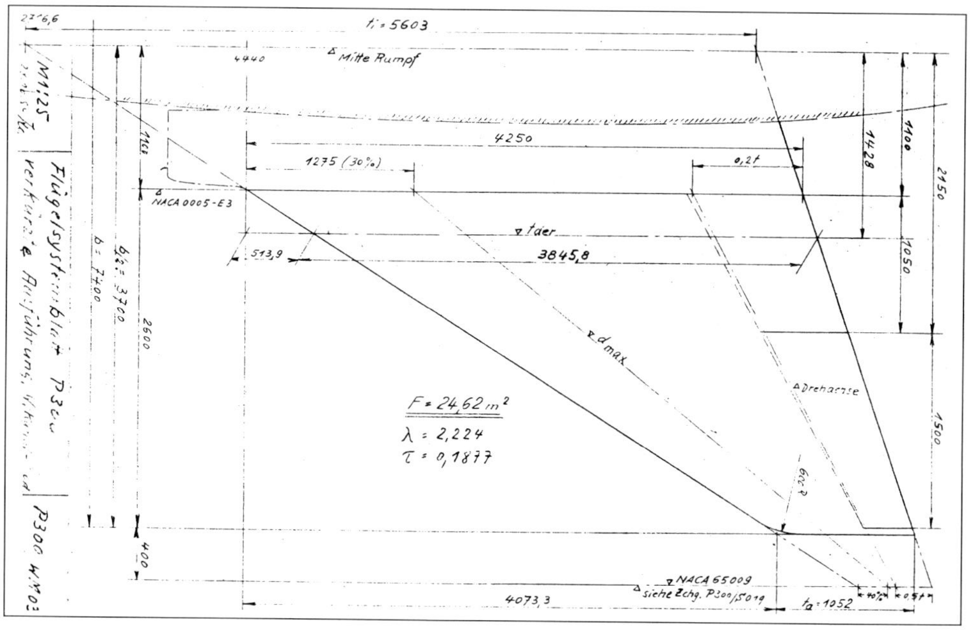
Flügelsystemblatt P300
M 1:25
t_i = 5603
Mitte Rumpf
4250
1275 (30%)
0,2t
NACA 0005-E3
t_{aer}
3845,8
513,9
d_{max}
Drehachse
F = 24,62 m²
λ = 2,224
τ = 0,1877
4073,3
t_a = 1052
NACA 65009
siehe Zchg. P300/S079
b = 7400
2600
1428
2750
1050
1500
400

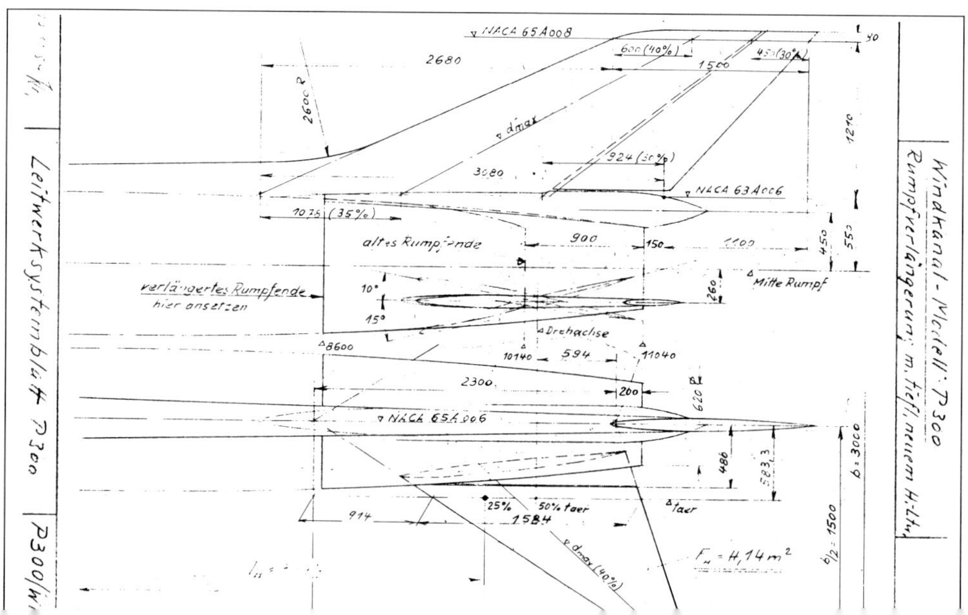
Leitwerksystemblatt P300
Windkanal-Modell P300
NACA 65A008
2680
600 (40%)
1500
d_{max}
3080
924 (30%)
NACA 63A006
1075 (35%)
altes Rumpfende
900
150
Mitte Rumpf
verlängertes Rumpfende hier ansetzen
10°
15°
Drehachse
8600
10140
594
11040
2300
200
NACA 65A006
t_{aer}
914
1584
25%
50% t_{aer}
F_H = 4,14 m²
b = 3000
b/2 = 1500
486
583,3

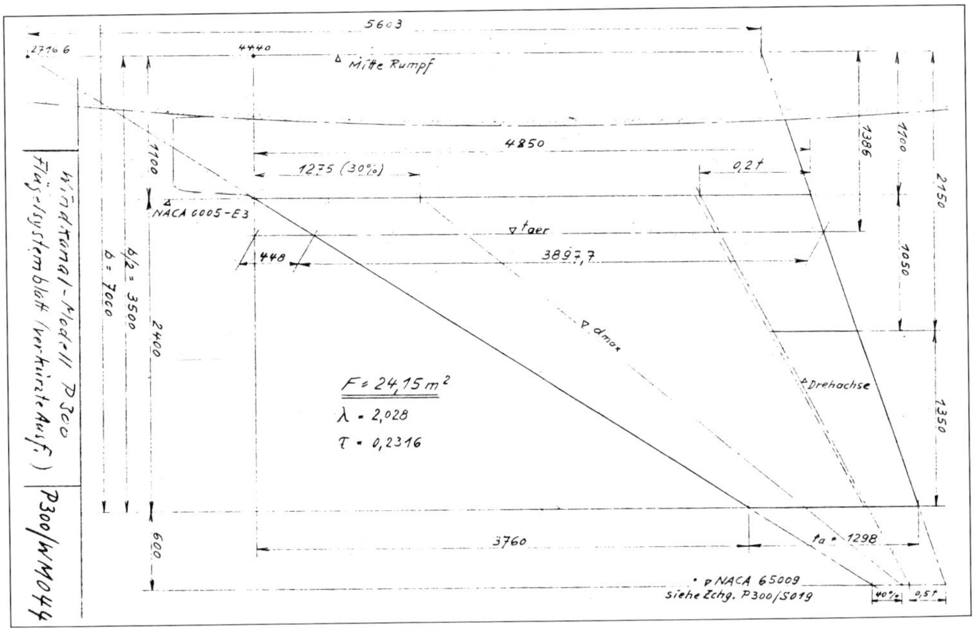

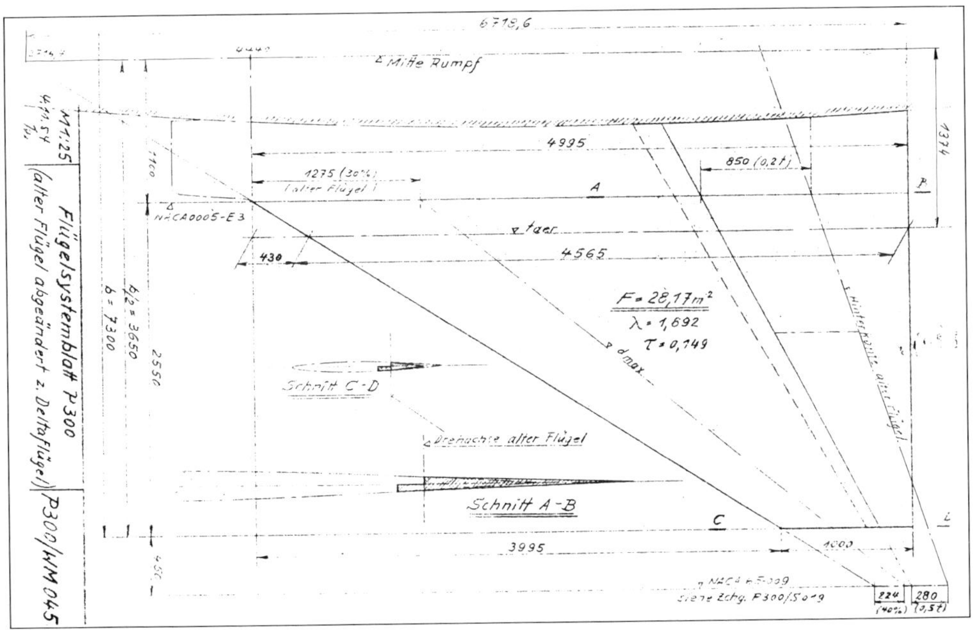

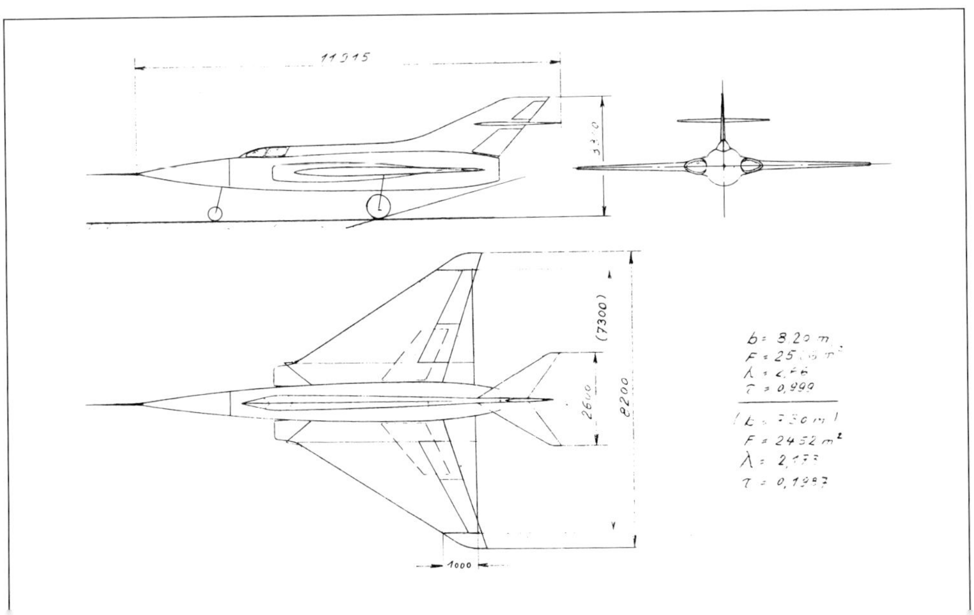

Modellausführung der P300; Variation dieses Grundmusters nach den Maßblättern WM 036 – 045.

• Leitwerk mit tiefer gesetztem Höhenleitwerk und

• Rumpfverlängerung mit Höhenleitwerk tief am Rumpf angesetzt.

Nachdem bereits die INTA (Instituto Nacional de Téchnica Aeronàutica) in Torrejon bei Madrid erste Versuchsreihen im institutseigenen Windkanal durchführte, bereiteten im Juli Krauß und Hornung die Messungen in der Schweiz vor. Etwa zu derselben Zeit führte Messerschmitt Gespräche mit Oerlikon über die Bewaffnung des künftigen Defensiv-Jägers. Immer wieder diskutierten die Verantwortlichen die Triebwerksfrage an, die aber im Falle der HA-300 nie zufriedenstellend gelöst werden sollte.

Spanische Luftfahrtkreise diskutierten zu dieser Zeit die Einbeziehung der amerikanischen Firma Lockheed und die Zusammenlegung der Entwicklungskapazitäten von HA und ihrer größeren Konkurrenz CASA um die eigenständige spanische Luftfahrt auf eine breitere Basis zu stellen. Lockheed war auch zeitweise an den Lizenzrechten für die HA-300 interessiert. Zusätzlich sorgte noch ein Besuch für etwas Unruhe und Gesprächsstoff: Ernst Heinkel und einige seiner engsten Mitarbeiter hielten sich bei der CASA auf und erneuerten alte Kontakte.

Etwa ab der Jahresmitte 1954 waren dann 2/3 des deutschen Entwicklungsteams an der HA-300 beschäftigt. Zu den dringlichsten Aufgaben gehörten Projektarbeiten, statische Bemessung, Windkanalmessungen, Ausrüstungsstudien und nicht zuletzt bereits Konstruktionsvorbereitungen.

Das Jahr 1955 brachte – nicht nur für das „Oficina Tecnica Prof. Messerschmitt Sevilla“ – eine Reihe von bedeutenden Ereignissen.

Die Projektarbeiten am HA-300 erforderten jetzt laufende Windkanalmessungen bei der INTA in Madrid.

Der Entwurf besaß zu dieser Zeit folgende Daten:

Bezeichnung:	einsitziger Jäger für Luftüberlegenheit und Interceptoraufgaben
Stand:	Ende 1954/Anfang 1955
Besatzung:	1 Pilot in Druckkabine mit Schleudersitz
Triebwerk:	1 x SNECMA „ATAR“ 101 E mit 3500 kp Schub (von Hornung eingeplant)
Spannweite:	7400 mm
Pfeilung:	50°
Streckung:	2,225
relative Flügeldicke:	5/9%
Flügelfläche:	24,62 m^2
Länge:	13 110 mm
Höhe:	3450 mm
Startgewicht:	5000 kg
Schubbelastung:	1,43 kg/kp
max. Flächenbelastung:	203 kg/m^2
max. Geschwindigkeit:	1400 km/h
Bewaffnung:	2 x 20 mm Oerlikon-Kanonen und 2 x Oerlikon Raketen-Kanonen mit mindestens 24 Stck. 7,5 cm Raketen

Nach der Auswertung der Windkanal-Messungen, die eine Änderung der Tragflügelprofilierung und eine Umgestaltung des Einlaufes nach sich zogen, konnte man in Sevilla mit den Konstruktionsarbeiten am Rumpfvorderteil beginnen; parallel dazu

sollte mit dem Bau einer Attrappe begonnen werden.

Zuversichtlich hofft Messerschmitt den Jäger im Laufe des Jahres 1957 in die Luft zu bekommen. Er selbst war sich darüber im klaren, daß diese Angelegenheit im Vergleich zur HA-100 oder HA-200 ein wesentlich schwierigeres Unterfangen war. So äußerte er z. B. am 21. März: ,,Die Aerodynamik der HA-300 ist ein sehr heikles Kapitel und wir müssen alles tun, um irgendwelche Rückschläge bei dem Bau und der Erprobung zu vermeiden.“ Und am 7. April 1955 schrieb er: ,,die HA-300 wird uns noch einiges Kopfzerbrechen machen“. So ist es nicht verwunderlich, daß auch spanische Offizielle Zweifel hegten, daß die HA-300 in Spanien ohne Schwierigkeiten gebaut werden kann.

Während die spanischen Bedenken wohl mehr finanzieller Natur waren, nährten die in Emmen laufenden Windkanalversuche die Zweifel an der Richtigkeit des Konzeptes.
In einer deutsch-spanischen Besprechung am 24. Mai über den weiteren Entwicklungsweg der HA-300 wird dann in Änderung der bisherigen Überlegungen folgendes festgelegt:

- Die Rumpfauslegung muß für einen Delta- und für einen ungepfeilten Flügel geeignet sein; wobei der Pfeilflügel (Delta) eine Vorderkantenpfeilung von 45° und eine Dicke von 5% erhält, während der ungepfeilte Trapezflügel mit einer Trapezform von ca. 2 : 1 und einer Dicke von 4 – 5% ausgestattet wird.

- Das Flugzeug muß auch als zweisitzige Ausführung gebaut werden können

- und als Triebwerk soll jetzt das britische Armstrong Siddeley ,,Sapphire“ 6 Verwendung finden.

Es war also wieder vieles offen. Ebenfalls im Mai 1955 erhielt die Bundesrepublik Deutschland von den Alliierten die volle Lufthoheit zurück. Der Flugzeugbau als unternehmerische Tätigkeit bekam wieder eine andere Dimension und für Professor Messerschmitt bedeutete dies mit Sicherheit eine weitere Einschränkung seines Engagements auf der iberischen Halbinsel.

Im Juli 1955 war sich Ernst Heinkel, der seine Aktivitäten in Spanien nach seinem Besuch vom Sommer 1954 keineswegs einschlafen ließ, mit der CASA einig, und er arbeitete in Stuttgart an einem Leichtjägerentwurf, der offensichtlich mehr den Vorstel-

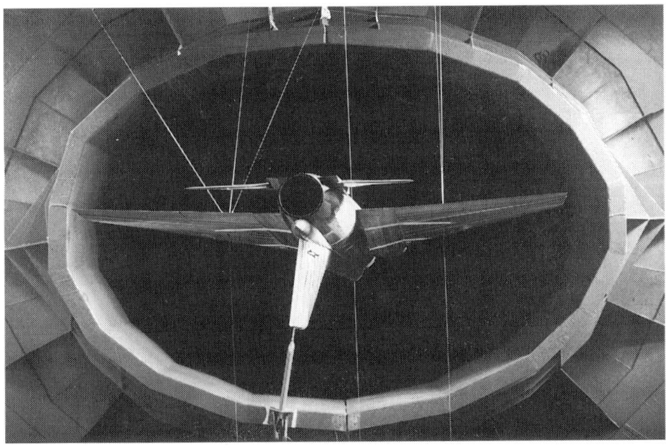

P300-Modell nach dem Stand von Ende 1954/Anfang 1955 mit verlängertem Rumpf und tiefliegendem Höhenleitwerk (WM 043) im Windkanal des Eidgenössischen Flugzeugwerkes Emmen.

lungen der spanischen Luftwaffenführung entsprach als das etwas schwerere Messerschmitt-Flugzeug. Der vom Heinkel-Chefprojekteur Siegfried Günther entworfene kleine Deltajäger HE C-101 basierte auf Erfahrungen, die er mit dem Entwurf eines Jagdbombers für Ägypten gewonnen hatte.

Obwohl sich die Zusammenarbeit von Heinkel und den spanischen Stellen zerschlug, reagierte Messerschmitt sofort. Schon am 13. Juli erklärte er: „daß auch ich bereit wäre, wenn es das Luftfahrtministerium wünscht, die Frage zu prüfen, ob man das Flugzeug nicht noch kleiner auslegen soll als wir es im Augenblick tun".

Das große Luftfahrt-Ereignis in Sevilla war im Sommer 1955 der Erstflug des ersten spanischen Jets, der HA-200.

Bevor jedoch am 12. August das von Messerschmitt und seinen Mitarbeitern aus der kolbenmotorgetriebenen HA-100 entwickelte zweistrahlige Schulflugzeug in den blauen Himmel über der Sierra Nevada stieg, gab es für die Spanier und Messerschmitt noch eine herbe Enttäuschung: Die Bundesrepublik entschied sich einen Monat zuvor bei der Wahl des Standardtrainers für die neue Luftwaffe für den Lizenzbau der französischen Fouga „Magister" und nicht für HA (Me)-200.

An der HA-300, deren Dringlichkeit der Luftfahrtminister noch einmal betonte, gingen jetzt die Planungen in die von Messerschmitt erwähnte Richtung. Das um einige weitere Mitarbeiter verstärkte „Studienbüro" arbeitete in Sevilla und in München nun an dem „kleinen" Entwurf.

Auch dabei entstand eine beachtliche Zahl von Vorschlägen, Windkanalmodellen und nicht weiter verfolgten Ideen.

Es kristallisiert sich ein Flugzeug ohne Höhenleitwerk und einem Deltaflügel mit Hinterkantenklappen heraus.

Messerschmitt schlug für eine erste Erprobung einen Gleiter ohne Triebwerk vor.

Die neue Projektphilosophie wird in einer Art Spezifikation vom 23. 11. 55 sichtbar:

HA-300 Vorschlag für Auslegung mit der Bitte um Rückäußerung bis 1. 12. 55

Die Umstellung des HA-300-Projekts auf das in puncto Eigengewicht günstige Triebwerk Bristol Orpheus und damit auf einem wirklichen Leichtjäger, läßt es wünschenswert erscheinen, den Einsatzzweck einer solchen Maschine nochmals zu überlegen.

Die geographische Lage Deutschlands und auch Spaniens durch seine Küsten läßt nicht viel Zeit vom Zeitpunkt der Angriffsmeldung bis zur Abwehr. Im Luftraum patroullierende Jäger bedingen aber großen Aufwand an Beschaffung und Haltung und sind schwerfälliger im Einsatz. Die HA-300 sollte deshalb als ausgesprochener Interceptor die Lücke zwischen Luftraumdauerbewachung und Raketenabwehr ausfüllen, also auf folgende Punkte besonders untersucht werden:

Kürzeste Steigzeit bis auf 15 000 m.
Gute Feuerkraft bei wenig Munition mit Ausstattung 2 Hispano Suiza 30 mm.
Als Ausrüstung nur Kreiselvisier; Servosteuerung ohne Autopilot, FT-Verbindung und Entfernungsmessung.

Betriebsstoff im Innenraum für Abbremsen, Steigen auf 15 000 m bei 100%iger Leistung, 1/4 Stunde Kampfzeit oder 5 Minuten mit Nachbrenner, 150 km Anflug auf nächsten Flughafen gedrosselt.

Bei dieser Auslegung ergeben sich folgende Gewichte:

Leergewicht	2206 kg
Zuladung: 300 Schuß	180 kg
Brennstoff	950 kg
Pilot	85 kg
Also ein Gesamtgewicht von	3421 kg

Für das Startgewicht von 3300 kg nach Abbremsen ergibt sich als mittlere Steiggeschwindigkeit zwischen 0 und 5000 m rund 100 m pro sec.; zwischen 5000 und 10 000 rund 70 m pro sec.; zwischen 10 000 und 15 000 rund 32 m pro sec., somit eine Gesamtsteigzeit von 0 – 15 km von 290 sec. oder knapp 5 Minuten.

Die oben angeführte Brennstoffmenge reicht für eine Strecke von insgesamt 500 km. Soll also die HA-300 für Kampfeinsatz oder Bodeneinzelziele hergenommen werden, so muß bei Mitnahme einer Nutzlast von 1000 kg rund 1100 kg Brennstoff in abwerfbaren Außenbehältern für den Anflug vorgesehen werden. In dieser Form könnte sie auch als Luftraumüberwachungsjäger noch gelten. Dieser Beladezustand soll jedoch nicht für die Auslegung im Kampfeinsatz und Überschallflug und die Landung rechnerisch angesetzt werden.

Sevilla, 23. November 1955

gez.: M. Schäffer

Verteiler:
Prof. Messerschmitt
Prof. Thalau
Herr Hornung
Herr Madelung
Herr Schäffer
Akt

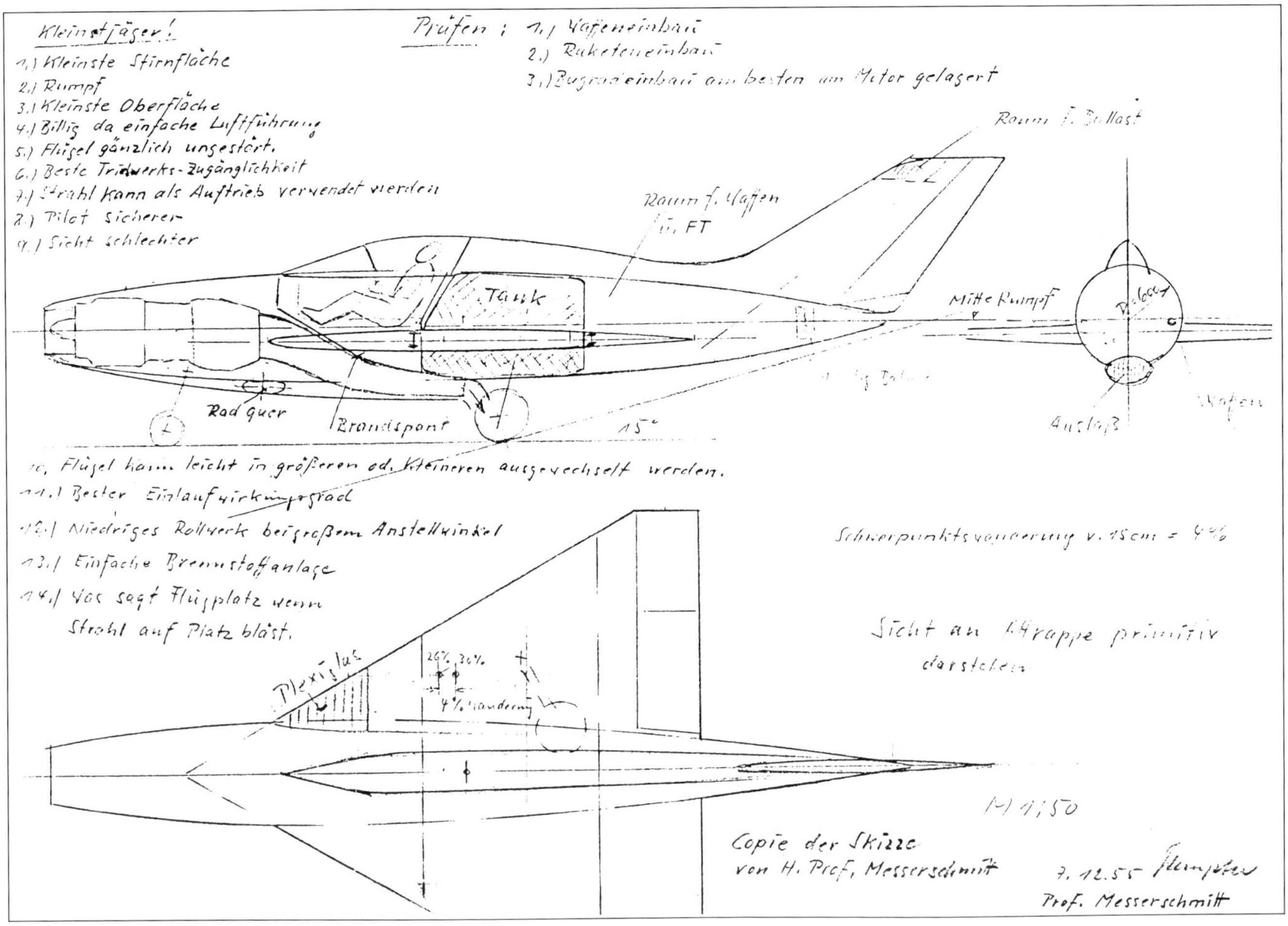

Leichtjäger (Kleinstjäger)-Vorschlag von Prof. Messerschmitt; Kopie einer Skizze vom 7. Dez. 1955.

Wie aus einem handschriftlichen Vermerk hervorgeht, ist Messerschmitt im Prinzip mit dem Vorschlag einverstanden; er hält nur, typisch für ihn, das Baugewicht von 2206 kg für zu hoch.

Wenig später wird ein Arbeitsprogramm aufgestellt, in dem auch erwähnt ist, daß das vorgeschlagene Gleitflugzeug von der Firma AISA zu bauen ist. Die Termine sind sehr knapp bemessen, und die gesamte Projektierung muß im Januar 1956 abgeschlossen sein, um dann das geänderte Projekt dem Luftfahrtministerium vorlegen zu können.

Gleichzeitig bemühten sich die Verantwortlichen dort um neue Mittel für die notwendigen Überschallversuche bei den Eidgenössischen Flugzeugwerken in Emmen. Bereits jetzt zeichnen sich Probleme mit der Finanzierung des Programmes ab.

Ein erhöhtes Interesse Ägyptens läßt im spanischen Luftfahrtministerium die Hoffnung aufkeimen, einen Mitträger der Entwicklungskosten zu gewinnen.

Die spanische Regierung, bzw. ihr Luftfahrtministerium publizierten dann auch erstmalig in der Tagespresse die Zusammenarbeit und die Beauftragung von Messerschmitt mit der Turbojäger-Entwicklung HA-300.

Der Schwerpunkt der Entwicklungsarbeit verlagerte sich daraufhin wieder in zunehmendem Maße von München nach Sevilla; umfangreiche zusätzliche Windkanalversuche wurden geplant und in Auftrag gegeben und es wurde eine Denkschrift erarbeitet, in der endgültig die HA-300 als Leichtjäger und leichtes Kampfflugzeug von 3–4 to Gewicht definiert wird. Von Flugzeugen mit dem gleichen Antrieb und ähnlicher Aufstellung (z. B. Fiat G-91 oder Folland „Gnat") unterscheidet sich die HA-300 vor allem durch die (theoretisch) höhere Geschwindigkeit.

Der Originaltext der Denkschrift vom 8. 2. 56 gibt einen guten Einblick in den nunmehr erreichten Stand der Entwicklung, über die Leistungsfähigkeit, die Bauweise und das weitere Vorgehen:

Denkschrift über den Überschalljäger-Entwurf P 300

Einleitung:
Die ersten Arbeiten am Projekt P 300 (Jäger mit Überschallgeschwindigkeit im Horizontalflug) begannen gegen Mitte 1953.

Als Triebwerk wurden die dazumal modernsten Triebwerke, wie Avon und Sapphire, für die Projektierung zugrundegelegt. Mit den zu dieser Zeit vorliegenden Kenntnissen über die Hochgeschwindigkeit-Aerodynamik glaubte man nur mit diesen starken Triebwerken Überschallgeschwindigkeiten im Horizontalflug erreichen zu können. Von den schubstarken leichten Triebwerken, wie z. B. Bristol „Orpheus" war noch zu wenig bekannt, um schon dazumal das Projekt auf diese Triebwerke auszurichten. Modelle des Entwurfes mit starkem Triebwerk wurden in Unterschall- und Transonikkanal vermessen. Die Meßergebnisse bestätigten, daß Überschallgeschwindigkeiten möglich sind. Des weiteren ergab sich aber auch, daß mit den neuen Leichttriebwerken und den Erkenntnissen der „Area-Rule" durch annähernd affine Verkleinerung (fußend auf das geringere Triebwerksgewicht, kleinere Abmessungen desselben und geringerem Gesamtkraftstoffverbrauch) die gleichen Leistungen erreicht werden können.

Durch die Anwendung der „Area-Rule" ist es nun möglich, den hohen Widerstand in der Nähe der Machzahl 1 auf ein ertragbares Maß herabzudrücken und so auf überstarke Triebwerke zu verzichten, die zur Überwindung dieser Widerstandsspitze notwendig waren.

Diese Erkenntnisse und besonders wirtschaftliche Erwägungen führten dazu, im Herbst des Jahres 1955 von dem Entwurf (Gewichtsklasse 5500–6000 kg) mit schweren Triebwerken auf Gewichtsklasse 3000–3500 kg, mit Leichttriebwerk Bristol „Orpheus", also auf einen Leichtjäger umzustellen.

Aufgabenstellung
Das Flugzeug ist als einmotoriger Strahl-Leichtjäger (Jäger mit geringstem Bauaufwand) mit Überschallgeschwindigkeiten im Horizontalflug in größeren Höhen, in erster Linie für Abwehraufgaben mit einer Gesamtflugstrecke von ca. 1000 km in 11 km Höhe bei maximalem Dauerschub auszulegen.

Die Aufgabenbereiche patrouillierender Luftraumüberwachungs-Jäger (Flugdauer ca. 2 Stunden in 11 km Flughöhe) und Begleitjäger (Flugstrecke ca. 1500 km in 11 km Flughöhe) sind durch abwerfbare Außenkraftstoffbehälter zu decken.

Einsatz im Erdkampf soll mit Außenlasten bis zu ca. 600 kg, wahlweise mit Zusatz-Schußwaffen bzw. mit Abwurflasten, bei einer Flugstrecke von 400 km in 1000 m möglich sein.

Es sind 2 Entwicklungsstufen vorzusehen:

Stufe 1 a: Mit heutigem Serientriebwerk ohne Nachverbrennung in 11 km Flughöhe eine Horizontalflug-Machzahl von mindestens 1,25.
Dienstgipfelhöhe nicht unter 15 000 m.
Start- und Landestrecken für größtes Einsatzfluggewicht nicht über 1200 m.
Nachrüstbarkeit eines Nachbrenners zur Erhöhung der Flugleistungen ist zu berücksichtigen.

Stufe 1 b Nachrüstung besonders wirksamer Auftriebssteigerungsmittel, wie Ausblasen an dem Flügel, bei nicht zu großem Um-

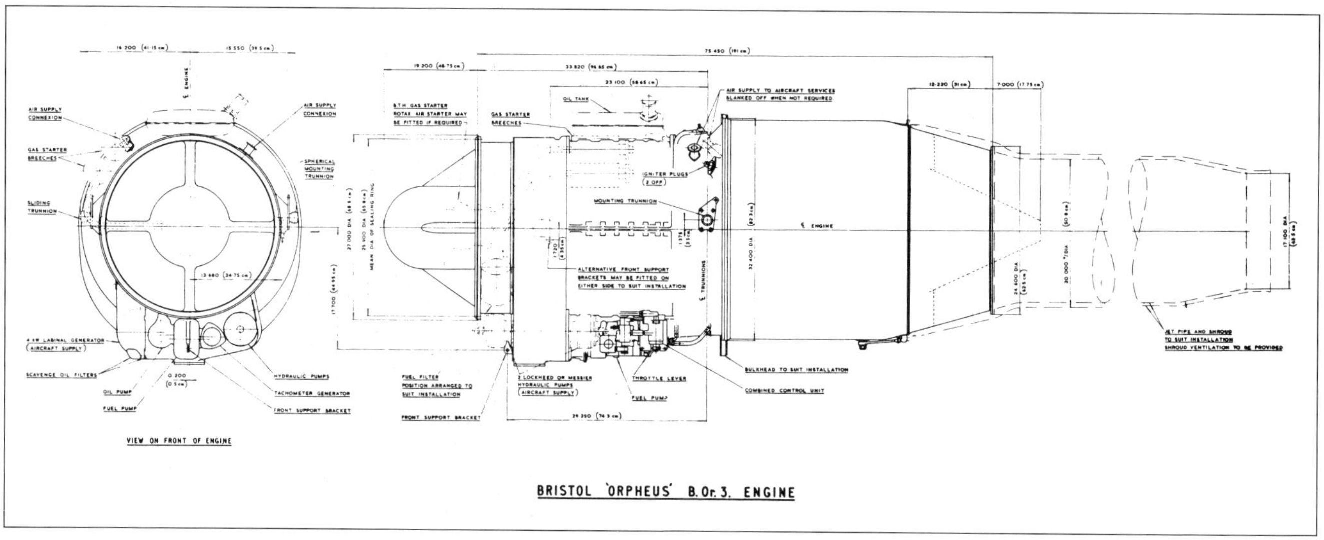

Das in der Denkschrift vorgeschlagene und auch in den Entwurf eingeplante Bristol „Orpheus" B. Or. 3 Triebwerk.

bauaufwand, zur wesentlichen Verbesserung der Start- und Landeeigenschaften, sowie der Höhenflugeigenschaften.
Eine wesentliche Steigerung der Einsatzfähigkeit als Luftraumüberwacher, Begleitjäger und Bodeneinsatzflugzeug wird erreicht.

Details über die Aufgabenstellung

Triebwerk:
Als Triebwerk ist vorzusehen der Bristol „Orpheus“. Dieses Triebwerk hat ein geringes Baugewicht und günstige Abmessungen bei relativ hohen Schüben und tragbarem Kraftstoffverbrauch. Nach Angaben der Herstellerfirma ist das jetzige Triebwerk mit 2200 kg Standschub noch sehr entwicklungsfähig und leistet in der nächsten Stufe ca. 2600 Standschub und durch Nachbrenner läßt sich eine weitere zusätzliche Schubsteigerung bis zu 40% und höher erreichen.

In der weiteren Entwicklungsstufe soll das Triebwerk zur Auftriebssteigerung (Flügelausblasung) herangezogen werden.

Bewaffnung:
Die Aufgabenstellung „Leichtjäger“ für Interzeptor-Luftraumüberwacher- und Begleitjägereinsatz bedingt eine Beschränkung in dem Waffengewicht.

Als ausreichend für die wirksame Bekämpfung von Flugzeugen wird eine wahlweise Bewaffnung von 2 x Hispano Suiza 30 mm mit je 120 Schuß oder 20 x 5 Raketen (Abschuß durch Raketenkanonen) in der Flugzeugzelle eingebaut, gehalten.

Für Bodeneinsatz in der ersten Entwicklungsstufe bei verminderten Flugleistungen sind zusätzlich 4 x Hispano Suiza 23 mm Schußwaffen oder Zusatzraketen, oder Abwurflasten bis zu einem Gesamtgewicht von ca. 600 kg vorzusehen.

Ausrüstung:
Beschränkung auf das unbedingt notwendigste für Allwetterflug.

Flugleistungen:
Maximale Horizontalgeschwindigkeit in 11 km Höhe ohne Nachbrenner mit einer Machzahl nicht unter 1,25.
Steigzeit auf 15 000 m nicht über 5 Minuten mit 2600 kg Standschub-Triebwerk.

Start und Landung:
In der ersten Entwicklungsstufe für alle Einsatzfälle sollen die Start- und Landerollstrecken nicht über 1200 m liegen.

Ausführungen über die Verwirklichung dieser Forderungen bei dem Entwurf P 300:
Allgemeine Beschreibung der Entwicklungsstufe I nach dem Stand vom Januar 1956 (noch nicht endgültig und Änderungen vorbehalten):

Dünner Deltaflügel mit Streckung ungefähr 1,9 bei einer Flügelfläche von ungefähr 17 qm und einer Spannweite von ungefähr 5,6 m. Gesamte Flugzeuglänge ungefähr 10,0 m.

Rumpfaufgliederung von vorne nach hinten:
Rumpfbug enthält Bugrad und komplette elektrische Ausrüstung.
Führerraum: Druckdicht und mit Schleudersitz.
Vorderer Kraftstoffbehälter: (Ungefähr 680 l.)
Waffeneinbau: Unter und hinter vorderem Kraftstoffbehälter.
Triebwerk: Mit Luftzuführung von beiden Seiten des Rumpfes.
Hauptfahrwerksräder: Im eingezogenen Zustand unter Triebwerk.
Hinterer Kraftstoffbehälter: (Ungefähr 680 l).
Nachbrenner und Abgasrohr: Im Rumpfende.

Auf Einhaltung kleinster Rumpfquerschnittsfläche, großer Schlankheit und Erfüllung der „Area-Rule“ ist besonders geachtet.

Gewichte: (vorläufige Angaben) mit „Orpheus“ 3.

Leergewicht (mit 2 x 30 mm Waffen)		1950 kg
Zuladung:		
Munition	150 kg	
Kraft- u. Schmierstoff	1100 kg	
Pilot	85 kg	1335 kg
Gesamtgewicht		3285 kg

Leistungen:
Bemerkung:
Exakte und garantierbare Flugleistungen anzugeben ist in diesem Zeitpunkt unmöglich, da für den Transonik und Überschallbereich hinsichtlich des Mach- und Interferenzeinflusses auf den Widerstand noch nicht ausreichende Unterlagen vorhanden sind.

Die Leistungsabschätzungen wurden Anlehnung an vorhandene Transonik-Messungen und theoretischen Überschlagsrechnungen im Überschallbereich durchgeführt.

Maximale Horizontalgeschwindigkeit:

Mit 2200 kg Standschub
in 6 km : V = 1140 km/Std. oder M ~ 1.00
in 11 km : V = 1360 km/Std. oder M ~ 1.28
in 15 km : V = 1070 km/Std. oder M ~ 1.00

Mit 2600 kg Standschub
in 6 km : V = 1490 km/Std. oder M ~ 1.31
in 11 km : V = 1490 km/Std. oder M ~ 1.40
in 15 km : V = 1120 km/Std. oder M ~ 1.05

Mit 2600 kg + 40% Nachbremsschub
in 6 km : V = 1870 km/Std. oder M ~ 1.65
in 11 km : V = 1920 km/Std. oder M ~ 1.80
in 15 km : V = 1760 km/Std. oder M ~ 1.65

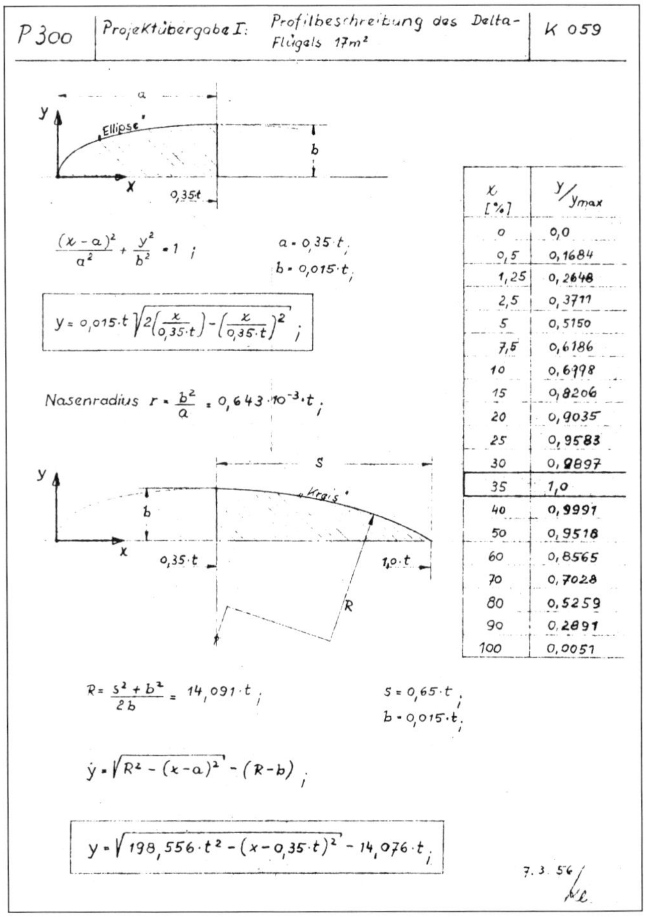

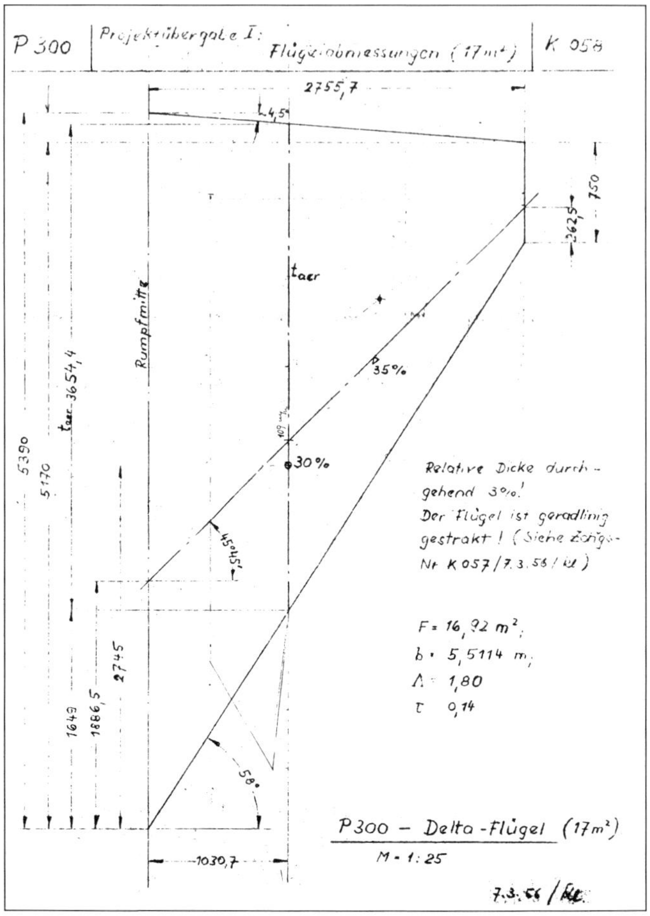

Der HA-300 Flügel entsteht: Projektübergabe I vom 7. März 1956

Reisegeschwindigkeit in 11 km Flughöhe mit 95% Schub (maximaler Dauerschub):

mit Triebwerk 2200 kg Standschub
V Reise = 1330 km/Std. oder M ~ 1.25
mit Triebwerk 2600 kg Standschub
V Reise = 1460 km/Std. oder M ~ 1.37

Steiggeschwindigkeit mit Vollschub:

(Bei M ~ 0,9)
mit 2200 Standschub-Triebwerk
in 0 km w = 110 m/sek.
in 11 km w = 33 m/sek.
in 15 km w = 8 m/sek.
mit 2600 Standschub-Triebwerk
in 0 km w = 151 m/sek.
in 11 km w = 50 m/sek.
in 15 km w = 14 m/sek.
mit 2600 kg + 40% Nachbremsschub
in 0 km w = 261 m/sek.
in 11 km w = 80 m/sek.
in 15 km w = 31 m/sek.

Steigzeit mit Vollschub:

mit 2200 kg Standschub
auf 11 km t = 2,85 min.
auf 15 km t = 6,50 min
mit 2600 kg Standschub
auf 11 km t = 2,00 min.
auf 15 km t = 4,50 min.
mit 2600 kg + 40% Nachbremsschub
auf 11 km t = 1,10 min.
auf 15 km t = 2,30 min.

Start und Landung:

Startrollstrecke mit 2200 kg Standschub
Sr = 460 m
Ausrollstrecke mit 2/3 Kraftstoff und mit Munition
Sr = 1080 m

Flugstrecken und Flugdauer:

bei maximalem Dauerschub (2600 kg Standschub)
Kaftstoff 1100 kg

Flug-Höhe	Flugstrecke (km)	Horizontal-flugzeit std.)
0 km	400	0,33
6 km	630	0,45
11 km	1070	0,76
15 km	1560	1,45

Ausrüstung:
Triebwerk Bristol ,,Orpheus" B-3 mit Nachbrenner
Schleudersitz Baker M 4
V H F Radio
D M E Zusatzgerät
Kreisel-Kompaß
Erkennungsanlage
Kreiselvisier
Flug- und Triebwerksüberwachungsgeräte
Kraft-Steuerung
Druckluft und Klimaanlage für Kabine
Bewaffnung 2 x Hispano Suiza 30 mm
Munition 240 Schuß
Anstelle von Waffen:
2 – 3 Raketenkanonen mit 20 Raketen.

München, 8. 2. 56
Prof. Dr. Ing. Eh. Willy Messerschmitt

Im Frühjahr 1956 waren sich die leitenden Ingenieure über die endgültige Auslegung des Tragwerkes einig. Wie aus der Projektübergabe I vom 7. März 1956 ersichtlich ist, war jetzt der Deltaflügel mit einer durchgehenden relativen Profildicke von 3% ausgelegt. Mitte der fünfziger Jahre stellte ein derartiger Tragflügel ein Wagnis von besonderer Art dar; besitzt doch das Tragwerk der Lockheed F-104 ,,Starfighter" eine Profildicke von 3,4%, während andere schnelle Strahlflugzeuge dieser Epoche Flügeldicken zwischen 4 und 6% besaßen.

Bereits dies zeigt, daß trotz der teilweise widrigen Umstände der vergangenen Jahre Messerschmitt nicht nur den Anschluß geschafft hatte, sondern auch die Absicht verfolgte, wieder weit vorne mitzumarschieren.

Ab Mitte des Jahres waren bis zu 18 deutsche Fachkräfte an dem neuen Projekt der HA-300 beschäftigt. Die Arbeiten waren gekennzeichnet durch umfangreiche Gewichtsvergleiche mit verschiedenen Triebwerken, Vergabe und Kostenklärungen, diverse Windkanalversuche in Emmen und im oberbayerischen Grainau. Zum Jahresende konnte auch der mittlerweile überholte Windkanal der INTA die Arbeit wieder aufnehmen.

Messerschmitt, der sich zu dieser Zeit überwiegend in München aufhielt, gründete im August 1956 mit seinem alten Rivalen Ernst Heinkel die Flugzeug-Union Süd (FUS). Zweck dieser Unternehmung war – ironischerweise – der Nachbau der französischen Fouga ,,Magister" für die bundesdeutsche Luftwaffe.

Während deutsche Ingenieure in Spanien bereits an der Realisierung eines leichten Überschalljägers arbeiteten, forderte am 2. November 1956 das Verteidigungsministerium in Bonn von der im Aufbau begriffenen deutschen Flugzeugindustrie Vorschläge für einen ,,Interceptor" für die bundesdeutsche Luftwaffe.

Messerschmitt beteiligte sich mit einem aus der HA-300 abgeleiteten Vorschlag mit vorne liegendem Höhenleitwerk.

Zeitgleich wurde auch in Sevilla, vor allem von Professor Ruden und dem spanischen Ingenieur Rubio, diese auch als ,,Entenbauweise" bezeichnete Flugzeugform stark favorisiert. Professor Ruden schlug die Erprobung einer derartigen Anordnung als Entwicklungsstufe für den im Bau befindlichen Gleiter und – bei positiven Ergebnissen – auch für die HA-300 vor.

Für seinen, der späteren SAAB-J 37 ,,Viggen" ähnlichen Vorschlag fand Messerschmitt in Bonn kaum Befürworter. Diesmal hatte Ernst Heinkel mit seinem Entwurf He 031 ,,Florett" die Nase vorne. Doch noch gab man auf der Bonner Hardthöhe der Beschaffung von Fluggerät aus dem verbündeten Ausland den Vorzug, und so folgte auf die Erstausstattung der Luftwaffe mit der Republic F-84 F ,,Thunderstreak" der Lockheed F-104 G ,,Starfighter.

Neben den ständigen Änderungsvorschlägen litt die Projektarbeit an der HA-300 auch an Rivalitäten, die vereinzelt zwischen deutschen und spanischen Ingenieuren auftraten. So heißt es in einem Schreiben

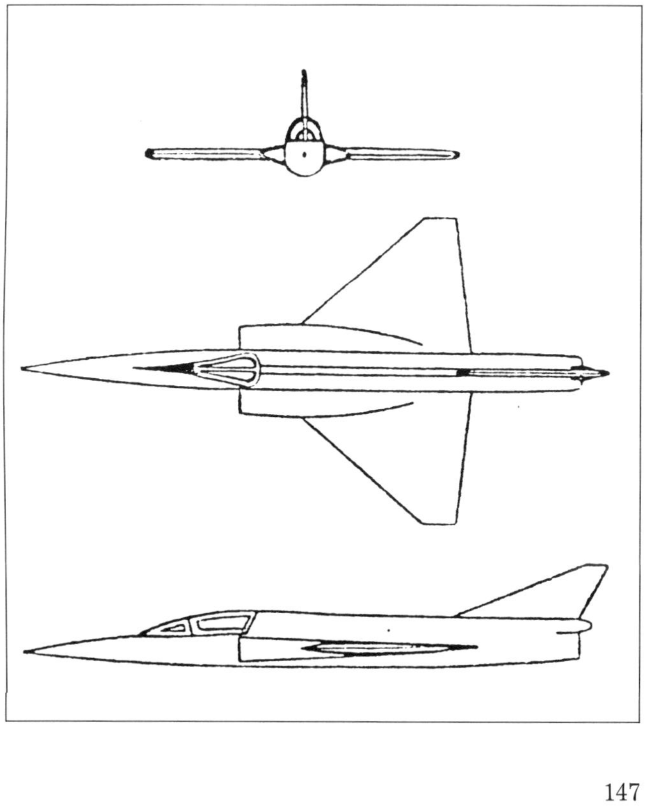

Eine 1957 in der deutschen Fachpresse erschienene Skizze des damals mit Me-300, HA-300 oder auch XC-6 bezeichneten Leichtjägerprojektes.

aus Sevilla: „Die Situation der 300 wird von Tag zu Tag kritischer, da Rubio hier einen Gegenentwurf mit Rumpfunterseiteneinlauf gemacht hat bei sonst gleichem Aufbau (vom derzeit noch nicht erforschten Bugleitwerk abgesehen) und er liegt sogar mit diesem Entwurf in der Raumausnutzung besser. Rubio war so schlau, den Entwurf als schönes Holzmodell einflußreichen Personen auf den Tisch zu stellen und damit war die Frage, warum dieser Entwurf nicht gebaut werden kann, akut. Auftakt zum Prestigekampf!"

Abgesehen davon war zum Jahresende 1956 die Konstruktion des Gleit- oder Segelflugzeuges fast abgeschlossen, und dessen Tragflügel, der selbstredend in Holz nicht mit 3% Dicke zu bauen war, befand sich in der Fertigung.

Im Vergleich zu den zu Jahresbeginn gemachten Angaben war für die HA-300 jetzt das Bristol „Orpheus" Br. Or. 11 Triebwerk mit 2610 kp Schub vorgesehen. Das Rüstgewicht stieg von ehedem 1950 kg auf 2335 kg und das Gesamtgewicht von 3285 kg auf 3485 kg.

Die internationale Presse interessierte sich in zunehmendem Maße für das deutsch-spanische Projekt. Auch in deutschen Fachzeitungen tauchten erste Zeichnungen und Skizzen des mit HA-300, Me-300 oder auch mit XC-6 bezeichneten Flugzeuges auf.

Der spürbare Geld- und Devisenmangel der spanischen Regierung wirkte sich lähmend auf die Arbeit in Sevilla aus. Dies zeigte sich nicht nur an den Schwierigkeiten mit den Gehältern der „spanischen" Messerschmitt-Mitarbeiter, sondern dies bremste in besonderem Maße auch die Fertigungsvorbereitungen für die inzwischen bestellten zwei Prototypen der HA-300, von der die ersten Teile bereits in der Versuchsfertigung standen.

Aus den gleichen Gründen unterbrach man Windkanalmessungen in Grainau und Emmen und stellte Geräte, Meßanlagen, Bearbeitungsmaschinen u. ä. für den HA-300-Versuchsbau zurück oder stornierte kurzerhand die entsprechenden Aufträge.

Um dennoch kurzfristig aerodynamische Versuche durchführen zu können, erwog man im Juni 1957 den Bau eines von einem Katapult abgeschossenen, freifliegenden Modelles im Maßstab 1 : 10. Es blieb jedoch bei der Idee.

Trotz der angespannten Finanzlage scheinen die Entwicklungsarbeiten energisch vorangetrieben worden zu sein. Messerschmitt und seine leitenden Mitarbeiter, darunter sein Neffe und spätere MBB-Konzernchef Gero Madelung, befaßten sich mit Detailfragen der Ausrüstung, der Materialien und der serienmäßigen Fertigung des überschallschnellen Leichtjägers.

Noch augenscheinlicher waren die Bemühungen um brauchbare Versuchs- und Meßergebnisse zur Gewinnung von Berechnungsunterlagen für die Druckverteilung und die Dimensionierung von Flügel, Leitwerk, Ailerons (kombiniertes Höhen- und Querruder) und der Klappen. Desgleichen erforderte die Einplanung der mittlerweile schubstärksten „Orpheus"-Variante, des Br. Or. 12 mit einem Standschub von 3090 kp (3630 kp mit Nachbrenner) und der damit verbundenen Geschwindigkeitssteigerung über Mach 1,6 hinaus nicht nur eine durch die Aufweitung der Einläufe bedingte Vergrößerung des maximalen Rumpfquerschnittes sondern selbstverständlich auch neue, kostenintensive Windkanalmessungen.

Ab Jahresmitte wurde die Münchner Entwicklungsmannschaft, die neben anderen Arbeiten auch mit der HA-300 befaßt ist, aus der Messerschmitt AG herausgelöst und arbeitete als selbständiges „Studienbüro" zunächst an einem Studienauftrag für das Verteidigungsministerium in Bonn. Ein Teil der deutschen Mitarbeiter des „Oficina Technica Professor Messerschmitt Sevilla", die im Sommer drei Monate Aufenthalt in Deutschland hatten und in dieser Zeit ihren Urlaub verbrachten, wurde nun befristet für diesen Studienauftrag mit eingesetzt und insoweit aus dem Vertrag mit dem Oficina Technica suspendiert.

Dies war der Anfang der von nun an rückläufigen Tendenz im personellen Engagement von Professor Messerschmitt und seinem Team in Spanien.

Bis zum Jahresende wurde dieses dann nachhaltig reduziert: Von zwanzig Mitarbeitern blieben für die Weiterarbeit in Sevilla nur noch zehn übrig.

Trotzdem schritt die Erstellung der Werkstattzeichnungen Anfang 1958 relativ gut voran. Im Februar erfuhr die Kabine ihre endgültige Auslegung, und Anfang März begannen die Konstrukteure mit den Ausführungszeichnungen für die Steuerung und das Hauptfahrwerk. Mitte März schienen die Arbeiten zur allgemeinen Zufriedenheit voranzugehen. Ein Schreiben von Messerschmitt an Madelung gibt einige Aufschlüsse über konstruktive Vereinfachungen und Fortschritte beim Flügel, bei den Klappen, an der Kraftstoffanlage, der Hydraulik, der Klimaanlage usw.; weiter heißt es: „Das Kabinendach ist lächerlich einfach geworden ohne Hydraulik und Elektrik. Die Befestigung des Rumpfendes (über dem Stahlspant) ist jetzt so schön gelöst, daß man sich darüber freuen kann. Die elektrische Anlage ist einfacher geworden, wir sind auf das alte System zurückgegangen, das auch die F-100 hat.
Das Fahrwerk ist jetzt auch klar, das Drehen ist einfach geworden und die Einziehung liegt glatt und eng auf der Unterseite der Stirnwand. Was uns fehlt, sind aerodynamische Messungen usw. usw."

Die immer spärlicher werdende Korrespondenz zwi-

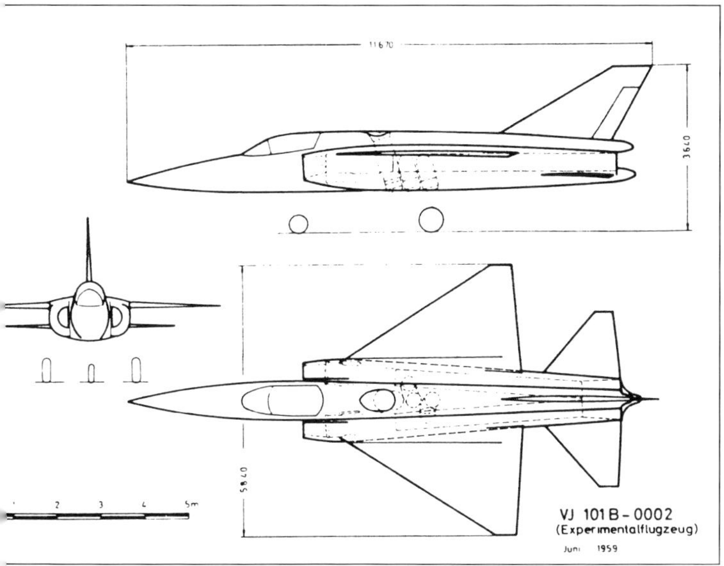

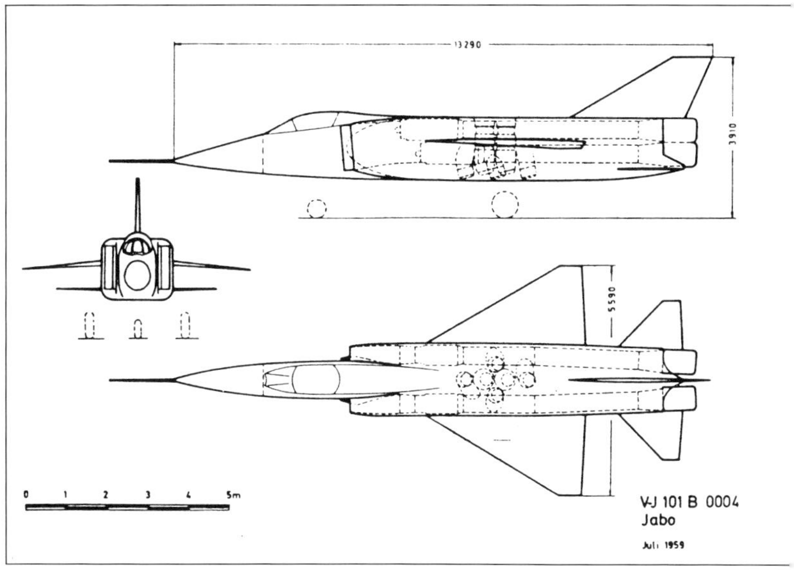

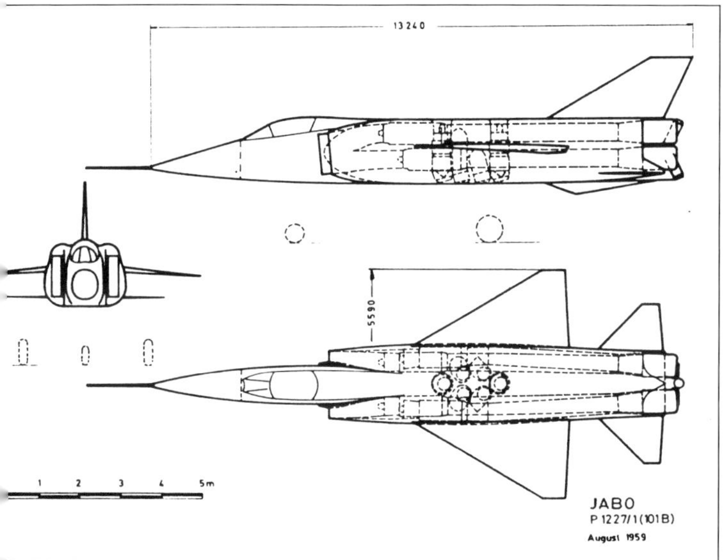

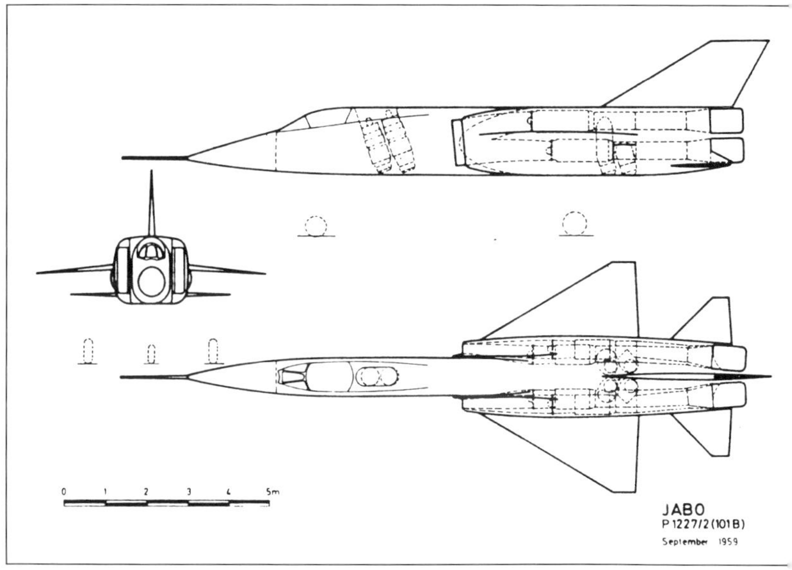

Einfluß der Entwicklungsarbeit in Spanien auf die Tätigkeit in München: Senkrechtstarter- und Jabo-Vorschläge im Sommer 1959; auch hier wiederum ein schnell zu realisierendes „Experimentalflugzeug" auf der Basis der HA-300. (von links oben nach rechts unten)

schen München und Sevilla kennzeichnet neben der reduzierten Messerschmitt-Mannschaft in Sevilla das zurückgehende Interesse der Spanier an der Entwicklungsarbeit von Willy Messerschmitt. Die Gründe liegen wahrscheinlich in der bereits mehrfach bemerkten angespannten Finanzlage der spanischen Regierung schlechthin und in der zunehmenden Auslastung der Flugzeug-Produktionsstätten mit Aufträgen der Amerikaner, die sich bei HA zuerst in Reparatur und Montage der Lockheed T-33 und im weiteren Verlauf durch Lizenzbau dieses Typs für die spanische Luftwaffe auswirkte und den amerikanischen Einfluß deutlich macht.

Am 23. Februar 1959 gründeten Heinkel, Bölkow und Messerschmitt in München den Entwicklungsring Süd (EWR-Süd). In diesem Rahmen erfolgte nun die Planung und der Entwurf von senkrechtstartenden Kampfflugzeugen für die bundesdeutsche Luftwaffe. Die Arbeiten an der HA-300 beeinflußten stark die Entwürfe von Messerschmitts Studienbüro. Vor allem das vorgesehene „Experimentalflugzeug" VJ-101 B-0002 ist eine direkte Ableitung aus dem spanischen Leichtjäger. Die Vorteile dieser Vorgehensweise liegen auf der Hand: der bereits gründlich im Windkanal vermessene HA-300 Tragflügel sparte Zeit und Geld, und zudem bildete die fertige Konstruktion eine sichere Entwurfsgrundlage.

In Spanien war derweil wieder einmal einiges unsicher: Die HA-300 Entwicklung wurde durch die sich abzeichnende Unmöglichkeit zu einem diskutablen Zeitpunkt das Bristol Br. Or. 12 Triebwerk zu bekommen entscheidend beeinflußt.

Zudem ließen Windkanalversuche Zweifel an der Stabilität des Flugzeuges aufkommen, und überdies beobachtete man eine gefährliche Neigung der Steuer- und Leitflächen zum Flattern. Nachdem die Zeichnungen für Zelle und Ausrüstung fertiggestellt und der größte Teil der Ausrüstung bestellt waren, wurde der Bau der beiden Prototypen eingestellt.

Mittlerweile stand endlich der in Gemischtbauweise erstellte Gleiter zur Aufnahme der Erprobung der Langsamflugeigenschaften des Überschalljägers bereit. Nach Rollversuchen hinter einem Jeep startete am 25. Juni 1959 in San Pablo der Gleiter im Schlepp einer CASA C 2.111 (spanische Ausführung der He-111) Unmittelbar nach dem Abheben zeigte das Segelflugzeug kaum beherrschbare Instabilitäten, die den Piloten zum sofortigen Ausklinken zwangen. Damit war der erste und einzige Versuch, das mit HA-300 P bezeichnete Flugzeug zu fliegen, beendet.

Technische Daten des Gleiters:

Spannweite:	6150 mm
Flügelfläche:	20,0 m^2 λ = 1,89
Vorderkanten-pfeilung:	57,5°
Länge:	10 200 mm
Bruttogewicht:	1250 kg mit Wasserballast in zwei Trimmtanks

Messerschmitts Beratervertrag lief im gleichen Jahre aus. Die verbliebenen Mitarbeiter des „Oficina Tecnica Prof. Messerschmitt" wurden mit Ausnahme

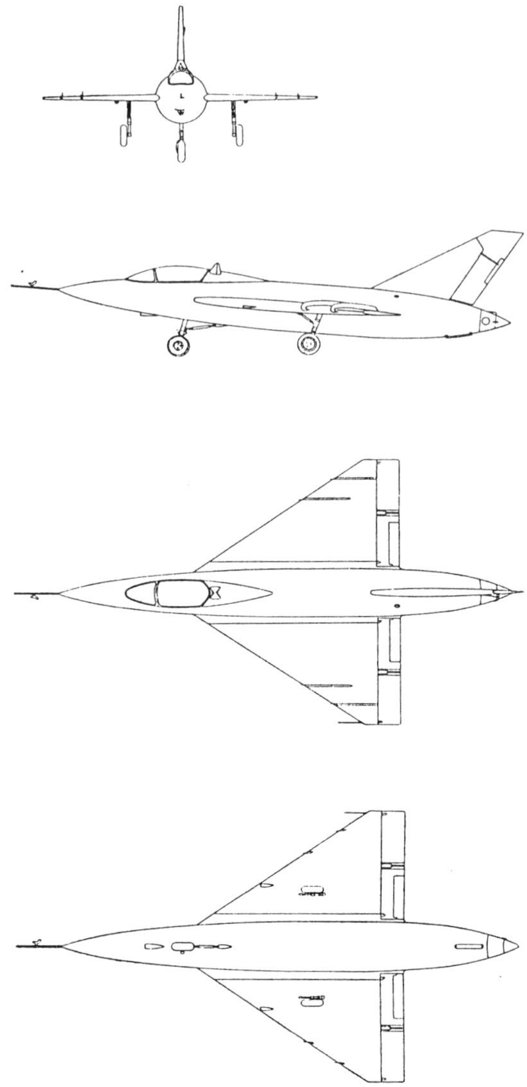

Gleiter zur Erprobung der Flugeigenschaften des Entwurfes.

von Dipl. Ing. M. Blümm aus Sevilla zurückgezogen. Da Messerschmitt inzwischen einen 27%-Anteil an der Hispano Aviacion erworben hatte, blieb Blümm als sein Verbindungsmann auf der iberischen Halbinsel.

Das fertig definierte Projekt HA-300 verkaufte Spanien Ende 1959 mit den gesamten Unterlagen an die Vereinigte Arabische Republik, die daraufhin den zweiten Versuch unternahm, sich ein Kampfflugzeug aus eigener Fertigung zu beschaffen.

Finale im Niltal

Bereits zu Beginn der fünfziger Jahre versuchte Ägypten unter Mitwirkung von Ernst Heinkel und seinem Team einen Jagdbomber in eigener Regie zu bauen. Etwa 30 km südlich von Kairo sollte im Niltal auf dem Gelände des von den Briten hinterlassenen Flugfeldes und Fertigungswerkes Heluan eine nationale Flugzeug- und Triebwerksproduktion entstehen. Heinkel entwarf in Stuttgart einen reinen Deltaflügler und konstruierte für das mit He 011 bezeichnete Flugzeug ein Triebwerk mit einem Standschub von 5880 kp bzw. 8100 kp mit Nachbrenner. Doch bereits 1956, nach zweijähriger Arbeit, zerschlug sich die Verbindung, und für Ägypten blieb ein mit drei neuen Gebäuden und einem halbfertigen Triebwerksprüfstand verziertes Flugfeld als Erinnerung an eine beachtliche, buchstäblich in den Sand gesetzte Summe.

Der Erwerb der HA-200-Lizenz und der HA-300-Unterlagen im Jahre 1959 zeigt, daß die Luftwaffenführung des Landes am „heiligen Nil" mit diesem Mißerfolg keineswegs ihre Träume von einer unabhängigen, nationalen Luftfahrtindustrie begraben hatte. Mitentscheidend für diesen Kauf zu diesem Zeitpunkt war sicherlich die Nachricht, daß Israel beabsichtigte, die französische Mirage III zu beschaffen. Ähnlich wie verschiedene andere Länder in Ost und West auch, bedienten sich die Ägypter beim Aufbau dieser Industrie der Hilfe deutscher Spezialisten, die bis weit nach dem Kriege in ihrer Heimat kaum Gelegenheit hatten, ihre Fähigkeiten und Talente unter Beweis zu stellen.

Auf Initiative des ägyptisch-schweizerischen Geschäftsmannes und Ingenieurs Hassan Kamil schloß Professor Messerschmitt mit den Verantwortlichen in Kairo einen Vertrag ab, der im Kern folgendes vorsah:

- Entwicklung eines kleinen Abfangjägers mit ca. 4 to Abflugmasse, ausgelegt für Mach 2,2 auf der Basis der HA-300,

- Einweisung und Schulung von einheimischem Fachpersonal als Basis für eine künftige Industrie

- und die Durchführung des Serienanlaufes des Überschalljägers.

Fast zeitgleich warb die zu diesem Zweck gegründete Schweizer Konstruktionsgesellschaft MECO (Präsident Hassan Kamil) insgesamt 470 Fachleute aus Spanien, Österreich, der Schweiz und Deutschland an, um den Bau des Flugzeuges zu unterstützen. Trotzdem die ehrgeizige Aufgabe motivierte und die Arbeitsbedingungen durchaus in Ordnung gingen, waren selbst bei oberflächlicher Betrachtung die Voraussetzungen für das Vorhaben nicht besonders günstig:

Ägypten war ein nordafrikanischer Staat, der gerade den Schritt vom Feudalzeitalter in die Moderne wagte, und dem für die gewünschte Produktion von Hochtechnologie fast die gesamte Infrastruktur fehlte. Dies machte sich vor allem bei elektronischen Geräten für die Fertigung, den Versuch und für das Flugzeug selbst oft schmerzlich bemerkbar. Auf der politischen Seite bestand ein Dauerkonflikt mit Israel, der jederzeit wieder zu einem Krieg führen konnte; zudem häuften sich die Probleme mit dem Westen, und zu allem Überfluß waren die Beziehungen zu benachbarten arabischen Feudalstaaten auch nicht gerade die besten.

Zudem kam die Führung in Kairo zusehends in Zeitdruck, da die Israelis mit der für 1962 geplanten Einführung der Mirage III gegenüber der ägyptischen MiG-19 einen gefährlichen militärisch-technologischen Vorsprung erhielten.

Als sich zu all diesen kurz angerissenen Problemkreisen noch eine empfindliche Finanz- und Devisennot gesellte, war es um die HA-300, dies sei vorweggenommen, geschehen.

Der erste Schlag traf die Planer bereits Anfang 1960, als der englische Triebwerkshersteller Bristol Aero Engines die Einstellung der Arbeiten am „Orpheus" Br. Or. 12 erklärte. Die Briten stellten für die Weiterführung der Arbeiten Bedingungen, die von keinem der beiden Interessenten (Indien und Ägypten) akzeptiert werden konnten.

Damit war die Triebwerksfrage wieder einmal völlig offen.

Professor Messerschmitt lud daraufhin im April 1960 den bekannten Triebwerksbauer Ferdinand Brandner zu einem Gespräch nach München. Der Österreicher Brandner, der zuvor für Junkers und für die Sowjets erfolgreich gearbeitet hatte, war von der Aufgabe angetan, und so kam im Sommer 1960 eine Einigung mit ihm zustande, die u. a. vorsah, bis etwa 1965 ein Triebwerk für die HA-300 mit den Abmessungen des Br. Or. 12 zur Serienreife zu bringen. Brandner machte sich umgehend an die Lösung der personellen und organisatorischen Probleme.

In der relativ kurzen Spanne von 1960 bis 1964 entstand in einem multinationalen Kraftakt im Niltal eine Flugzeug- und Triebwerksfabrik, die eine bebaute Fläche von ca. 120 000 m^2 umfaßte. Zu diesem Komplex gehörte ein etwa 4,5 km^2 großes Flugfeld. Die markantesten Bauwerke dieser außerordentlichen Leistung waren neben dem weiträumigen Flugfeld die vier großen Triebwerksprüfstände, die deutlich sichtbar über die Fertigungs-, Montage- und Versuchsanlagen ragten.

Am 25. Juli 1962 übergab Präsident Nasser die ersten Fertigungsstätten offiziell ihrer Bestimmung. Eines der ersten Programme in Heluan war der Lizenzbau der HA-200, die die Ägypter mit „Al-Kahira" bezeichneten. Das Triebwerk der „Al-Kahira" kam ebenfalls aus Heluan: Ferdinand Brandner und sein Team entwickelten es in enger Anlehnung an das französische Turbomecá „Marboré", und bereits im Juni 1962 lief das erste von insgesamt 170 Triebwerken auf dem Prüfstand.

Die unter der technischen Führung Messerschmitts stehenden Flugzeugbauer richteten sich im Laufe des Jahres 1960 in die vorhandenen Hallen der Fabrik Nr. 36 ein, während der technische und organisatorische Leiter des Triebwerkbaues, Ferdinand Brandner mit seinen Mitarbeitern die vollständig neu geplante und im Auf- und Ausbau befindliche Fabrik Nr. 135 bezog.

Die HA-300 wurde jetzt in der Hauptsache in München vom „Studienbüro Messerschmitt" und in Heluan mit der Beteiligung einiger weniger Deutscher entwickelt und konstruiert.

Im Frühsommer 1960 zog Messerschmitt die Konsequenz aus dem Flugversuch mit dem Gleiter, aus den letzten Windkanalmessungen und den etwas geänderten taktischen Forderungen, die der Wechsel von Spanien nach Ägypten mit sich brachte. Gemeinsam mit Dipl. Ing. Max Blümm änderte er den Deltaflügel etwas in seiner Form und entwarf ein Höhenleitwerk für die HA-300. Das Höhenleitwerk erzeugt zwar etwas mehr Widerstand, der einen relativ geringen Einfluß auf die Höchstgeschwindigkeit hat, gleichzeitig erlaubt aber der größere Abstand der Ruder vom Flugzeugschwerpunkt und der damit verbundene geringere Ruderausschlag eine bessere Leistung im Kurvenflug, eine höhere Steiggeschwindigkeit, und er bedeutet nicht zuletzt eine kräftemäßige Entlastung des Flügels. Das Höhenleitwerk der HA-300 ist ungedämpft, um im Überschallflug eine ausreichende Ruderwirkung zu erzielen. Da Messerschmitt dieses Bauteil aus Widerstands- und Gewichtsgründen ebenfalls mit einem sehr dünnen Profil versah, beschwor er eine Gefahr herauf, die ihm später im Verbund mit der eingebauten Steuerung noch viel zu schaffen machen sollte: die Neigung zum Flattern des Höhenleitwerkes.

Im September 1960 führten die Eidgenössischen Flugzeugwerke in Emmen die Unterschallmessungen an einem entsprechend geänderten HA-300-Modell im Maßstab 1 : 3 durch. Die Überschall-Messungen übernahmen im Sommer 1961 die Engländer im Windkanal der Forschungsanstalt von Bedford. Beide Meßreihen bestätigten am Modell die Richtigkeit der bisher vollzogenen Entwicklungsschritte. Der damalige Leiter der britischen Versuchsanstalt, Mr. Hill, sprach sogar von den besten Modellergebnissen seit Bestehen der Anstalt. Der spätere Flugversuch zeigte dann doch, daß mitunter die Theorie im Windkanal und die Praxis in der Luft zwei im Detail verschiedene Dinge sein können. Messerschmitt selbst versuchte ja stets schnellstens über einen fliegenden Erprobungsträger, ein „Experimentierflugzeug", zu verfügen.

In der Bundesrepublik lief zu dieser Zeit bereits das VJ-101-Programm, das die Entwicklung und den Bau eines überschallschnellen VTOL-Jagdflugzeuges zum Ziele hatte. Messerschmitt, der sich nur zeitweise in Heluan aufhielt, ist mit seinem Unternehmen gemeinsam mit Heinkel und Bölkow im Rahmen des Entwicklungsringes Süd (EWR) stark in diesem Projekt engagiert.

In Ägypten wollte er unter allen Umständen 1963 mit der HA-300 fliegen. Dieses Ziel war mit dem Triebwerk E-300, dessen erster Prüfstandslauf für Mitte 1963 geplant war, nicht zu erreichen. Gegen den erklärten Willen Brandners wurden 25 britische „Orpheus" 703 S-10 Triebwerke mit einer Schubleistung von 2200 kp importiert. Es war klar, daß die HA-300 mit diesem Antrieb nie und nimmer ihre tatsächliche Leistungsfähigkeit demonstrieren konnte. Das britische Triebwerk hatte mit dem E-300 bis auf den fast identischen Durchmesser kaum Gemeinsamkeiten:

- das Brandner-Triebwerk besaß mit dem Nachbrenner fast die doppelte Länge „Orpheus",

- das Trockengewicht belief sich auf das 2,3-fache und

- der wesentlich höhere Luftdurchsatz des E-300 erforderte beim Einbau dieses Triebwerks eine andere Gestaltung des Einlaufes.

Kurzum: die beiden Prototypen 001 und 002 waren mit dem „kleinen" Triebwerk und dem reduzierten Gewicht Flugzeuge, die im Prinzip an die „Experimentierflugzeuge" gegen Ende des Krieges erinnerten.

In einer Kurzbeschreibung der HA-300 vom 31. 10. 62 des „Messerschmitt-Studienbüros" nannten die Verfasser noch zuversichtlich Anfang 1963 als Erstflugtermin. Ansonsten war man in diesem Dokument mit genauen Daten und Angaben äußerst sparsam. Die mit diesem Papier erstellte Übersichtszeichnung zeigt in etwa das Flugzeug, das dann tatsächlich Anfang 1963 auf dem Flugfeld von Heluan das „Roll-out" hatte. Bis zum Erstflug sollte allerdings noch über ein Jahr vergehen.

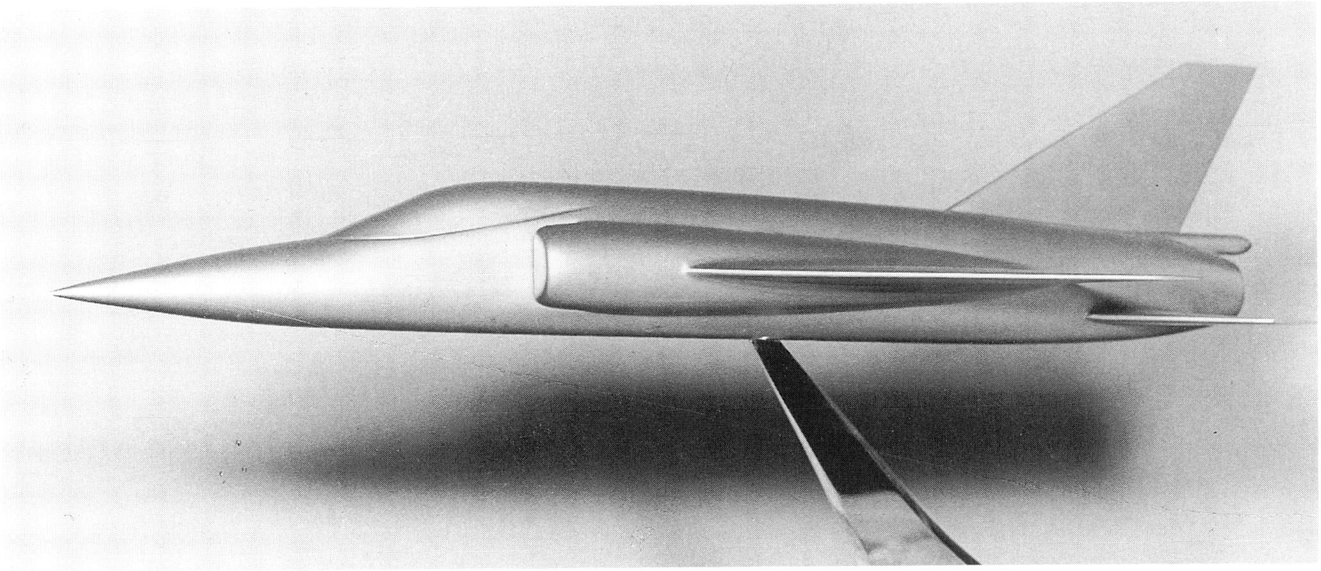

Standmodell des in der Kurzbeschreibung dargelegten Flugzeuges.

HA-300

Vorbemerkung
Dieses Flugzeug wurde im Auftrag der spanischen Regierung bei des Hispano Aviacion SA von einem deutschen Team der Messerschmitt AG unter der Leitung von Professor Messerschmitt projektiert und mit Unterstützung des Konstruktionsbüros der H. A. bis zu einer gewissen Konstruktionsreife weiterentwickelt.

Nach dem Erwerb der Unterlagen von einem anderen Land wurde es zur Baureife weiterbearbeitet.

Der Erstflug wird Anfang 1963 erfolgen.

Allgemeine Angaben
Die HA-300 ist das Ergebnis einer Optimalisierung auf den leichtesten, kleinstmöglichen, modernen Überschalljäger mit der Machzahl zwei bei ausreichender Kampfkraft. Die Tradition der Messerschmitt-Flugzeuge, mit geringstmöglichem Aufwand den besten Erfolg zu erzielen, wurde damit fortgesetzt.

Einstrahliger Mitteldecker mit Dreiecksflügel und Höhenleitwerk in Ganzmetallbauweise in Leichtmetall;
Hydraulisch einziehbares Haupt- und Bugfahrwerk;
Landeklappe und Sturzflugbremse;
Ausreichender Raum für variable Elektronikausrüstung;
Einbaumöglichkeit von starren Schußwaffen, Raketenwaffen und Abwurflasten.

HA-300
Leichtes Überschall-Kampfflugzeug

Flugzeugdaten und Fluggewichte

Besatzung	1
Triebwerk	Einkreiser m. Nachbrenner
Standschub	–
Fluggewicht je nach Einsatzart	4200 kg bis 5500 kg

Flugleistungen

Max. Machzahl	2
Eindringtiefen je nach Einsatzart	bis zu 900 km

Neben all den technischen und organisatorischen Schwierigkeiten tauchte auch noch ein Personalproblem auf: wer konnte, wer durfte oder wer sollte die Flugerprobung des Prototypen übernehmen? Ägypten hatte zu dieser Zeit teilweise hervorragende Luftwaffenpiloten, aber keinen einzigen ausgebildeten Erprobungspiloten. Der deutsche Stab wünschte einen Testpiloten aus Europa. Aber dort warteten die in Frage kommenden Personen nicht gerade auf Arbeit, sondern waren meist in längerfristige Erprobungsprogramme eingebunden.

Anfang 1963 weilte eine Delegation vom Nil mit Air Marshal M. Sidky Mahmoud an der Spitze in Indien und besuchte die Fertigungsanlagen der Hindustan Aeronauties (HAL) in Bangalore. Die Inder ihrerseits setzten die Gespräche mit der Entsendung des indischen Vizepräsidenten Dr. Zahir Hussain in den Nahen Osten fort. Ein Ergebnis dieser Kontakte war die Entsendung des HAL-Erprobungspiloten Kapil Bhargava nach Heluan. Der Inder kam dort im Juni 1963 an und wollte unmittelbar danach die Erprobung des neuen Musters aufnehmen. Nach einigem Hin und Her begann er mit den ersten Rollversuchen. Es zeigten sich Schwierigkeiten mit dem Bug-

Die HA-300.001 vor dem Erstflug; deutlich sichtbar: die für Messerschmitt typische seitlich aufklappbare Kabinenhaube.

rad. Nach deren Behebung konnte die HA-300.001 anläßlich des ägyptischen Nationalfeiertages am 23. Juli an Präsident Nasser vorbeirollen.

Der indische Versuchspilot erwies sich später nicht nur als hervorragender Einflieger, sondern zuerst einmal als versierter Techniker. Er setzte sich eingehend mit dem Flugzeug auseinander und stellte dann eine Liste von 19 Punkten auf, die seiner Meinung nach unbedingt zu verbessern oder zu beseitigen waren. Nur dann bestand seiner Ansicht nach die Aussicht auf einen erfolgreichen Erstflug. Die Hauptpunkte der Kritik bezogen sich vor allem auf den Integraltank, der in der Tat eine Quelle ständiger Probleme bildete, das für einen Mach 2-Jäger sehr „einfache", aber unsichere Steuersystem und nicht zuletzt das Ölsystem des „Orpheus"-Triebwerkes, das nur einen Rückenflug von höchstens 10 Sekunden Dauer gestattete.

Nach einer Reihe von Unstimmigkeiten und Mißverständnissen verbot letztendlich der HAL-Chefpilot

Suranjan Das seinem Untergebenen Bhargava das Fliegen mit der HA-300!

Im Oktober 1963 stimmte dann Messerschmitt und sein deutscher Stab den Vorschlägen des Inders weitgehend zu, und es begann, laut Bhargava, eine „fruchtbare Zeit der Zusammenarbeit bis zum Ende des Projektes".

Die vorgeschlagenen Verbesserungen und Modifikationen arbeiteten deutsche und ägyptische Ingenieure bis Anfang 1964 in den Prototyp ein, und das derart verbesserte Flugzeug konnte mit einem Jahr Verzögerung im Februar 1964 die Rollversuche wieder aufnehmen. Die lange, „komfortable" Rollbahn des Heluaner Flugfeldes und die guten Bremssysteme der HA-300 erlaubten es, das Flugzeug bis unmittelbar vor dem Abheben zu beschleunigen.

Am 7. März 1964 war es endlich soweit: der indische Testpilot unternahm mit dem kleinsten Mach 2-Jäger der Welt den ersten Flug. Auf diesem 12,5 min. dauernden Flug begleiteten zwei HA-200 das Flugzeug, das auf diesem Flug sein Fahrwerk noch nicht einfuhr. Nach der Landung wurden der Prototyp und

Auf dem Weg zum ersten Flug.

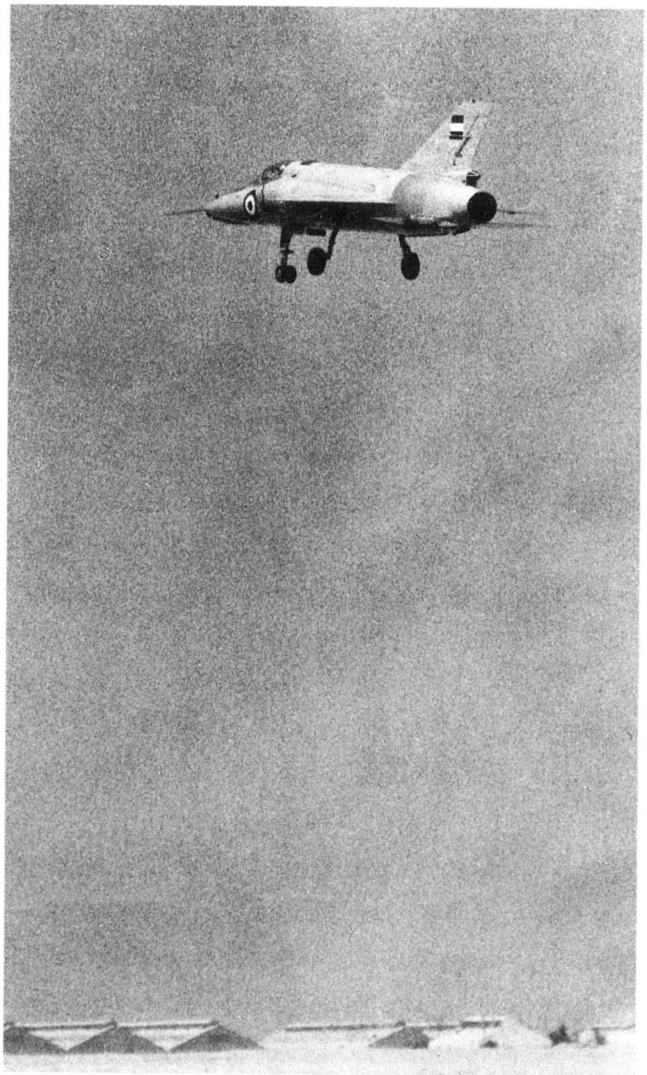

dessen Pilot im Nu von Hunderten von begeisterten Arbeitern umringt.

Beim Erstflug betrug das Fluggewicht der Maschine 3200 kg; der Schub des Triebwerkes war auf 1900 kp begrenzt.

Bhargava verglich die Flugeigenschaften der HA-300 mit denen der „Gnat", die er von Bangalore her bestens kannte.

Die frühe Phase des Testprogrammes bestand in der Ausdehnung des Geschwindigkeitsbereiches nach oben und unten. Viele der nun folgenden Probleme der HA-300 entstanden als direkte Folge der neuartigen Auslegung der HA-300 mit extrem dünnen Trag- und Steuerflächen. Der Pilot steigerte, sich immer der Flattergefahr bewußt, nur sehr vorsichtig die Geschwindigkeit, aber es war letztlich absehbar, daß bei hohen und höchsten Geschwindigkeiten ein Flattern des Höhenleitwerkes auftreten mußte.

Die Flugerprobung und die am Boden vorgenommenen Schwingungsversuche machten allen Beteiligten klar, daß umfangreiche Änderungen am Steuersystem und bei der Ruderbetätigung vorgenommen werden müssen. Insbesondere der Einbau von hydraulischen Dämpfern war nicht zu umgehen.
Während der Erprobung der 001 untersuchte man offenbar verschiedene Maßnahmen und ihre Auswirkung auf die Flugeigenschaften. Auf einer Flugaufnahme sind eine neue Buggestaltung ohne Kiel und Grenzschichtzäune im Außenflügelbereich des Prototypen zu sehen.

HA-300.001, während des ersten Fluges blieb das Fahrwerk im ausgefahrenen Zustand. (links)
Bremsschirmlandung nach dem erfolgreichen Erstflug (unten)

Erprobung der HA-300.001; beachte die Grenzschichtzäune auf der Tragfläche und die fehlende Kielflosse am Bug. (links)
Von den Ägyptern zur Presseveröffentlichung freigegebene, retuschierte Flugaufnahme der HA-300.001. (oben)

Die gesamte Auslegung selbst überzeugte, und so ist es nicht verwunderlich, daß 1964 der EWR bei seinem Entwurf 328 eines Kampfflugzeuges mit VTOL-Eigenschaften wiederum auf eine etwas vergrößerte Tragflügelgeometrie der HA-300 zurückgriff. Messerschmitt arbeitete, nachdem er die ersten Ergebnisse in den Händen hatte, an der endgültigen Serienausführung für die ägyptische Luftwaffe mit dem E-300 Triebwerk, das im Juli 1963 den ersten Prüfstandslauf absolvierte.

Trotz dieser ersten, von Schwierigkeiten begleiteten Erfolge gewann die Opposition gegen das gesamte Projekt innerhalb der ägyptischen Führung immer mehr an Einfluß. Die Gegner führten vor allem die hohen Kosten und die vorhersehbare lange Anlaufzeit als Hauptargument an.

Die deutsche Öffentlichkeit und die deutsche Fachpresse nahmen zu diesem Zeitpunkt wenig Notiz von den Vorgängen in dem arabischen Land. Dies lag zum einen an den Ägyptern selbst, die an einer umfangreicheren Publicity aus naheliegenden Gründen nicht sonderlich interessiert waren und zum anderen an der damaligen deutschen Regierung, die die „Gastarbeiter" am Nil lieber mit Touristen verwechselte, um sich Komplikationen mit Israel zu ersparen.

Die Kosten belasteten Ägypten in der Tat enorm, und im Juli 1965 wäre nach Differenzen zwischen der Konstruktionsgesellschaft und der Regierung um ein Haar das Programm geplatzt. Auch innerhalb der Luftwaffe, die angesichts der israelischen Stärke dringend einen der „Mirage" gleichwertigen Jäger in größerer Anzahl forderte, wuchs zusehends der Widerstand gegen das eigene, nationale Entwicklungsprogramm.

Die Arbeiten gingen dann aber doch mit gekürzten Mitteln und entsprechend verlangsamt weiter.

Am 22. Juli 1965 absolvierte der zweite Prototyp seinen Erstflug, und bereits am Tag darauf, dem „Tag der Republik" flog Bhargava das Flugzeug Nasser und einer Reihe von geladenen Gästen vor. Die 002 hatte im Vergleich zur 001 einen geänderten Bug, ein verbessertes Steuersystem und eine etwas erweiterte elektronische Ausrüstung. Kurz nach der Aufnahme der Flugerprobung brachte man an das Pendelruder Ausgleichsmassen zur Bekämpfung der Flattererscheinungen an. Derartiges ist auch an den

Ha-300.002 auf dem Flugfeld von Heluan, teilweise sind die noch im Bau befindlichen Werkanlagen zu sehen. (von oben nach unten)

Höhenleitwerken der MiG-19 und der MiG-21 zu beobachten.

Bedingt durch das schwache Triebwerk erreichte die HA-300.002 nur eine Höhe von 12 000 m und eine maximale Geschwindigkeit von Mach 1,13, wobei der Pilot durch kurze Stürze allerdings dem Triebwerk etwas half.

In Übereinstimmung mit den Bedforder Messungen bemerkte der Pilot beim Durchgang durch die Schallmauer keinerlei Unregelmäßigkeiten oder Auffälligkeiten. Kapil Bhargava äußerte die Überzeugung, daß mit dem vorgesehenen E-300 Triebwerk die errechneten Leistungen ohne weiteres zu erreichen gewesen wären.

Die vier Versuchsmuster des Brandner-Triebwerkes hatten gegen Ende 1965 auf den Prüfständen eine Gesamtlaufzeit von 2000 h erreicht. Die Zeit für eine Erprobung in der Luft war gekommen. Da eine gemeinsame Erprobung eines neuen Triebwerkes und eines neuen Flugzeuges eine sehr heikle Angelegenheit ist und für die HA-300 noch nicht in Frage kam, rüsteten Brandners Mitarbeiter eine sowjetische Antonov An-12 der ägyptischen Luftwaffe zu einem fliegenden Prüfstand um. Das linke, innere Turboprop-Triebwerk der Antonov wurde durch ein E-300 (V9)-Strahltriebwerk ersetzt, und ab dem Juni 1966 nahm man damit die Flugerprobung auf.

Die guten Kontakte nach Indien führten dann, fast zeitgleich, im Juli 1966 zur Überlassung einer HF-24 ,,Marut" für Versuchszwecke. Die Maschine erhielt eine aus einem E-300 und dem ursprünglich eingebauten ,,Orpheus" 703 bestehende Antriebsanlage und absolvierte in dieser, IBX genannten, Ausführung bis zum Juli 1969 über 150 Testflüge.

Mittlerweile hatten sich in die Flugerprobung der HA-300.002 auch die beiden Luftwaffenpiloten Zohair Shalaby und Sobhy el Tawil eingeschaltet.

Die 002 vor einem der großen Triebwerksprüfstände (großes Foto oben)
Die zur Erprobung der E-300 umgerüstete Antonov An-12.

Ferdinand Brandner vor dem in einer An-12 eingebauten HA-300-Triebwerk E-300.

Das Fahrwerk der HA-300, das von Messerschmitt entworfen und in Augsburg gebaut wurde.

Zohair Shalaby kam Anfang Juni 1967 während des 6-Tage-Krieges, in dem die irsaelische Luftwaffe auch Heluan einmal angriff, in seiner MiG-17 bei einem Jabo-Einsatz ums Leben.

Professor Messerschmitt weilte 1966/67 kaum noch in Ägypten. Die Arbeiten an der HA-300 führten in der Regel seine Mitarbeiter in München aus. Die Aufgaben in der Bundesrepublik nahmen den mittlerweile fast Siebzigjährigen vollständig in Beschlag, und so ist es nicht mehr als schlüssig, daß er seine Tätigkeit für Ägypten endgültig im Sommer 1967 einstellte.

An die Stelle Messerschmitts als Leiter des HA-300-Entwicklungsteams trat der aus Indien kommende ehemalige technische Leiter der Focke-Wulf Werke Dipl. Ing. Kurt Tank. Dieser versuchte noch einmal, das nachlassende Interesse der Ägypter zu wecken und wies auf die Einsatzmöglichkeiten der HA-300 als Erdkämpfer, Interceptor und Höhenjäger bis 20 km Höhe hin. Doch den von der Nutzlosigkeit des Programmes überzeugten Gegnern kam ein Wechsel in der Führung des zuständigen Ministeriums zustatten. Zudem gewannen die Sowjets, die an einem weiteren Verkauf ihrer MiG-Flugzeuge interessiert waren, zunehmend an Einfluß.

Brandners Triebwerksfabrik Nr. 135 stellte für den

Modell (1 : 10) eines „Hochleistungsflugzeuges für Mach 2" auf der Luftfahrtschau in Hannover 1966. Es handelt sich hier um die Serienausführung der HA-300. (unten)

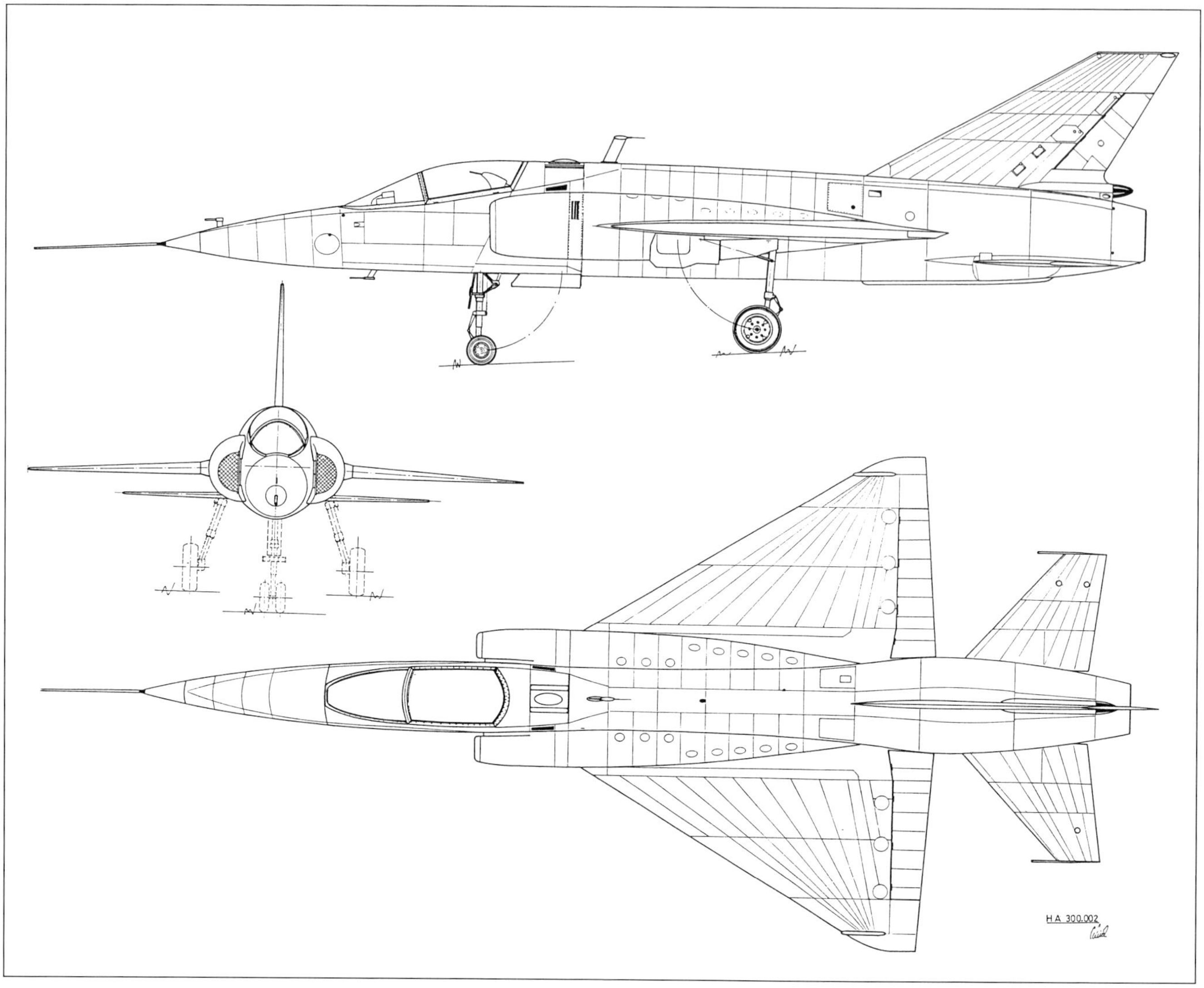

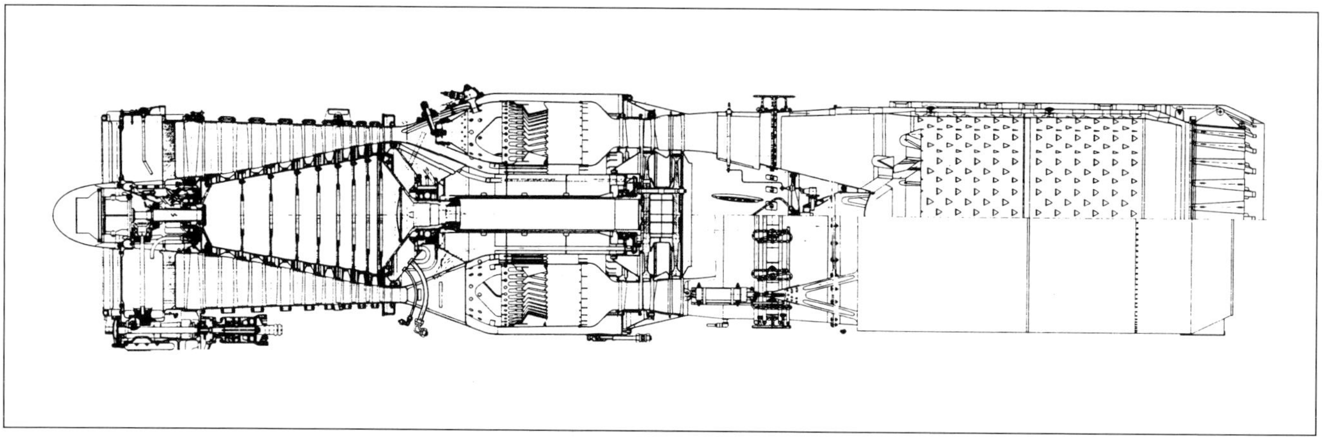

Dreiseitenansicht der HA-300.002 (oben)

Schnitt durch das Brandner E-300. Luftdurchsatz: 53 kg/sek., Verdichterdruckverhältnis: 1 : 5,7. Temperatur vor der Turbine: 1050K, max. Durchmesser des Triebwerkes: 840 mm, ockengewicht mit Nachbrenner: 860 kg, spez. Verbrauch: 0,98 kg/kph.

dritten Prototypen noch zwei nach einem Typenlauf abgenommene Triebwerke zur Verfügung. Eines dieser Triebwerke wurde Anfang 1969 in die HA-300.003 eingebaut, das zweite diente als Reserve.

Der dritte Prototyp sollte im Sommer 1969 die Flugerprobung aufnehmen und dic volle Leistungsfähigkeit der Entwicklung beweisen. Doch das wußte man zu verhindern.

Im Mai 1969 fiel die Entscheidung, das Vorhaben nach fast zehnjähriger Tätigkeit abzubrechen. Mit Ausnahme des indischen Testpiloten mußten sämtliche ausländischen Mitarbeiter die von ihnen maßgeblich aufgebauten Werke bis zum 1. Juni 1969 verlassen.

Ein technischer Stab der ägyptischen Luftwaffe machte mit der 003 im November 1969 noch Rollversuche mit Geschwindigkeiten bis kurz vor dem Abheben. Technische Probleme mit der Triebwerksregelung zwingen dann die relativ unerfahrenen Ägypter endgültig zum Aufgeben.

Schon damals war seit einigen Jahren in dem Land am Nil häufig ein der HA-300 sehr ähnliches Flugbild am Himmel zu sehen: Hier, wie auch in Indien, handelte es sich dann um die Umrisse der sowjetischen MiG-21.

In den Werken Nr. 36 und Nr. 135 der Industrieanlagen von Heluan montieren einheimische Fachkräfte heutzutage leichte Erdkampfflugzeuge vom Typ „Alphajet".

Dreiseitenansicht MiG-21 F

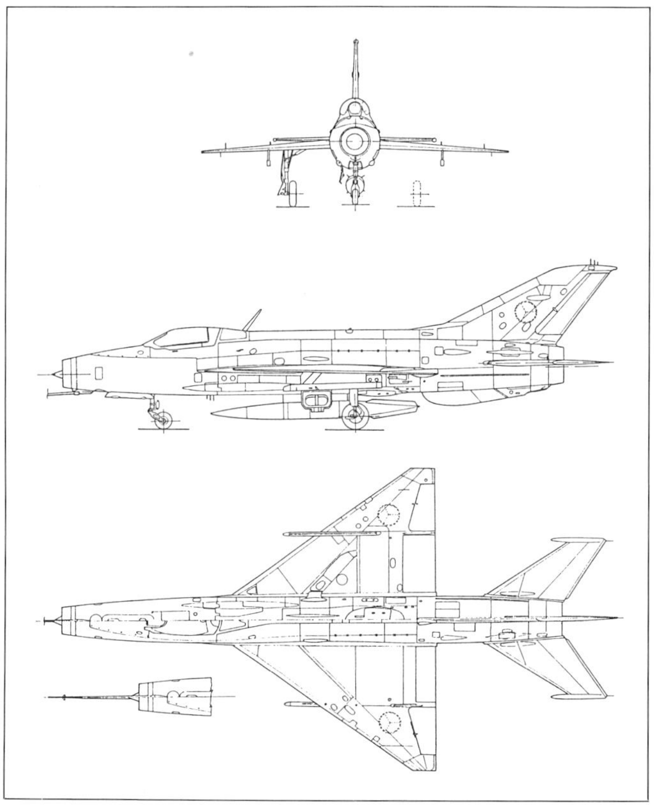

Technische Daten Die geometrischen Daten der HA-300 sind Messerschmitt-Zeichnungen entnommen und beziehen sich auf die gebauten Prototypen.

	Heluan HA-300	MiG-21 F13
Verwendung	einsitziger Abfangjäger	einsitziges Jagdflugzeug
Besatzung	1 Pilot i. Druckkabine mit Schleudersitz	1 Pilot i. Druckkabine mit Schleudersitz
Antrieb	1 x EGAO E-300 Strahltriebwerk in Einwellenbauweise Standschub: 3300 kp mit Nachbrenner: 4800 kp b.d. HA-300-003 Schub auf 3800 kp begrenzt	1 x Tumanski R-11 F-300 Strahltriebwerk in Zweiwellenbauart Standschub: 3900 kp mit Nachbrenner: 4900 kp-5750 kp
Spannweite	5,84 m	7,15 m
Flügelfläche	16,7 m^2	23,0 m^2
Streckung	2,04	2,22
Profilierung	bikonvexes Kreisbogenprofil	Ts AGI S-12
Profildicke	3% in 35% der Flügeltiefe	Flügelwurzel 5% Flügelspitze 4,2%
Vorderkanten-Pfeilung	58°	57°
V-Stellung	−2°	−2°
Flugzeuglänge ohne Staurohr	11,75 m	13,46 m
mit Staurohr	ca. 13 m	15,76 m
Höhe	3,65 m	4,1 m
Seitenleitwerk Vorderkanten-Pfeilung	60°	60°
Höhenleitwerk Spannweite	3,62 m	3,55 m
Höhenleitwerk Vorderkanten-Pfeilung	40°	55°
Höhenleitwerk V-Stellung	0°	0°
Fahrwerk	Fabrikat Messerschmitt mit Dunlop „Maxaret" Bremsen	
Spurweite	1,96 m	2,69 m
Radstand	3,16 m	4,81 m
Bugrad	2 x	1 x

	270 x 185 mm	500 x 180 mm
Hauptfahrwerk	2 x	2 x
	560 x 180 mm	660 x 200 mm
Startgewicht		
HA 300.001/003	3200/3800 kg	
Serie/normal	ca. 4500 kg	7370 kg
maximal	ca. 5450 kg	8625 kg
Flächenbelastung		
normal	269 kg/m^2	320 kg/m^2
maximal	326 kg/m^2	375 kg/m^2
maximale Geschwindigkeit	2100 km/h (M 2,0) in 12 200 m	2125 km/h (M 2,05) in 12 300 – 18 500 m
Steiggeschwindigkeit in Meereshöhe	190 m/sek.	130 – 140 m/sek.
Steigzeit	2,5 min. von 0 auf 12 200 m	3,2 min. von 0 auf 10 000 m
Gipfelhöhe o. Außenlasten	18 000 m	19 500 m
Reichweite	1100 – 1400 km	1670 km
Bewaffnung	2 x 20 mm od. 2 x 30 mm Kanonen 2 x Luft/Luft Lenkwaffen	2 x NR 30 mm Kanonen 2 x Luft/Luft Lenkwaffen od. 2 x UV-16-57 Raketenbehälter

Die tabellarische Übersicht zeigt, daß mit der HA-300 tatsächlich ein Leichtjäger mit kleinstmöglichen Abmessungen verwirklicht wurde, der bei entsprechender Entwicklung es leistungsmäßig durchaus mit der bereits vorhandenen Konkurrenz aufnehmen konnte.

Der Jäger mit minimalem Gewicht, kleinen Abmessungen und maximaler Leistung, den Messerschmitt mit der Entwicklungsreihe 1101, 1106, 1110, 1111 und 1112 und nicht zuletzt mit der HA-300 zu verwirklichen suchte, steht auch heute auf der Wunschliste vieler Strategen der Luftarmeen ganz oben. Immer wieder versucht man, die ausufernden Kosten und die steigenden Gewichte zu begrenzen. Studien wie die ALR „Piranha" einer Schweizer Arbeitsgruppe oder der schwedische Entwurf SAAB JAS.39 „Gripen" belegen dies.

Messerschmitt konzentrierte sich in den Jahren bis zu seinem Tode im Jahre 1978 auf die Arbeit an einem Reise- und Transportflugzeug, dem „Rotorjet", das mit zwei einziehbaren, gegenläufigen Rotoren über den Tragflügeln VTOL-Eigenschaften erhalten sollte.

Der Luft- und Raumfahrtkonzern MBB, der heute Messerschmitts Namen in seinem Firmennamen führt, ist neben der Entwicklung und dem Bau von erfolgreichen, mehrstrahligen Kampfflugzeugen wie der Panavia „Tornado" oder dem EFA/JF-90 wieder an der Entwicklung eines einstrahligen „Experimentierflugzeuges" beteiligt. Gemeinsam mit der amerikanischen Firma Rockwell entwickelt MBB die X-31, die wiederum zum Vorbild einer neuen Generation von Luftüberlegenheitsjägern werden könnte.

Anhang

Antriebsvariante

P1101 L mit Staustrahlantrieb: Im Herbst 1944 wurde die Möglichkeit in konstruktiver sowie in leistungsmäßiger Hinsicht untersucht, das in Entwicklung befindliche Jagdflugzeug P1101 mit einem Staustrahltriebwerk auszurüsten.

Ziel war ein Einsatz als Objektschutzjäger, der die Nachteile der Messerschmitt Me-163 beseitigte und gleichzeitig Vorteile wie die äußerst einfache Ausführung des Antriebes und eine große Beweglichkeit in der Art des Treibstoffes bot; es ließ sich fast alles verwenden, was brennbar und flüssig war. Bei Dr. Lippisch an der Luftfahrtforschungsanstalt in Wien wurde sogar demonstriert, daß auf das „flüssig" verzichtet werden konnte: er arbeitete bei seinen Entwürfen von staustrahlgetriebenen Deltaflugzeugen mit paraffingetränkter, gemahlener Kohle.

Der Nachteil dieses Antriebes war freilich der hohe Treibstoffverbrauch im Bereich von Geschwindigkeiten unterhalb von Mach 2 und die Notwendigkeit eines Zusatzantriebes für den Start.

Bei der Deutschen Forschungsanstalt für Segelflug in Ainring bei Rosenheim wurde diese, auch nach seinem Erfinder René Lorin benannte Antriebsform von Prof. Eugen Sänger und seiner Assistentin und Ehefrau Dr. Irene Bredt, zur Betriebsreife entwickelt.

Aufgrund der theoretischen Arbeiten und der praktisch durchgeführten Versuche wurden gegen Ende des Krieges bei einigen deutschen Flugzeugfirmen (Messerschmitt, Heinkel, Skoda-Kauba) Zellen für diese Antriebsform nach Prof. Sänger konzipiert. Andere Firmen bzw. Institute wie Focke-Wulf und die Luftfahrtforschungsanstalt Wien (Dr. Lippisch) arbeiteten an eigenen Ausführung der Lorin'schen Idee.

Der Einsatz in einem, für den reinen Staustrahlantrieb (nicht zu verwechseln mit dem „Schmidt-Argus Rohr"!) ungeeigneten Geschwindigkeitsbereich und der damit verbundene, hohe Treibstoffverbrauch, ließen kein einziges der mit dieser Antriebsform vorgeschlagenen Projekte vom Reißbrett in die Lüfte steigen.

Unmittelbar nach dem Kriege wurde Dr. Sänger mit seiner Ehefrau beratend für das französische Luftfahrtministerium tätig. Dadurch nahm er Einfluß auf die Entwicklung und den Bau der Nord Griffon II.

Erprobung des Staustrahlantriebes unter der Leitung von Prof. Sänger (ab 1942)

Bei dieser Versuchsmaschine handelte es sich um ein Hochgeschwindigkeitsflugzeug mit Mischantrieb (im Staustrahlrohr wurde für den Start und für niedrige Geschwindigkeiten ein Strahltriebwerk eingebaut).

In dieser Form, bei Fluggeschwindigkeiten größer Mach 2, besitzt diese Antriebsart sicherlich eine Zukunft. Und nicht erst seit heute hat eine Art des Staustrahlantriebes – in der Form des hinlänglich bekannten Nachbrenners – eine breite Anwendung gefunden.

Bei dem im Herbst 1944 zur Diskussion gestellten Vorschlag handelte es sich im wesentlichen um eine P1101-Serienausführung, deren Rumpf zur Aufnahme des Antriebes erweitert wurde. Der Lorin-Antrieb besteht in der Hauptsache aus einem doppelkonischen Stahlblechrohr mit einer Kraftstoff-Einspritzvorrichtung.

Der vordere Teil des Triebwerkes ist als Diffusor ausgebildet; in ihm wird die Strömung bei gleichzeitiger Druckerhöhung auf etwa ein Sechstel der Fluggeschwindigkeit verzögert. In der anschließenden Brennkammer wird die strömende Luft (bei gleichem Druck) durch den eingespritzten Kraftstoff – je nach Drosselung – auf weit über 1000° C erwärmt. Diese Erwärmung des Luftstromes hat eine Volumenvergrößerung mit einer damit verbundenen Geschwindigkeitssteigerung zur Folge. Der Luftstrom wird in der Düse auf eine Geschwindigkeit beschleunigt, die etwas über der Fluggeschwindigkeit liegt.

Bis auf den Mechanismus der Kraftstoffeinspritzung und der Regelung für den Austrittsquerschnitt besitzt diese Antriebsart keinerlei bewegte Teile. Diese Einfachheit des Aufbaues und die damit verbundene unkomplizierte Wartung wäre mit Sicherheit in der Endphase des Krieges ein nicht zu unterschätzender Vorteil gewesen.

Auf einem anderen Blatt steht dagegen der bereits erwähnte hohe Treibstoffverbrauch mit allen nachteiligen Folgen wie kurze Flugzeit und hohes Startgewicht und das fast gänzlich unerprobte technische und einsatzmäßige Konzept des Antriebes.

Beim Lorin-Antrieb ist der Startschub gleich Null; es muß also mit einem Hilfsmittel gestartet werden. Für die P1101 L wurden acht Feststoffraketen mit je 1000 kp Schub und einer Brenndauer von 6 sek. vorgesehen. Beim Start sollten die Raketen gleichzeitig oder auch nacheinander gezündet werden. Die damit erreichbare Geschwindigkeit wurde mit ca. 120 m/sek. (430 km/h) errechnet; von da ab schob das Lorin-Triebwerk allein weiter und zwar mit einem mit der Geschwindigkeit zunehmenden Schub. Zudem versprachen die Startraketen, sogar bei eingefahrenen Klappen, eine sehr kurze Startstrecke.

Bei der P1101 L sollte ein von der 1101-Serienausführung grundlegend verschieden konzipiertes Fahrwerk zum Einbau gelangen. Durch den vergrößerten Rumpf und den Verzicht auf eine Manövrierfähigkeit am Boden wurde diese vereinfachte Art des Rollwerks möglich. Große Fahrwerksklappen wurden vermieden und die Spurweite des Hauptfahrwerkes wurde absichtlich gering gehalten, um ein Schleppen des Flugzeuges auf schmalen Wegen besser zu ermöglichen.

Wie bereits angedeutet, sollte der Einsatz stützpunktartig in der Manier eines Objektschützers erfolgen. Die Jäger sollten in großen Mengen über das ganze Land verteilt werden, ohne auf besonders ausgebaute Flugplätze angewiesen zu sein. Unter Anleitung eines zahlenmäßig kleinen Stammpersonals sollte der nächstgelegene Verlagerungsbetrieb die Besatzung und die geringe Wartung stellen.

Kam ein Bomberverband in Sicht, so sollte der Start erfolgen. Infolge der längeren Flugzeit im Vergleich zur Me-163 oder zur Ba-349 ,,Natter" und ähnlicher Projekte konnte der Pilot unter Umständen mehrmals zum Angriff kommen. Während der gesamten Flugzeit über dem Reichsgebiet sollte der Bomberverband keine ruhige Minute haben. Der Angriff auf kleinere Verbände und auch auf Einzelflugzeuge, für die besondere Leitverfahren notwendig waren, sollte nach wie vor den Jagdverbänden der Luftwaffe vorbehalten bleiben.

Auf die Vorschläge von Dr. Sänger zur Verwendung von Staustrahltriebwerken teilte ihm Generalfeldmarschall Milch vom RLM folgendes mit: ,,Vollste Anerkennung für Ihre Leistungen, aber um solche Flugzeuge zu bauen, ist es noch viel zu früh".

Recht hatte er ja gehabt, obwohl es bereits für das Deutsche Reich viel zu spät war.

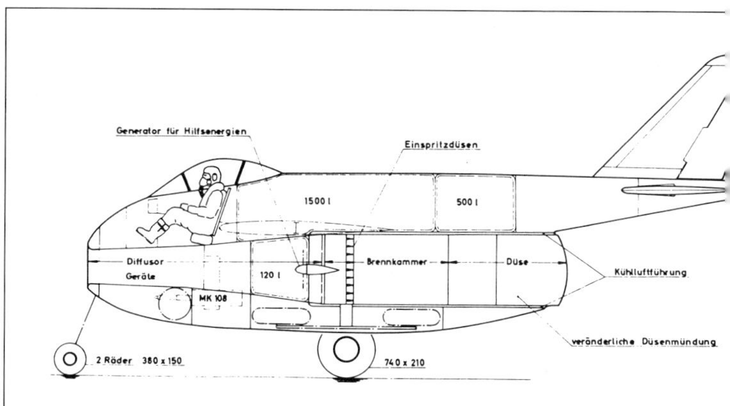

P1101 mit Staustrahlantrieb; Längsschnitt durch das vorgeschlagene Flugzeug; Zeichnung: H. Redemann

Technische Daten des Vorschlages P1101 L
Die Abmessungen entsprechen in der Hauptsache der P1101-Serienausführung. Auch die Gewichtszusammenstellung legt den Rüstzustand eines Serienflugzeuges zugrunde.

Gewichte:

Rüstgewicht:	1900 kg
Besatzung:	100 kg
Munition:	180 kg
Kraftstoff:	1550 kg
Fluggewicht:	3730 kg
Starthilfen (8 Raketen):	560 kg
Rollgewicht:	4290 kg

berechnete Flugleistungen:

Höchstgeschwindigkeit:	Mach 0,9 d. h. 1080 km/h in Bodennähe 1000 km/h in 12 000 m Höhe
Steigzeit auf 10 000 m:	3,0 min; dazu Startzeit von 1,5 min.
Gipfelhöhe:	ca. 15 000 m

Reichweiten: (ohne Steig- und Gleitflugstrecken) bei maximaler Geschwindigkeit)
400 km in Bodennähe 22 min. Flugdauer
820 km in 10 000 m Höhe 50 min. Flugdauer
Im Drosselflug können die Reichweiten noch gesteigert werden.

Startstrecke: bis zum Abheben 150 m (Beschleunigung 2 g)

Landegeschwindigkeit: 165 km/h

Technische Beschreibung Triebwerke Jumo 004 und HeS 011

Das Jumo 109-004 B: Dieses Junkers Triebwerk war der Antrieb der ersten Generation von einsatzfähigen TL-Flugzeugen.

Die Projekte 1092 und 1095 sind mit diesem Antrieb ausgelegt und als ein Ende der Schwierigkeiten mit dem Heinkel HeS 011 nicht absehbar war, rüstete Messerschmitt das P1101 mit dem Jumo 004 als „Alternativantrieb" aus; auch die ersten „Experimentierflugzeuge" sollten mit dem Junkers-Antrieb eingeflogen werden.

Kurzbeschreibung
Der achtstufige Axialverdichter besitzt acht Laufräder und neun Leitschaufelkränze. In den daran anschließenden sechs Einzelbrennkammern mit Dralleinsatz wird über eine einfache Zahnradpumpe („Barmag"-Pumpe) der Kraftstoff mit der Bezeichnung „J2" eingespritzt und verbrannt.
Bei der Turbine handelt es sich um eine einstufige Gleichdruckturbine nach einem Entwurf der Fa. AEG. Die Baureihe 109-004 B-4 besitzt hohle, luftgekühlte Turbinenschaufeln. Turbine und Verdichterwelle sind durch eine Kerbverzahnung miteinander verbunden.

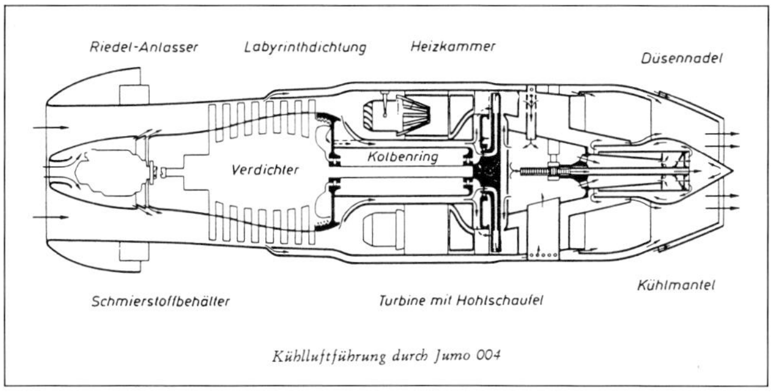

Kühlluftführung durch Jumo 004

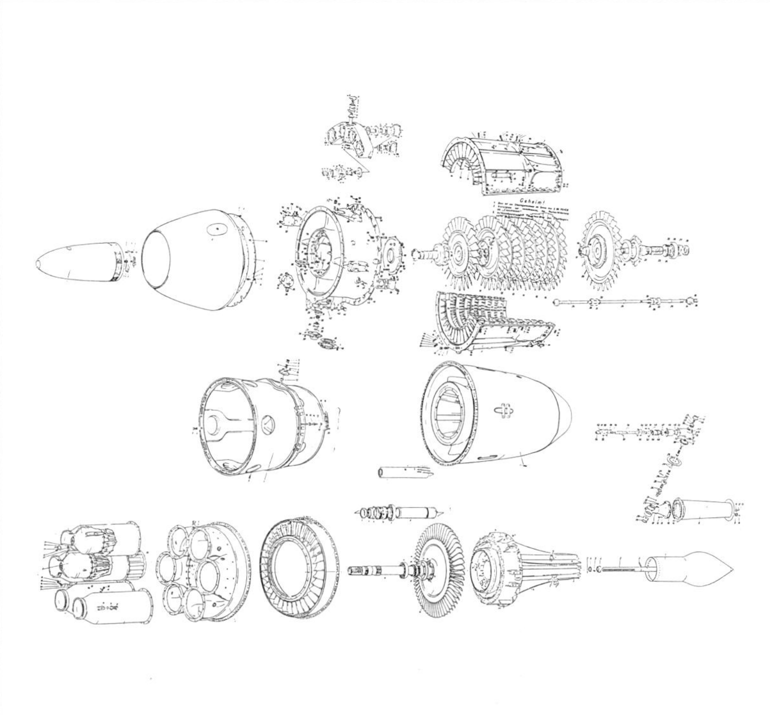

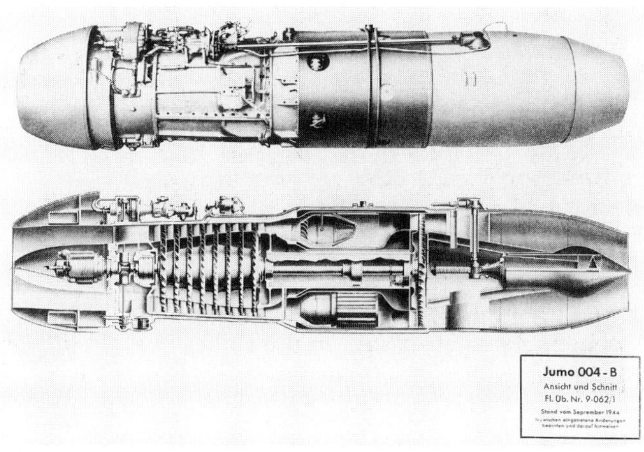

Längsschnitt Jumo 004 B
Hauptbaugruppen des Triebwerkes Jumo 004 B; Jumo 004-B Ansicht und Schnitt (von oben nach unten)

Die Schubdüse ist, ebenfalls zu Kühlzwecken, doppelwandig ausgeführt. Die Regelung des Triebwerkes erfolgt durch einen längsverschiebbaren Düsenpilz, der den Austrittsquerschnitt verkleinert (Volllast) oder vergrößert (Leerlauf). Die Regelung des Austrittsquerschnittes und die damit zusammenhängende Regelung der Drehzahl erfolgt mit einem Hebel („Einhebelbedienung"). Die Düse des Jumo 004 ist von vorneherein für einen Nachbrennerbetrieb ausgerüstet.

In oder an der Flugzeugzelle ist das Triebwerk an drei Punkten in der tragenden Struktur aufgehängt. Der Pilot überwacht im Führerraum:

- die Drehzahl des Triebwerkes
- den Druck der Brenngase in der Schubdüse
- die Gastemperatur
- den Druck vor dem Verdichter
- den Einspritzdruck und
- den Schmierstoffdruck

Technische Daten:
Auslegungsdaten

max. Startschub:	910 kp
Länge über alles:	3864 mm
max. Durchmesser:	805 mm
Trockengewicht, netto:	750 kg
Drehzahl:	8700 min.$^{-1}$
spez. Brennstoffverbrauch:	1,42 kg/kp h
Werkstoffe:	
Turbine:	Krupp „Tinidur" (30% Nickel, 15% Chrom, 2% Titan, Rest Fe) u. später der nickelfreie Werkstoff „Cromedur" (13% Chrom, 18% Mangan, 0,7% Vanadium, Rest Fe)
Verdichter und Brennkammern:	Tiefziehblech Flw 1010 mit aufgesinterter Aluminium-Schutzschicht.
Verdichter:	
Gesamter Luftdurchsatz:	21,2 kg/sek.
Luftentnahme („Zapfluft")	
Kühlung Schubdüse	0,5 kg/sek.
Kühlung Turbine	0,7 kg/sek.
Verdichtungsverhältnis:	3,14
Wirkungsgrad im Auslegungspunkt:	78%
Durchmesser der 1. Stufe:	545 mm
Durchmesser der 8. Stufe:	582 mm
Brennkammer:	
1 Einspritzdüse pro Brennkammer	
Druckverlust	6%
Ausbrennwirkungsgrad	95%
Turbine und Schubdüse:	
Turbinengehäuse, Innendurchmesser:	711 mm
Durchmesser über die Schaufelspitzen des Turbinenrades:	698 mm
Schaufellänge:	110 mm
Schaufelzahl:	61
Leitschaufelzahl:	36
Wirkungsgrad:	79,5%
Turbineneintrittstemperatur:	775° C
Austrittsdurchm. d. Schubdüse:	400 mm
Druck in der Schubdüse:	1,51 ata
Anlasser:	
Riedel-Anlasser:	Zweitakt-Zweizylinder-Motor mit einer Kurzleistung von 10 PS

Das Heinkel HeS 109-011: Bei dem Antrieb der Strahljägerentwürfe zur RLM-Ausschreibung vom Juli 1944 handelt es sich um das gegen Ende des Krieges in fast allen Studien, Vorschläge und Entwürfe der deutschen Flugzeug-Konstrukteure eingeplante Heinkel-Hirth HeS 109-011 A-0 (kurz HeS 011) Triebwerk.

Mit diesem Entwurf wagten, nachdem sie die bekannte Motorenfirma Hirth erworben hatten, die Heinkel-Werke den Versuch, sich endgültig im deutschen Flugmotorenbau zu etablieren; Meriten ernteten Heinkels Konstrukteure bereits durch den Bau des ersten flugfähigen und im Heinkel-Jet He-178 erprobten Strahltriebwerkes HeS 3 und durch eine Reihe von aus dieser Erfahrung heraus entwickelten Konstruktionen.

Die Triebwerke mit der von Heinkel bevorzugten zentrifugalen Bauweise konnten sich jedoch nicht gegen die Axial-Entwürfe von Junkers oder BMW durchsetzen, eine Erkenntnis, die Jahre später unter großen Schmerzen noch einmal im britischen Triebwerksbau gewonnen werden mußte. Allerdings hatten, zumindest in der Pionierphase des Strahlantriebes, die Zentrifugaltriebwerke eindeutig ihre Vorteile; so z. B. in der einfachen Konstruktion, in der Fertigung und in der Betriebssicherheit – eine Eigenschaft, die dem Me-262 Antrieb zu wünschen gewesen wäre.

Sei es wie es ist, auf jeden Fall gingen die Verantwortlichen von Heinkel mit der Auslegung des HeS 011 neue Wege: Ein großes Problem des vom RLM bevorzugten Axialverdichter ist der bei ungünstigen Anströmverhältnissen auftretende Strömungsabriß. Diese, auch als „Pumpen" bezeichnete Erscheinung geht meist mit einem „Ausgehen" (Flame-out) des Triebwerkes einher und kann zudem zu mechanischen Schäden führen. Gerade in den Anfangsjahren der Düsenfliegerei waren diese Gefahren ziemlich groß.

Mit der Konstruktion des im HeS 011 eingeplanten sog. Diagonalverdichters versuchte das Heinkel-Team die Vorteile der zentrifugalen Bauweise mit denen der axialen Auslegung zu verbinden. Die vorbereitenden Arbeiten zu diesem Triebwerk waren im Dezember 1942 abgeschlossen und man konnte mit dem Bau von zunächst fünf Prototypen beginnen. Die ersten Prüfstandsläufe erfolgten zu Beginn des Jahres 1944; dabei gab der Verdichter bereits nach ei-

Heinkel He S 109 - 011 A, Vorserientriebwerke (von oben nach unten)

ner Stunde Lauf seinen Geist auf. Die Entwicklung verzögerte sich. Mit einem neuen, umstrukturierten Verdichter, an dessen Entstehung die Firma Voith/Heidenheim entscheidend mitgewirkt hat, rüstete man die folgenden Versuchsmuster aus, aber die Schwierigkeiten mit dem Triebwerk fanden vorläufig kein Ende. Die Fertigung des Diagonalverdichters war schwierig und aufwendig und erst Anfang 1945 wurde der Auslegungsschub von 1300 kp (12,7 KN) erreicht.

Nach dem Einmarsch der Amerikaner stellten die deutschen Fachkräfte noch neun Vorserien-Triebwerke HeS 011 A-0 fertig, die anschließend in die USA gebracht wurden. Dort liefen die Triebwerke unter der Federführung der US-Navy ab Juni 1945 auf einem Prüfstand in Trenton/New Jersey. Ein Einfluß der Heinkel-Konstruktion auf amerikanische Strahlantriebe ist, anders als im Falle Junkers auf sowjetische oder BMW auf französische, nicht erkennbar.

Projekte einer Probellerturbine auf der Basis des HeS 011 und Weiterentwicklungen zur Baureihe HeS 011 B mit einem Auslegungsschub von 1500 kp und HeS 011 C mit einem Schub von 1700 kp befanden sich bei Kriegsende noch auf den Reißbrettern.

Kurzbeschreibung
Der Verdichter des Heinkel 011-Triebwerkes setzt sich aus einer axialen Vorstufe, einer Niederdruck-Diagonalstufe und aus drei weiteren Axialstufen für den Hochdruckbereich zusammen. Der Verdichter besteht demnach aus insgesamt fünf Stufen. Die unmittelbar an den Verdichter anschließende Brennkammer ist in der heute üblichen Bauweise als Ringbrennkammer ausgeführt. An ihrer Stirnseite befin-

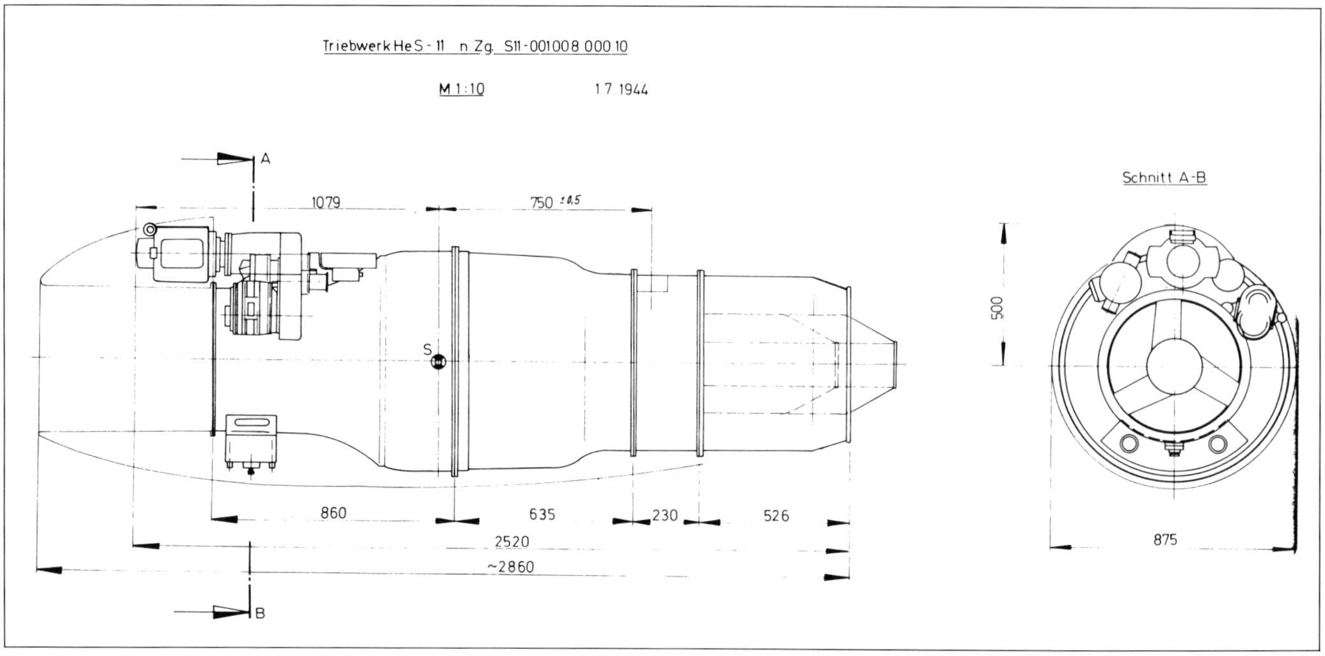

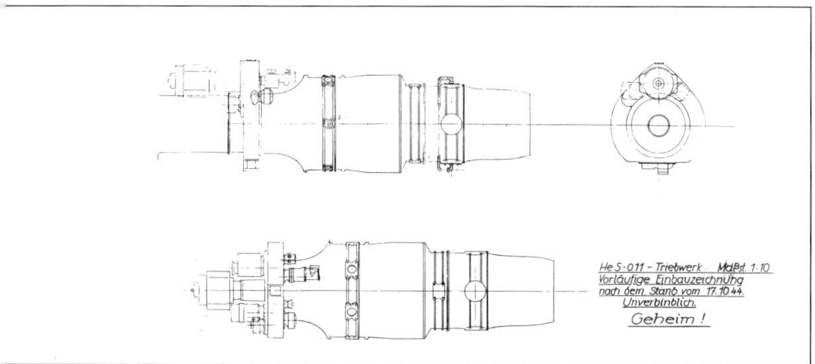

„Frühe“ Ausführung des Heinkel-Triebwerkes; die äußere Form unterscheidet sich doch erheblich von dem später ausgeführten Triebwerk. (1. 7. 44 – oben)
Nur drei Monate später besitzt das Heinkel-Triebwerk seine, durch den umkonstruierten Verdichter bedingte, vorerst endgültige Form (nach Messerschmitt-Einbauzeichnung vom 17. Okt. 1944 und Heinkel-Zeichng. 109–011/1501. 10 – (links)

den sich Zweimengendüsen, die den zugeführten Kraftstoff im Winkel von 80° in den Verbrennungsraum einspritzen.

Die Zündung erfolgt über gewöhnliche Zündkerzen. Zur Förderung des Verbrennungsprozesses befinden sich kleine Aussparungen in den Brennkammerwänden. In der Kammer selbst befinden sich drei Mischfinger. Sie haben folgende Aufgaben:

1. Mischfinger: Umlenken der Verbrennungsgase ins Innere der Kammer (bis zu 90°)
2. Mischfinger: Zuführung und Verwirbelung mit weiterer Zuluft zur Verbrennungsförderung
3. Mischfinger: Führung der Mischluft ins Innere der Brennkammer; Schaffung und Erhaltung einer gleichmäßigen Verbrennungstemperatur.

Durch das komplizierte System wird eine außerordentlich gute Verbrennung bewirkt. Die Abgase treiben danach die Turbinenräder an, die mit luftgekühlten Hohlschaufeln bestückt sind.

Die für die Hohlschaufeln notwendige Kühlluft wird hinter der dritten Axialstufe entnommen und den Schaufeln zugeleitet. Anschließend gelangen die Verbrennungsgase ins Freie. Wie bei den übrigen deutschen Strahlturbinen erfolgt auch hier die Schubregelung über eine Düsen-Zwiebel. Damit ist der Betrieb des HeS 011 ebenfalls mit der „Einhebelbedienung“ möglich. Alle Hilfs- und Steuergeräte sind auf dem vorderen Verdichtergehäuse angebracht, ebenso die Meßfühler für die Triebwerksüberwachung.

Technische Daten: Auslegungsdaten

max. Startschub:	1300 kp
Länge über alles: (mit Luftführungsrohr und Düsenpilz in Vollast-Stellung)	3450 mm
reine Triebwerkslänge: (Düsenpilz in Leerlaufstellung, ohne Anlasser)	2640 mm
max. Durchmesser:	830 mm
Trockengewicht, netto:	770 kg

Triebwerk, einschl. Anlaßkraftstoff u. Schmierstoff:	845 kg
Gesamte Triebwerksanlage: (Kraftstoffbehälter in Zelle)	921 kg
Drehzahl:	11 00 min^{-1}

Verdichter:
gesamter Luftdurchsatz: 30 kg/sek.
(0 km Höhe, V = 0 km/h)
Verdichtungsverhältnis: 4

Brennkammer:
Ringbrennkammer mit 16 Einspritzdüsen;

für das Anlassen:	2 Verneblerdüsen und 2 Zündkerzen
Kraftstoffdruck:	40 kp/cm^2

Turbine und Schubdüse:

Stufenzahl:	2 mit luftgekühlten Schaufeln
Abgastemperatur:	max. 550° C (kurzzeitig 800° C beim Anlassen)
Anlasser:	Zweitakt-Benzinmotor, vorgesehen 10 oder 20 PS

Fluggeschwindigkeit, Schub und spezifischer Kraftstoffverbrauch bei Vollastbetrieb:

	Geschwindigkeit (km/h)	Schub (kp)	spezifischer Kraftstoffverbrauch (kg/kp h)
Höhe 0 km	0	1300	1,32
	300	1115	1,44
	600	1020	1,60
	900	1040	1,78
Höhe 9 km	0	605	1,12
	300	555	1,26
	600	525	1,38
	900	550	1,48

Ausrüstung/Bewaffnung

Wahrscheinliche Ausrüstung eines Jagdflugzeuges der Luftwaffe in den Jahren 1945/46.

Standardausrüstung Der Abfangjäger (Interzeptor) kann eine etwas vereinfachte Grundausstattung (z. B. ohne Jägerkurssteuerung und FuG 125) erhalten; ansonsten umfaßt die Ausrüstung serienmäßig folgendes:

- elektronische Jägerkurssteuerung
- Schußkamera
- Zielgerät EZ 42 für die starre Bewaffnung; es handelt sich um eine programmierbare Visieranlage zur selbsttätigen Ermittlung des Vorhaltemaßes. Bei der Erprobung wurden im Vergleich zum Revi 16 B trotz größerer Schußentfernung um ca. 30% mehr Treffer erzielt.
- FuG 15 fernbedienbares UKW-Sprechgerät von Lorenz, mit Geräteblock, Umformer und Antennenanpaßgerät im Rumpfheck und Anzeigegerät AFN 2 im Instrumentenbrett (Blindflugtafel).
- FuG 25a von einer Bodenstelle abfragbares Freund- und Feind-Kenngerät; ein Erkennen von Flugzeug zu Flugzeug ist der nächste, noch nicht vollzogene Schritt.
  Das Gerät kann zur Jägerführung nach dem EGON-Verfahren benutzt werden.
- FuG 125a „Hermine" Navigations- und Zielfluggerät, mit dem das Jagdflugzeug auf einem Leitstrahl zu seinem Einsatzhorst geführt wird. Dieses „Funklandegerät" besitzt einen fernbedienbaren Empfänger EBL 3 F im Rumpfheck. Mit dem Zusatzgerät FuG 120 K kann das Funkfeuer „Bernhard" empfangen werden. Die Anlage ist speziell für einsitzige Flugzeuge ausgelegt.
- Maschinenkanone MK 108; konstruktiv ist der Einbau von vier-zwei als Standardausrüstung und zwei als Rüstsatzkanonen geplant. Die möglichen vier MK 108, mit jeweils 100 Schuß Minen- und Brandmunition, sind bei der P1101 im Vorderrumpf unterhalb des Cockpits um das Luftführungsrohr gruppiert.

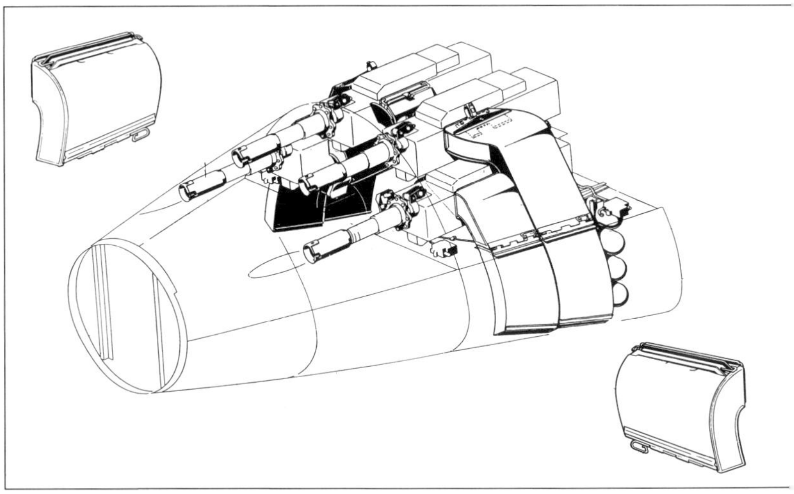

Einbau der 4 x MK 108 in der Waffenkanzel der Me 262 A-1

Bei dieser Waffe von Rheinmetall-Borsig handelt es sich um eine sehr kompakte, kurze Kanone mit einer niedrigen Mündungsgeschwindigkeit, die beim Schießen das Geräusch eines Preßlufthammers erzeugt. Für Einsätze gegen Bodenziele ist die MK 108 ungeeignet, dafür ist die Wirkung beim gegnerischen Flugzeug gewaltig. Oft genügen schon wenige Treffer um einen viermotorigen Bomber zum Absturz zu bewegen.

Die Bedienung erfolgt elektropneumatisch. Die dazu benötigten 8 x 2 l Preßluftflaschen sind in einer Einheit zusammengefaßt. Die Auslösung der Kanonen erfolgt durch einen, mit einer Sicherung versehenen, gemeinsamen Knopf am Steuerknüppel.

Technische Daten

Rheinmetall-Borsig MK 108	
Kaliber	30 mm
Länge	1057 mm
Gewicht	58 kg
Geschoßgewicht	0,33 kg
Patronengewicht	0,48 kg
Mündungsgeschwindigkeit	ca. 530 m/sek.
Feuergeschwindigkeit (Schußfolge)	ca. 660 min^{-1}

Rüstsätze

Die Rüstsätze sind je nach Einsatzzweck und taktischer Aufgabe untereinander kombinier- und austauschbar.
Die Aufzählung erhebt keinen Anspruch auf Vollständigkeit, eine weitergehende oder anders geartete Ausrüstung ist jederzeit möglich.

R 1: Abwurfbehälter unter dem Rumpf für 500 l Kraftstoff.

R 2: Abwerfbare Startraketen für den Start bei Überlast. Wahrscheinlich finden die bereits bei der Me 262 benutzten Rheinmetall-Borsig RI-502 Verwendung. Die, meist unter dem Rumpf paarweise angebrachten Raketen besitzen einen Schub von 500 kp, den sie über die relativ kurze Spanne von 6 sek. halten können.

R 3: Strahltriebwerk mit Zusatzschubgerät (eingebautes, nicht abwerfbares Raketentriebwerk für den Interzeptor).
Dieser Mischantrieb versetzt den Abfangjäger („Heimatschützer") in die Lage, in kürzester Zeit die Einsatzhöhe zu erreichen. Diese Ausführung soll die Vorteile eines Raketenjägers mit denen eines Turbinenjägers verbinden. Noch vor dem Kriegsende nahm die Fa. Messerschmitt mit entsprechend umgerüsteten Me 262 in Lechfeld bei Augsburg die Erprobung auf. Nach dem Kriege wurde diese Idee ausführlich bei den Siegermächten verfolgt, jedoch wurde die Entwicklung bzw. Serieneinführung durch die immer ausgereifteren Luftabwehrraketen überflüssig und deshalb abgebrochen.

R 4: Radarausrüstung für Nacht- und Schlechtwettereinsatz
- FuG 350 Zc „Naxos" mit einer Empfangsantenne EA 350 Zb in der Rumpfspitze und einem im Instrumentenbrett eingebauten Sichtgerät SG 350 Zc.
Das Gerät dient zum Suchen des Gegners und spricht auf das hochentwickelte englische Radargerät H2S (deutsche Bezeichnung: Rotterdam-Gerät) an. Beim FuG 350 Zc handelt es sich um ein passives Funkmeßgerät ohne Sender und Tastgerät; es

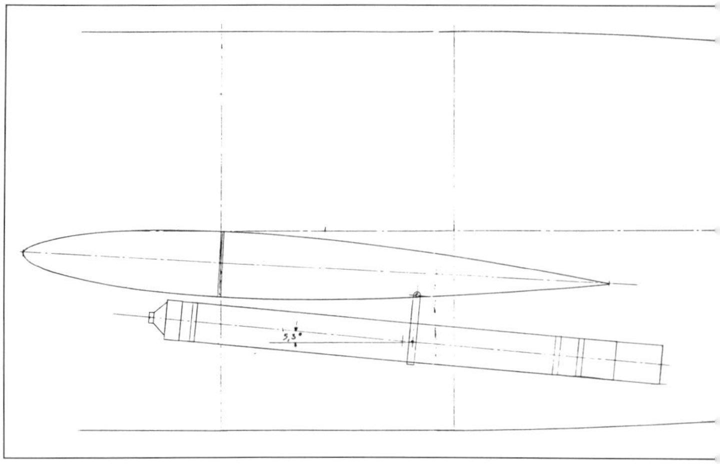

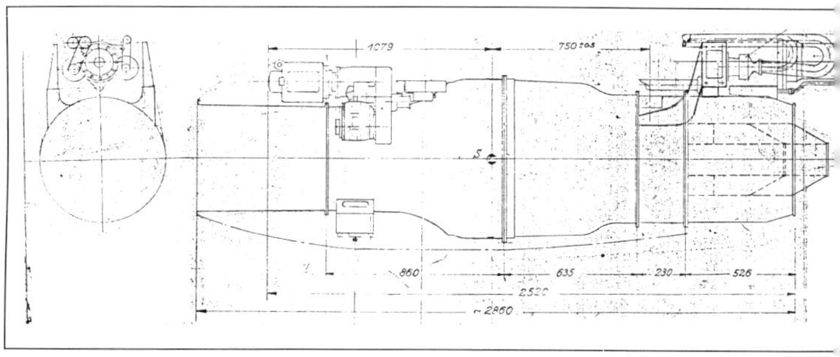

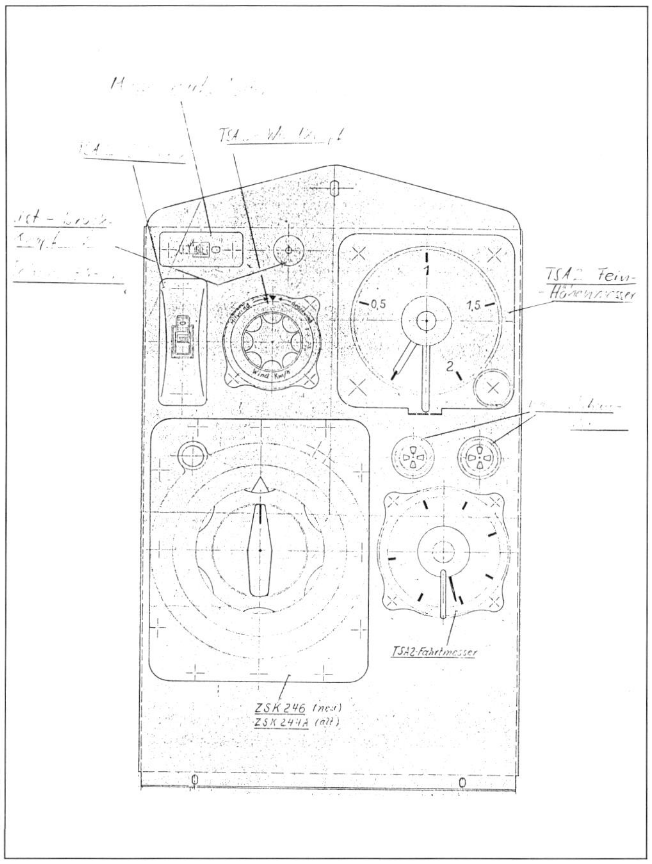

Abwerfbare Startrakete RI-502; dargestellt ist der Anbau unter dem Flügel
Beispiel eines Interzeptor-Triebwerkes: He S 011 mit angebautem Zusatzschubgerät BMW P-3395 (RLM 109-718) mit 1 250 kp Vollschub.
Zusätzliches Gerätebrett für die Tiefwurf-Schleuderanlage TSA-2 von Zeiss; montiert zwischen Fußboden und Gerätebrett (links von oben nach unten)

kann daher vom Gegner nicht geortet werden. Sowjetische Jagdflugzeuge der Fünfziger Jahre (z. B. MiG-19) waren in großer Zahl mit einem weiterentwickelten „Naxos"-Gerät ausgestattet, das auf das modifizierte H2S MK 9A Radar der britischen V-Bomber ansprach.

- FuG 218 „Neptun V" mit einer Siemens-Geweihantenne an der Rumpfspitze und einem, ebenfalls im Instrumentenbrett untergebrachten Sichtgerät SG 218. Die Bediengeräte für das FuG 218 und der Kippschalter für das FuG 350 sind in der rechten Gerätebank eingebaut. Das FuG 218 ist ein Bordradar zur aktiven Zielsuche, das speziell für Einsitzer zur Anwendung kommt. Die Gefahr einer Ortung bzw. Störung durch den Gegner ist beim Einsatz dieses Gerätes durch die hochentwickelte britische Funkmeßtechnik sehr groß.
  Eine Ausführung des FuG 218 als „Rückwärtswarngerät" ist möglich.

Bewaffnung

R 5: starre Bewaffnung mit 4 x MK 108

R 6: Jabo-Rüstsatz
Für den Jagdbomber-Einsatz wird an ein rumpfseitiges Schloß 503 A-1 eine Abwurfwaffe mit insgesamt 500 kg gehängt (z. B. 1 x SC 500/SD 500/AB 500–1 oder 2 x SC 250/SD 250/AB 250–2). Die Abwurfwaffe wird über ein TSA-D2 Zielgerät ausgelöst. Diese „Tiefwurf- und Schleuderanlage" (TSA) von Zeiss ist anstelle des Lotfe 7D bereits mit einer Me 262 A-2 in Erprobung gegangen. Bei der Anlage handelt es sich um ein automatisches Bombenzielgerät, das mit einem Rechner und einem Kreisel ausgestattet ist. Es ermöglicht gemeinsam mit dem Reflexvisier auch bei schlechter Sicht ein ziemlich genaues Zielen. Am Gerät ist nur die Windgeschwindigkeit einzustellen; Fahrt, Höhe und Bahnneigung werden laufend automatisch eingegeben.

Der Pilot fliegt mit eingeschalteter Kreisel-Schnellstützung ca. 20 sek. geradeaus; dann kann er das Ziel direkt anfliegen und im Reflexvisier erfassen. Sobald im Kopfhörer ein Signal ertönt, befindet sich der Jagdbomber im Wurfbereich, der Pilot drückt den Bombenknopf und zieht sofort das Flugzeug steil hoch. Der Rechner löst die Abwurfwaffe erst vom Flugzeug, wenn die errechnete Wurflinie erreicht ist. In einer parabelförmigen Flugbahn wird die Bombe direkt in ihr Ziel „geschleudert". Zu diesem Zeitpunkt ist der Jabo bereits weit von der Einschlagstelle entfernt.

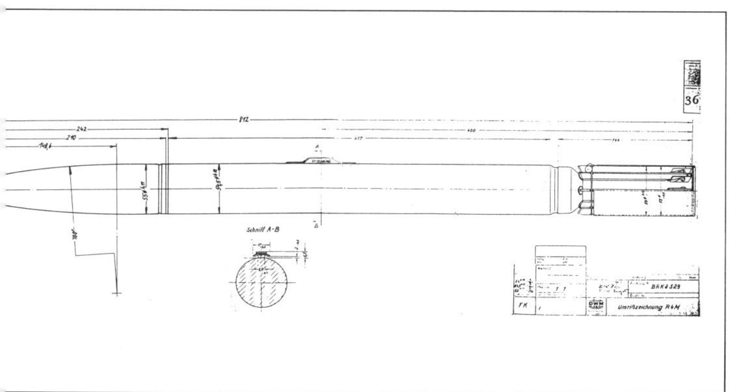

12 x R4M im Schienenrost unter dem Tragflügel einer Me-262. Die Anordnung am einstrahligen Jäger wäre ähnlich gewesen. (links)
Ungelenkte Luft/Luft-Rakete R4M mit Klappleitwerk – eine tödliche Bedrohung für die alliierten Bomber. (unten)

R 7: Ungelenkte Luftkampfrakete R4M „Orkan.
Mit diesem Grundmuster der Luft/Luft-Rakete errang die Luftwaffe ihre letzten großen Erfolge.
Der Abschuß erfolgte im Einsatz in der Regel in Salven von einem 12-schüssigen Schienenrost unter dem Flügel. Der Pilot verfügte demnach über 24 Raketen, die er als Salve in vier um 0,07 sek. zeitversetzten Intervallen zu je 6 Raketen abfeuerte.

Technische Daten:

Gesamtgewicht	ca. 4 kg
Sprengstoffgewicht	0,520 kg
Treibladung	0,815 kg
max. Schub	245 kp
Brennzeit	0,75 sek.
max. Geschwindigkeit	525 m/sek.
Reichweite	1500 m

R 8: Ungelenkte, großkalibrige Luftkampfrakete:
In den letzten Kriegsjahren entwickelte die WKL (Waffenkonstruktion-Luft)-Gruppe der Fa. Rheinmetall-Borsig in Berlin-Marienfelde die flügelstabilisierte Rakete R 100 BS; wobei BS für eine Füllung mit (400 Stück) Brand-Splitter-Munition steht.

Der Rüstsatz für die Serie umfaßt zwei Abschußgeräte AG-140, die abwerfbar an ETC-Aufhängungen angebracht sind. Das Abschußgerät besteht in der Hauptsache aus drei, je 1800 mm langen Schienen, in denen das Raketengeschoß mit einem Kaliber von 210 mm eingehängt und beim Abschuß geführt wird. (Später kürzte man die Schienen auf 1200 mm und bei der Einsatzausführung sollte die Länge der AG 140-Schienen noch 800 mm betragen.) Der Abschuß erfolgt nach der „Oberon"-Methode mit EZ 42, der „Oberon"-Uhr und dem Waffenauslösegerät EG 3 „Elfe 3" in Verbindung mit dem, als Rüstsatz vorgesehenem Bordradar FuG 218 oder mit dem Entfernungsmeßgerät FuG 248 „Eule" von Telefunken. Das auch als „Jägerschießgerät" bezeichnete FuG 248 besitzt eine, meist im Flügel eingebaute trichterförmige Antenne und es gibt die Entfernung des Gegners über „Elfe" in die Visieranlage EZ 42 ein. Die Reichweite des „Eule"-Gerätes beträgt etwa 2000 m und deckt sich damit mit der Reichweite der R 100 BS.
Die günstigste Abschußentfernung liegt etwa bei 600 m Abstand zum Gegner. Eine Sprengladung stößt die im Vorderteil der Rakete untergebrachte BS-Munition ca. 80 m vor dem Ziel aus und diese Munition bildet einen für gegnerische Bomber tödlichen Streukreis mit einem Durchmesser bis zu 100 m.

Technische Daten R 100 BS:

Kaliber	210 mm
Durchmesser max.	282 mm
Länge	1840 mm
Spannweite des Leitwerks	320 mm
Gewicht	110 kg
max. Geschwindigkeit	450 m/s. (1610 km/h)
Reichweite	2000 m

R 9: Drahtgesteuerte Lenkrakete Ruhrstahl 8-344 (X-4)

Die Luft/Luft-Lenkrakete X-4 basiert auf Arbeiten von Dr. Max Kramer von der DVL. In Serie gebaut wurde sie von der Firma Ruhrstahl AG in Brackwede bei Bielefeld. Noch während des Dritten Reiches entwickelte man aus der X-4 die drahtgesteuerte Panzerabwehrrakete X-7 „Rotkäppchen", die die Grundlage für die erfolgreiche Nachkriegsentwicklung Bölkow Bo 810 „COBRA" bildete. Bei der weitreichenden Luftkampfrakete X-4 handelt es sich um einen drahtgesteuerten Flugkörper, der im Regelfall von einer Unterflügelstation (ETC 70) abgefeuert wird.
Die Ausrüstung der P1101 soll 4 Geräte umfassen.
Die Steuerung des Projektils erfolgt über zwei ablaufende, 5500 m lange und 0,22 mm starke, isolierte Drähte. Während des Fluges mit annähernd Schallgeschwindigkeit rotiert die Rakete mit ca. 60 min.$^{-1}$ um die Längsachse.
Beim Abschuß befindet sich der Jäger außerhalb der Reichweite der feindlichen Abwehr und die Flugbahn des Projektils ist dank der Drahtsteuerung vom Gegner nicht zu stören.
Die Lenkimpulse gibt der Pilot mittels eines kleinen Knüppels im Cockpit über die Drahtlenksendeanlage FuG 520 „Düsseldorf". Zur Erhöhung der Treffsicherheit, vor allem bei größeren Entfernungen ist die Rakete mit dem akustischen Zielsuchgerät „Dogge" und dem Abstandszünder „Meise", der auf Propellerschall reagiert, ausrüstbar.
Die Abbildung zeigt die X-4 ohne ZSG „Dogge" und ZAZ „Meise".
Die Waffe befand sich 1944 in der Erprobung; ein Ausbringen der Lenkrakete in Großserie verhinderten u. a. alliierte Bombenangriffe, die die Fertigung der Antriebsaggregate BMW 109-548 lahmlegten.
Bis zum Kriegsende erfolgte kein scharfer Einsatz mit dieser überlegenen Waffe.

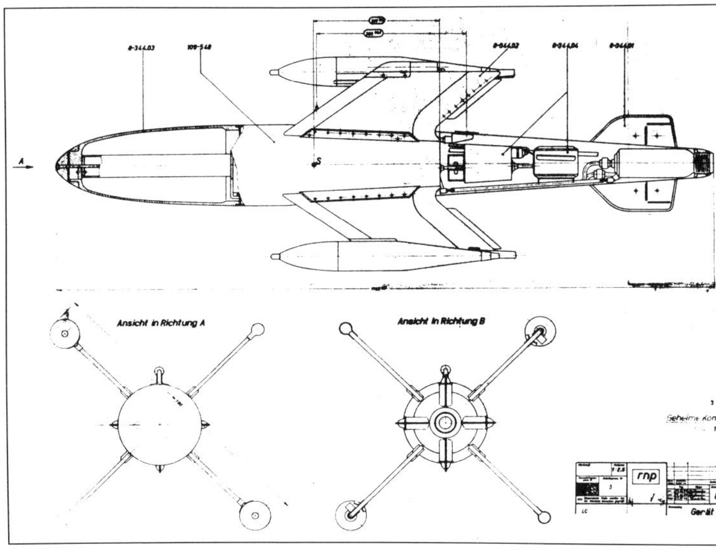

Drahtgesteuerte Lenkrakete Ruhrstahl X-4; ein Exemplar dieser Waffe befindet sich heute im Deutschen Museum.

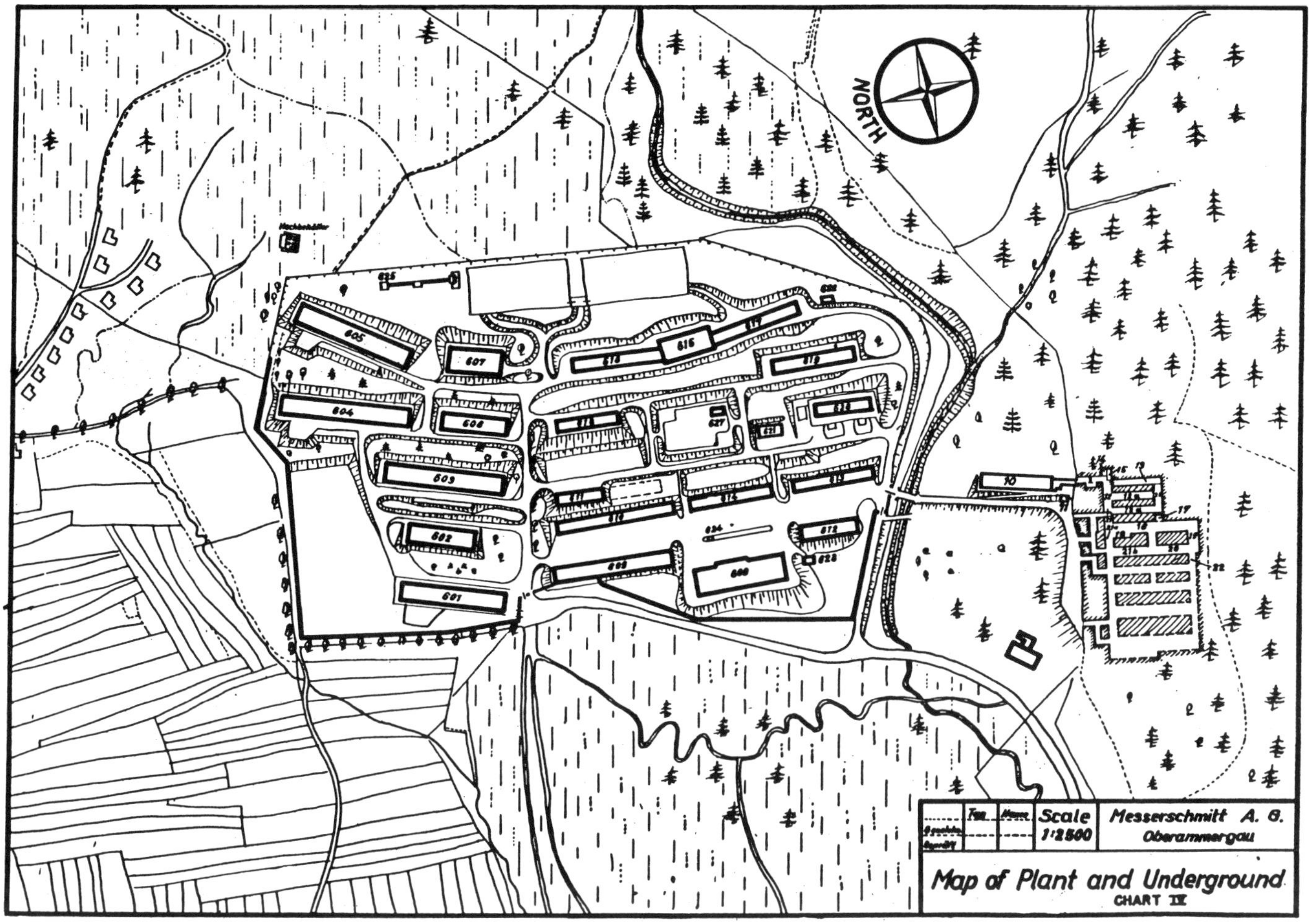

Lageplan der Anlage am Ortsrand von Oberammergau. Die unterirdischen Anlagenteile („Messerschmitt-Stollen") sind schraffiert.

Technische Daten

Länge (ohne ZSG „Dogge" und Abstandszünder)	1702 mm
Länge (mit Zünder)	2001 mm
Durchmesser des Flugkörpers	222 mm
max. Spannweite der Kreuzflügel – mit Drahtspulen	ca. 780 mm
Spannweite mit Leitwerk	275 mm
Länge des Rumpfvorderteiles (Gefechtskopf)	450 mm
Gesamtgewicht	ca. 60,5 kg
Gewicht der Sprengladung	ca. 20,0 kg
Reichweite	ca. 5000 m
Geschwindigkeit max.	248 m/sek. (900 km/h)

Antrieb:

Typ	Flüssigkeitsraketenmotor BMW 109-548
Schub	max. 140 kp
Brenndauer	ca. 22 sek.

Die Oberbayerische Forschungsanstalt Oberammergau

Da folgenschwere Bombenangriffe auf das Messerschmitt-Hauptwerk in Augsburg-Haunstetten befürchtet wurden, begann im Herbst des Jahres 1943 das Projektbüro, die Entwicklung und das Konstruktionsbüro nach Oberammergau in eine leerstehende Gebirgsjäger-Unterkunft („Nachrichten-Kaserne") am östlichen Ortsrand umzusiedeln. Die technische Leitung fand im Hotel „Wittelsbacher Hof" Kost und Logis. Messerschmitt selbst hielt sich nicht ständig in Oberammergau auf, da er auch in Augsburg sein Büro beibehielt.

Der Umzug des Musterbaues begann im Frühjahr 1944 und er war etwa im Juni desselben Jahres abgeschlossen. Bevor der Zusammenbau der P1101 in der Halle 615 im Herbst 1944 begann, rüsteten dort die Mitarbeiter des Versuchsbaues zwei Me-262 mit einem zusätzlichen Raketenantrieb aus. („Heimatschützer I und II").

Luftaufnahme der Forschungsanstalt gegen Ende des Krieges (oben). Unterirdischer Anlagenteil im Bau (links).

Die Büros und Hallen der Messerschmitt AG lagen am Rande des idyllischen Gebirgsortes, der durch seine Passionsspiele weltbekannt ist.

Unmittelbar hinter den langgestreckten Gebäuden stieg das bewaldete Gelände steil an. In diesem Berghang wurden unterirdische Hallen und Stollen angelegt: der Bau bzw. Ausbau dieses Anlagenteiles war bei Kriegsende noch nicht abgeschlossen. In der Übersichtszeichnung ist der unterirdische Fertigungs- und Lagerbereich schraffiert. Trotz der noch nicht abgeschlossenen Baumaßnahmen wurden die Stollen bereits in verschiedener Weise benutzt.

In der Umgebung von Oberammergau, so z. B. in

Garmisch-Partenkirchen (Materialprüfung, Propellerentwicklung) und vorübergehend in Linderhof („Enzian") befanden sich zusätzlich Büros der nun mit „Oberbayerische Forschungsanstalt" bezeichneten Anlagen. Dieses, um es einmal mit einem modernen Begriff zu umschreiben, „Hochtechnologie-Zentrum" wurde von der alliierten Luftaufklärung nie entdeckt und blieb deshalb auch von Luftangriffen verschont.

Heute ist in den ehemaligen Messerschmitt-Gebäuden eine Truppenschule der Nato untergebracht.

Tabellarische Zusammenstellung der Entwicklung

Die Aufzählung, vor allem der Zeichnungen, erhebt keinen Anspruch auf Vollständigkeit; die Autoren sind für Ergänzungen und Korrekturen dankbar.

Datum	
1921	Konstruktiv realisierbarer Vorschlag von Guillaume/Frankreich für eine Flugzeug-Gasturbine mit mehrstufigem Turbogebläse, Ringbrennkammer und mehrstufiger Turbine.
1929	Vorschläge bezüglich eines Strahlantriebes für Flugzeuge von Frank Whittle lehnt das britische Luftfahrtministerium ab.
1930	Frank Whittle erhält ein Patent über eine Flugzeug-Strahlturbine.
	Unabhängig davon arbeitet in Deutschland der Physikstudent v. Ohain an der Realisierung dieser Antriebsform.
1933	Veröffentlichung von A. Busemann und O. Walchner: „Profileigenschaften bei Überschallgeschwindigkeit".
1934	In seinen Aufsätzen „Zur äußeren Ballistik des Raketenflugzeuges" und „Raketenflugzeuge im aktiven Luftschutz" zeigt Prof. Sänger, gestützt auf Arbeiten von Prandtl, Hohmann, Busemann, Ackeret u. a., den Weg zum Überschall-Interzeptor. Einige, der beim Überschallflug auftretenden Probleme werden bereits erkannt und beschrieben.
1935	Der spätere Heinkel-Mitarbeiter Hans Pabst von Ohain erhält ein Patent für ein Strahltriebwerk mit Radialverdichter, Ringbrennkammer und Radialturbine.
1. März 1935	Offizielle „Enttarnung" der neuen deutschen Luftwaffe.
28. Mai 1935	Der Prototyp der Me-109 D-IABI macht mit einem Rolls-Royce „Kestrel"-Motor den Erstflug.
30. 9. – 6. 10. 1935	„Le alte velocità in aviatione" XIII. Reale Accademia d'Italia Fondatione Alessandro Volta sog. Volta-Kongreß in Rom. Adolph Busemann (Luftfahrtforschungsanstalt LFA) hält den Vortrag „Aerodynamischer Auftrieb bei Überschallgeschwindigkeit", der die erste Erwähnung des Pfeilflügels zur Widerstandsreduzierung im Schnellstflug darstellt.
26. Nov. 1937	Bei der 3. Wissenschaftssitzung der Deutschen Akademie für Luftfahrtforschung hält Messerschmitt über die Probleme des Schnellfluges einen Vortrag und fordert dabei eine deutlich verstärkte Forschung in Richtung Schallgeschwindigkeit. Prof. Messerschmitt bleibt bis zum Kriegsende an führender Stelle in der deutschen aerodynamischen Forschung tätig.
März 1938	Der von Arado kommende Walter Rethel wird Leiter der Konstruktion bei Messerschmitt.
11. Juli 1938	Willy Messerschmitt wird Generaldirektor der nunmehrigen „Messerschmitt AG".
6. Sept. 1938	Messerschmitt erhält gemeinsam mit Heinkel, Porsche und Todt den Nationalpreis für Wissenschaft und Kunst.
Oktober 1938	Erste, einmotorige Entwürfe zur Me-262, Untersuchung aller denkbaren Unterbringungsmöglichkeiten für das Triebwerk. Diese frühen Studien waren, wohl ungeahnt, die erste Stufe zum P1101.
2. Jan. 1939	Alexander Lippisch wird mit seinem Mitarbeiterstab in die Messerschmitt AG eingegliedert.
4. Jan. 1939	Das RLM bringt die „Vorläufi-

gen Technischen Richtlinien für schnelle Jagdflugzeuge mit Strahltriebwerk", in denen bereits 900 km/h als Höchstgeschwindigkeit eines Strahljägers gefordert werden.

5. März 1939 — Der Leiter des Projektbüros Dipl. Ing. Lusser verläßt Messerschmitt in Richtung Heinkel, Dipl. Ing. Voigt wird sein Nachfolger.

Im Laufe des Jahres 1939 — beginnt Prof. Albert Betz (AVA Göttingen) mit systematischen Forschungsarbeiten über den Pfeilflügel. Die Untersuchungen werden von Ludwieg und Straßl durchgeführt.

26. April 1939 — Fritz Wendel fliegt mit der Me-209 V1 den absoluten Geschwindigkeitsweltrekord (755,11 km/h). Das Ende der propellergetriebenen Kolbenmotorjäger zeichnet sich deutlich ab.

27. August 1939 — Das erste turbinenstrahlgetriebene Flugzeug der Welt, die Heinkel He-178 startet zum Erstflug und leitet damit das ,,Jet-Zeitalter ein.

9. Sept. 1939 — Betz und Busemann erhalten das Geheimpatent Nr. 732/42 ,,Flugzeug und Geschwindigkeiten in der Nähe der Schallgeschwindigkeit".

Anfang 1940 — Untersuchungen am Pfeilflügel bei der AVA Göttingen im Auftrag der Messerschmitt AG. Es handelte sich um 3-Komponenten Messungen an 16 verschiedenen Pfeilflügelmodellen im Geschwindigkeitsbereich von Ma 0,6 – 0,9.

13. Aug. 1940 — Zeichnung des Bordjägers P1073 B
Projekt P1073 Fernbomber als Trägerflugzeug für drei Bordjäger, Bearbeiter: Hornung.

3. u. 26./27. Sept. 1940 — Sitzungen des Ausschusses für Allgemeine Strömungsforschung, Thema: ,,Höchstgeschwindigkeit" der Lilienthal-Gesellschaft für Luftfahrtforschung (LGL) in Göttingen und Braunschweig; Darlegung der Pfeilflügel-Forschungsarbeiten und deren Ergebnisse gegenüber Vertretern der Luftfahrtindustrie.
Busemann weist in verschiedenen Aufsätzen (z. B. Jahrbuch d. d. D. L. 1941 ,,Aerodyn. Flügelgestaltung. Der Einfluß der Mach'schen Zahl") auf den Pfeilflügel hin.

1941 — Patentanmeldung von Alexander Lippisch ,,Pfeilflügel mit drehbaren Flügelenden".

April 1941 — Vorschlag Me-262 mit 35°-Pfeilflügel auszustatten (HGI);

Juni 1941 — Windkanalversuche mit diesem HGI-Flügel
(HG = Hochgeschwindigkeit).

2. Oktober 1941 — H. Dittmar fliegt mit einer Me-163 A in Peenemünde 1004 km/h.

18. 7. 1942 — Erstflug der Me-262 V3 mit reinem Strahlantrieb (Junkers T1); Flugzeug ohne Berücksichtigung des Pfeilflügeleffektes entworfen; die schwache Flügelpfeilung war die Folge einer Schwerpunktverschiebung, die der Einbau der schweren Junkers-Triebwerke hervorrief.
Geplante Weiterentwicklungen der Me-262 sollten allerdings Pfeilflügel mit einem Pfeilwinkel bis zu 45° erhalten.

Anfang 1943 — Inbetriebnahme des firmeneigenen Windkanals in Augsburg-Haunstetten.

Ende Mai bis Anfang Juli 43 — Projekt P1092 eines Mehrzweckkampfflugzeuges und eines einstrahligen Jägers. Projektarbeiten dienen u. a. dem Vergleich mit laufenden Flugzeugprogrammen (Me-262).
Bearbeiter: Hornung.

Juli 1943 — Der Messerschmitt Mitarbeiter Dipl. Ing. H. J. Puffert wird zum ,,Fachbearbeiter für Pfeilflügel im Sonderausschuß Windkanal" bestellt.

Herbst 1943 — Beginn der Verlegung der Projekt- und Konstruktionsabteilung von Augsburg nach Oberammergau. Der Versuchsbau folgt im März 1944.

Okt./Nov. 1943 — Projekt P1095 eines schnell zu realisierenden einstrahligen Jagdflugzeuges aus vorhandenen Großanteilen.
Bearbeiter: Seitz.

1. März 1944 — Bildung des „Jägerstabes".

21. März 1944 — Die Junkers-Mitarbeiter Hertel, Frenzel und Hempel melden ein Patent mit dem Titel: „Widerstandsarme Gestaltung von Hochgeschwindigkeitsflugzeugen, auch von solchen mit außerhalb des Flugzeugumrisses liegenden Verdrängungskörpern" an.
Der Inhalt dieser Patentschrift nimmt die Flächenregel von Whitcomb vorweg. Einige deutsche Flugzeugprojekte (u. a. Me P1110, He P1073 und Focke-Wulf 1000/1000/1000) werden am Ende des Krieges bereits nach dieser Entdeckung ausgelegt.

Erste Jahreshälfte 1944 — Kampfflugzeug und Bomberprojekte unter der Bezeichnung P1101. Entwürfe in Weiterführung der P1100-Projekte mit zwei, drei und vier Heinkel HeS 011 Triebwerke. Es handelt sich um Studien mit 35°/40° und 45° Pfeilung, mit Tragschraube für VTOL, mit Sichelflügel und mit variabler Tragflügelgeometrie.

Erste Jahreshälfte 1944 — Der Druck der alliierten Bomberangriffe und das Auftauchen der amerikanischen Langstrecken-Begleitjäger führt zur Zurückstufung des deutschen BomberProgrammes und zur Aufstellung des „Jägernotprogrammes":

20. Juni 1944 — Im RLM werden Überlegungen zu einem derartigen Programm angestellt.

25. Juni 1944 — An Speer und Saur ergeht von Hitler der telefonische Auftrag, Maßnahmen zur Durchführung eines großen Jäger-Notprogrammes einzuleiten. Ziel: Ausbringung von 5000 Jagdflugzeugen monatlich.

15. Juli 1944 — Unter der Programm Nr. 226/2 veröffentlicht das mittlerweile völlig umorganisierte Technische Amt des RLM im Rahmen des Jäger-Notprogrammes eine Ausschreibung für ein einstrahliges Jagdflugzeug.
Einen ersten Entwicklungsauftrag erhalten Focke-Wulf, Heinkel und Messerschmitt, etwas später werden Junkers und Blohm und Voss eingeschaltet. Sämtliche Firmen legen Entwürfe mit gepfeilten Tragflächen vor.

24. Juli 1944 — Erster Jagdflugzeugentwurf mit der Projektnummer P1101 nach der Ausschreibung vom 15. 7. 1944. Entwurf besitzt noch keine Ähnlichkeit mit dem später ausgeführten Entwurf.

22. Aug. 1944 — Entwurfsstudie von Thieme zum einstrahligen Jäger mit obenliegendem Triebwerk und V-Leitwerk. Die Zeichnung zeigt Ähnlichkeiten mit der später ausgeführten He 162.

29./30. Aug. 1944 — Erster, in der vom RLM gewünschten Form, Entwurf zum P1101; Sachbearbeiter war der Leiter der Projektgruppe 1 im Projektbüro Dipl. Ing. Hans Hornung.
„In der vom RLM gewünschten Form" heißt:
1 Übersichtszeichnung Maßstab 1 : 50
1 Längsschnitt Maßstab 1 : 10
1 Leistungsblatt – dieses muß enthalten:
  Höchstgeschwindigkeit in Bodennähe
  in 3000 m
  in 5000 m
  Landegeschwindigkeit
  Steiggeschwindigkeit
  Dienstgipfelhöhe
  Flugbereich
1 Geschwindigkeitsaufstellung für die Verwendung als
  a) schnelles Jagdflugzeug und
  b) Heimatschützer (Interceptor)
1 kurze Baubeschreibung
1 Entwurf einer Ag-Liste (aus den „Richtlinien für Jagdflugzeuge mit Strahltriebwerk" vom 4. 1. 1939).

8. Sept. 1944 — Vor allem die Verzögerungen in der Entwicklung des HeS 011 und die weitere Verschärfung der Rohstoffsituation veranlas-

sen das RLM zu einer neuen Ausschreibung im Rahmen des Programmes 226/2. Offensichtlich hatte sich im RLM die Erkenntnis durchgesetzt, daß die technisch anspruchsvolle Ausschreibung vom Juli 1944 in absehbarer Zeit nicht zu realisieren ist. Gefordert wird jetzt: ein einfaches und vor allem schnell zu produzierendes Jagdflugzeug mit einer BMW 003 Luftstrahlturbine; Sieger dieser Ausschreibung ist die Heinkel He-162.

10. Sept. 1944 — Auf Veranlassung des RLM findet in Oberammergau ein erster Vergleich der TL-Jäger Entwürfe statt. Focke-Wulf nimmt mit dem Projekt „Flitzer", Heinkel mit einer etwas vergrößerten und mit Pfeilflügeln ausgestatteten He-162 und Messerschmitt mit dem P1101-Entwurf vom 30. 8. 44 teil. Messerschmitt, Protokoll Nr. 1: Vergleich der TL-Jäger Entwürfe.

13. Sept. 1944 — Herausgabe der Messerschmitt Konstruktionslinien für das kommende Serienflugzeug P1101. Entscheidung für den Bau des „Experimentierflugzeuges".

3. Okt. 1944 — Neuentwurf des P1101;
hiervon Windkanalmodell 1 : 10 für aerodynamische Messungen bei der DVL.

28. Okt. 1944 — Zeichnung des Windkanalmodelles
Untersuchungen über eine P1101-Ausführung mit Lorin-Rohr; Antrieb basiert auf Arbeiten von Prof. Sänger bei der DFS in Ainring.

2. Nov. 1944 — Ausrüstungsplan für das Serienflugzeug P1101.

8. Nov. 1944 — Übersichtszeichnung: P1101-Experimentierflugzeug.

10. Nov. 1944 — Projektübergabe 1101
Überstellen der Vorgaben und Unterlagen von der Projektierung zur Konstruktion. Dokumente von Hornung und Voigt unterzeichnet.

13. Nov. 1944 — Übersichtszeichnung: P1101-Serienflugzeug.

Ende Okt./Anf. Nov. 1944 — Probleme mit dem Entwurf 1101; Überlegungen für einen verbesserten Vorschlag.

15. Nov. 1944 — Versuch zur Messung des Einlaufverlustes (Versuchsbericht vom 23. 11. 44).

Mitte Nov. — „Miniaturjäger"-Ausschreibung; selbst die Vorgaben der Septemberausschreibung genügten angesichts der immer aussichtsloser werdenden Situation nicht mehr.
Das RLM forderte jetzt einen Einfachst-Jäger mit Pulso Antrieb (Argus 109-014, dem V1-Triebwerk) der noch schneller als die Heinkel He-162 produziert werden sollte; d. h. kurz vor Kriegsende schlug sich die Industrie mit drei verschiedenen, in rascher Folge erschienenen Ausschreibungen für einen Abfangjäger herum! Diese Verzettelung war mit die Folge einer unbegreiflich verspäteten Reaktion der Luftkriegsführung auf die angloamerikanischen Bedrohungen und die allgemeine Kriegs- und Rohstofflage.
Für die weitere Entwicklung der Luftfahrttechnik kann aber nur die Ausschreibung vom Juli 1944 als relevant bezeichnet werden.

15. Nov. 1944 — Beginn der Untersuchungen auf Veranlassung Messerschmitts bei der AVA Göttingen über das hochgelegte Höhenleitwerk. Die Arbeiten werden am 24. 2. 45 abgeschlossen.

4. Dez. 1944 — Werkstoffauswahl für P1101 „Experimentierflugzeug" Baubeginn

4. Dez. 1944 — Erster Entwurf zum P1106
Zeichnung XVIII/144
von Büchler.

12. Dez. 1944 — Übersichtszeichnung XVIII/151 zum P1106;
Entwurf mit T-Leitwerk.

14. Dez. 1944 — Aus dem P1106 abgeleitete Vorschläge für ein Überschall-Raketenflugzeug und für ein P1106 mit vergrößerter Reichweite (Zeichnung XVIII/154).

14. Dez. 1944 Kurzbaubeschreibung: „Einsitziger ein-TL-Jäger P1101" (Serienflugzeug) anschließend Entscheidung über RLM-Vorlage zugunsten P1106.

15. Dez. 1944 Aussprache im Oberkommando der Luftwaffe über den neuen 1 TL-Jäger. Messerschmitt entscheidet sich für die Vorlage des P1106 beim anschließenden Leistungsvergleich.

19.-21. Dez. 1944 Leistungs- und Flugeigenschaftsvergleich der eingereichten Entwürfe bei der DVL in Berlin-Adlershof unter der Leitung von Prof. Quick. Versuch der Durchführung eines Rechenabgleiches. Die Teilnehmer vereinbaren gemeinsame Annahmen hinsichtlich Hochgeschwindigkeits- und Macheinfluß und beschließen die Überarbeitung der Entwürfe und die Wiedervorlage zur Besprechung im Januar 1945. Das Projekt 1106 erhält in der vorgelegten Form keine allzu günstige Beurteilung.

8. Jan. 1945 Zeichnung: V-Leitwerk für P1101

9. Jan. 1945 DVL-Bericht über die Dezember-Tagung: „Abgleich der Jägerprojekte mit He 11 TL" (A. W. Quick und Höhler).

Mittlerweile entwickelt das Messerschmitt-Projektbüro aus dem Projekt 1106 den Entwurf P1110 (mit ringförmigem Lufteinlauf, V-Leitwerk und dem Tragwerk der 1106).

11. Jan. 1945 Zeichnung XVIII/159 zum P1106; Projekt wird in dieser Form dem RLM bzw. der DVL vorgelegt.

Neue Forderungen des Generalstabes an den 1 TL-Jäger: 2 Std. Flugzeit mit 100% Schub und einer Bewaffnung von 4 x 30 mm. Dazu notiert das Kriegstagebuch: „Die Forderungen lassen sich voraussichtlich nicht erfüllen."

12. Jan. 1945 Erster Entwurf P1110 mit ringförmigem Einlauf und V-Leitwerk zur DVL-Vorlage.

12.-15. Jan. 1945 Weitere Tagung bei der DVL in Berlin-Adlershof mit den an der Entwicklung des neuen, einstrahligen Jagdflugzeuges beteiligten Unternehmen. Messerschmitt legt das Projekt P1110 in der ursprünglichen, aus dem P1106 abgeleiteten Form vor.
Der „Sonderkommission Tagjäger" werden die Baubeschreibungen der neuen Strahljägerentwürfe überlassen.
Diskussion der Entwürfe und endgültige Festlegung der Richtlinien zur Bestimmung der Grundlagen zur Leistungsberechnung.
Die Projekte von Blohm und Voss, Junkers und das neue Focke-Wulf Projekt hinterlassen den besten Eindruck.
Messerschmitt überarbeitet anschließend das Projekt P1110 und entwickelt das P1111 als schwanzlosen Alternativentwurf.

18. Jan. 1945 Baumusterbesprechung P1101 Nr. 1; Stand der Musterflugzeug-Fertigung, Flugklartermin wird auf den 15. 3. 45 festgelegt. (Scheitert am fehlenden Triebwerk)

29. Jan. 1945 Baumusterbesprechung P1101 Nr. 2; Zweiter Flächensatz des Versuchsflugzeuges steht in Leonberg zur Abholung bereit.

Ende Januar Bei der EHK werden das Projekt Junkers EF-128 und das Messerschmitt Projekt 1110 zur weiteren Entwicklung (nicht Serienfertigung!) vorgeschlagen.

1. Febr. 1945 Hügelschäffer übernimmt von Seifert die Bearbeitung und Projektverfolgung P1101.

2. Febr. 1945 Zeichnung XVIII/165, wesentlich verbesserter P1110-Vorschlag. Ausarbeitung: neuer Tragflügel und Einlauf.

12. Febr. 1945 Studie: P1110 – „Ente" Bearbeiter: Büchler

Arbeit am P1111

13. Febr. 1945 Besprechung bei der Technischen Leitung über 1101.

15. Febr. 1945	Differenzen im RLM: HDL Saur wendet sich schärfstens gegen Chef TLR Diesing und verbietet sämtlichen Firmen in Zukunft Entwicklungsaufträge vom Chef TLR-F1.E (Knemeyer) anzunehmen.
19. Febr. 1945	Besprechung bei Prof. Messerschmitt über 1101.
20. Febr. 1945	Entwurf einer P1101-Serienausführung mit nach vorne einziehbarem Fahrwerk.
21. Febr. 1945	Übersichtszeichnung P1106 III/725 (Der Entwurf spielt, angesichts der nunmehr erreichten, fast völligen Identität mit dem P1101-Vorschlag keine Rolle mehr)
21. Febr. 1945	Baumusterbesprechung Nr. 3 2. Flächensatz in Oberammergau eingetroffen. Triebwerke für die 1. Versuchsmaschine noch nicht verfügbar. P1101 wird zur Komponentenerprobung für das P1110-Programm herangezogen; die Modifikationen betreffen hauptsächlich das Leitwerk und den Tragflügel.
22. Febr. 1945	Übersichtszeichnung III/726 des P1101-Serienflugzeuges.
22. Febr. 1945	Übersichtszeichnung P1110 anschließend Ausarbeitung mit verbessertem Fahrwerk; Vorschlag wird in der Form vom 22. 2. dem RLM präsentiert.
24. Febr. 1945	Übersichtszeichnung XVIII/168 P1111
25. Febr. 1945	P1111 zum Nachtjäger-Vorschlag P1112 abgeändert.
26. Febr. 1945	Technischer Bericht TB 139/45 von Hornung/Voigt: „Vergleich der TL-Jäger mit HeS 011"; dient der Vorbereitung der Tagung vom 27./28. Febr.
27./28. Febr. 1945	Vom RLM veranlaßte „Abschlußbesprechung" bei der EHK über den neuen TL-Jäger: Messerschmitt legt die Projekte P1101, P1110 und P1111 vor. Man traf folgende Vereinbarung: – Focke-Wulf Projekt Nr. 279 (Entwurf 2) als „Sofortlösung". (Wird von TLR-F1.E abgelehnt.) Messerschmitt überarbeitet im Anschluß daran das Projekt P1111 zum P1112.
28. Febr. 1945	Zeichnung III/727: Tragflügel „A" für Experimentierflugzeug.
Anfang/Mitte März 1945	Neben Messerschmitt, dessen P1101 sich bereits im weit fortgeschrittenen Baustadium befindet, planen Focke-Wulf, Blohm und Voss und Junkers konkret den Bau von Musterflugzeugen; teilweise liegen Aufträge des RLM vor. TLR F1.-E. fordert folgende Projekte zur Entwicklung: 1. Junkers, Blohm und Voss und geändertes Focke-Wulf Projekt; 2. Messerschmitt-Optimallösung und, um die Verwirrung noch zu steigern, schlägt man der EHK vor, das Projekt der Firma Henschel als Zweitlösung für die Optimallösung mit den Vorstellungen von Lippisch und Heinkel zu einem Lorinjäger mit festen Brennstoffen zu verbinden.
3. März 1945	Zeichnung P1112/S2
6. März 1945	Zeichnung: Leitwerk mit hochgelegtem Höhenleitwerk P1101
14. – 17. März 1945	Bewaffnungsstudien P1110 W für P1112; Bearbeiter: Büchler.
22./23. März 1945	Sitzung der EHK in Bad Eilsen. In der Frage des TL-Jägers keine endgültige Entscheidung zu den Vorschlägen des Chefs TLR, da Professor Messerschmitt (Sonderkommission Tagjäger) abwesend. TLR-F1.E (Knemeyer) erteilt der Firma Junkers einen Entwicklungsauftrag für das EF-128 (keinen Serienauftrag).
24. März 1945	Zeichnung: Hochgelegtes Leitwerk P1101. (Experimentierflugzeug)
27. März 1945	Zeichnung XVIII/167 P1112 S1
30. März 1945	Zeichnung XVIII/166 P1112-V1; vorläufig endgültiger Entwurf.

Ende März 1945	Besprechung zur TL-Jäger Ausschreibung auf Veranlassung des RLM bei Focke-Wulf in Bad Eilsen. Tank Ta-183 wird, nach der Erinnerung von Prof. Tank, zum neuen Standardjäger der Luftwaffe erklärt.
Anfang April 1945	P1101-Prototyp zu ca. 80% fertig; flugbereites Triebwerk fehlt immer noch.
8. April 1945	Die britische Armee besetzt die Focke-Wulf Entwicklungsabteilung in Bad Eilsen.
18. April 1945	Beschreibung der Attrappe P1112V1.
29. April 1945	Einmarsch einer amerikanischen Infanterieeinheit in Oberammergau.
Anfang Mai 1945	Plünderung der Anlagen durch die amerikanische Infantrie.
7. Mai 1945	Eintreffen einer Abordnung des CAFT (Combined Advance Field Team); Abschätzung der Bedeutung der Forschungsanstalt.
8. Mai 1945	Kapitulation des Deutschen Reiches.
17. Mai 1945	Eine erste Gruppe von angloamerikanischen Experten kommt in Oberammergau an.
21. Mai 1945	Mit einer weiteren Gruppe von Fachleuten trifft der Mitbegründer und technische Leiter der Bell-Flugzeugwerke R. J. Woods in der Oberbayerischen Forschungsanstalt ein. Zusammen mit seinen Mitarbeitern Hawkins und Haven leitet Woods die Datensammlung und die Auswertung des vorgefundenen Materials.
Juni/Juli 1945	Befragung (Interrogation) der Messerschmitt-Mitarbeiter im Haus „Osterbichl".
5. Juli 1945	Ein großer Teil der bei Kriegsende versteckten Dokumente trifft wieder in Oberammergau ein.
Sommer 1945	Versuch einer Instandsetzung und Fertigstellung der P1101-V1 in der Halle 615; nach der Aufgabe des Vorhabens wird das Flugzeug zerlegt und in die USA verschifft.
Mitte/Ende 1945	Unmittelbar nach der Auswertung der erbeuteten deutschen Forschungsunterlagen setzt im NACA-Forschungszentrum Langley/Hampton die Arbeit an Pfeil- und Schwenkflügeln ein. Vorschläge für eine Weiterentwicklung der Bell X-1: – mit Pfeilflügel (=40°) – mit vorwärtsgepfeiltem Flügel – mit Schwenkflügel – mit V-Leitwerk John Campbell untersucht im Freistrom Windkanal des Langley Research Centers (LARC) Schwenkflügel; Modell konnte Flügel von 0° bis 60° schwenken; überraschend gute Flugeigenschaften bei einer Pfeilung von 40°.
Oktober 1945	Vorschlag; anstelle einer Pfeilflügelversion der Bell X-1 Bau eines neuen Flugzeuges; der Bell X-2.
14. Dez. 1945	Bell erhält einen Entwicklungsauftrag über zwei Pfeilflügelforschungsflugzeuge Bell-2.
20. Juli 1946	Erste Pfeilflügelflugzeuge der USA: zwei umgebaute Bell P-63 A erhalten die Bezeichnung L-39-1 (Nr. 90060) und L-39-2 (Nr. 90061); beide Maschinen besitzen einen 35°-Pfeilflügel. Programm läuft unter Federführung der Navy; Flügeldaten führen zur Douglas 558-2.
1. August 1946	Abschlußbericht über die „Erforschung" der Messerschmitt AG; Herausgeber: Robert J. Woods Air Technical Intelligence (ATI) Review Nr. F-IR-6 RE Editor Robert J. Woods Wright Field, Dayton (Ohio) Headquaters Air Material Command.
1947	Forschungsprogramm „variable Flügelpfeilung" an einem entsprechend hergerichteten Bell X-1 Modell in Langley. Charles Dunlan, der Leiter des Programmes schlägt für die zukünftige Bell X-2 Schwenkflügel vor.

3. Juli 1947 — Offizieller Bauauftrag für die Bell X-2.

Juli 1948 — Bell's Konstruktionsteam unter Leitung von Robert J. Woods schlägt eine verbesserte, vergrößerte, mit Schwenkflügeln ausgestattete Ableitung aus der P1101 vor;
Start des X-5 Programmes. Für die US Air Force wird der Entwurf als Interzeptor vorgeschlagen, doch spätere, ungünstige Gutachten lassen den geplanten Bau von 24 Flugzeugen nicht zustande kommen.

August 1948 — Einbeziehung des unvollendeten P1101-Prototypen in das X-5 Programm. Während der Überstellung des deutschen Flugzeuges von der Wright AFB in Dayton/Ohio zu den Bell-Werken in Buffalo/New York fällt die P1101 vom Lastwagen und wird – noch einmal – erheblich beschädigt.

Februar 1949 — Beginn der Windkanal-Versuche für das X-5 Programm in Langley.

9. Mai 1949 — Das Power Plant Laboratory/Wright Airfield macht Bedenken an der Anordnung des Treibstoffes direkt über dem Triebwerk geltend.

13. Juni 1949 — Beginn eines Streikes in den Bell-Werken, der bis zum November andauert.

26. Juli 1949 — Vertragsunterzeichnung über den Bau von zwei Versuchsflugzeugen X-5; Vertragsnummer W-33-038-ac-3298.

29. Aug. 1949 — Das Wright Field Aircraft Laboratory schlägt etliche, weitreichende Änderungen am Grundentwurf der Bell X-5 vor und stellt den Sinn des ganzen Programmes in Frage.

Spätherbst 1949 — Fertigstellung der Bell X-5 Holz-Attrappe.

Anfang Dez. 1949 — Aus der Attrappenbesichtigung ergeben sich 76 Änderungswünsche bzw. Vorschläge; 40 dieser Punkte betreffen die Fa. Bell.

Anfang 1951 — Roll-Out mit anschließenden Bodentests des ersten Flugzeuges 50-1838.

März 1951 — Kontaktaufnahme Messerschmitts mit der spanischen Flugzeugfirma Hispano Aviacion (HA) in Sevilla.

9. Juni 1951 — Überführung der X-5/50-1838 in einer Fairchild C-119 von den Bell-Werken zur Edwards Air Force Base (AFB).

20. Juni 1951 — Erstflug der Bell X-5/50-1838
Pilot: Jean Ziegler; Weltpremiere für das Tragwerk mit veränderlicher Pfeilung.

27. Juni 1951 — Beim fünften Flug erfolgt die Betätigung der Schwenkflügel.

17. Juli 1951 — Zweiter Besuch Messerschmitts in Spanien; Memorandum an das spanische Luftfahrtministerium.

8. Okt. 1951 — Abschlußflug des ersten Versuchsflugzeuges durch die Firma Bell mit anschließender Übergabe an die US Air Force.

26. Okt. 1951 — Erster Beratervertrag zwischen Prof. Messerschmitt und HA.

7. Nov. 1951 — Formelle Übernahme der 50-1838 durch die US Air Force; NACA schaltet sich in das Erprobungsprogramm ein.

10. Dez. 1951 — Erstflug des zweiten Prototypen Bell X-5/50-839; Pilot wiederum Jean Ziegler.
Beim neunten Flug erfolgt volles Schwenken der Flügel (von 20° Pfeilung auf 60° und zurück).

18. Dez. 1951 — Das zweite Versuchsflugzeug 50-1839 wird von der US Air Force akzeptiert.

3. Jan. 1952 — Arbeitsbeginn des ersten Messerschmitt-Entwicklungsteams in Sevilla.

27. Juni 1952 — Nach einer Reihe von Schwierigkeiten erfolgt erst jetzt der erste Gleitflug der Bell X-2. Erster Flug der Bell X-2 mit eingeschaltetem Raketentriebwerk am 18. Nov. 1955.

13. Okt. 1953	Absturz des zweiten Prototypen der Bell X-5 bei Trudelversuchen; der Pilot Raymond Popson wird dabei getötet. Mit der verbliebenen Versuchsmaschine 50-1838 wird das Erprobungsprogramm bis 1955 weitergeführt; dabei zeigte der Schwenkflügel die erwarteten Eigenschaften.

Anmerkungen

21. Dez. 1964	Erstflug der General Dynamics F-111 A; Einleitung einer neuen Ära im Flugzeugbau; Durchbruch der Schwenkflügler.
1967	Erstflug der sowjetischen Suchoi Su-17 mit einem Schwenkflügel nach dem Patent von Dr. Alexander Lippisch.
21. Dez. 1979	Erstflug des Schrägflügel-Versuchsflugzeuges NASA/Ames AD-1. Dieses Flugzeug verwirklicht den ungeteilten Schwenkflügel von Dr. Richard Vogt. Damit wurden die Ideen und die theoretischen Arbeiten der deutschen Vordenker (Messerschmitt/Voigt, Lippisch und Vogt) in vollem Umfange praktisch verwirklicht und erfolgreich erprobt.

Anfang 1954	Messerschmitts Entwicklungsbüro in Sevilla erstellt die ersten Entwürfe zum Projekt 300. Aufnahme der Windkanalversuche in der Schweiz.
2. Hälfte 1954	Verstärkte Arbeit am P300 Windkanalversuche in Emmen/Schweiz und bei der INTA in Torejon bei Madrid.
24. Mai 1955	Änderung des bisherigen P-300 Konzeptes; Festlegung des weiteren Entwicklungsweges.
13. Juli 1955	Erste Überlegungen Messerschmitts zu einer verkleinerten P300; eigentlicher Beginn der Entwicklung des Leichtjägers HA-300.
23. Nov. 1955	Spezifikation für den Leichtjäger Ha-300.
7. Dez. 1955	Entwurf Messerschmitts für einen ,,Kleinstjäger.
8. Febr. 1956	Denkschrift über den Überschalljäger-Entwurf P-300.
7. März 1956	Projektübergabe I Deltaflügel mit einer relativen Dicke von 3%.
Ende 1956	Konstruktion des antriebslosen Gleiters weitgehend abgeschlossen.
1957/1958	Finanzprobleme Spaniens behindern die Erstellung der Werkstattzeichnungen. Die Konstruktionsarbeiten werden mit teilweise stark verminderter Mannschaft durchgeführt.
25. Juni 1959	Erster und einziger Start des Gleiters HA-300P vom Flugplatz San Pablo im Schlepp einer spanischen He-111.
Ende 1959	Spanien verkauft sämtliche Unterlagen der HA-300 an die Vereinigte Arabische Republik (Ägypten).
Anfang 1960	Bristol stellt die Entwicklung des Br. Or. 12 Triebwerkes ein; Ägypten verpflichtet F. Brandner für die Entwicklung eines HA-300 Antriebes.
Mai 1960	Konstruktion eines Höhenleitwerkes für die HA-300.
Sept. 1960	Unterschallmessungen im Windkanal der Eidgenössischen Flugzeugwerke/Emmen.
Sommer 1961	Überschallmessungen in 8 ft. (2,44 m) Windkanal von Bedford/England.
1961/62	Weiterentwicklung bis zur Baureife, Erstellen der Werkstattzeichnungen, Aufbau einer Fertigung.
31. Okt. 1962	Kurzbeschreibung HA-300 des Messerschmitt-Studienbüros.

Juli 1963	Erster Prüfstandslauf des HA-300 Triebwerkes E-300.
23. Juli 1963	Der Prototyp HA 300.001 rollt anläßlich des ägyptischen Nationalfeiertages an Präsident Nasser vorbei.
Febr. 1964	Wiederaufnahme der Rollversuche nach einigen Änderungen an der 001.
7. März 1964	Erstflug der HA-300 Ägyptens finanzielle und innenpolitische Probleme behindern das Programm und werfen den Terminplan zurück.
1964/65	Flugerprobung mit der 001 und Einarbeiten der Änderungen.
22. Juli 1965	Erstflug der HA-300.002.
Juni/Juli 1966	Aufnahme der Flugerprobung mit dem E-300 Triebwerk in einer Antonov An-12 und einer indischen HF-24 „Maruf".
Juni 1967	Sechs-Tage Krieg mit Israel.
Sommer 1967	Ende des Engagements Messerschmitts in Ägypten; an seine Stelle tritt der aus Indien kommende Prof. Tank.
Mai 1969	Ägypten bricht das Programm ab und die ausländischen Mitarbeiter sind gezwungen, das Land zum 1. Juni 1969 zu verlassen.
Nov. 1969	Rollversuche mit der HA-300.003, die mit dem jetzt voll einsatzfähigen E-300 ausgestattet ist. Zu einer Flugerprobung kommt es nicht mehr.

In eigener Sache:

Die benutzten Unterlagen stammen in der Hauptsache aus den Archiven der Verfasser.

Unser besonderer Dank gilt den ehemaligen Mitarbeitern der Messerschmitt AG, ohne deren tatkräftige Mitarbeit das Vorhaben kaum durchzuführen gewesen wäre. Stellvertretend seien hier die Herren Hans Kaiser und Wolfgang Degel genannt.

Desweiteren gilt unser Dank:
Manfred Böhme, Hanfried Schliephake, Jay Miller, Karl Pawlas, Manfred Griehl, David Myhra, Hans Redemann und vor allem Günter Sengfelder, dessen hervorragender Modellbau dieses Buches illustrieren half.

Wir danken weiterhin dem Deutschen Museum in München und dem Musée de l'Air et de l'Espace in Paris/Le Bourget.

An vorhandener Literatur benutzten wir nicht allzuviel: genannt sei an erster Stelle das hervorragende Buch „The X-Planes“ von Jay Miller/Aerofax.

Vieles des bisher zu diesem Thema Geschriebenen verwirrte uns und wir betrachteten es mehr als ein Beispiel, wie man es eigentlich nicht machen sollte.

Dagegen half uns ein mehr oder weniger längeres Studium der

- Luftfahrt international (vor allem Heft 7), der
- Fliegerrevue und vor allem
- der Flugwelt vom Juni/Juli 1953 doch einige Male weiter

Sollte der eine oder andere Leser noch einen Beitrag zu diesem Thema oder zu deutschen Flugzeugprojekten des zweiten Weltkrieges überhaupt machen können, so wären ihm die Autoren um eine Mitteilung dankbar.

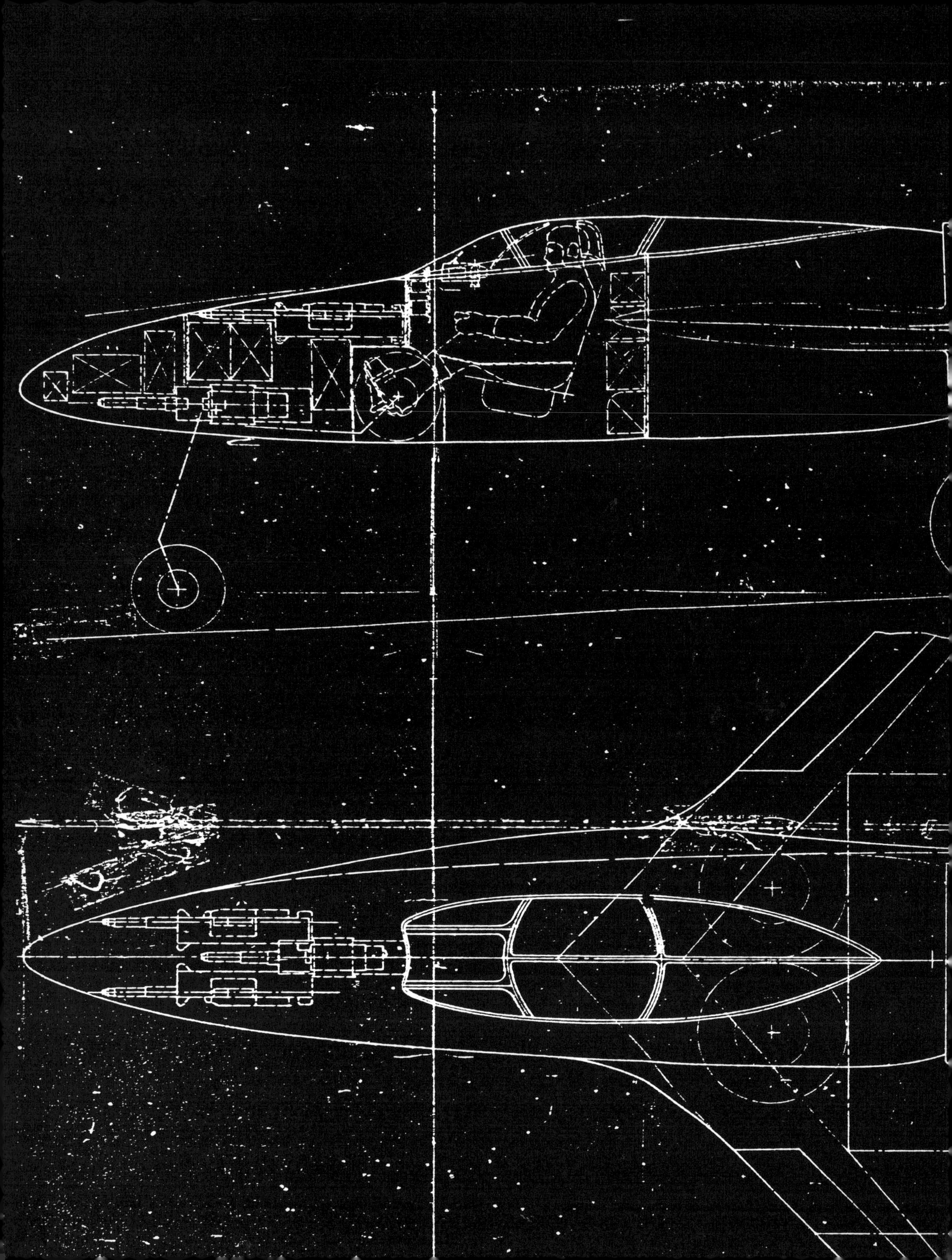